Physik I

Mechanik und Wärme

von
Klaus Dransfeld
Paul Kienle und
Georg Michael Kalvius

10., überarbeitete und erweiterte Auflage

Mit fast 300 Bildern und Tabellen

Oldenbourg Verlag München Wien

Zu den Autoren:

Prof. Dr. Klaus Dransfeld: Studium der Physik an der Universität Köln, Promotion (1952) bei Clemens Schaefer, anschließend Clarendon Laboratory Oxford (UK), ab 1957 Mitglied der Bell Telephone Laboratories (USA), 1960 Berufung als Assoc. Prof. of Physics (mit tenure) an die University of California in Berkeley (USA), 1965–73 Lehrstuhlinhaber am neugegründeten Physik-Department der TU München, 1973–81 Direktor am Max-Planck-Institut für Festkörperphysik, seit 1981 Lehrstuhl für Physik an der Universität Konstanz bis zur Emeritierung. Hauptarbeitsgebiete Ultraschall, tiefe Temperaturen, Nanotechnologie. 1989 Gentner-Kastler-Preis der deutschen und französischen Physikalischen Gesellschaften sowie Forschungspreis der Japan Society for the Promotion of Science. Ehrendoktor der Universitäten Grenoble und Augsburg; Hon. Prof. der Universität Nanjing.

Prof. Dr. Paul Kienle: Studium der technischen Physik an der TH München, Promotion (1957) und Habilitation (1962) bei Heinz Maier-Leibnitz. Inhaber des Lehrstuhls für Strahlen und Kernphysik an der TH Darmstadt (1963–65), anschließend Professor für Experimentalphysik an der TU München bis zur Emeritierung. Aufbau des Beschleunigerlaboratoriums der LMU und TU München mit Ulrich Meyer Berkhout (1965–71). Als Direktor der GSI Darmstadt Ausbau der Beschleuniger mit einem Synchrotron und Speicherring für schwere Ionen (1984–92). Direktor des Stefan-Meyer-Instituts für subatomare Physik der Österreichischen Akademie der Wissenschaften, Wien, (2002–04). Humboldt Preis der Republik Frankreich und Forschungspreis der Japan Society for the Promotion of Science. Wissenschaftliche Veröffentlichungen auf dem Gebiet der Kern- und Teilchen-Physik, Lehrbücher der Physik und andere wissenschaftliche Bücher.

Prof. Dr. Georg Michael Kalvius: Studium der Physik in Göttingen und München. 1958 Diplom, 1961 Promotion an der TU München unter Prof. Heinz Maier-Leibnitz. Anschließend am Argonne National Laboratory, Chicago, USA. Seit 1970 Lehrstuhlinhaber am Physik Department der Technischen Universität München bis zur Emeritierung. Gastprofessuren an der Stanford University, Technical University Helsinki, Hebrew University Jerusalem, University of Western Australia, CEA Grenoble, University of Tokyo. Hauptsächlich Grundlagenforschung zum Magnetimus mit Methoden der nuklearen Festkörperphysik, z.B. des Mößbauer-Effekts und der Myonen-Spin-Rotation. Verleihung des Humboldt-Preises (1986) für die Förderung der deutsch-französischen wissenschaftlichen Zusammenarbeit.

Bibliografische Information Der Deutschen Bibliothek

Die Deutsche Bibliothek verzeichnet diese Publikation in der Deutschen Nationalbibliografie; detaillierte bibliografische Daten sind im Internet über <http://dnb.ddb.de> abrufbar.

© 2005 Oldenbourg Wissenschaftsverlag GmbH
Rosenheimer Straße 145, D-81671 München
Telefon: (089) 45051-0
www.oldenbourg.de

Lektorat: Kathrin Mönch
Herstellung: Anna Grosser
Umschlagkonzeption: Kraxenberger Kommunikationshaus, München
Gedruckt auf säure- und chlorfreiem Papier
Druck: Grafik + Druck, München
Bindung: R. Oldenbourg Graphische Betriebe Binderei GmbH

ISBN   3-486-57810-3
ISBN 978-3-486-57810-2

Inhalt

Tabellenverzeichnis

Aus dem Vorwort zur ersten Auflage

Der vorliegende Band Physik I erscheint als erster in einer Reihe von vier Bänden und spiegelt die viersemestrige Einführungsvorlesung am Physik-Department der Technischen Universität München wider.

Physik I–IV wendet sich an alle Studierende der Physik, die einem viersemestrigen Einführungskurs folgen, also nicht nur an Physiker im Hauptfach, sondern beispielsweise auch an Elektrotechniker und Lehramtskandidaten.

Angesichts der ständigen Expansion aller Zweige der Physik wollten wir neu prüfen, welcher Wissensstoff noch in die Einführungsvorlesung gehört, und was fairerweise beim Vordiplom vom Studenten verlangt werden sollte. Wir hoffen, daß die von uns getroffene Auswahl nicht zu eng ist. Der interessierte Student findet mit Hilfe der zahlreichen Literaturhinweise sicherlich reichlich Gelegenheit, über dieses Minimum hinaus seiner weitergehenden Neugierde, die wir wecken wollen, sofort zu folgen.

Wir haben versucht, in der Darstellung den experimentellen wie auch den theoretischen Sachverhalt so deutlich wie möglich werden zu lassen, um den mathematisch zunächst noch Ungeübten nicht unnötig durch eine formale – vielleicht mathematisch vollständigere – Beschreibung zu verwirren. Wir wollten deutlich machen, daß Physik mehr ist als angewandte Mathematik, und daß fast alle wichtigen Zusammenhänge der Physik schon mit einem Minimum an mathematischen Vorkenntnissen, wie sie jeder Abiturient mitbringt, im Prinzip verständlich zu machen sind. Entsprechend wird an mathematischen Vorkenntnissen für Physik I nur die elementare Differential- und Integralrechnung sowie die Vektorrechnung vorausgesetzt, die sich auch – falls nicht mehr ganz geläufig – leicht mit einigen zusätzlichen Vorlesungsstunden oder mit Hilfe der am Ende von Kap. 2 empfohlenen Bücher auffrischen lassen.

Falls unser Versuch einer möglichst einfachen Darstellung neuer physikalischer Grundkonzepte teilweise geglückt sein sollte, verdanken wir dies sicherlich auch dem Berkeley Physics Course, den Feynman Lectures, dem Alonso-Finn und dem MIT-Course, von deren didaktischen Geschick wir viel profitiert haben.

Physik I ist das Produkt einer engen Zusammenarbeit zwischen Festkörper- und Kernpyhsikern am Physik-Department der TU München: Das Manuskript eines Autors wurde jeweils von den anderen überarbeitet. Gleichzeitig wurde die Vorlesung probeweise von Professor W. Kaiser nach diesem Konzept gehalten, und ihm verdanken wir wertvolle Hinweise aus dieser Unterrichtserfahrung. Herr Dr. E. Steichele hat dankenswerterweise das Manuskript in seiner ersten Fassung redigiert. In einer sonst von Hochschulunruhen geprägten Zeit war ebenfalls die konstruktive Mitwirkung der Fachschaft Mathematik/Physik unserer Hochschule entscheidend: sie hat auf eigene Initiative bereits einige Jahre den vorliegenden Text in stets verbesserter Form als Skriptum herausgegeben, wobei wir besonders dem damaligen Studenten, Herrn Dipl. Phys. A. Kling dankbar sind. Geschrieben wurde das Manuskript von Frau I. Schünke, Frau H. Walter und – in der endgültigen Fassung – von Frau C. Schilhabel. Frau N. Eska und Frau E. Meserle haben die originellen und klaren Zeichnungen angefertigt. Ihnen allen sei vielmals gedankt. Besonders erwähnt werden aber muß die Hilfe von Herrn Dipl. Phys. P. Berberich, der die gesamte Bearbeitung des Manuskripts neben seinem Studium besorgte. Darüber hinaus stammen fast alle Übungsfragen und weiterführenden Literaturzitate sowie die Studienhinweise am Ende von ihm.

Wenn es auch hauptsächlich Aufgabe der Vorlesung bleibt, Interesse und Begeisterung für die Physik zu wecken, so hoffen wir doch, daß auch Physik I und die Bände II–IV eine nützliche Hilfe, insbesondere bei der Vorbereitung zum Vordiplom, sein werden.

München, Oktober 1973   K. Dransfeld, P. Kienle und H. Vonach

Vorwort zur zehnten Auflage

Unser Hauptziel bleibt es, durch möglichst anschauliche Darstellung des Stoffes schon früh Interesse für unsere schöne Wissenschaft zu wecken. Dem gleichen Ziel dienen auch die ausführlichen Hinweise auf aktuelle Themen der physikalischen Forschung wie z.B. in der Kern- und Elementarteilchenphysik, der Geophysik und Astronomie. Wir haben auch bewußt zahlreiche moderne Anwendungen der Physik einbezogen. So werden z.B. in Kap. 6 über die feste Materie mit der neuen Überschrift „*Vom Diamant zum Wackelpudding*" Nanomotoren in Bakterien, die Gummielastizität, Fullerene und das Rasterkraftmikroskop behandelt. Wir hoffen, daß die vielen Anwendungsbeispiele helfen, den Text lebendig zu halten und beim Leser weitergehende Neugierde zu wecken.

Die Neuauflage war für uns auch eine willkommene Gelegenheit, neben der Beseitigung zahlreicher Druckfehler einige Kapitel gründlich zu überarbeiten und auf den neuesten Stand zu bringen. In der Kernphysik (Kap. 1) sind jetzt die in den letzten Jahren neuentdeckten schweren Kerne ebenso erwähnt wie der geplante thermonukleare Reaktor ITER, dessen Bau in Cadarache (F) erst im Juni 2005 beschlossen wurde. Bei der Einführung in die Quantenphänomene (ebenfalls in Kap. 1) sind nunmehr auch die Quantenflüssigkeiten und die Bose-Einstein-Kondensation einbezogen. In Kap. 3 wurde für die Gravitationskonstante der neueste Wert nach CODATA (2004) übernommen. Die bisher in Kap. 5 etwas mißverständliche Beschreibung von Ebbe und Flut wurde mit einer neuen Abbildung versehen und auch im Text überarbeitet. Ebenso wurde in Abschnitt 5.7 die Wirkung der Corioliskraft auf die meteorologischen Wirbel in den Hoch- und Niederdruckzentren klarer formuliert. Ganz neu überarbeitet haben wir Abschnitt 7.2.4 über die Physik des Fliegens; er enthält nunmehr drei neue Abbildungen, um die Entstehung des Auftriebs aus der Zirkulation deutlicher werden zu lassen. Überarbeitet wurde auch Abschnitt 9.1.7 über die musikalischen Tonleitern, mit einer neuen Übersichtstabelle 9.1. Die schon in der alten Auflage (am Ende von Abschnitt 9.2.5) enthaltene kurze Behandlung von *Tsunamis* wurde ergänzt durch einen Hinweis auf das große Seebeben vor Sumatra im Dez. 2004. Im Wärmeteil des Buches wurde Abschnitt 10.3 (über den Gleichgewichtszustand und die Relaxation) mit Bild neu gestaltet. Die bisherige Tabelle 10.1 der Temperaturfixpunkte konnte ersetzt werden durch die neue *Internationale Temperaturskala (ITS90)*, die voraussichtlich bis 2010 gültig bleibt. Um Mißverständnisse zu vermeiden, haben wir den Ausdruck „Arbeitsleistung" jetzt generell durch „Arbeit" oder „verrichtete Arbeit" ersetzt. Auch waren wir bemüht darauf zu achten, daß thermodynamische Größen, die kein exaktes Differential sind, auch nicht als solches bezeichnet werden (so haben wir z.B. die Wärmezufuhr jetzt durch ∂W und nicht mehr durch dW beschrieben). Auf der vorletzten Seite über das internationale Einheitensystem (SI) haben wir schließlich noch auf die Homepage der Physikalisch-Technischen Bundesanstalt hingewiesen, wo der interessierte Leser – vielleicht für das Schreiben seiner ersten Veröffentlichung – eine ausführliche Beschreibung aller Einheiten und ihrer Schreibweise findet.

Sehr dankbar sind wir allen Studenten und Kollegen, die uns freundlicherweise auf Fehler oder Ungenauigkeiten in der bisherigen Auflage aufmerksam gemacht haben. Ihre Kritik war uns eine wesentliche Hilfe und Anregung. Wir bitten daher den Leser, uns auch in Zukunft durch Hinweise auf Fehlerhaftes zu unterstützen. Dem Verlag danken wir für seine stete Hifsbereitschaft und sachkundige Umsetzung der umfangreichen Text- und Bildkorrekturen in so relativ kurzer Zeit.

Konstanz und München,   K. Dransfeld, G.M. Kalvius und P. Kienle

A. NEWTONSCHE MECHANIK

1 Einführung

Die Physik war ursprünglich die Lehre von der ganzen Natur (Φύσις = griech: Natur) in einem sehr allgemeinen Sinne: „...daß ich erkenne, was die Welt – im Innersten zusammenhält" (Faust I). Heute geht es in der Physik eher um das Studium nur der unbelebten Natur und ohne chemische Veränderungen. Dafür sind Biologie und Chemie selbstständige große Wissenschaftsgebiete geworden, wobei gleichzeitig interdisziplinäre Forschung immer größere Bedeutung gewinnt.

Die Physik hat uns wesentliche Einblicke erlaubt in den Aufbau der Materie aus Elementarbausteinen und in die Struktur des Kosmos um uns herum. Aber auch wertvolle Informationen über unser eigenes Denken und Erkennen hat sie uns gegeben: Sie hat uns nämlich erstens gezeigt, daß unsere klassischen Vorstellungen von Raum und Zeit nicht richtig sind. Auch im mikroskopischen atomaren Bereich der Atome müssen wir unsere Vorstellungen von strenger Kausalität und Vorhersagbarkeit aller Elementarprozesse gründlich korrigieren. Somit ist die Physik neben ihren vielen technischen Anwendungen, die unsere heutige Zivilisation begründen, eine sowohl für das Verstehen der Welt wie auch für die richtige Einschätzung unseres eigenen Erkenntnisvermögens faszinierende Wissenschaft.

Die Physik gibt uns tiefe Einblicke in die Natur und korrigiert unsere Vorstellungen von Raum, Zeit und Kausalität. Zugleich ist sie die Grundlage der modernen Technik und Zivilisation.

Die Physik gliedert sich heute wie alle anderen (Natur)-Wissenschaften in zahlreiche Teildisziplinen. Die *Hochenergiephysik* beschäftigt sich zum Beispiel mit den Elementarteilchen und ihren Wechselwirkungen, die *Kernphysik* mit Aufbau und Eigenschaften von Kernmaterie, die *Atomphysik* (neben der Chemie) mit Atomen und ihren Verbindungen, die *Festkörperphysik* mit den Eigenschaften kondensierter Materie, die *Plasmaphysik* mit hochionisierten Gasen, die *Biophysik* mit der Struktur und Funktion von Makromolekülen, die *Geo-* und *Astrophysik* schließlich mit unserer makroskopischen Umgebung. Alle diese Disziplinen gehören entweder zur Physik oder bedienen sich physikalischer Betrachtungsweisen.

Die erste Auflage dieses Lehrbuches erschien 1973. Die Liste der seit dieser Zeit verliehenen Nobelpreise für Physik (siehe Anhang) zeigt deutlich die lebendige Entwicklung der Physik in den oben geschilderten Teildisziplinen. Das oberste Ziel der zukünftigen Entwicklung in Forschung und Lehre ist aber nicht eine weitere Aufspaltung der Physik in Teildisziplinen, sondern eine Vereinheitlichung der wichtigsten Grundprinzipien der Physik, in die sich dann die Teilerkenntnisse einordnen lassen. In dieser Richtung einen kleinen Beitrag zu leisten, ist Anliegen von PHYSIK I – IV.

Dieser erste von vier Bänden handelt von der Mechanik, d.h. von der Bewegung von Massen unter dem Einfluß von Kräften zwischen ihnen. Ebenfalls behandelt werden Schall und Wärme, da diese sich ebenfalls auf die Bewegung von Teilchen (Atomen) zurückführen lassen. Die elektromagnetischen Erscheinungen werden zusammen mit der speziellen Relativitätstheorie im zweiten Band behandelt. Der dritte und vierte Band beschreiben die Optik und die Quantenphysik, die Eigenschaften von Atomen und Molekülen und schließlich die statistische Theorie der Wärme.

1.1   Historische Vorbemerkungen

Während schon in der griechischen Frühzeit von philosophischen Schulen wichtige physikalische Fragen z.B. über die mikroskopische Teilbarkeit der Materie und die Struktur des Kosmos diskutiert wurden, gelang es jedoch erst nach der Aufklärung, besonders in den letzten 100 Jahren, einen tiefen Einblick in die mikroskopische Struktur der Materie, ihren Aufbau aus

Tabelle 1.1: Frühe Stationen in der Entwicklung unseres physikalischen Weltbildes

um 2000 v. Chr.	Für die Babylonier ist die Erde noch eine Scheibe und der Himmel ebenfalls
ca. 460 v. Chr.	Demokrits Konzept des Aufbaus der Materie aus kleinsten nicht mehr weiter teilbaren „Atomen"
ab 400 v. Chr.	Die Platoniker betrachten die Erde bereits als Kugel
ca. 200 v. Chr.	Eratosthenes ermittelt den richtigen Erddurchmesser aus eigenen Beobachtungen des Sonnenstandes
140 v. Chr.	Ptolemäus entwirft ein geozentrisches Weltsystem
1510 n. Chr.	Kopernikus entwickelt das heliozentrische Weltbild
um 1600	Erste astronomische Beobachtungen mit dem Fernrohr durch Galilei. Fast gleichzeitig Anwendung des Mikroskops
1610	Die Gesetze des freien Falls (Galilei)
1616	Galilei wird gezwungen, das heliozentrische Weltbild zu widerrufen
1609 – 1619	Veröffentlichung der 3 Keplerschen Gesetze
1697	Newtons „Mathematische Prinzipien der Naturlehre"

Molekülen und Atomen bis hin zu den Elementarteilchen zu erreichen. Die Physik und die anderen Naturwissenschaften haben in den letzten 100 Jahren einen Aufschwung erlebt wie kaum ein anderer Bereich menschlicher Tätigkeit. Die Entdeckung der Röntgenstrahlen im Jahre 1896 kann als Beginn der Neuzeit betrachtet werden. Noch war damals der Aufbau der Materie aus Atomen keineswegs allgemein akzeptiert, und die Struktur des Atoms war ebensowenig bekannt wie die Existenz oder der Aufbau der Atomkerne. Die Entdeckungen der Relativität von Raum und Zeit, der Quantisierung der Energie und der Wellennatur der Materie erfolgten erst in diesem Jahrhundert durch Einstein, Planck und de Broglie, um nur einige der großen Persönlichkeiten zu nennen. Wir empfehlen dem Leser, den spannenden Lebensweg dieser Forscher anhand der am Kapitelende angegebenen ausgezeichneten Biographien selbst zurückzuverfolgen.

Etwa mit der Entdeckung der Röntgenstrahlen vor hundert Jahren begann die moderne Physik.

Warum entwickelte sich die Physik nicht schon früher? Der rasche Fortschritt der physikalischen Forschung nach dem Mittelalter beruht zu einem wesentlichen Teil auf der erst in jüngerer Zeit eingeführten mathematischen Beschreibung der Beobachtungen und der später viel engeren Zusammenarbeit zwischen experimentell und theoretisch arbeitenden Physikern. Dabei sieht der Experimentator seine Hauptaufgabe darin, neue Phänomene und Gesetzmäßigkeiten genau zu beobachten oder die theoretisch vorhergesagten zu verifizieren, während der Theoretiker versucht, diese Beobachtungen mit einfachen Prinzipien zu erklären und neue Gesetzmäßigkeiten vorherzusagen. Oft werden auch beide Aufgaben von ein und derselben Person erfüllt. Sehr entscheidend für den raschen Fortschritt waren auch instrumentelle Verbesserungen, wie z.B. die Entwicklung des Fernrohrs und des Lichtmikroskops um 1600.

Die Physik hat in diesem Jahrhundert nicht nur unsere Kenntnis von der Natur außerordentlich erweitert und zum Wachstum vieler Nachbardisziplinen beigetragen, sondern auch zu ganz neuen *Technologien* geführt, die unsere heutige Zivilisation geprägt haben. Erinnert sei an die Entdeckung von Materialien mit neuartigen Eigenschaften, an die stürmische Entwicklung der Mikrotechnologie, die der theoretische Physiker Feynman für eine der großen technischen Herausforderungen unserer Tage hielt. Sie hat den modernen Computer ermöglicht mit seiner Datenspeicherung auf kleinstem Raum und den Anstoß gegeben zum Aufschwung der heutigen Datenverarbeitung und Informationswissenschaft. Andere technische Neuerungen, zu denen die Physik in den letzten Jahren geführt hat, sind z.B. auch die Raumfahrttechnik und die neuen bildgebenden Verfahren in der medizinischen Diagnostik.

Wohin entwickelt sich die Physik heute? Obwohl heute die *technologischen* Entwicklungen oft im Vordergrund der Diskussion stehen, bleibt es das

Hauptziel der *physikalischen Grundlagenforschung*, die vielen noch offenen grundlegenden Fragen über unsere Welt besser zu verstehen. Hierzu gehören zum Beispiel Fragen

- über die Grenzen des Standardmodells der Materie
- zur Struktur des Vakuums
- zur Kosmologie und Astrophysik, einschließlich einer Quantentheorie der Gravitation, sowie Fragen
- über die Bedeutung nichtlinearer Prozesse, auch in der Biologie

Bevor wir mit der genauen Beschreibung der klassischen Mechanik beginnen, wollen wir uns einen wenigstens qualitativen Überblick über die Physik verschaffen. In diesem Sinne seien im folgenden unsere heutigen Erkenntnisse über die elementaren Bausteine der Materie mit ihren Wechselwirkungen, über den strukturellen Aufbau der Materie und über die Grundkonzepte physikalischer Naturbeschreibung – auch mit ihren Grenzen – skizziert.

1.2   Elementarteilchen und ihre Wechselwirkungen

Eine wesentliche Triebfeder der Physik ist der Wunsch, die vielfältigen Erscheinungen unseres Universums auf einige Grundbausteine und ihre Wechselwirkungen zurückführen zu können. Die Idee, daß die Materie aus kleinsten Teilchen zusammengesetzt ist, die sich nicht weiter zerlegen lassen, wurde zum ersten Mal von Demokrit (460 v. Chr.) geäußert, der diese Teilchen Atome (ἄτομος = unteilbar) nannte. Heute ist die Existenz von Atomen ein fester Bestandteil unseres Weltbildes geworden. Mit der Raster-Tunnel-Mikroskopie lassen sie sich heute nicht nur einzeln abtasten und sichtbar machen, sondern man kann auch einzelne Atome von einem Platz auf einen wohldefinierten anderen „ziehen". Jedes Atom[1] hat einen schweren positiv geladenen Kern, der mehr als 99,9% seiner Masse trägt und von leichten negativ geladenen Elektronen umgeben wird. Die elektromagnetische Kraft zwischen positiven und negativen Ladungen bindet die Elektronen an den Kern, der seinerseits aus Protonen und Neutronen besteht. Die Zerlegung des Atoms in den Kern und die Elektronen der Hülle macht deutlich, daß Atome noch nicht die von Demokrit gemeinten unteilbaren kleinsten Teilchen sein können. Um zu diesen vorzudringen, müssen wir noch tiefer in den Aufbau der Materie blicken. Sind Elektron, Proton und Neutron die gesuchten

---

[1]   Der Durchmesser eines H-Atoms (etwa $0,1\,\text{nm} = 10^{-10}\,\text{m}$) ist etwa 10^5 mal größer als der Durchmesser seines Atomkerns.

elementaren Teilchen? Die Antwort aus heutiger Sicht lautet: Das Elektron vermutlich ja, aber das Proton und Neutron nicht. Die Kernbausteine (Nukleonen) Proton und Neutron besitzen noch eine innere Struktur. Sie setzen sich beide aus noch kleineren Teilchen, den sog. *Quarks*[2], zusammen.

Unsere gegenwärtige Vorstellung vom Aufbau der Materie gründet sich auf zwölf Grundbausteine oder *Elementarteilchen* und vier Grundkräfte oder *Wechselwirkungen* zwischen diesen Teilchen. Betrachten wir im folgenden zunächst die Elementarteilchen und dann ihre Wechselwirkungen.

In Tabelle 1.2 sind die heute bekannten Elementarteilchen und ihre Eigenschaften, soweit man sie kennt, zusammengefaßt, wobei man zwei Hauptgruppen oder Teilchenfamilien unterscheidet: die relativ schweren *Quarks* und die leichteren *Leptonen*. Die Leptonen tragen nur ganzzahlige (positive oder negative) Ladungen von der Größe einer Elektronenladung (oder auch keine Ladung). Die elektrische Ladung der Quarks dagegen ist immer $\pm(1/3)$ oder $\pm(2/3)$ der Elektronenladung. Neutrale Quarks gibt es nicht, wohl aber neutrale Leptonen, die Neutrinos. Sowohl bei den Quarks wie bei den Leptonen unterscheidet man noch drei Untergruppen, auf die wir weiter unten zu sprechen kommen werden.

Zu jedem der insgesamt aufgelisteten zwölf Teilchen, die alle einen Eigendrehimpuls von $\frac{1}{2} \cdot \hbar$ besitzen und somit zur Klasse der Fermionen[3] zählen, existiert immer genau ein sog. *Anti-Teilchen* mit der gleichen Masse, aber entgegengesetzter elektrischer Ladung. Es gibt also auch zwölf Anti-Teilchen. Die Anti-Teilchen zu den neutralen Teilchen sind ebenfalls neutral. Sie unterscheiden sich in der Richtung ihres Eigendrehimpulses relativ zur Ausbreitungsrichtung. Man kann also eine zweite analoge Anti-Teilchen-Tabelle aufstellen, in der alle Ladungsvorzeichen vertauscht sind und alle Teilchen einen „Anti-Balken" über ihren Namen als „Anti"-Charakterisierung bekommen. Die letzte Spalte von Tab. 1.2 enthält zur Illustration die elektrischen Ladungszustände aller zwölf Anti-Teilchen.

Zu jedem Elementarteilchen gibt es ein Antiteilchen.

Der weitaus größte Teil unserer Welt besteht aus nur vier Teilchen, nämlich aus den ersten beiden Quarks und den ersten beiden Leptonen, die in Tab. 1.2 zur jeweils ersten Untergruppe gehören und die, außer den Neutrinos, in stabilen Verbindungen vorkommen. So setzen sich z.B. die Protonen im einfachsten Bild aus zwei u-Quarks und einem d-Quark (uud) und Neutronen aus einem u-Quark und zwei d-Quarks (udd) zusammen. Die

---

[2] Der Name *Quarks* ist einem rätselhaften Satz aus einem Roman von James Joyce entnommen: *Three Quarks for Muster Mark*. (In der Physik ist nicht alles so ernst, wie es zuweilen erscheint!)
[3] Der Spin oder Drehimpuls eines Teilchens wird in Kap. 5 genau erklärt. Teilchen mit halbzahligem Spin nennt man *Fermionen*, Teilchen mit geradzahligem Spin heißen *Bosonen*. (Nach den theoretischen Physikern E. Fermi (1901–1954) und N.S. Bose (1894–1974))

Tabelle 1.2: Die Elementarteilchen

Unter-gruppe	Eigenschaft bzw. Name	Symbol	Masse[4] (MeV/c^2)	Elektrische Ladung[5]	
				Teilchen	Antiteilchen
QUARKS:					
1.	UP	u	5	+2/3	−2/3
	DOWN	d	10	−1/3	+1/3
2.	CHARME	c	1 500	+2/3	−2/3
	STRANGE	s	150	−1/3	+1/3
3.	TOP	t	175 000	+2/3	−2/3
	BOTTOM	b	4 700	−1/3	+1/3
LEPTONEN:					
1.	ELEKTRON	e	0,511	−1	+1
	EL.-NEUTRINO	ν_e	$< 4{,}5 \cdot 10^{-6}$	0	0
2.	MYON	μ	106	−1	+1
	MY-NEUTRINO	ν_μ	$< 170 \cdot 10^{-3}$	0	0
3.	TAU	τ	175	−1	+1
	TAU-NEUTRINO	ν_τ	< 24	0	0

Mesonen

Quark-Antiquarkverbindungen $u\bar{d}$, $\bar{u}d$ und $(u\bar{u} - \bar{d}d)$ führen auf die sog. π-*Mesonen* π^+, π^- und π^0. Die elementaren Fermionen der 2. und 3. Untergruppen sind instabil und zerfallen in die leichteren Grundbausteine. Bei diesem Zerfall bleibt jeweils die Gesamtladung erhalten.

Bei den Quarks kommt eine interessante Besonderheit hinzu: Trotz vieler Versuche ist es bisher nicht gelungen, Quarks als isolierte Teilchen nachzuweisen, und vieles deutet daraufhin, daß es prinzipiell unmöglich ist. Dies ist eine Folge des Kraftgesetzes zwischen zwei Quarks, das grob mit dem eines Gummibandes oder einer Stahlfeder verglichen werden kann. Die anziehende Wirkung wird um so stärker, je mehr sich die Quarks voneinander zu entfernen versuchen. Die aus Quarks zusammengesetzten Teilchen werden unter dem Oberbegriff Hadronen zusammengefaßt, was besagen soll, daß diese Teilchen einer starken (ἁδρός = griech: stark) Wechselwirkung unterliegen.

Hadronen

Immer noch mysteriöse Teilchen sind die Neutrinos, die neutralen Partner der geladenen Leptonen (Elektron, Myon, Tau). Es gibt drei verschiedene

---

[4] Die Teilchenmassen werden in MeV/c^2 angegeben. 1 MeV/c^2 entspricht etwa gerade der Masse zweier Elektronen. Bei den Neutrinomassen bestehen noch Unsicherheiten in der Massenbestimmung. Der Wert null wird jedoch heute von den meisten Fachleuten als richtig betrachtet.

[5] Die elektrische Ladung ist hier immer angegeben in Einheiten einer Elektronenladung. Sie kann positiv oder negativ sein.

Arten davon: das zum Elektron gehörende Elektron-Neutrino (ν_e), das zum Myon gehörende Myon-Neutrino (ν_μ) und schließlich das Tau-Neutrino (ν_τ), das kürzlich beobachtet wurde. Eines der großen Rätsel ist der Wert der Masse der Neutrinos. Experimentell gibt es bisher nur Grenzen für die Massen, die in Tabelle 1.2 angegeben sind, wobei inzwischen gesichert ist, daß die Neutrinos ebenfalls Massen besitzen.

Tabelle 1.3: Die Grundkräfte der Natur, ihre Quellen (Ladungen) und Austauschteilchen

Grundkräfte	Quellen (Ladung)	Austauschteilchen
Stark	Farbladungen	Gluonen
Elektromagnetisch	Elektrische Ladung	Photonen
Schwach	Schwache Ladung	Z^0, W-Bosonen
Gravitation	Masse	Gravitonen

Allgemein wird heute angenommen, daß zwischen den Grundbausteinen der Materie vier verschiedene Grundkräfte wirken können. Dabei geht man von der Vorstellung aus, daß Kräfte immer von gewissen „Ladungen" (von denen es außer den elektrischen auch noch andere geben kann) erzeugt und von sogenannten *Austauschteilchen* übertragen werden. Im Gegensatz zu den Grundbausteinen (Quarks und Leptonen) besitzen die Austauschteilchen einen ganzzahligen Spin. (Teilchen mit dieser Eigenschaft werden als Bosonen bezeichnet.) In Tabelle 1.3 sind die in der Natur vorkommenden Kräfte zusammen mit den Ladungen, an denen sie angreifen, und den jeweiligen Austauschteilchen in der Reihenfolge ihrer Stärke aufgelistet. Die an zweiter und dritter Stelle genannten Kräfte werden heute in einer vereinheitlichten Theorie der elektroschwachen Wechselwirkung behandelt.

Austauschteilchen sind keine Elementarteilchen, sondern sie vermitteln nur die Kräfte zwischen den Elementarteilchen.

1.2.1 Starke (oder Farb-)Wechselwirkung

Die außerordentlich starken Kräfte, die zwischen den Quarks wirken, sollen im folgenden kurz beschrieben werden. Aus der Systematik der in der Hochenergiephysik beobachteten Teilchen läßt sich folgern, daß jedes Quark einen inneren Freiheitsgrad besitzt, der drei verschiedene Zustände annehmen kann, und in anschaulicher Weise als Farbe oder Farbladung interpretiert wird. Tabelle 1.4 zeigt die möglichen Farbladungen der Quarks und Antiquarks. Die Farbladungen sind die Quellen der starken Kräfte zwischen den Quarks und werden durch den Austausch von sog. *Gluonen* (Glue in engl. heißt Leim) übertragen. Die Gluonen tragen je eine Farb- und eine Antifarbladung und können daher auch untereinander stark wechselwirken. Diese Eigenschaft der Gluonen führt vermutlich zu dem vorher beschriebenen Einschluß der Quarks in den Hadronen. Es ist ein aus der

Beobachtung gewonnenes Ergebnis, daß in der Natur nur solche Quark-
Kombinationen (Hadronen) auftreten, die nach außen hin farbneutral sind.
Da die Gluonenkräfte nur an resultierenden Farbladungen angreifen, wirken
auf farbneutrale Hadronen über große Entfernungen keine Kräfte. Nur wenn
sich zwei Nukleonen so nahe kommen, daß ihre Quarks und Gluonen mitein-

Tabelle 1.4: Die starken Farbladungen der Quarks und Antiquarks

QUARKS		ANTIQUARKS	
Farbe	Symbol	Anti-Farbe	Symbol
Rot	r	Anti-Rot	$\bar{r}$
Blau	b	Anti-Blau	$\bar{b}$
Grün	g	Anti-Grün	$\bar{g}$

ander wechselwirken können, treten starke Farbkräfte auf. Die starken Kräfte
zwischen zwei Nukleonen und deren geringe Reichweiten lassen sich somit
auf eine indirekte Restwechselwirkung der Farbkräfte zurückführen.

1.2.2 Elektromagnetische Wechselwirkung

Die zweitstärkste Grundkraft ist die elektromagnetische Wechselwirkung.
Sie wirkt auf alle geladenen Teilchen und wird durch den Austausch von
Photonen, den Quanten des elektromagnetischen Feldes, die keine Ladungen
irgendwelcher Art besitzen, übertragen. Die relativ große Reichweite der
Coulombkräfte hängt damit zusammen, daß die Photonen masselos sind.
Man kann zeigen, daß hieraus eine mit dem Quadrat des Abstandes r
abnehmende Kraft folgt, was man auch für die Coulomb-Kräfte zwischen
zwei ruhenden Ladungen q_1 und q_2 findet. Gleiche Ladungen stoßen sich ab,
Ladungen ungleichen Vorzeichens ziehen sich an.

$$F_{\text{Coulomb}} = \frac{1}{4\pi\varepsilon_0} \cdot \frac{q_1 \cdot q_2}{r^2}$$ **Coulombsches Kraftgesetz**

(Hierin ist ε_0 eine Konstante, die sog. Dielektrizitätskonstante $= 8{,}854 \cdot 10^{-12}$ As/Vm.)[6] Neben elektrostatischen Kräften können auch magnetische
Kräfte auftreten, z.B. zwischen zwei stromdurchflossenen Leitern. Diese ma-
gnetische Kraft, welche die Grundlage vieler elektrischer Maschinen bildet,
hängt nicht von der Ladung ab, sondern nur von der Größe und Richtung
der Ströme. Bewegt man eine Ladung nicht mit konstanter Geschwindigkeit, sondern unterwirft sie einer beschleunigten Bewegung (Beschleunigen,

---

[6] Näheres zu den Einheiten A = Ampère und V = Volt in Band II

Abbremsen oder auch periodische Schwingungen), so sendet diese beschleunigte Ladung elektromagnetische Wellen aus.

Es sei auch erwähnt, daß die Kraftwirkung der beschleunigten Ladung auf eine andere im Abstand r nur mit $(1/r)$ abnimmt (statt mit $(1/r^2)$ wie bei ruhenden Ladungen). Dies ist von eminenter technischer Bedeutung für die Fernseh-, Rundfunk- und Nachrichtenübertragungen mit elektromagnetischen Wellen, sowie für die Ausbreitung von Wärmestrahlung und Licht über große Entfernungen.

Nach den Gesetzen der elektromagnetischen Wechselwirkungen, auf die wir in PHYSIK II ausführlich eingehen werden, verlaufen fast alle Erscheinungen, die wir in der Natur finden und in der Technik nutzen. Diese Wechselwirkung ist nicht zuletzt auch die Grundlage der Biochemie und des Lebens.

1.2.3 Schwache Wechselwirkung

Die schwache Wechselwirkung wirkt auf alle Quarks und Leptonen. Sie wird von schweren Vektorbosonen W^+, W^- und Z^0 übertragen, die aufgrund ihrer großen Massen ($M(Z^0) = 91{,}186$ GeV/c², $M(W^\pm) = 80{,}356$ GeV/c²) eine extrem kurze Reichweite (kleiner als ein Nukleonendurchmesser) besitzen. Bosonen tragen eine positive (W^+) oder eine negative (W^-) elektrische Elementarladung. Das „schwere Photon", Z^0, ist elektrisch neutral wie das Photon. Die schweren Bosonen koppeln an alle elementaren Fermion-Anti-Fermionpaare. So kann z.B. ein W^--Boson in ein $e^- + \bar\nu_e$, oder ein $\mu^- + \bar\nu_\mu$ zerfallen und koppelt auch an ein $(\bar u d)$-Quarkpaar. Auf diese Weise lassen sich alle schwachen Zerfälle beschreiben. Die schwache Wechselwirkung ist also die Ursache für alle Zerfälle, bei denen ein Lepton in ein anderes Lepton oder ein Quark in ein anderes Quark übergeht. Beispiele hierfür sind der β-Zerfall des Neutrons

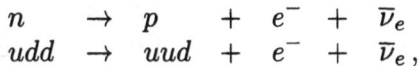

$$\begin{aligned} n &\rightarrow p &+ e^- &+ \bar\nu_e \\ udd &\rightarrow uud &+ e^- &+ \bar\nu_e, \end{aligned}$$

bei denen ein d-Quark in ein u-Quark übergeht, oder der Myonenzerfall

$$\mu^- \rightarrow e^- + \bar\nu_e + \nu_\mu,$$

bei dem ein Myon in ein Elektron überführt wird. Gegenüber den übrigen Grundkräften hat die schwache Wechselwirkung eine weitere Besonderheit. Sie ist nicht *paritätserhaltend*, d.h. nur linkshändige elementare Fermionen (bzw. rechtshändige Antifermionen) tragen eine schwache Ladung, mit der sie zur schwachen Wechselwirkung beitragen.

1.2.4 Gravitation

Die Gravitation ist die schwächste Wechselwirkung, die wir kennen. Sie ergibt immer eine anziehende Kraft zwischen zwei massebehafteten Teilchen. Dabei ist belanglos, ob es sich um Teilchen oder Antiteilchen handelt, und wie groß deren elektrische Ladungen sind. Die stets anziehende Gravitationskraft F_{Grav} ist nur bestimmt durch die Massen beider Teilchen (m, M) sowie durch deren gegenseitigen Abstand r nach folgendem Gesetz:

$$F_{\text{Grav}} = \gamma\, \frac{m \cdot M}{r^2}$$ **Newtons Gravitationsgesetz**

Dabei ist γ die universelle Gravitationskonstante $(= 6{,}6 \cdot 10^{-11}\,\text{Nm}^2/\text{kg}^2)$. Als Wechselwirkungsteilchen werden masselose Gravitonen angenommen, die bisher nur indirekt durch die Beobachtung von schnell rotierenden binären Pulsaren nachgewiesen werden konnten (s.u.). Die Gravitation ist in der mikroskopischen Welt vernachlässigbar: So ist die Gravitationsanziehung zwischen 2 Elektronen 10^{-39} schwächer als die elektrische Coulomb-Abstoßung zwischen ihnen. Dennoch besitzt die Gravitationswechselwirkung größte Bedeutung für die Struktur und Bewegung der großen (ungeladenen) Objekte des Universums: die Erde und die anderen Planeten bewegen sich nur unter dem Einfluß der Gravitation um die Sonne (Tabelle 1.5 gibt einige Daten unseres Planetensystems wieder).

Tabelle 1.5: Das Planetensystem (und der Mond)

	Masse $(10^{24}\,\text{kg})$	Radius $(10^3\,\text{km})$	mittl. Dichte (g/cm^3)	mittl. Abstand von der Sonne $(10^8\,\text{km})$	Exzentrizität	Umlaufperiode (Tage)
Sonne	1 990 000	695	1,41			
Merkur	0,31	2,43	5,4	0,580	0,206	88
Venus	4,88	6,05	5,2	1,081	0,0068	225
Erde	5,98	6,37	5,52	1,496	0,0167	365,26
Mars	0,64	3,38	3,9	2,278	0,093	687
Jupiter	1 900	69,7	1,3	7,781	0,048	4 332
Saturn	568	58,2	0,69	14,27	0,054	10 759
Uranus	86,8	23,4	1,6	28,69	0,046	30 684
Neptun	103	22,7	2,3	45,00	0,008	90 710
Pluto	~1,08	5,7	~1,65	59,10	0,246	
				mittl. Abstand von der Erde:		um die Erde:
und der Mond	0,073	1,74	3,3	384 400 km	0,0549	27,37

Erwähnt sei auch an dieser Stelle, daß analog zu beschleunigten elektrischen Ladungen auch beschleunigte Massen in der Lage sein sollten, die Gravitationswirkung auf eine andere Masse in Form sog. *Gravitationswellen*, die sich mit Lichtgeschwindigkeit ausbreiten, auszustrahlen. Der direkte Nachweis von Gravitationswellen auf der Erde ist bisher noch nicht gelungen. Der Energieverlust schnell rotierender Doppelsterne durch die Abstrahlung von Gravitationsstrahlung wurde jedoch beobachtet[7] und 1993 durch den Physik-Nobelpreis ausgezeichnet.

Gravitationswellen

Unsere Sonne gehört mit mehr als 10^{10} anderen Sternen mit sonnenähnlichen Massen zum Milchstraßen- oder galaktischen System, und wir bewegen uns alle zusammen um das galaktische Zentrum. Neue Infrarotuntersuchungen deuten darauf hin, daß sich im Zentrum unserer Milchstraße ein massives *schwarzes Loch*[8] befindet, aus dem keine Strahlung mehr zu uns gelangen kann, und das wir nur noch durch seine Gravitationswirkung auf Nachbarsterne wahrnehmen können. Alle diese Sterne, auch die in außergalaktischen Nebeln (d.h. in anderen „Galaxien"), haben sich nach unseren heutigen Vorstellungen unter dem Einfluß der Gravitation vor einigen Milliarden Jahren aus Dichteschwankungen der interstellaren Materie gebildet. Diese makroskopischen Wirkungen der Gravitation seien an den drei Bildern 1.1, 1.2a und 1.2b illustriert.

Schwarze Löcher

Zum Abschluß möchten wir noch auf ein wissenschaftlich hochaktuelles Phänomen in der Entwicklungsgeschichte alter Sterne hinweisen. Unter dem Einfluß der Gravitation kontrahieren sich alle Sterne, wobei so hohe Temperaturen entstehen, daß Kernreaktionen eingeleitet werden. Wenn die Masse des Sterns größer ist als das 1,5-fache der Sonne, kann die Freisetzung der Kernenergie in so kurzer Zeit erfolgen, daß der Stern explodiert und dabei einen Teil seiner Schale abstößt. So entsteht eine *Supernova-Explosion*, nach der sich im Zentrum des explodierten Sterns die zurückgebliebene Masse (etwa eine Sonnenmasse) auf eine Kugel mit einem Durchmesser von nur 10 km zusammenzieht! Dieses so stark kontrahierte Objekt besitzt dann eine mittlere Dichte, die etwa fünfmal höher ist als die eines Atomkernes. Es hat sich also unter dem Einfluß der Gravitation ein „Riesenkern" gebildet, von dem man vermutet, daß er im wesentlichen aus Neutronen und neutronenreichen Atomkernen besteht. Man spricht daher von der Bildung eines *Neutronensterns*. In den Supernova-Explosionen werden auch alle in der Natur vorhandenen schweren Elemente durch Kernreaktionen und anschließende Zerfälle zu stabilen Kernen gebildet.

Supernova

Neutronenstern

---

[7] siehe: T. Piran: „Neutronendoppelsterne", Spektrum der Wissenschaft, S. 52 (Juni 1996). Siehe auch Kap. 5 in diesem Band.

[8] Näheres zu „schwarzen Löchern" u.a. in den sehr lesenswerten Büchern von R. Kippenhahn (100 Milliarden Sonnen) und von St. W. Hawking (Eine kurze Geschichte der Zeit), die beide in den Literaturhinweisen am Schluß dieses Kapitels zitiert sind.

Bild 1.1: Der kugelförmige Sternhaufen NGC 6205 im Sternbild des Herkules enthält weit über 100 000 Einzelsterne und ist etwa 22 000 Lichtjahre von uns entfernt. Entsprechend der Abnahme der anziehenden Kraft nimmt die Sterndichte vom Zentrum nach außen ab. (Bildquelle: G. Gamow: Die Geburt des Alls, Hans Reich Verlag, München, 1959)

Bild 1.2a: Eine der großen Galaxien, die uns am nächsten liegt, ist der große Nebel der Andromeda NGC 224 (Entfernung: 2 Millionen Lichtjahre, Durchmesser 100 000 Lichtjahre). Die Sterne haben sich in einer Ebene kontrahiert. Zwei kleine elliptische Sternsysteme begleiten ihn. (Bildquelle: vgl. Bild 1.1)

Bild 1.2b: Der Spiralnebel NGC 5195 in den Jagdhunden zeigt ausgeprägte Spiralarme, die sich infolge des Drehimpulses herausgebildet haben. So ähnlich müssen wir uns auch unsere Milchstraße vorstellen. (Bildquelle: vgl. Bild 1.1)

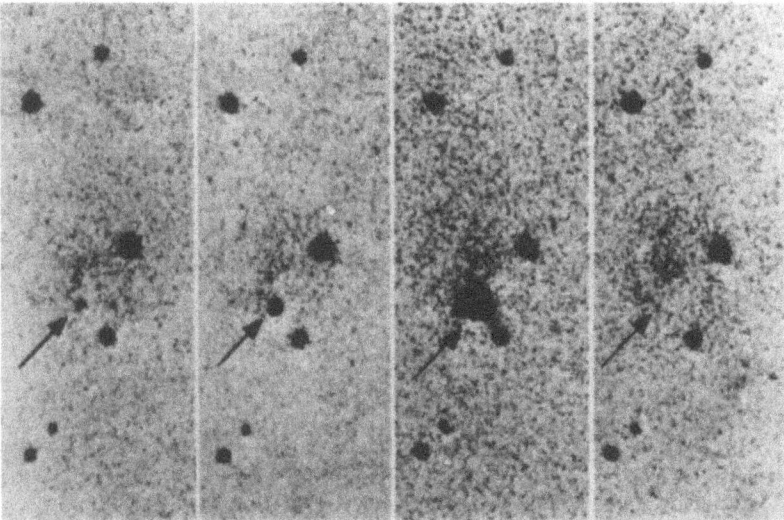

Bild 1.3: Die Bildfolge (Bildnegative) zeigt die verschiedenen Stufen einer Supernova-Explosion, die im Jahre 1937 beobachtet wurde. Während der Explosion erreicht der explodierende Stern etwa die 10^8-fache Leuchtkraft eines normalen Sterns. Das Ereignis fand vor 5 – 10 Millionen Jahren statt. (Bildquelle: vgl. Bild 1.1)

1.3   Die Struktur der Materie

In diesem Abschnitt wollen wir eine Übersicht über den Aufbau der Materie geben, wie sie für die Problemstellungen der Kernpyhsik, Atomphysik, Molekülphysik, Physik der kondensierten Materie, der Chemie und Biologie von grundlegender Bedeutung ist. Die detaillierte Beschreibung erfolgt in PHYSIK III und IV.

1.3.1   Kerne

Die starke Wechselwirkung führt zu den großen Kräften zwischen den zum Aufbau der Kerne wichtigen Nukleonen, der Neutronen und Protonen. Man kann zeigen, daß im Prinzip diese Wechselwirkung zwischen Nukleonen auf dem Austausch von Quark-Antiquarkpaaren (Mesonen) beruht, wobei die leichtesten Mesonen, die π-Mesonen, eine besondere Rolle spielen. Die Gesetze der Kernwechselwirkung sind sehr kompliziert, und ihre Erforschung ist noch immer eines der Hauptziele der Kern- und Elementarteilchenphysik. Hier sollen nur qualitativ einige Eigenschaften dieser Wechselwirkung beschrieben werden:

Die Nukleon-Nukleon-Wechselwirkung hat nur eine kurze Reichweite. Kräfte zwischen Nukleonen treten nur bei Abständen von kleiner als $2 \cdot 10^{-15}$ m auf. Bei größeren Abständen sind sie bedeutungslos. Die kurze Reichweite rührt von der endlichen Masse der ausgetauschten Quark-Antiquarkpaare her.

Die Kraft zwischen zwei Nukleonen ist abhängig von der relativen Bahn und der Eigendrehung beider Nukleonen. Es gibt neben *anziehenden* auch *abstoßende Anteile.* Diese Abstoßung dominiert bei Abständen unter $0{,}4 \cdot 10^{-15}$ m. Zwischen $0{,}4 \cdot 10^{-15}$ m und $2 \cdot 10^{-15}$ m erfolgt Anziehung, und bei noch größeren Abständen verschwindet die Kraft.

Die Nukleon-Nukleon-Wechselwirkung ist ladungsunabhängig, d.h. n-n, n-p und p-p Paare üben die gleichen Kräfte aus, wenn sie sich vergleichbar bewegen.

Die Nukleon-Nukleon-Kraft ist verantwortlich für die Existenz von gebundenen Systemen aus mehreren Nukleonen, den Kernen. Der einfachste zusammengesetzte Kern besteht aus einem Neutron und einem Proton: dem Deuteron. Dieser Kern ist stabil, d.h. er kommt „in der Natur" vor. Weitere stabile leichte Kerne sind zu finden bei

3 Nukleonen:	^{3}He:	2 Protonen + 1 Neutron
4 Nukleonen:	^{4}He:	2 Protonen + 2 Neutronen
5 Nukleonen:	kein stabiler Kern	
6 Nukleonen:	^{6}Li:	3 Protonen + 3 Neutronen

Der nukleonreichste, in der Natur vorkommende Kern ist ^{238}U, der aus 92 Protonen und 146 Neutronen besteht. Er hat einen Radius von $8 \cdot 10^{-15}$ m verglichen mit $0{,}8 \cdot 10^{-15}$ m für ein einzelnes Proton oder Neutron. Das Kernvolumen steigt im allgemeinen linear mit der Nukleonenzahl an, d.h. *die Dichte der Kernmaterie ist bei allen Kernen etwa die gleiche.*

Es ist eine interessante Tatsache, daß in erster Näherung die stabilen Kerne *etwa gleich viele Neutronen wie Protonen* enthalten, wie aus Bild 1.4a ersichtlich.

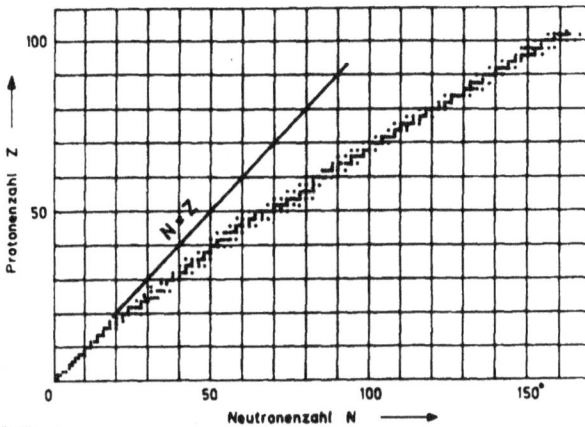

Bild 1.4a: Übersicht über die stabilen Kerne in Abhängigkeit von der Protonen- und Neutronenzahl: In erster Näherung enthalten die stabilen Kerne etwa gleich viele Neutronen wie Protonen. Bei den schweren Kernen ist ein geringer Neutronenüberschuß vorhanden, gewissermaßen als „Kitt" für die abstoßenden Coulombkräfte, die mit zunehmender Protonenzahl stark anwachsen.

Wodurch wird nun die Zahl der Neutronen und Protonen, die stabile Kerne bilden, begrenzt? Bei den schwersten Kernen ist es die abstoßende Coulombkraft der Protonen, welche die anziehende starke Wechselwirkung übersteigt. Schwere Kerne neigen daher zum Zerfall unter Aussendung von ^{4}He-Kernen (α-Zerfall) oder sie spalten sich in zwei leichtere (spontane Kernspaltung). Warum aber kommt ein so kleiner Kern wie das 3-Nukleonsystem (Tritium), das nur aus 1 Proton und 2 Neutronen besteht, zum Zerfall?

Nach 12,35 Jahren hat sich die Hälfte der Tritiumkerne in ^{3}He-Kerne (die aus 2 Protonen und 1 Neutron bestehen) umgewandelt. Die Ursache dieser Umwandlung von einem Neutron (des Tritiumkerns) in ein Proton (des ^{3}He-Kerns) liegt in der sog. *schwachen Wechselwirkung*, wobei sich ein Neutron in ein Proton umwandelt unter Aussendung eines Elektrons und eines Antineutrinos, weil dieser Endzustand energetisch günstiger ist (siehe den Abschnitt „Schwache Wechselwirkung" weiter oben in diesem Kapitel).

1.3.2 Atome

Nach den oben diskutierten Elementarteilchen und Kernen sind die Atome die nächst einfachsten Bausteine der Materie, die auch erst die chemischen Eigenschaften definieren. Sie bestehen aus den schweren positiven Atomkernen, die von einer leichteren Hülle negativer Elektronen umgeben sind. Die geladenen Protonen der Kerne üben eine anziehende Kraft auf die Elektronen aus. Die Elektronen bewegen sich unter dem Einfluß der elektromagnetischen Wechselwirkung mit den Protonen und untereinander.

In einem normalen Atom ist die Zahl der Elektronen gleich der Protonenzahl. Wegen der exakten Gleichheit von Elektronen- und Protonenladung ist daher ein Atom normalerweise elektrisch völlig neutral und es übt auf ein Elektron, das sich in großer Entfernung relativ zur Ausdehnung des Atoms befindet, in erster Näherung keine elektrische Kraft aus: die anziehende Kraft der Protonen wird kompensiert von der gleich starken abstoßenden der Elektronen.

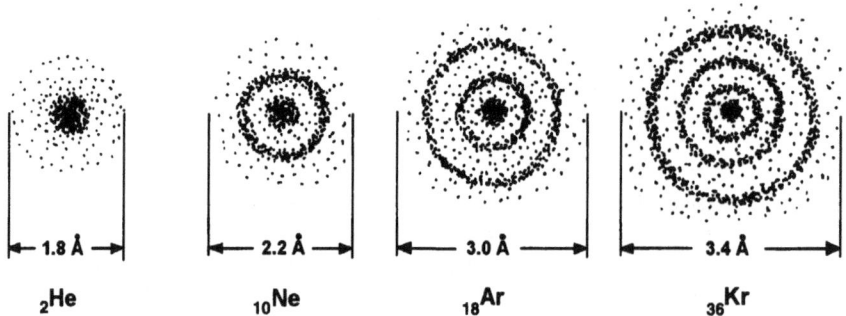

|← 1.8 Å →| |← 2.2 Å →| |← 3.0 Å →| |← 3.4 Å →|

$_2$He $_{10}$Ne $_{18}$Ar $_{36}$Kr

Bild 1.4b: Die Verteilung der Elektronen in einigen Edelgasatomen: Die Elektronen folgen keinen wohldefinierten „Planetenbahnen". Die dunklen Bereiche deuten Orte mit hoher Aufenthaltswahrscheinlichkeit der Elektronen an (1 Å = 1 Angström = 0,1 nm = 10^{-10} m)

Atomstruktur

Der Aufbau von Atomen sei am Beispiel einiger Edelgas-Atome in Bild 1.4b näher beschrieben: im Zentrum dieser Atome befinden sich für Helium 2, für Neon 10, für Argon 18 und für Krypton 36 Protonen (sowie die entsprechende zur Stabilität des Kernes erforderliche Anzahl von Neutronen). Um diese sind die Elektronen verteilt, deren Zahl genau der Protonenzahl im Kern entspricht. Wir werden später sehen, daß die Elektronen keinen wohldefinierten „Planetenbahnen" folgen. Man kann in der Atomphysik nur angeben, wie wahrscheinlich es ist, ein Elektron in bestimmten Regionen aufzufinden. Demzufolge soll die Dichte der Punkte in Bild 1.4b nur die mittlere Aufenthaltswahrscheinlichkeit für Elektronen andeuten. Die Durchmesser der Atome vergrößern sich von $1,8 \cdot 10^{-10}$ m für Helium bis zu $3,4 \cdot 10^{-10}$ m für Krypton. In der Chemie nennt man die Zahl der Protonen im Atom die *Ordnungszahl*. Im neutralen Atom stimmt sie mit der Zahl der Elektronen überein. Jede Ordnungszahl definiert ein chemisches *Element*. Bisher hat man 113 Elemente entdeckt und als solche eindeutig identifiziert. In noch unbestätigten Experimenten wurden Hinweise auf Kerne bis zum Element 118 gefunden. Ein Teil davon existiert allerdings nur für kurze Zeit im Laboratorium: Sie kommen in der Natur nicht vor, da sie instabile Kerne besitzen. Instabile schwere Kerne werden mittels Neutroneneinfangreaktion und folgenden β-Zerfällen oder im Fall der schwersten Elemente durch Verschmelzung zweier Kerne in einer „Kernverschmelzungsreaktion" erzeugt. Das schwerste künstlich erzeugte Element mit der Ordnungszahl 112 wurde 1996 bei der GSI in Darmstadt, durch Verschmelzung von Zn-Kernen der Ordnungszahl 30, mit Blei-Kernen der Ordnungszahl 82 synthetisiert. (Näheres dazu bei: G. Münzenberg und M. Schädel: „Moderne Alchemie, die Jagd nach den schwersten Elementen", Vieweg, 1996). Von den Chemikern werden alle Elemente in das von Mendelejew konzipierte Periodensystem (siehe Buchende) eingeordnet, welches die Elemente nach ihren periodisch wiederkehrenden ähnlichen chemischen Eigenschaften in Gruppen, wie z.B. die der Alkalimetalle oder der Edelgase, klassifiziert. Diese periodisch wiederkehrenden Eigenschaften werden, wie wir später sehen werden, nur von den äußersten Elektronen bestimmt.

Mendelejews Periodisches System der Elemente

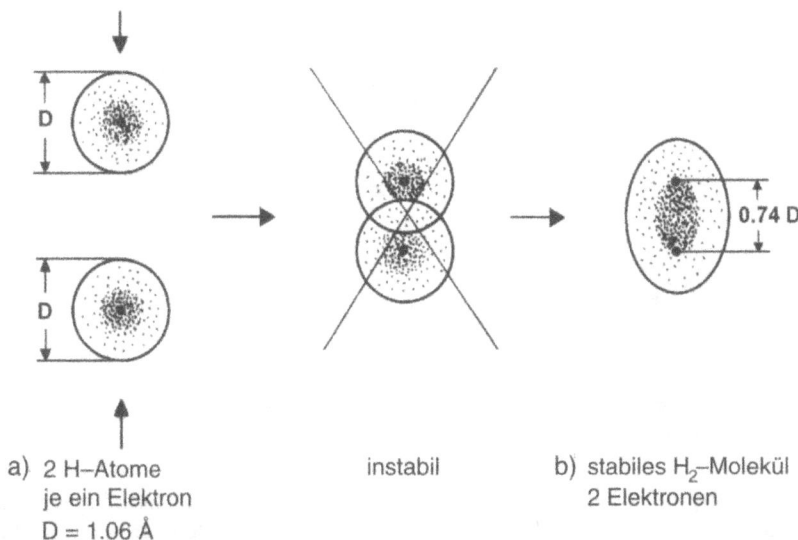

a) 2 H–Atome
je ein Elektron
D = 1.06 Å

instabil

b) stabiles H_2–Molekül
2 Elektronen

Bild 1.5: Die homöopolare Bindung des Wasserstoffmoleküls: Nähern sich zwei Wasserstoffatome auf einen Abstand kleiner als ihr Durchmesser D, so durchdringen sich die Elektronenhüllen beider Atome. Diese Ladungsverteilung ist jedoch nicht stabil. Vielmehr verteilen sich die Elektronen so zwischen den Kernen, daß ein Gleichgewicht zwischen den elektrischen Kräften besteht: bei größerem Kernabstand treten anziehende, bei kleinerem Abstand abstoßende Kräfte zwischen den Kernen auf.

1.3.3 Moleküle

Homöopolare
Bindung im
Wasserstoff-
Molekül

Zwischen den Atomen gibt es eine Reihe von Kräften, die zur stabilen Aneinanderreihung von Atomen in einem *Molekül* führen können. Diese bindenden Kräfte hängen mit den elektrischen Ladungen zusammen; die zwischen den Kernen liegende negative Elektronenladung ist verantwortlich für die Anziehung zwischen beiden positiven Kernen. Diese Art von *homöopolarer Bindung* zwischen Atomen ist besonders stark und gehört zu den wichtigsten chemischen Bindungen (siehe auch Bild 1.5).

Einige Moleküle bestehen nur aus wenigen Atomen wie HF, $HgCl_2$, H_2O und CH_4, deren Struktur schematisch in Bild 1.6 dargestellt ist. Während die inneren Elektronen mit den jeweiligen Atomen fest verbunden bleiben, verteilen sich die äußeren Elektronen neu zwischen den Atomen und veranlassen so – wie oben beschrieben – die chemische Bindung. Die Kernabstände im Molekül sind nicht als starr anzusehen: auch in Molekülen führen Atome Bewegungen aus, zum Beispiel Schwingungen um die Gleichgewichtslage.

Kettenmoleküle,
auch Polymere
oder
Makromoleküle
genannt, sind die
Basis aller
Kunststoffe.

Andere Moleküle, insbesondere die biologisch wichtigen *Makromoleküle*,

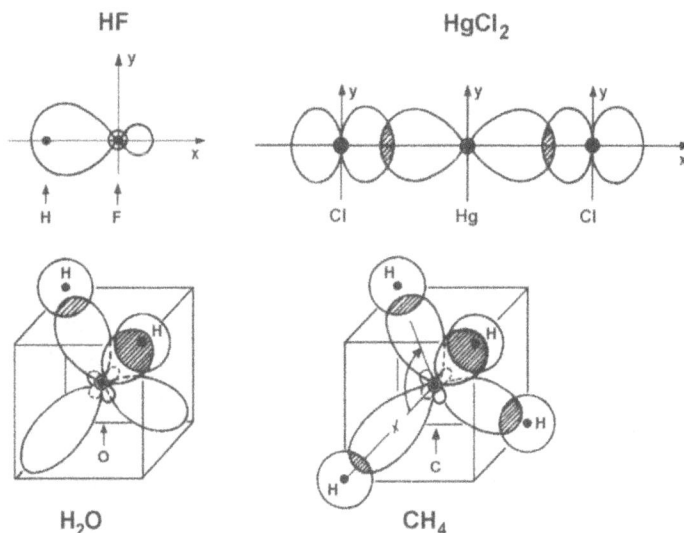

Bild 1.6: Beispiele von einfach aufgebauten Molekülen: Während die inneren Elektronen (gekennzeichnet durch kleine Ringe) mit den jeweiligen Atomen fest verbunden bleiben, können sich die äußeren – mit unterschiedlicher Wahrscheinlichkeit – im ganzen Molekül aufhalten. Meist beteiligen sich 2 Elektronen an einer Bindung, wobei ihre Aufenthaltswahrscheinlichkeit in einer Region zwischen den Kernen am größten ist (σ-Bindung). Die Moleküle können sowohl gestreckt als auch gewinkelt sein mit genau bekannten Atomabständen (z.B. H–F: $0{,}92 \cdot 10^{-10}$ m, Cl–Hg–Cl: $2{,}30 \cdot 10^{-10}$ m) und Bindungswinkeln (z.B. H–O–H: $104{,}5°$, CH_4: $109{,}5°$). (Bildquelle: V. Gutmann und E. Hengge, Allgemeine und anorganische Chemie, Verlag Chemie, Weinheim, 1971)

können aus sehr *vielen* Atomen aufgebaut sein. Zum Beispiel enthält ein typisches Proteinmolekül, das Hämoglobin, welches für den Sauerstofftransport im Blut verantwortlich ist, vier Ketten von je 148 Aminosäuren und ist etwa 68 000 mal schwerer als ein Wasserstoffatom. Es gehört zu den erstaunlichen Leistungen der lebenden Zelle, daß sie in der Lage ist, so große Proteinmoleküle mit spezifischer Aminosäuresequenz ohne Fehler in einigen

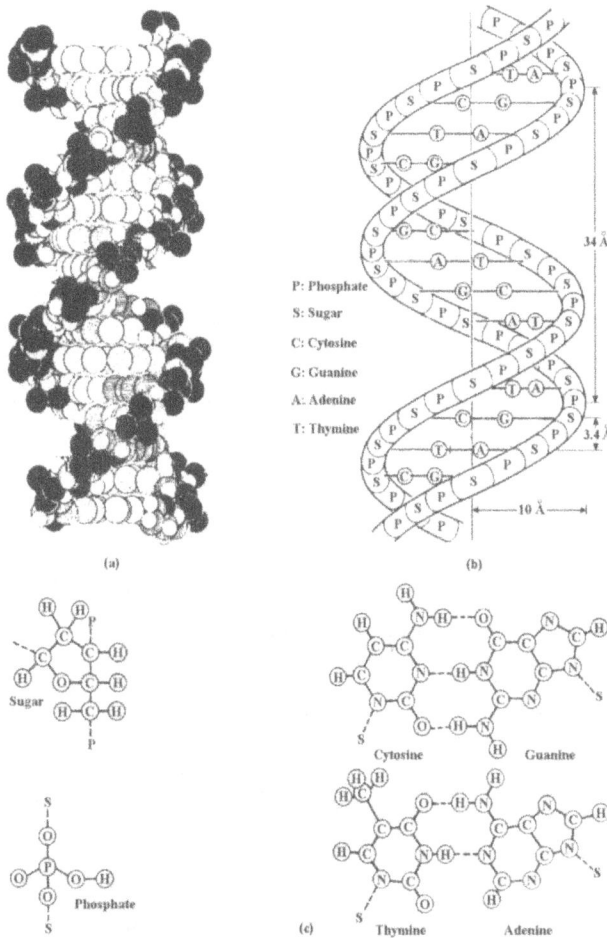

Bild 1.7: Crick-Watson-Modell des DNS-Moleküls, des Trägers aller genetischen Informationen. Die Desoxyribonukleinsäure (DNS) ist eines der bestuntersuchten Riesenmoleküle. Röntgenbeugungsexperimente haben eine Doppelhelixstruktur gezeigt. Die beiden Helices sind verbunden durch Basenpaare A–T (Adenin–Thymin) oder C–G (Cytosin–Guanin) ähnlich den Sprossen einer Leiter. Jede Folge von 3 Basenpaaren (Sprossen) entspricht einer Informations-Einheit. Auf einem Faden von 1 m Länge lassen sich also über 10^8 Informationen oder Buchstaben unterbringen, d.h. derselbe Informationsgehalt wie eine Bibliothek von 500 Bänden. (Bildquelle: Alonso-Finn, Fundamental University Physics, Vol. 1, Addison Wesley Publishing Company, Reading, 1969, 1. Auflage)

Sekunden zu synthetisieren. Die gesamte Information zur Biosynthese dieser und vieler anderer Substanzen, welche die Zelle produziert, ist enthalten in einem DNS-Molekül (<u>D</u>esoxyribo<u>n</u>ukleins<u>ä</u>ure). Bild 1.7 zeigt die berühmte Doppelhelixstruktur dieses Moleküls, welches in jeder menschlichen Zelle eine Länge von etwa 1 Meter besitzt, aber in einem Volumen von weniger als 10^{-18} m^3 „verpackt" ist. Die gesamte Information ist auf diesem langen Fadenmolekül durch die Sequenz von drei Basenpaaren (siehe Bild 1.7) analog zu einem Lochstreifen gespeichert[9].

Biomoleküle (wie z.B. Proteine) sind gefaltete Kettenmoleküle

Die Zahl der bekannten Moleküle ist außerordentlich groß, und täglich werden neue Moleküle in den Laboratorien synthetisiert[10] oder in biologischen Substanzen entdeckt. Das Zusammenwirken vieler verschiedener Biomoleküle in jeder lebenden Zelle und die zielgerichtete Kooperation aller Zellen im Organismus ist erst teilweise verstanden. So besteht z.B. unser Gehirn aus 10^{10} Nervenzellen (Neuronen), zwischen denen noch 10^{13} Verknüpfungen bestehen. Die erstaunlichen Leistungen dieses komplexen Systems, zu denen auch unser „Geist" und unser „Bewußtsein" gehört, zu verstehen, ist wohl die interessanteste aber auch schwierigste Forschungsaufgabe der Zukunft. Hier berühren sich Natur- und Geisteswissenschaften.

Schließlich sei auch auf die rasch wachsende technische Bedeutung anderer Makromoleküle, der sog. hochpolymeren Verbindungen, hingewiesen. Die Produktion an hochpolymeren Kunststoffen übersteigt bereits seit einigen Jahren die Stahlproduktion.

1.3.4 Die Materie bei verschiedenen Temperaturen

Ein System von vielen gleichartigen Atomen oder Molekülen kann im *festen, flüssigen* oder *gasförmigen* Zustand vorliegen. Es ist primär die Wärmebewegung der Atome relativ zur Bindung, die mit der Temperatur ansteigt und die zu den verschiedenen Aggregatzuständen der Materie führt.

Alle festen Stoffe sind entweder kristallin geordnet oder amorph wie die Gläser

Unterhalb der sog. Schmelztemperatur liegt ein System von vielen Atomen in der Regel *in fester kristalliner oder amorpher Form* vor. Im Kristallgitter sind die Atome in räumlich periodischer Anordnung an Gleichgewichtslagen gebunden. Bei tiefen Temperaturen sind auch oft die äußeren Elektronen jedes Atoms an diesen Gitterpositionen lokalisiert und können sich nicht fortbewegen: ein solcher Kristall ist ein elektrisch nichtleitender *Isolator*. Bei einigen Kristallen jedoch, den sog. *Metallen,* ist die Bindung der äußeren

---

[9] Zur Geschichte der Entdeckung, siehe: Watson, J.D.: Die Doppelhelix, Rowohlt, Hamburg (1996)

[10] Ein besonders schönes Beispiel sind die von W. Krätschmer und D. Huffmann 1990 synthetisierten Fußball-ähnlichen C$_{60}$-Moleküle mit einem sphärischen Netz von 60 Kohlenstoffatomen. Sie werden (nach dem Architekten B. Fuller Fullerene genannt (Näheres in Kap. 6).

Elektronen an das lokalisierte Atom zu schwach, und diese Elektronen können sich von einem Atom zum anderen bewegen: Metalle sind daher elektrisch leitend. Auch bei Isolatoren tritt bei erhöhten Temperaturen immer eine gewisse Leitung – die sog. *Halbleitung* – auf, weil die äußeren Elektronen aufgrund der erhöhten thermischen Bewegung doch die Bindung an „ihr" Atom teilweise überwinden können. Auf diese technisch bedeutenden Prozesse der Elektronenleitung in festen Körpern werden wir in PHYSIK II ausführlicher zurückkommen.

Nach dem elektrischen Leitvermögen unterscheidet man Metalle, Halbleiter und Isolatoren

Im *festen Zustand*, z.B. im Kristall, kann jedes Atom um die Gitterposition, an die es gebunden ist, schwingen. Je höher die Temperatur, desto größer wird die thermische Schwingungsamplitude der Atome. Bei der Schmelztemperatur erreicht nun diese thermische Schwingungsamplitude etwa 10 Prozent des interatomaren Abstands. Der Kristall schmilzt, weil die Atome bei so großen Amplituden nicht mehr fest an den Gitterplatz gebunden sind, sondern sich in dem Medium, das nunmehr zur *Flüssigkeit* geworden ist, mehr oder weniger frei von Platz zu Platz bewegen können. Beim Phasenübergang vom festen in den flüssigen Zustand ändern sich die interatomaren Abstände nur wenig: Jedes Atom bewegt sich aufgrund seiner Wärmebewegung nach wie vor im Kraftfeld der Nachbaratome; zum Beispiel an der Flüssigkeitsoberfläche wird jedes Atom von den anziehenden Kräften der Nachbaratome festgehalten. Daher können von der Flüssigkeitsoberfläche nur die Atome entweichen, deren thermische Geschwindigkeit groß genug ist, um die attraktiven Kräfte der anderen zu überwinden. Dieser Vorgang heißt *Verdampfung*. Da nur die schnellsten Atome verdampfen, bleiben in der Flüssigkeit die langsameren zurück. Die Flüssigkeit kühlt sich daher beim Verdampfen ab.

Lindemann-Regel für die Schmelztemperatur

In der *Gasphase* oberhalb der Flüssigkeit ist die mittlere Zahl der Atome pro Volumeneinheit sehr viel kleiner als in den kondensierten Phasen (fest und flüssig). Dadurch ist auch der mittlere interatomare Abstand groß verglichen mit der Reichweite der Kräfte zwischen ihnen. Die Teilchen bewegen sich in Gasen im wesentlichen frei. Nur manchmal kommen sie sich so nahe, daß sie im Stoß ihren Bewegungszustand ändern. Ihre charakteristische mittlere Geschwindigkeit steigt mit wachsender Temperatur an. Schließt man ein Gas zum Beispiel in den Zylinder eines Motors ein, so stoßen die Teilchen gegen die Zylinderwände sowie den Kolben und üben einen Druck auf den Kolben aus, der um so stärker ist, je höher die Gastemperatur ist. Zwischen dem Druck und der Temperatur besteht eine sehr einfache Beziehung (der Druck nimmt linear mit der Temperatur zu), worauf wir weiter unten in diesem Band bei der Diskussion der Wärme zurückkommen werden.

Gase

Erhöht man die Temperatur und damit die Geschwindigkeit der Atome im Gas noch erheblich weiter, so kann bei den heftigen Stößen zwischen zwei

Plasmen

Atomen sogar zuweilen ein Elektron von seinem Atom losgerissen werden, wobei neben dem freien Elektron ein positiv geladenes Ion zurückbleibt. Ein Gas, in welchem viele Atome derart in Elektronen und Ionen aufgespalten sind, nennt man ein *Plasma*. Eine solche Aufspaltung tritt wegen der hohen Temperaturen (10^7 K) zum Beispiel im Inneren leuchtender Sterne auf.

Kernfusion

Seit etwa 25 Jahren versucht man in vielen Laboratorien der Welt, ein räumlich begrenztes Wasserstoffplasma stabil auf ähnlich hohe Temperaturen zu heizen, um den Prozeß der *Kernfusion*, der den Sternen ihre Energie liefert, auch auf der Erde in kontrollierter Weise in Gang zu bringen und zur Energiegewinnung zu nutzen. Wenn auch dieses Ziel bisher noch nicht erreicht werden konnte, so hat doch der Weg dahin zu vielen neuen Erkenntnissen über das Plasma und nicht zuletzt zu einer großen Entwicklung der Experimentierkunst im Umgang mit heißen Plasmen geführt. Im November 1991 ist es den Forschern am Joint European Torus (Jet) in Culham bei Oxford erstmals gelungen, ein aus Deuterium und Tritium bestehendes Wasserstoffplasma so stark aufzuheizen (über 50 Milliarden K), daß es kurzzeitig

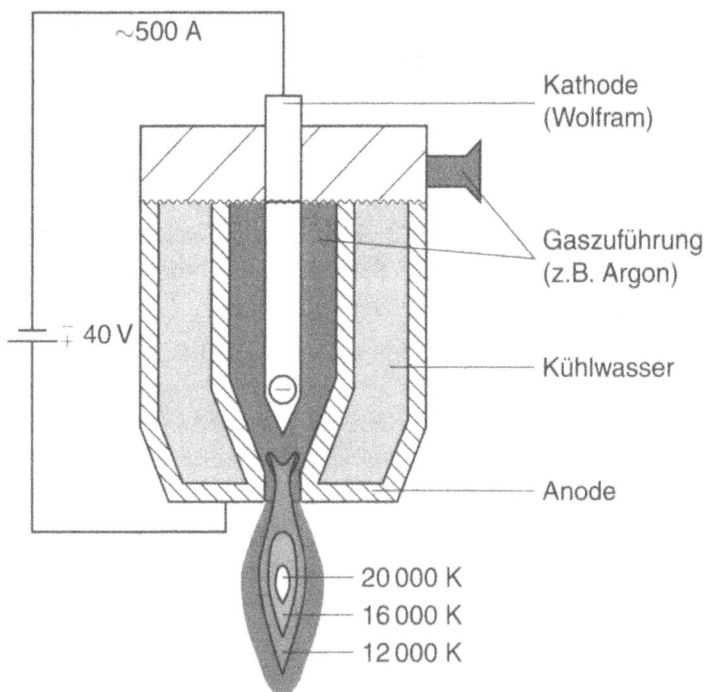

Bild 1.8: Plasmabrenner: Im Inneren des Plasmagenerators brennt eine elektrische Entladung und heizt das durchströmende Gas auf. Der emittierte Plasmastrahl erreicht außen Dauertemperaturen bis 20 000 K. Der Plasmabrenner wird u.a. verwendet zum Schmelzen, Schweißen und Schneiden von hochschmelzenden Materialien wie Wolfram und Titan. (Bildquelle: G. Hertz und R. Rompe, Einführung in die Plasmaphysik und ihre technische Anwendung, Akademie-Verlag, Berlin, 1968)

zu einer kontrollierten Kernfusion kam. Derzeit wird der Bau eines ersten thermonuklearen Reaktors (ITER) vorbereitet.

Als praktisches Beispiel sei der elektrisch geheizte *Plasmabrenner* (1920 von Gerdien in Deutschland erfunden) erwähnt, mit dem man heutzutage kontinuierlich Temperaturen von fast 20 000 K zur Materialbearbeitung einsetzen kann. (Siehe Bild 1.8).

1.4 Grundkonzepte physikalischer Naturbeschreibung

Bisher haben wir versucht, eine qualitative Übersicht über die existierenden Teilchen und ihre Wechselwirkung sowie über die Zustandsformen der uns umgebenden Materie zu geben. Jetzt wollen wir eine neue wichtige Frage stellen: *Wie bewegt sich ein Teilchen unter dem Einfluß der Wechselwirkungen?* Welches zum Beispiel ist die Bahn einer Mondrakete unter dem Einfluß der Gravitation, oder wie bewegen sich die Nukleonen im Kern aufgrund der starken Wechselwirkung?

Der erste Versuch einer Beantwortung dieser wichtigen Frage nach dem Bewegungsablauf unter dem Einfluß einer Kraft wurde von Newton 1687 unternommen. Die *Newtonsche Gleichung,* welche zur Grundlage der *klassischen Mechanik* gehört, gibt zum Beispiel den Zusammenhang zwischen einer Bewegungsgröße (der bald einzuführenden Beschleunigung) und der Kraft wieder. Diese Gleichungen waren zunächst empirische Formulierungen von unmittelbar beobachteten Größen, später zeigte sich, daß sie sich aus wesentlich allgemeiner gültigen Invarianzprinzipien, so zum Beispiel der Erhaltung von Energie und Impuls, herleiten lassen. (Wir haben bereits weiter oben von der Erhaltung der Ladung beim Zerfall von Elementarteilchen gesprochen und werden noch andere Erhaltungsgesetze kennenlernen.)

Mechanik ist das Studium der Bewegung unter der Wirkung von Kräften.

Der Anwendungsbereich der klassischen Mechanik ist groß: Durch sie wurde es erstmals möglich, die Bewegung der Planeten am Himmel und aller Objekte auf der Erde unter dem Einfluß der Gravitation richtig zu beschreiben. Auch die Wirkungsweise mechanischer Maschinen, die Rotation und Schwingungen ausgedehnter Objekte, die Kinematik bei Stoßprozessen großer Massen und viele andere Erscheinungen, sogar aus dem Gebiet der Thermodynamik, fanden in der klassischen Mechanik eine befriedigende Erklärung.

Anwendungen der klassischen Mechanik u.a. in Astronomie, Maschinenbau, Wärmelehre

So groß die Anfangserfolge der klassischen Mechanik auch waren, so war ihr Anwendungsbereich doch – wie sich erst in diesem Jahrhundert zeigte – durchaus beschränkt. Insbesondere stellte sich heraus, daß die Newtonschen Gleichungen außerhalb des Bereiches der Erfahrungen, aus denen

Klassische Mechanik nur gültig für kleine Geschwindigkeiten v, kleiner als die Lichtgeschwindigkeit

sie ursprünglich gewonnen wurden, nicht mehr gültig sind. Zum Beispiel kommt die klassische Mechanik zu völlig falschen Vorhersagen, wenn man sie auf die *Bewegung mit großen Geschwindigkeiten* (nahe der Lichtgeschwindigkeit) oder auf die *Bewegung in mikroskopischen Dimensionen* (wie die Elektronenbewegung im Atom) anwendet. Die klassische Mechanik bedarf im Gebiet hoher Geschwindigkeiten der Ergänzung durch die *Relativitätstheorie* und im Bereich atomarer Dimensionen durch die *Quantentheorie*. Beides sei noch ein wenig erläutert.

Die Newtonsche Mechanik benutzte ein *Konzept von Raum und Zeit,* nach dem die Zeit nicht vom Bezugssystem abhängt. Insbesondere sollte demnach eine ruhende und eine bewegte Uhr dieselbe absolute Zeit anzeigen. Dieser Zeitbegriff ist, wie wir seit Anfang des vergangenen Jahrhunderts wissen, falsch, so einleuchtend er zunächst auch erscheint: Es ist inzwischen experimentell erwiesen, daß bei einer Relativgeschwindigkeit zwischen beiden Uhren die eine schneller läuft als die andere. Dies wurde zuerst 1905 von Einstein vorhergesagt. Die erstaunlichen Konsequenzen seiner *Relativitätstheorie* machen sich besonders bei hohen Geschwindigkeiten bemerkbar: Kein Körper kann sich zum Beispiel schneller bewegen als mit Lichtgeschwindigkeit, und bei der Annäherung an die Lichtgeschwindigkeit wird seine Masse unendlich groß. Beides steht im Widerspruch zur klassischen Mechanik, die demnach nur bei sehr viel kleineren Geschwindigkeiten gültig bleibt. (Die Relativitätstheorie wird in PHYSIK II ausführlich behandelt. Wir wollen daher hier nicht weiter darauf eingehen.)

Die klassische Mechanik wird ungültig bei der Bewegung sehr kleiner Objekte (z.B. von Atomen).

Die andere Grenze für die Gültigkeit der Newtonschen Mechanik liegt in der Bewegung kleiner Massen in kleinen Dimensionen, wie schon oben angedeutet. Zum Beispiel können wir mit der klassischen Mechanik nicht

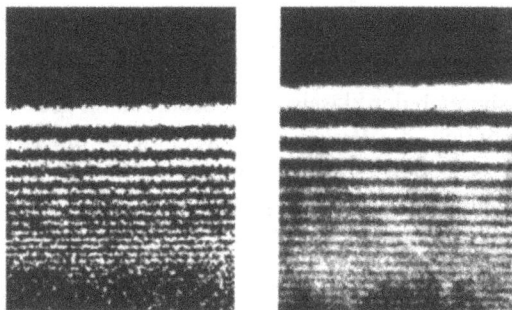

Bild 1.9: Beugung von Lichtwellen und Elektronen an einer Kante. Das bekannte Beugungsbild von Lichtwellen (linkes Bild) wird verglichen mit dem Resultat eines Experiments, in dem Elektronen hinter einer Kristallkante beobachtet wurden. Die so entstandene Elektronenaufnahme ist rechts vergrößert wiedergegeben, um die gleiche Struktur beider Bilder deutlich zu machen. (Bildquelle: A.P. French, A.M. Hudson, Physics-A New Introductory Course, MIT 1965, Science Teaching Center, Massachusetts Institute of Technology)

die Bewegung der Nukleonen im Kern beschreiben, selbst wenn uns die Kraftgesetze der starken Wechselwirkung wohl bekannt wären. Genauso wenig ist auch die Bewegung der Elektronen im Atom oder die chemische Bindung zwischen Atomen mit Hilfe der klassischen Mechanik zu verstehen. Ähnliches gilt für die Bewegung der Atome im Festkörper sowie die Lichtemission von Atomen. Wir fassen zusammen: Keine der wesentlichen Fragen im Zusammenhang mit der mikroskopischen Struktur der Materie ist beantwortbar mit den Gesetzen der klassischen Mechanik.

Wie bewegen sich nun die Elektronen in einem Atom, wenn nicht nach den Gesetzen der Newtonschen Mechanik? Zur Beantwortung dieser Frage sind eine Reihe von grundlegenden Experimenten von J. Davisson und L.H. Germer wichtig, die 1927 zum ersten Mal deutlich zeigten, daß sich überraschenderweise Teilchen (z.B. Elektronen) in Bewegung genauso ver-

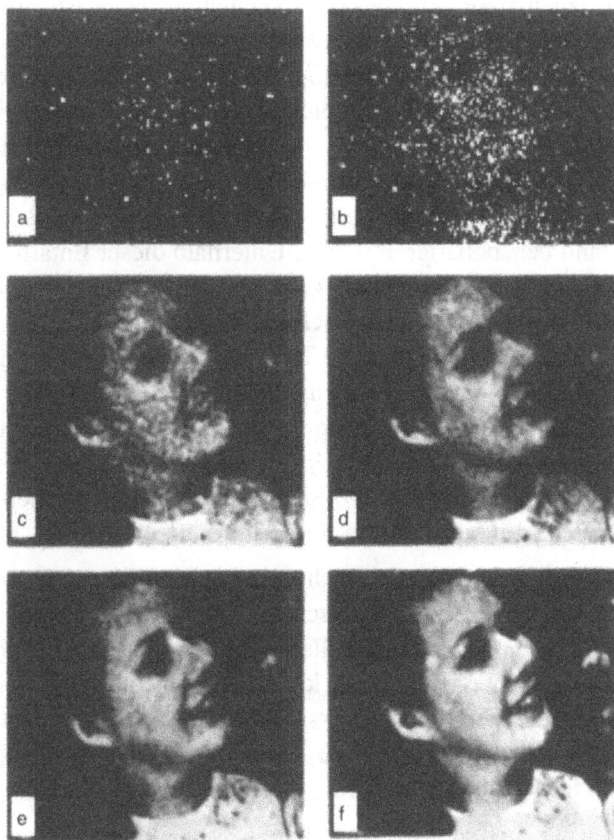

Bild 1.10: Photographie eines Mädchens mit variabler Belichtungszeit. Die Struktur der Bilder zeigt deutlich die granulare Eigenschaft der Lichtwellen. Die Zahl der Photonen wächst stetig von 10^3 im ersten Bild bis zu 10^7 im letzten. (Bildquelle: A. Rose, Advances in Biology and Med. Phys., **5**, 211, (1957))

halten wie laufende Wellen. Dies entsprach genau der von L. de Broglie 1924 formulierten Hypothese. Seitdem steht aufgrund vieler neuer Beobachtungen allgemein fest: *Teilchen verhalten sich wie Wellen und Wellen wie Teilchen.* Wir wollen zwei solcher Beobachtungen hier anführen: Im ersten Experiment (siehe Bild 1.9) wollen wir ein Phänomen beschreiben, das mit Teilchen (nämlich mit Elektronen) hervorgebracht wurde, und in dem man deutlich eine Wellenerscheinung sieht. Im zweiten Versuch (Bild 1.10) wollen wir zeigen, daß umgekehrt auch elektromagnetische Lichtwellen sich wie Teilchen verhalten. Dieser gleichzeitig beobachtete Wellen- und Teilchencharakter der Materie bildet die Grundlage der sog. *Wellenmechanik* oder *Quantenmechanik,* deren Entwicklung u.a. durch Born, Heisenberg und Schrödinger zu den großartigen Höhepunkten der Physik in unserem Jahrhundert gehört. Dies wird ausführlich im 3. Band dieser Serie (Zinth/Körner: PHYSIK III, Teil B) diskutiert.

Nach diesen neuen Erkenntnissen der Quantenmechanik ist mit jeder Bewegung eines Teilchens, z.B. eines Atoms, eine Welle verbunden, deren Wellenlänge (die sog. *deBroglie-Wellenlänge*) mit sinkender Teilchengeschwindigkeit anwächst. Kühlt man daher eine atomare Flüssigkeit oder ein atomares Gas immer weiter ab, was die Teilchengeschwindigkeit verlangsamt, so wird schließlich eine kritische Temperatur (die sog. *Entartungstemperatur*) erreicht, bei der die deBroglie-Wellenlänge genauso groß wird wie der Abstand benachbarter Teilchen. Unterhalb dieser Entartungstemperatur zeigen Flüssigkeiten und Gase ganz neuartige Quanteneigenschaften. Flüssiges ^{4}He wird z.B. aus diesem Grund unterhalb von 2,18 K (entsprechend etwa $-271\,^\circ$C) plötzlich superfluid. Dieser Phasenübergang, der für Atome mit ganzzahligem Spin auftritt, heißt Bose-Einstein-Kondensation und wurde vor kurzem auch in Gasen beobachtet, allerdings dem größeren Teilchenabstand entsprechend bei viel tieferen Temperaturen. (Hierzu siehe PHYSIK IV, Abschnitt 15.4 und Wolfgang Ketterle: *Bose Einstein Condensation* in http://cna.mit.edu/Ketterle_group/introduction_to_BEC.htm.)

Quantenmechanik oder Wellenmechanik

Der Wellencharakter der Materie macht sich bei Raumtemperatur allerdings erst bei Bewegungen in mikroskopischen Dimensionen, die so klein sind wie die Wellenlängen der Materiewellen (Abstand benachbarter Wellenberge) entscheidend bemerkbar. Da so kleine Dimensionen unserer direkten Anschauung nicht zugänglich sind, erscheinen uns auch die quantenmechanischen Gesetze, nach denen sich z.B. ein Elektron im Atom bewegt, ganz „unnatürlich". Dies wollen wir an einigen Beispielen erläutern:

Zuerst müssen wir uns von der gewohnten Vorstellung trennen, die Elektronen hätten an jedem Ort im Atom eine bestimmte Geschwindigkeit. Dies kann im Mikroskopischen *nicht* aufrecht erhalten werden. Nach einer Grundregel der Quantenmechanik kann man nämlich *grundsätzlich* nicht gleichzeitig den Ort *und* die Geschwindigkeit der Elektronen genau messen. Vielmehr wird nach der sog. *Heisenbergschen Unschärferelation* die Unschärfe der Ortsbestimmung (Δx) umso größer, je kleiner die Unschärfe der Geschwindigkeit (Δv) ist:

$$\boxed{\Delta x \cdot \Delta v_{\mathrm{x}} = \text{const.}}$$ **Heisenbergs Unschärferelation**

Für die Bewegung kleiner Teilchen gilt Heisenbergs Unschärferelation. Sie ist eine Folge des Wellencharakters der Materie

Die Konsequenz dieser neuartigen quantenmechanischen Regel besteht darin, daß man in atomaren Dimensionen dem Elektron keine scharfe Geschwindigkeit und damit auch keine feste Bahn mehr zuordnen kann.

Als Anwendung der Unschärferelation wollen wir versuchen, zunächst eine überraschende Eigenschaft des Atoms, nämlich seine Größe, zu erklären. *Warum hat die Elektronenhülle eines H-Atoms einen Durchmesser von etwa* 10^{-10} m, obwohl der Kern um fast fünf Größenordnungen kleiner ist? Im Rahmen der klassischen Mechanik sollte man erwarten, daß in der stabilsten Anordnung alle Elektronen durch die Coulombkraft in das Kerninnere gezogen würden. Wenn die Elektronen sich nur im Kern befinden würden, wäre aber ihr Ort sehr genau lokalisierbar. Entsprechend der oben genannten quantenmechanischen Regel müßten sie eine große Unschärfe in der Geschwindigkeit besitzen. Es würden also große Geschwindigkeiten vorkommen, die es den Elektronen ermöglichen würden, die Coulombkraft im Kerninneren zu überwinden und zu entweichen. Anstelle dessen gehen die Elektronen einen Kompromiß ein: sie nehmen zwar einen größeren Raum ein und bewegen sich dafür aber mit einer kleineren mittleren Geschwindigkeit. So bleiben sie also an den Kern gebunden, aber in relativ großem Abstand.

In diesem Zusammenhang sei auch erwähnt, daß die Atome sich in einem Kristall auch am absoluten Nullpunkt der Temperatur noch bewegen. Warum? Nun, wenn sie ruhen würden ($\Delta v = 0$), müßten sie nach der Unschärferelation einen unendlich großen Platz zur Verfügung haben ($\Delta x = \infty$). Da ihr Spielraum aber durch die Nachbarn beschränkt ist, bleiben sie selbst bei $T = 0$ noch in Bewegung (*Nullpunktsbewegung*).

Endliche Nullpunktsenergie von Atomen selbst bei $T = 0$

Im folgenden sei auch noch ein anderes wichtiges Prinzip der Quantenmechanik erwähnt, das die Erkenntnistheorie und Philosophie der Naturwissenschaften drastisch verändert hat. Quantenmechanisch gilt nämlich folgendes: Es ist – genau genommen – *nicht möglich, vorauszusagen, was sich an einem definierten Ort zu einer bestimmten Zeit ereignen wird*. Betrachten wir zum Beispiel einen Tritiumkern, der instabil ist und in ^{3}He, ein Elektron und ein Antineutrino zerfallen muß. Wir können den Zerfall durch das Auftreten eines Elektrons in einem Zählrohr nachweisen. Wenn wir aber einen bestimmten Tritiumkern betrachten, können wir grundsätzlich nicht voraussagen, *wann* der Zerfall erfolgen wird, d.h. wann wir das dabei entstehende

Vorhersagbarkeit und Kausalität von Mikroprozessen wird von der Quantenmechanik in Frage gestellt.

Elektron im Zählrohr nachweisen werden. Oder, wenn wir viele Kerne betrachten, können wir nur voraussagen, wie viele Tritiumkerne im Mittel in einem gewissen Zeitintervall zerfallen werden. Wenn wir die Zerfälle pro Sekunde wirklich genau messen, können es manchmal weniger oder mehr sein. Wir beobachten im statistischen Ticken des Zählrohres Schwankungen der Zählrate nach den Gesetzen der Statistik um den Mittelwert. Die unvermeidbare Beeinflussung des Zerfallsprozesses durch den Meßprozeß führt dazu, daß es prinzipiell unmöglich ist, eine genaue Voraussage zu machen, was bei einem *einzelnen* Experiment genau passieren wird. Wir können somit im Mikroskopischen nur *statistische* Aussagen machen.

Die Quantenmechanik bringt auch eine neue Beschreibung der elektromagnetischen Wechselwirkung: Eine elektromagnetische Welle kann nämlich auch als Teilchen angesehen werden. Dieses Teilchen nennt man ein *Photon*. Das Photon breitet sich wie das Feld der ihm zugeordneten Welle mit Lichtgeschwindigkeit im Raum aus.

Da die Quantenmechanik so wichtig ist für die Beschreibung der Materie im kleinen, werden wir im Laufe dieses Kurses schon relativ früh quantenmechanische Phänomene kennenlernen, um so möglichst bald eine Grundlage zum Verständnis der mikroskopischen Struktur der Materie und für die quantemechanischen Gesetzmäßigkeiten zu gewinnen.

Literaturhinweise zu Kapitel 1

Zur geschichtlichen Entwicklung:

Fermi, Laura: Atoms in the family, my life with Enrico Fermi, Chicago, Univ. Press (1995).

Einstein, A. und Infeld, L.: Die Evolution der Physik, von Newton zur Quantentheorie, Rowohlt, Bd. 12, Hamburg (1956).

Dirac, P.A.M.: The Evolution of the Physicist's Picture of Nature, Scientific American 208, May (1963).

Samburski, Shmuel: Der Weg der Physik, 2500 Jahre physikalischen Denkens, Originaltexte von Anaximander bis Pauli, Artemis-Verlag (1986).

Hermann, A.: Die Jahrhundertwissenschaft, Werner Heisenberg und die Physik seiner Zeit, Deutsche Verlagsanstalt (1977).

Teichmann, J.: Wandel des Weltbildes, Astronomie, Physik und Meßtechnik in der Kulturgeschichte, Rohwolt Taschenbuch Verlag (1985).

Hermann, A.: Einstein, Piper-Verlag (2004).

Westfall, R.: Isaac Newton, eine Biographie, Spektrum Akademischer Verlag, Heidelberg (1996).

Segré, E.: Die großen Physiker und ihre Entdeckungen, von den fallenden Körpern zu den Quarks, Piper-Verlag, München (1997).

Bürke, Th.: Newtons Apfel, Sternstunden der Physik von Galilei bis Lise Meitner, Beck-Verlag, München (1997)

Pais, A.: Ich vertraue auf Intuition: Der andere Albert Einstein, Spektrum Verlag, Taschenbuch (1998).

Zur Astronomie gestern und heute:

Hamel, J.: Nicolaus Copernicus, Eine Biographie, Spektrum Akademischer Verlag, Heidelberg (2002).

Kippenhahn, R.: 100 Milliarden Sonnen, Geburt – Leben – und Tod der Sterne, Piper Verlag (1993).

Unsöld, A. und Baschek, B.: Der neue Kosmos, Springer Verlag (2004).

Friedmann, H.: Die Sonne aus der Perspektive der Erde, Spektrum der Wissenschaft, Spektrum Akademischer Verlag, Heidelberg (1987).

Kippenhahn, R.: Unheimliche Welten, Planeten, Monde und Kometen, Deutsche Verlagsanstalt. Stuttgart (1987).

Hawking, St.W.: Eine kurze Geschichte der Zeit, die Suche nach der Urkraft des Universums, Rowohlt Verlag (1998).

Kippenhahn, R.: Licht vom Rande der Welt, das Universum und sein Anfang, Piper Verlag (1989).

Kippenhahn, R.: Der Stern von dem wir leben, den Geheimnissen der Sonne auf der Spur, Deutsche Verlagsanstalt, Stuttgart (1990).

Hornung, H.: Safari ins Reich der Sterne, Verlag Oetinger, Hamburg (1992).

Lyne, A.G.: Pulsare, Johann Ambrosius Barth Verlag (1993).

Zu den Elementarteilchen:

Weinberg, St.: Die ersten drei Minuten; der Ursprung des Universums, Piper-Verlag (1997).

Fritzsch, H.: Quarks, Urstoff unserer Welt, Piper-Verlag, Taschenbuch (2001).

Weinberg, S.: Teile des Unteilbaren, Spektrum der Wissenschaft, Spektrum Akademischer Verlag, Heidelberg (1984).

Teilchen, Felder und Symmetrien; Spektrum der Wissenschaft, Spektrum Akademischer Verlag, Heidelberg (1984).

Höfling, Oskar und Waloschek, Pedro: Die Welt der kleinsten Teilchen, Rowohlt Verlag (1984).

Elementare Materie, Vakuum und Felder; Spektrum der Wissenschafts, Spektrum Akademischer Verlag, Heidelberg (1986).

Ledermann, L. U.: Vom Quark zum Kosmos, Spektrum der Wissenschaft, Spektrum Akademischer Verlag, Heidelberg (1989).

Kosmologie und Teilchenphysik, Spektrum der Wissenschaft, Spektrum Akademischer Verlag, Heidelberg (1990).

Zur Plasma-Physik:

Pinkau, K.: Kernfusion mit magnetisch eingeschlossenen Plasmen, Physik in unserer Zeit 5, 138 (1982).

Plasmaforschung heute: www.ipp.mpg.de (Stand 2005)

Zur Biophysik:

Watson, J.D.: Die Doppelhelix, London; Weidenfeld & Nicolson (1968).

Eigen, M. und Winkler, R.: Das Spiel, Naturgesetze steuern die Evolution, Piper-Verlag (1990).

Hoppe, W., Lohmann, W., Markl, H. und Ziegler, H.: Biophysics, Springer Verlag (1984).

2 Grundbegriffe der Bewegung

Die Grundlagen der Bewegungslehre, d.h. der Beschreibung des Ortes eines bewegten Objektes als Funktion der Zeit, gehen auf Galileo Galilei (1564 – 1642) zurück. Der Anstoß hierzu war die aufsehenerregende Entdeckung des Nikolaus Kopernikus, daß viele Erscheinungen der Astronomie einfacher zu verstehen sind, wenn sich die Erde täglich um sich selbst dreht und dabei gleichzeitig zusammen mit den anderen Planeten die Sonne umkreist. Dies widersprach jedoch vollkommen der Vorstellungswelt des damaligen Menschen. So bedurfte zum Beispiel die Frage einer Klärung, warum nicht die Erde auf ihrer rasenden Fahrt durch den Raum den Mond verliert.

G. Galilei

N. Kopernikus

Bild 2.1

Deshalb begann Galilei, Bewegungsvorgänge auf der Erde, speziell die Fallbewegung und Wurfbahnen, genauer zu untersuchen. Im Gegensatz zu seinen Vorgängern schaute er jedoch nicht nur zu, sondern er plante genaue *Experimente* und machte *quantitative Beobachtungen* zum zeitlichen und räumlichen Ablauf von Bewegungen. So ließ er in einem Experiment eine Kugel langsam eine schiefe Ebene hinunterrollen und bestimmte, *wie weit* die Kugel in *welcher Zeit* rollte:

„... Wir verwendeten eine etwa 12 Ellen lange, eine halbe Elle breite und drei Fingerbreiten dicke Planke oder Bohle; an ihrer Schmalseite wurde eine etwa einen Finger breite, vollkommen gerade Rinne eingeschnitten; diese glätteten und polierten wir und kleideten sie mit möglichst glattem, gut poliertem Pergament aus. In der Rinne ließen wir eine harte, glatte und vollkommen runde Bronzekugel rollen. Wir lagerten das eine Ende der Planke ein bis zwei Ellen höher als das andere und ließen, wie ich soeben sagte, entlang der jetzt schief liegenden Rinne die Kugel rollen. Diesen Versuch wiederholten wir mehrere Male, um die Meßgenauigkeit der Zeit so weit zu erhöhen, daß die Abweichungen zwischen je zwei Beobachtungen nie größer als ein Zehntel Pulsschlag waren.

Als dies vollbracht war und wir uns von der Zuverlässigkeit der Methode überzeugt hatten, ließen wir die Kugel nur den vierten Teil der Gesamtlänge der Rinne durchlaufen; als wir die hierfür nötige Zeitspanne maßen, stellten wir fest, daß sie genau die Hälfte von der im ersten Versuch gemessenen betrug. Dann untersuchten wir andere Entfernungen und verglichen die zum Durchlaufen der gesamten Länge der Rinne benötigte Zeit mit der für die Hälfte, zwei Drittel, drei Viertel oder einen beliebigen Bruchteil benötigten; bei diesen Versuchen, die wir volle hundertmal wiederholten, erhielten wir stets das Ergebnis, daß sich die zurückgelegten Strecken wie die Quadrate der Zeiten verhielten; das traf für alle Neigungen der Ebene, d.h. der Rinne, zu, über die wir die Kugel rollen ließen.

Zur Messung der Zeit verwendeten wir ein großes, mit Wasser gefülltes, in erhöhter Lage aufgestelltes Gefäß; auf seinem Boden war ein Röhrchen mit kleinem Durchmesser angelötet, durch das ein dünner Wasserstrahl herausspritzte. Während der Laufzeit der Kugel über die ganze Länge der Rinne oder über einen Bruchteil ihrer Länge wurde das auslaufende Wasser in einem kleinen Glas gesammelt und anschließend auf einer sehr genauen Waage gewogen; die Differenzen und Verhältnisse der Gewichte gaben uns die Differenzen und Verhältnisse der Zeiten, und zwar mit solcher Genauigkeit, daß trotz vieler, vieler Wiederholungen keine nennenswerten Schwankungen der Meßwerte auftraten ...“

(Entnommen aus: Galileo Galilei, Abhandlungen und Demonstrationen zu zwei neuen Wissenschaften, erschienen im Jahre 1638.)[1]

Wir wollen dem Vorgehen Galileis folgen und zunächst besprechen, wie man die Zeit und die Entfernung messen kann.

2.1 Zeitmessung

Was ist das Wesen der Zeit?

Zuerst könnten wir fragen: *Was* ist *Zeit?* Die Zeit ist in mancher Hinsicht der grundlegendste Aspekt unseres Erlebens. Ein bekannter Naturphilosoph,

---

[1] Textnachweis: I.B. Cohen: „Geburt einer neuen Physik“, Kurt-Desch-Verlag (1960).

Hermann Weyl, definiert: „Zeit ist die Urform des Bewußtseinsstromes". Fließt Zeit wirklich kontinuierlich oder vergeht sie sprunghaft in kleinen Quanten? Gab es Zeit schon immer oder erst seit dem Urknall? Diese grundlegenden und teilweise philosophischen Fragen sind in einem neuen Buch von K. Mainzer[2] diskutiert. Der Volksmund meint darüber hinaus: „Kommt Zeit, kommt Rat" oder „Zeit heilt alles". Für die Beobachtung einer Bewegung scheinen diese Antworten nicht besonders nützlich zu sein. Da wir selbst das „Wesen der Zeit" auch nicht besser definieren können, wollen wir hier nur fragen, wie man Zeit *messen* kann.

Wie kann man Zeit messen?

Um die Länge eines Zeitintervalls abzuschätzen, können wir uns nicht auf unser „Zeitgefühl" verlassen. Wie unzuverlässig dieses Zeitgefühl sein kann, wird von Ernst Mach wie folgt beschrieben: „Wie sicherlich schon jeder erfahren hat, tritt während des Träumens ein eigentümlicher Anachronismus auf. Wir träumen zum Beispiel von einem Mann, der uns über eine halbe Stunde verfolgt und schließlich auf uns schießt. Dann erwachen wir plötzlich und nehmen erst jetzt den Gegenstand wahr, der gerade auf den Boden fällt und durch sein Fallen den ganzen Traum verursacht hat". Während des Träumens können offenbar in unserem Bewußtsein Zeiten von einer halben Stunde in Bruchteilen einer Sekunde ablaufen. – Andererseits wissen wir von Beobachtungen mit intermittierendem Licht, daß wir Vorgänge, die zeitlich weniger als 10 ms nacheinander ablaufen, zeitlich nicht mehr unterscheiden können.

Subjektiver Zeitablauf, z.B. in Träumen

Deshalb werden wir für eine zuverlässige Zeitmessung die Zeitintervalle mit einem zeitlich definiert ablaufenden physikalischen Vorgang vergleichen. Besonders einfach ist dieser Vergleich, wenn man periodische Vorgänge zugrunde legt, zum Beispiel die Bewegung der „Unruhe" einer Uhr. Dann besteht die Art, Zeit zu messen, nur noch darin, zu zählen, wie oft sich ein wohldefiniertes Ereignis wiederholt.

Uhren und Maßeinheiten der Zeit

Fragen wir z.B. einen lebenserfahrenen Beduinen, wie lange man braucht, um zur nächsten Oase zu kommen, so sagt er einfach: „Zehn Zigarettenlängen bis zum Ende mit King-Size-Filter." Man kann aber auch andere Maßeinheiten benutzen. Beispielsweise geht die Sonne Tag für Tag auf und steht mittags am höchsten Punkt des Himmels. Wir zählen die Kulminationen und machen Striche. Beim siebten Strich sagen wir, jetzt legen wir einen Ruhetag ein, um so die Woche, d.h. 7 Tage, nach Gottes Willen zu beendigen. Mit dem 8. Strich fängt eine neue Wochenperiode an. Um die Reproduzierbarkeit unserer Zeiteinheit, den Tag, zu überprüfen, müssen wir feststellen, ob wir immer gleich lange warten müssen, bis die Sonne kulminiert, oder anders ausgedrückt, sich die Erde einmal gedreht hat.

---

[2] K. Mainzer: „Zeit, von der Urzeit zur Computerzeit", Beck/Verlag München (2002)

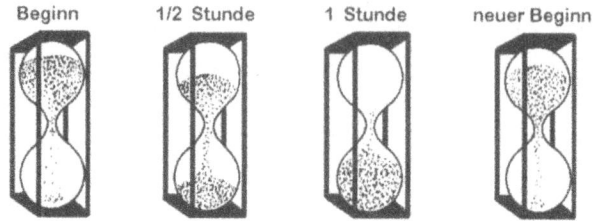

Bild 2.2: Stundenglas mit Sand („Sanduhr")

Wie können wir aber prüfen, ob die Zeitdauer der Tage immer gleich ist? Eine Möglichkeit besteht darin, daß wir die Tage mit anderen definierten Vorgängen vergleichen, z.B. mit einem Stundenglas, in dem Sand durch eine Verengung läuft. Zählen wir, wie oft wir ein Glas von Mittag bis Mittag umdrehen müssen, dann finden wir, daß jeder Tag ziemlich genau 24 Drehungen notwendig macht, also 24 Stunden enthält. Damit haben wir gezeigt, daß die *Stunde* und der *Tag* regelmäßige Perioden darstellen, genauer gesagt, daß die Regelmäßigkeit des Stundenglases und der Erdumdrehung zusammenpassen.

2.1.1 Kurze Zeiten

Während wir die Reproduzierbarkeit des Tages prüften, haben wir noch etwas Wichtiges dazugelernt. Wir können die Zeit dadurch genauer messen, daß wir den Tag in 24 Stunden unterteilt haben. Wir können die Unterteilung weiter treiben, indem wir regelmäßige Vorgänge mit noch kürzerer Periode untersuchen. Galilei konstruierte dazu ein Pendel:

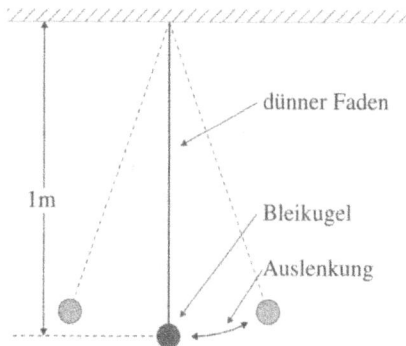

Bild 2.3: Das „Sekundenpendel" ist ein Pendel, das zu einer Halbschwingung eine Sekunde benötigt. Am 50. Breitengrad ergibt sich die erforderliche Pendellänge zu $l = 0,994\,\mathrm{m}$, also fast 1 m. Pendeluhren waren lange Zeit die genauesten Uhren (mittlerer täglicher Gang: 0,02 s).

Messung kurzer Zeiten durch periodische Vorgänge

Die Schwingungsdauer des skizzierten sog. *Sekundenpendels* ist unabhängig von der Auslenkung (falls diese klein ist gegenüber der Fadenlänge), auch unabhängig vom Gewicht der Bleikugel und hängt nur von der Länge des Fadens, an dem das Pendel aufgehängt ist, ab. Zum Beispiel für eine Fadenlänge von $(9,81/\pi^2)\,\mathrm{m} \approx 1\,\mathrm{m}$ schwingt das Pendel pro Stunde 1800 mal hin und ebenso oft her, so daß es also 3600 mal den gleichen Weg durchläuft. Damit haben wir den Tag in $24 \times 3600 = 86\,400$ Zeitintervalle aufgeteilt, die man *Sekunden* nennt. Wir können zwar die Zeit mit Pendeln kürzerer Schwingungsdauer noch etwas weiter unterteilen, dies gelingt jedoch wesentlich besser, wenn wir eine andere Art von periodischer Schwingung benützen, z.B. die mechanische Schwingung einer Stimmgabel oder einer flachen Quarzplatte (vgl. Bild 2.4).

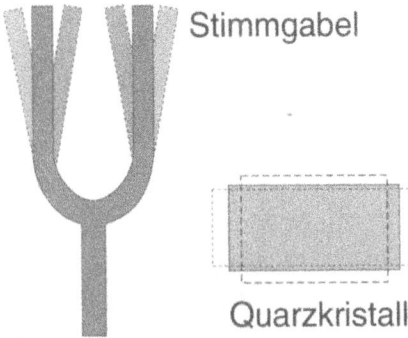

Stimmgabel

Quarzkristall

Bild 2.4: Stimmgabel- und Quarzuhr. Die Biegeschwingung einer Stimmgabel hat eine Schwingungsdauer von etwa 10^{-3} s, die „Dickenschwingung" eines etwa 1 mm dicken Quarzkristalls hat eine noch kürzere Periode von nur 10^{-7} s. Die Anregung der Schwingung und die Zählung der Perioden erfolgt elektronisch. Damit können Zeiten bis herab zu 10^{-3} s bzw. 10^{-7} s gemessen werden. Zudem sind vor allem Quarzuhren sehr genau (mittlerer täglicher Gang: 0,2 ms).

Man kann aber auch die periodischen Bewegungen von Atomen in einem Molekül oder der Elektronen im Atom zur Messung noch kürzerer Zeit benutzen. Als Beispiele seien die folgenden charakteristischen Freqenzen angegeben:

Ammoniak	$24\quad \cdot 10^9$	Schwingungen pro Sekunde
Wasserstoffatom	$1,5\ \cdot 10^9$	Schwingungen pro Sekunde
Caesiumatom	$9,19 \cdot 10^9$	Schwingungen pro Sekunde (genauer: $9,192\,631\,770 \cdot 10^9$)

Diese Schwingungsfrequenzen im Mikrowellen-, bzw. Radarfrequenzbereich sind außerordentlich genau bekannt, so daß man z.B. mit einer „Caesiumuhr" die Länge einer Sekunde auf 10^{-10} s genau messen kann. (Auf die praktische Duchführung der Zählung mit den Methoden der modernen Elektronik wollen wir hier nicht eingehen.)

2.1.2 Sehr kurze Zeiten

Kürzere Zeiten als 10^{-12} s können an einem schnell bewegten Objekt folgendermaßen bestimmt werden. Man mißt die Bahnlänge, die ein Objekt in einem Zeitintervall zurücklegt. Wenn man dessen Geschwindigkeit kennt, läßt sich das Zeitintervall aus der zurückgelegten Strecke ableiten.

Messung der Lebensdauer sehr kurzlebiger Teilchen

Beispiel: Lebensdauer eines π^0-Mesons

In der Elementarteilchenphysik wurde beobachtet, daß der Stoß eines π^--Mesons mit einem Proton eine Folge von Reaktionen auslösen kann, wie sie in Bild 2.5 gezeigt ist. Aus den Bahnen der geladenen Teilchen – nur diese werden hier direkt beobachtet – ist zu erkennen, daß ein neutrales Teilchen für eine kurze Zeit t existiert haben muß, das π^0-Meson:

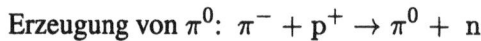

$$\text{Erzeugung von } \pi^0: \quad \pi^- + p^+ \to \pi^0 + n$$

$$\text{Zerfall von } \pi^0: \quad \pi^0 \to e^+ + e^- + \gamma$$

Da sich die π^0-Mesonen fast mit der Lichtgeschwindigkeit $c\,(= 3 \cdot 10^8\,\text{m/s})$ bewegen, kann man aus der Laufstrecke s die Lebensdauer t ermitteln:

$$t = (s/c)$$

Eine Bahnlänge von $s = 10^{-6}\,\text{m}$ ist mikroskopisch noch meßbar. Daher können auf diese Weise Lebensdauern und Zeiten bis herab zu etwa $3 \cdot 10^{-15}\,\text{s}$ bestimmt werden. (Aufgrund der *relativistischen Zeitdilatation* leben übrigens sehr schnell *bewegte* Teilchen viel länger als im Laborsystem *ruhende*. So lebt z.B. ein ruhendes π^0-Meson nur $10^{-16}\,\text{s}$.)

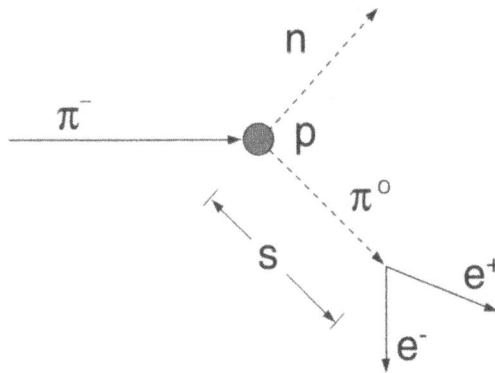

Bild 2.5: Erzeugung und Zerfall eines π^0-Mesons. Bei Beschuß von Protonen mit π^--Mesonen werden in einer fotografischen Emulsion oder in einer Blasenkammer die Bahnen des einfallenden π^--Mesons sowie des entstehenden Elektrons und Positrons beobachtet. Da offensichtlich das Ende der π^--Meson-Bahn und der Anfang der e^-- bzw. der e^+-Bahnen nicht zusammenfallen, muß dazwischen ein kurzlebiges (hier unsichtbares) Teilchen existiert haben, das π^0-Meson.

2.1.3 Lange Zeiten

Für Zeiten länger als einen Tag gibt es noch eine weitere natürliche Periodizität, nämlich die Erdbewegung um die Sonne; sie dauert ein Jahr oder 365,26 Tage. Für noch längere Zeiten müssen die Jahre gezählt werden. So wird z.B. die größte Pflanze der Welt, der Baum Sequoia Gigantea, 3000 Jahre alt und besitzt entsprechend 3000 Jahresringe, die man zählen kann. In der Archäologie und in der Erforschung der Erdgeschichte tritt zusätzlich die Schwierigkeit auf, daß wir unsere Uhr nicht mehr frei wählen können, sondern die *Datierung* auf Vorgänge stützen müssen, die von damals bis heute in der gleichen definierten Weise abliefen. Dazu werden häufig *Sedimente*, d.h. die Folge abgelagerter Gesteinsschichten verwendet, die in vielen Fällen früher unter dem Meeresspiegel lagen. Ein Sediment besonderer Art stellen die Gletscher, z.B. auf Grönland, dar. Die Analyse von *Gletscherbohrkernen* gibt uns zuverlässige Informationen über die Luftzusammensetzung und die Temperatur vor Tausenden von Jahren und damit über das damalige Klima und die *Eiszeiten*.[3] In den letzten Jahren hat sich auch eine andere Uhr als besonders zuverlässig erwiesen: *der radioaktive Zerfall*. Diese Uhr überstreicht den größten Zeitbereich, von 10^{-9} s bis zu einigen 10^9 Jahren. Letzteres entspricht dem Alter des Universums.

Der *radioaktive Zerfall* instabiler Kerne besitzt zwar keine Periodizität, aber folgende charakteristische Gesetzmäßigkeit: in einem Material befinden sich zu Beginn unserer Beobachtung N_0 Kerne. Nach einer für jeden radioaktiven

Erdgeschichtliche Datierung durch Sedimente, Gletscherbohrkerne und radioaktiven Zerfall

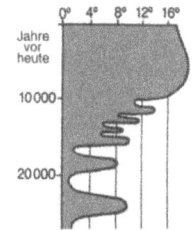

Die aus Gletscherbohrkernen bestimmte mittlere Temperatur Europas (in °C) in den letzten 25000 Jahren

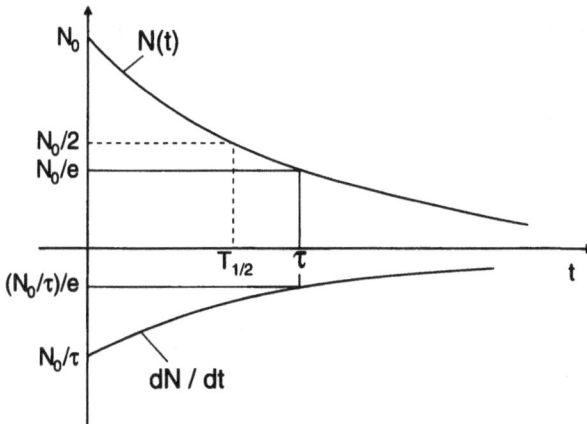

Bild 2.6: Radioaktiver Zerfall. Zahl der radioaktiven Kerne und Anzahl der Zerfälle pro Zeiteinheit als Funktion der Zeit

---

[3] Zu dem interessanten Thema der Eiszeiten und der nachträglichen Temperaturbestimmung aus dem (^{18}O/^{16}O)-Verhältnis in Gletscherbohrkernen siehe: W.S. Broecker: Plötzliche Klimawechsel, Spektrum der Wissenschaften, S. 86, Jan (1996) und K. Oeschger: Die Eiszeiten – ein geophysikalisches Experiment, Nova Acta Leopoldina, Bd. 277, 177 (1991)

Kern charakteristischen Zeit T, der sog. *Halbwertszeit,* ist die Hälfte aller
Kerne zerfallen. Nach einer weiteren Halbwertszeit ist von den übrigen nochmals die Hälfte zerfallen und nach einer dritten Halbwertszeit davon wieder
die Hälfte. Wie viele radioaktive Kerne sind also nach drei Halbwertszeiten
übriggeblieben? Die Antwort ist:

$$N_0 \cdot \frac{1}{2} \cdot \frac{1}{2} \cdot \frac{1}{2} = N_0 \cdot \left(\frac{1}{2}\right)^3$$

Nach beliebiger Zeit t, die $(t/T_{1/2})$ Halbwertszeiten überstreicht, gilt demnach:

$$N(t) = N_0 \left(\frac{1}{2}\right)^{t/T_{1/2}} = N_0 \cdot e^{\frac{-t}{(\ln 2) \cdot T_{1/2}}}$$

Mittlere
Lebensdauer

Bezeichnen wir nun den konstanten Faktor im Exponenten als Zerfallskonstante λ und ihren Kehrwert als *mittlere Lebensdauer* τ, so können wir das
obige *Zerfallsgesetz* noch einfacher schreiben:

$$\boxed{\begin{array}{l} N(t) = N_0 \cdot e^{-\lambda t} \\ \hline \lambda = \dfrac{1}{\tau} = \dfrac{1}{(\ln 2) \cdot T_{1/2}} \end{array}}$$
**Gesetz des
radioaktiven Zerfalls**
(2.1)

Wir wollen nun die Zahl der Kerne $\mathrm{d}N$ berechnen, die im Zeitintervall
zwischen t und $t + \mathrm{d}t$ zerfallen:

$$\mathrm{d}N = N(t + \mathrm{d}t) - N(t) = N'(t) \cdot \mathrm{d}t \,,$$

wobei

$$N'(t) = -\lambda \cdot N_0 e^{-\lambda t}$$

die 1. Ableitung von Gl. (2.1) nach der Zeit ist. Somit gilt:

$$\mathrm{d}N = -\lambda \cdot N_0 e^{-\lambda t} \mathrm{d}t$$

oder

$$\boxed{\mathrm{d}N = -\lambda \cdot N(t) \mathrm{d}t} \tag{2.2}$$

Dies bedeutet, daß die Zahl der Kerne, die pro Zeiteinheit zerfällt, proportional zur Zahl der vorhandenen radioaktiven Kerne ist.

Wir möchten an dieser Stelle darauf hinweisen, daß eine solche Bedingung bei vielen Prozessen in der Natur erfüllt ist, z.B. für den zeitlichen Abfall der Lichtemission angeregter Atome oder für das zeitliche Abklingen einer Schallwelle in einem absorbierenden Medium.

Übungsfrage: Welche Bedeutung hat das negative Vorzeichen in Gl. (2.2)?

Experiment zur Demonstration des Zerfallsgesetzes:

Ein Silberblech wird mit Neutronen bestrahlt. Dabei entsteht in der Reaktion

$$^{107}_{47}\text{Ag} + n \rightarrow {}^{108}_{47}\text{Ag} + \gamma$$

das Isotop $^{108}_{47}\text{Ag}$, das durch β^--Zerfall in $^{108}_{48}\text{Cd}$ mit einer Halbwertszeit von 2,4 Minuten zerfällt:

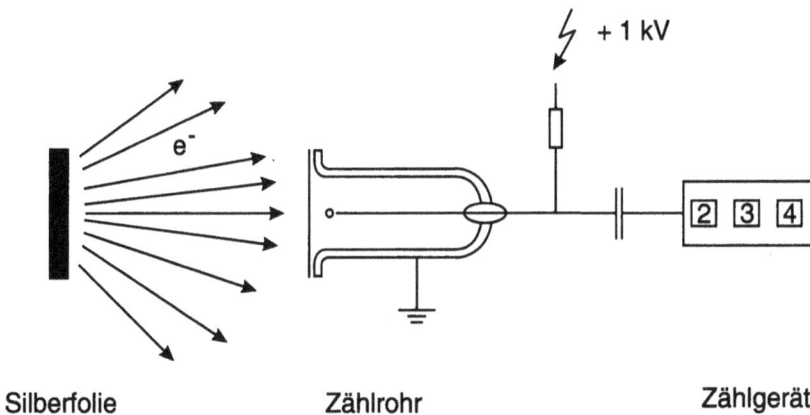

$$^{108}_{47}\text{Ag} \rightarrow {}^{108}_{48}\text{Cd} + e^- + \bar{\nu}_e$$

Bild 2.7: Versuchsaufbau zur Demonstration des Zerfallsgesetzes. Durch Neutronenbestrahlung wurde in einer Silberfolie das β-aktive Isotop ^{108}Ag erzeugt. Die beim β-Zerfall emittierten Elektronen werden mit einem Geiger-Müller-Zählrohr nachgewiesen, dessen abgegebene Spannungsimpulse mit einem Zählgerät registriert werden.

Die β^--Teilchen (Elektronen) aus der bestrahlten Silberfolie werden mit einem *Zählrohr* nachgewiesen und mit einem elektronischen Zählgerät gezählt. Gemessen wird die Zahl der pro Sekunde nachgewiesenen Elektronen als Funktion der Zeit:

Messung schneller Teilchen mit dem Zählrohr

$$\frac{dZ}{dt} = \varepsilon \lambda N_0 e^{-\lambda t} = \text{const} \cdot e^{-\lambda t}$$

Dabei ist ε der Bruchteil aller Elektronen, die in den Zähler gelangen und registriert werden.

Zählrate

Man findet experimentell im Mittel eine exponentielle Abnahme der *Zählrate* als Funktion der Zeit. Trägt man $\ln dZ/dt$ als Funktion von t auf (vgl. Bild 2.8), so erhält man eine Gerade, aus deren Steigung die *Zerfallskonstante* λ bestimmt werden kann.

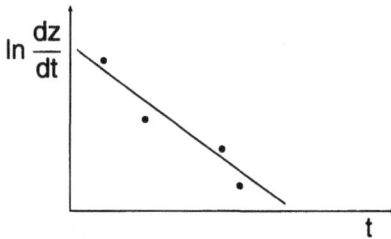

Bild 2.8: Versuchsauswertung: Die Zählrate als Funktion der Zeit in logarithmischer Auftragung

Zerfallskonstante und Zerfallszeit

Ist nun die Zerfallskonstante λ und der schon zerfallene Bruchteil bekannt, so können wir mit Hilfe der Zerfallsgesetze Gl. (2.1) und Gl. (2.2) die insgesamt verstrichene Zerfallszeit t bestimmen. Hierfür gibt es hochinteressante Anwendungen. Erwähnenswert sind insbesondere zwei wichtige Methoden zur Altersbestimmung mit Hilfe des radioaktiven Zerfalls:

1. *Die ^{14}C-Methode*

Der radioaktive Kern ^{14}C zerfällt mit einer Halbwertszeit von 5770 Jahren wie folgt:

$$^{14}_{6}\text{C} \rightarrow {}^{14}_{7}\text{N} + e^{-} + \bar{\nu}$$

Die ^{14}C-Methode als wertvolles Hilfsmittel zur Datierung in den Geschichtswissenschaften

Dieser Zerfall wird zur Altersbestimmung kohlenstoffhaltiger Substanzen im Bereich von 500 bis zu 50 000 Jahren verwendet. Das CO_2 der Atmosphäre enthält eine zeitlich konstante Menge von ^{14}C. Durch die Höhenstrahlung wird nämlich das zerfallende ^{14}C ständig neu gebildet, und es stellt sich ein konstantes Gleichgewicht zwischen Bildung und Zerfall von ^{14}C ein. Der Kohlenstoff in Pflanzen steht im Gleichgewicht mit dem CO_2 der Luft und enthält daher in der Wachstumsphase den gleichen Anteil an ^{14}C wie die Luft. Beim Absterben der Pflanzen jedoch hört der Kohlenstoffaustausch mit der Luft auf und das ^{14}C in den abgestorbenen Pflanzenteilen (z.B. Holz) beginnt zu zerfallen[4]. Die Zahl der ^{14}C-Atome pro Gramm Kohlenstoff nimmt entsprechend Gleichung (2.1) exponentiell mit der Halbwertszeit von 5 770 Jahren ab.

$N(t)$ wird durch Messung von (dN/dt) – mittels Gleichung (2.2) – bestimmt. Da N_0, die Gleichgewichtsmenge von ^{14}C aus noch nicht

---

[4] siehe z.B. Libby: Die ^{14}C-Methode, BI-Hochschultaschenbücher Bd. 403, Mannheim (1996)

abgestorbenen Geweben oder aus der Luft, bekannt ist, kann mittels Gleichung (2.1) die Zerfallszeit von ^{14}C und damit das Alter der C-haltigen Substanz gemessen werden. So konnte zum Beispiel aus dem ^{14}C-Gehalt der Holzkohlenzeichnungen in der Höhle von Lascaux bei Montignac, Südfrankreich, das Alter der Zeichnungen zu $15\,510 \pm 900$ Jahren bestimmt werden.

2. *Uranmethode*

Wenn wir das meist wesentlich größere Alter von Gesteinen oder Meteoriten bestimmen wollen, um daraus Erkenntnisse über das Alter der Erde bzw. des Universums zu erhalten, können wir dazu ebenfalls radioaktive Zerfälle zu Hilfe nehmen, aber solche mit viel längerer Halbwertszeit.

Das Hauptisotop des Elementes Uran, ^{238}U, zum Beispiel zerfällt mit einer Halbwertszeit von $T_{1/2} = 4{,}5 \cdot 10^9$ Jahre über mehrere Zwischenstufen in das stabile Bleiisotop ^{206}Pb, wobei u.a. acht ^{4}He-Kerne ausgesandt werden. Es gilt also:

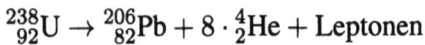

$$^{238}_{92}\text{U} \rightarrow \,^{206}_{82}\text{Pb} + 8 \cdot \,^4_2\text{He} + \text{Leptonen}$$

Betrachten wir einen Stein, der sich vor vielen Jahren durch einen chemischen Prozeß gebildet oder aus einer Schmelze verfestigt hat. Dabei würde man nicht erwarten, daß sich Uran und Pb am gleichen Ort bildet, da beide chemisch sehr verschieden sind. Ferner würde man kein flüchtiges ^{4}He in einem Stein erwarten, der sich bei hohen Temperaturen aus einer Schmelze gebildet hat. Wenn wir heute aber einen uranhaltigen Stein untersuchen, finden wir im Uran auch eine bestimmte Konzentration ^{206}Pb und ^{4}He, und zwar im Verhältnis von $1 : 8$. Sie haben sich offenbar durch den Zerfall von ^{238}U gebildet.

Wie viele ^{206}Pb und ^{4}He-Kerne sind nun nach t Jahren entstanden, wenn ursprünglich N_0 ^{238}U-Kerne vorhanden waren? Wir können folgende Bilanz aufstellen:

Zerfall von ^{238}U: $\quad N_U(t) = N_U(0) \cdot \left(\dfrac{1}{2}\right)^{\left(\frac{t}{4{,}5 \cdot 10^9}\right)}$

Bildung von ^{206}Pb: $\quad N_{\text{Pb}}(t) = N_U(0) - N_U(t)$

$$= N_U(0) \cdot \left[1 - \left(\frac{1}{2}\right)^{\frac{t}{4{,}5 \cdot 10^9}}\right]$$

Bildung von ^{4}He: $\quad N_{\text{He}}(t) = 8 N_{\text{Pb}}(t)\,.$

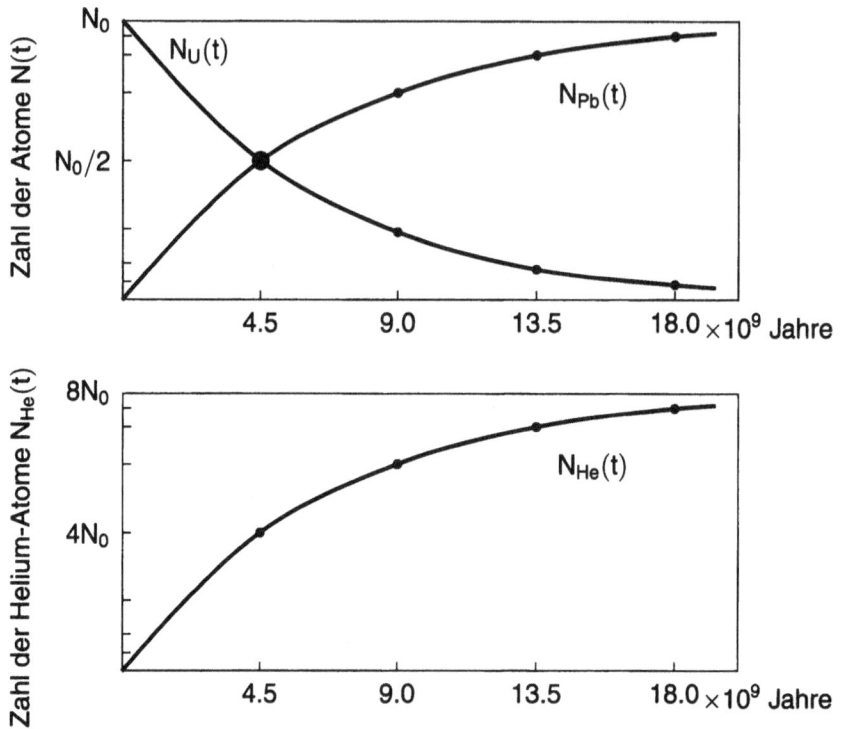

Bild 2.9: Zur Bestimmung des Gesteinsalters:
a) Das Verhältnis N_U/N_{Pb} wird chemisch bestimmt und aus den oberen Kurven das Alter abgeleitet. Fehlermöglichkeit: Alter zu lang, wenn ^{206}Pb ursprünglich eingelagert war.
b) Das Verhältnis $N(^{238}U)/N(^{4}He)$ wird chemisch-physikalisch bestimmt und daraus entsprechend der unteren Kurve ein abhängiger Wert für das Alter abgeleitet. Fehlermöglichkeit: Alter zu kurz, wenn ^{4}He wegdiffundiert ist.

Wann bildete sich die Erde?

Wann entstand das erste Leben auf der Erde?

Die Kombination beider Methoden ergibt eine zuverlässige Altersbestimmung. So ergeben sich zum Beispiel für Gesteine auf der Mondoberfläche und Meteoriten etwa $5 \cdot 10^9$ Jahre, während die Gesteine der Erdoberfläche nicht älter als $4,5 \cdot 10^9$ Jahre sind[5]. Durch die Bestimmung des Alters der Gesteine, in denen biologische Sedimente gefunden werden, läßt sich auch das erste Auftreten von Tieren und Pflanzen auf der Erde datieren. Tabelle 2.1 gibt einen Überblick über kurze, in der Physik oft diskutierte Zeiten und Tabelle 2.2 über einige der viel längeren erdgeschichtliche Zeiträume.

---

[5] siehe z.B. H.J. Lippolt und W. Simon: Isotopische Zeitmessung und Erdgeschichte; in H. Murawski (Heraugeber): Vom Erdkern bis zur Magnetosphäre, Umschau-Verlag, Frankfurt (1968)

2.1.4 Einheiten der Zeit

Lange war der Tag, die Rotationsperiode der Erde, der akzeptierte Zeitstandard. Die Sekunde war der 86 400ste Teil eines Tages. Die Astronomen fanden aber, daß interessanterweise der Sonnentag geringfügig schwankt: Manche Tage sind etwas länger als andere, ferner verlangsamt sich die

Tabelle 2.1: Kurze in der Natur vorkommende Zeiten

Schwingungsdauer einer Schallwelle	10^{-3} s
Schwingungsdauer einer Radiowelle (Mittelwellenbereich)	10^{-6} s
Dauer einer Molekülrotation	10^{-12} s
Schwingungsdauer einer Lichtwelle (im sichtbaren Bereich)	10^{-15} s
Durchgangszeit des Lichts durch ein Atom	10^{-18} s
Schwingungsdauer einer Atomkernschwingung	10^{-21} s
Durchgangszeit des Lichts durch einen Atomkern	10^{-24} s

Erdumdrehung stetig mit der Zeit[6]. Hierfür sind die Massenbewegungen auf der Erde (Deformation der Erde, der Wasser- und der Lufthülle) unter dem Einfluß der *Gezeitenkräfte,* d.h. der abstandsabhängigen starken Anziegungskräfte von Sonne und Mond, verantwortlich.

Abbremsung der Erdrotation durch die Gezeitenkräfte

In neuerer Zeit wurden die sehr genauen und konstanten Atomuhren entwickelt, bei denen die periodische Bewegung der Elektronen im Atom (Cs) oder spezielle Molekülschwingungen (in NH_3) als Zeitmaß verwendet werden.

Seit mehreren Jahrzehnten wird die grundlegende Zeiteinheit, *die Sekunde,* definiert als das 9 192 631 770-fache der Periodendauer einer bestimmten elektronischen Schwingung (der sog. Hyperfeinstruktur-Übergangsfrequenz) des Isotops ^{133}Cs:

$$1 s = 9{,}192\,631\,770 \cdot 10^9 \; \textit{Schwingungsperioden von } {}^{133}_{36}\textit{Cs}$$

Wichtige, von der Sekunde abgeleitete Zeiteinheiten sind am Ende des Buches aufgeführt. Seit 1983 ist die Lichtgeschwindigkeit im Vakuum durch $c_0 = 299\,798\,458$ m/s festgelegt. Die Längeneinheit, das Meter, ist folglich definiert als die Länge der Strecke, die Licht im Vakuum während der Dauer von $1/c_0$ Sekunden zurücklegt.

---

[6] F.D. Stacey: Physics of the earth, Brookfield Press (1991) und D.E. Smyle and L. Mansinha: The Rotation of the Earth, Scientific American, p. 205, Dec. (1971)

Tabelle 2.2: Zeitabschnitte in der Entwicklungsgeschichte der Erde und der biologischen Evolution

Geologische Daten	Jahre v. Chr.	Biologische Daten
	-10^4 **14 C - Uhr**	Homo sapiens (Ackerbau und Viehzucht)
	-2	
4. Eiszeit (Würm)	-5	Cro Magnon-Mensch (Westeuropa; Jäger, Fischer)
	-10^5	Neandertaler (Mitteleuropa; Jäger)
3. Eiszeit (Riß)	-2	Pithecanthropus (Java, Peking; Sammler, Jäger)
2. Eiszeit (Mindel)	-5	
1. Eiszeit (Günz)	-10^6	Australopithecinen (Südafrika; Affe-Mensch; Jäger)
	-2	
	-5 **238 U - Uhr**	
	-10^7	
Braunkohlenbildung	-2	
	-5	Aussterben der Saurier
Bildung der Alpenkette	-10^8	Älteste Vögel und Säugetiere
Steinkohlenbildung	-2	Erste Landtiere / Erste Insekten
Bildung von Erdöl	-5 $T_{1/2}$	Muscheln, Fische, Krebse
Erster Luftsauerstoff aus der Biosphäre	-10^9	Würmer / Erste Pilze
Bildung der Urkontinente und Urozeane	-2	Erste Bakterien und Algen
Alter der Erde ($4,5 \cdot 10^9$ J.)	-5	*Beginn des Lebens* ($3 \cdot 10^9$ J.)
Alter des Universums (10^{10} J.)	-10^{10}	

2.2 Längenmessung

Abstandsmessungen scheinen begrifflich sehr einfach zu sein. Man nimmt einen Meterstab und zählt. Bei kleinen Abständen unterteilt man das Meter und zählt wieder. Geeignete Markierungen sind z.B. die Interferenzstreifen im orange-roten Licht einer frequenzstabilen ^{86}Kr-Spektrallampe. Die Grundeinheit 1 m ist unterteilt und definiert als die Länge von insgesamt 1 650 763,73 Wellenlängen des orange-roten Lichts, das von ^{86}Kr emittiert wird:

$$1m = 1\,650\,763{,}73 \text{ Wellenlängen des Lichts von } {}^{86}_{36}\text{Kr}$$

2.2.1 Große Abstände

Wenn wir die Abstände zwischen den Planeten, Sternen und Galaxien, oder auf der Erde zwischen zwei Berggipfeln, wissen wollen, können wir nicht einen Meterstab anlegen und zählen. Man benützt in diesen Fällen die *Triangulierung*. Diese Art der Abstandsmessung basiert auf der Annahme der Anwendbarkeit der Regeln aus der Euklidschen Geometrie (d.h. die Winkelsumme im Dreieck ist 180°). Nachdem sich diese Voraussetzungen auf der Erde als sehr gut erfüllt erwiesen haben, wurde die Methode auch zur Messung größerer Entfernungen selbst außerhalb des Planetensystems angewandt, obwohl heute klar zu sein scheint, daß die Euklidsche Geometrie nicht für das ganze Universum, sondern nur in einem beschränkten Teil davon näherungsweise gültig ist.

Entfernungsmessung durch Triangulation

Ein modernes Beispiel für die Triangulierung ist die Ausmessung der Erdoberfläche mit Hilfe von Satelliten, das sog. *Globale Positionierungs-System* (kurz GPS genannt). Seit 1993 umkreisen hierfür 24 Satelliten in etwa 20 000 km Höhe die Erde. Die von mindestens zwei dieser Satelliten auf einen Punkt der Erdoberfläche gerichteten Mikrowellensignale erlauben – durch Messung der Laufzeiten – die Position dieses Punktes fast auf einen Millimeter genau anzugeben. Diese Satelliten-gestützte Vermessung der Erdoberfläche hat nicht nur viele technische Anwendungen in der Navigation, sondern eignet sich wegen ihrer Präzision auch zur direkten Bestimmung der plattentektonischen Geschwindigkeiten, mit der sich die Kontinente gegeneinander verschieben[7].

Das „globale Positionierungs-System" (GPS) zur genauen Standortsbestimmung und zur Entfernungsmessung auf der Erde

Messung langsamer plattentektonischer Veränderungen

---

[7] siehe u.a.: P. Hartl u.a.: Satellitengestützte Ortung und Navigation, Anwendungen im Straßenverkehr, cm-Genauigkeit in der Geodäsie, Geodätische Messung der Plattentektonik, zivile Satellitennavigation; in: Spektrum der Wissenschaft, S. 102–119, (Januar 1996) sowie J. Strobel: GPS – Global Positioning System, Franzis-Verlag (1997).
P. Giese (Hsg.): Geodynamik und Plattentektonik (18 einf. Artikel), Spektrum Akadem. Verlag (1995)

Die Grundlage der Triangulierung ist der Sinussatz der Geometrie (Bild 2.10)

$$\frac{c}{\sin\gamma} = \frac{b}{\sin\beta} = \frac{a}{\sin\alpha} \quad \text{mit} \quad \alpha+\beta+\gamma = 180°$$

Wenn die Entfernung AB $= c$ (Basislinie) genau ausgemessen ist, kann man durch Messung von α und β die gesuchte Entfernung a bzw. b finden. Da Winkelmessungen mit einer absoluten Genauigkeit von $\pm0,1''$ ($1'' =$ 1 Bogensekunde) und in der Astronomie sogar auf $0,01''$ durchführbar sind, können a und b sehr viel größer sein als c, wobei immer noch eine brauchbare Genauigkeit erzielt wird. Die Triangulierung wird sowohl zur Landvermessung verwendet als auch zur Vermessung der Objekte des Universums.

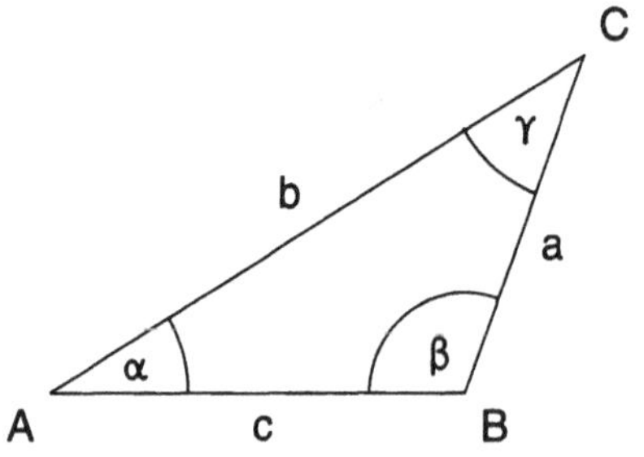

Bild 2.10: Zum Sinussatz der Trigonometrie

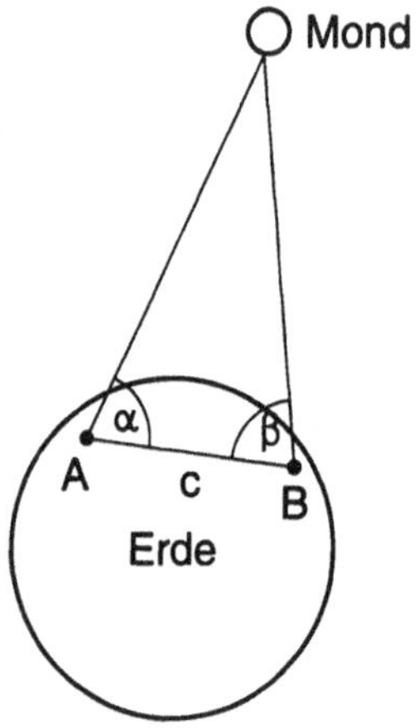

Bild 2.11: Die Entfernung Erde–Mond kann durch Triangulierung mit einer Basislinie AB auf der Erde bestimmt werden

Wie weit ist es bis zum Mond und bis zur Sonne?

Die Entfernung Erde-Mond wurde zuerst mit einer Basislinie auf der Erde bestimmt[8]. Die erreichbare Winkelmeßgenauigkeit genügt aber nicht, um auf diese Weise den Abstand zur Sonne zu messen. Wesentlich besser gelingt dies, wenn man die größere Entfernung Erde–Mond als Basis benutzt: Man wartet einfach, bis es genau Halbmond ist. In diesem Falle ist nämlich der Winkel Sonne–Mond–Erde genau 90° (siehe Bild 2.12).

---

[8] Über eine genauere Methode wird in folgender Arbeit berichtet: J.E. Faller and E.J. Wampler: The Lunar Laser Reflector, Scientific American 222, March (1970).

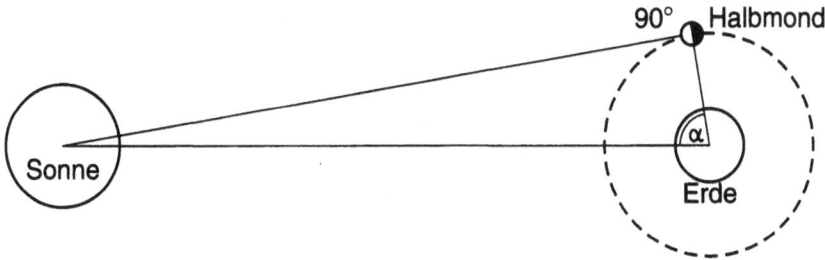

Bild 2.12: Einfaches Verfahren zur Bestimmung der Entfernung Erde – Sonne: Bei Halbmond
bilden Sonne, Mond und Erde gerade einen Winkel von 90°. Wenn die Länge der Basislinie
Erde – Mond bekannt ist, reduziert sich daher die Triangulierung auf die Bestimmung nur des
Winkels α.

Wie messen wir die anderen Abstände in unserem Planetensystem?

Wenn wir den Abstand Erde – Sonne, der als *astronomische Einheit (AE)*
bezeichnet wird, kennen, können wir auch andere Abstände in unserem
Sonnensystem, zum Beispiel die Entfernung des Mars von der Sonne,
bestimmen: Als Basislinie verwenden wir dazu den Abstand zweier Punkte
der Umlaufbahn der Erde um die Sonne. (Natürlich müssen wir auch die
Eigenbewegung des Planeten berücksichtigen, was uns aber leicht gelingt,
wenn wir dessen Umlaufdauer kennen.)

Die Vermessung des Abstands zwischen der Erde und anderen Planeten ist
auch auf anderem Wege möglich: Es gelang zum Beispiel, die Entfernung
Erde – Venus durch Messung der Laufzeit eines Radarpulses (für Hin- und
Rücklauf) genau zu bestimmen[9].

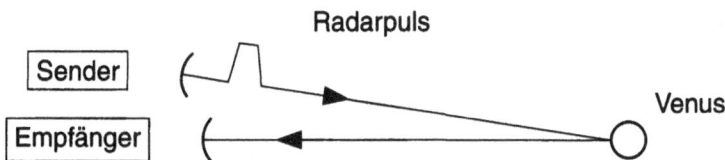

Bild 2.13: Astronomische Entfernungsmessung mit Hilfe der Radartechnik: Der mit einem
starken Sender (Leistung 400 kW) ausgesandte Radarpuls, dessen Intensität mit $1/r^2$ abnimmt, wird von der Venus reflektiert und etwas später auf der Erde wieder mit einem sehr
empfindlichen Empfänger (10^{-21} W) registriert. Aus der Laufzeit des Radarpulses konnte
die Entfernung Erde – Venus, die bereits vorher auf 1 ‰ genau bekannt war, auf $1 : 10^6$ (Un-
genauigkeit der Lichtgeschwindigkeit) genau bestimmt werden.

---

[9] siehe z.B. J.J. Shapiro: Radar Observation of the Planets; Scientific American, Bd. 219, S.
19, July (1968). Radarpulse laufen mit der Lichtgeschwindigkeit.

Wie messen wir die Entfernung zu einem Stern?

Wieder benutzen wir die Triangulierung, wobei jedoch jetzt als Basis der größere Abstand $2r$ zwischen Winter- und Sommerlage der Erde auf ihrer Bahn um die Sonne dient (siehe Bild 2.14). Aus dem gemessenen Parallaxenwinkel p ergibt sich die Entfernung $x = r/p$. Für eine Parallaxe von einer Bogensekunde $1'' = 2\pi/(360 \cdot 60 \cdot 60)$ rad erhält man z.B. die Entfernungseinheit $r \cdot 360 \cdot 60 \cdot 60/2\pi = 3{,}08 \cdot 10^{16}$ m, welche man in der Astronomie eine *Parsekunde* (pc) nennt. Da Parallaxenwinkel unter $0{,}01''$ nicht mehr meßbar sind, ist die Methode der Triangulierung nur brauchbar bis zu Entfernungen von 100 pc, reicht also nicht bis zum Zentrum der Milchstraße, welches (siehe Bild 2.15) etwa 10 kpc von uns entfernt ist.

1 Parsekunde (pc)
$1\,pc = 3 \cdot 10^{16}\,m$

Messung der Entfernung zum galaktischen Zentrum (10 kpc) nicht durch Triangulation möglich

Wie messen wir den Abstand zu noch entfernteren Sternen?

Dies gelingt nur indirekt, und zwar mit Hilfe von pulsierenden Sternen, sog. *Cephëiden*, deren Helligkeit periodisch schwankt (Periode: 2 – 40 Tage). Wahrscheinlich handelt es sich bei der Pulsation um die akustische Grundschwingung des Sterns (deren Anregung nicht recht verstanden ist). Jedenfalls hat sich bei den Untersuchungen naher Cephëiden immer wieder herausgestellt, daß die Pulsationsdauer in eindeutiger Weise von der Leuchtkraft des Sterns abhängt[10]. Daher kann man allgemein aus der Pulsationsperiode eines Cephëiden seine Leuchtkraft ermitteln, unabhängig von seiner Entfernung zu uns.

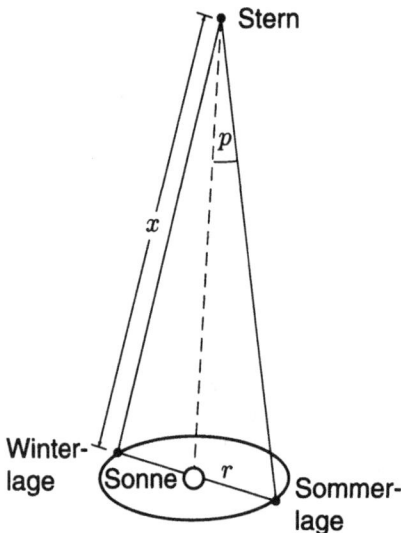

Bild 2.14: Der Parallaxenwinkel eines Sterns ist der halbe Winkel, unter dem ein Stern einem Beobachter zwischen Winterlage und Sommerlage der Erde erscheint.

---

[10] Siehe z.B. M. Waldmeier: Einführung in. die Astrophysik, Birkhäuser (1948), S. 102, wie auch A. Unsöld und B. Baschek: Der neue Kosmos; Springer Verlag (2004)

Da andererseits aus vielen (auch terrestrischen) Messungen bekannt ist, daß die Helligkeit einer punktförmigen Lichtquelle, welche die Leuchtkraft L besitzt, mit dem Quadrat des Abstands r abnimmt,

$$\text{Helligkeit} = \frac{L}{r^2},$$

läßt sich durch Messung der Helligkeit eines Cephëiden mit bekannter Leuchtkraft sein Abstand r ermitteln. Erst diese Methode der Entfernungsmessung führte um 1925 zum Erkennen der Struktur unseres Milchstraßensystems.

Etwa gleichzeitig gelang – ebenfalls mit Hilfe der Cephëiden – eine erste Entfernungsmessung zu Sternen des *Andromeda-Nebels,* die 2 Millionen Lichtjahre von uns entfernt sind. Diese Entfernung übertrifft die durch geometrische Triangulierung erreichbare um mehr als vier Größenordnungen!

Zur Messung der Abstände noch entfernterer Galaxien nimmt man an, daß sie etwa den gleichen Durchmesser besitzen wie unsere Milchstraße. Unter dieser Annahme können wir aus ihrer scheinbaren Größe den Abstand zu ihnen messen. Die entfernteste bisher gemessene Galaxie hat von uns einen Abstand von 10^{26} m. Sie liegt damit schon am Rande des unserer Beobachtung überhaupt zugänglichen Universums.[11].

Rand des für uns sichtbaren Universums

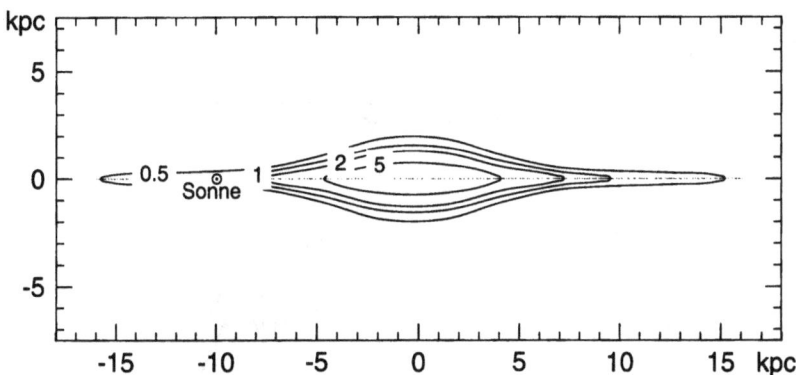

Bild 2.15: Linien gleicher Sterndichte im Milchstraßensystem. Die Sternendichte in der Umgebung der Sonne ist auf 1 normiert. Die astronomische Längeneinheit 1 kpc entspricht $3{,}1 \cdot 10^{16}$ km oder 3 260 Lichtjahren. (Bildquelle: A. Unsöld, Der neue Kosmos, Heidelberg Taschenbücher, Bd. 16/17, Springer, 1981)

---

[11] Seit dem Urknall vor etwa 15 Mrd. Jahren ist das Universum in Expansion begriffen. Die Fluchtgeschwindigkeit der Sterne im Abstand von 6 000 Mps erreicht die Lichtgeschwindigkeit. Damit liegen so weit entfernte Sterne am Rande des unserer Beobachtung zugänglichen Universums. (siehe R. Kippenhahn: Licht vom Rande der Welt, Piper-Verlag, München, 1989)

2.2.2 Kleine Abstände

Wir möchten diesen Abschnitt abschließen mit einer Bemerkung zur Messung *kleiner Abstände*. Wenn man Körper mit kleinen Dimensionen (z.B. ein Bakterium) abmessen will, so kann man sie mit einer sehr feinen Spitze abtasten. Mit der modernen Rasterkraftmikroskopie kann man sogar einzelne Atome einer Oberfläche abtasten und somit abbilden (siehe Kap. 6). Man kann kleine Objekte zum Sichtbarmachen auch mit einer Strahlung beleuchten (z.B. Bakterien unter dem Mikroskop). Als Strahlung eignen sich Licht, Röntgenstrahlen, Ultraschallwellen, Elektronen, Neutronen oder andere Teilchenstrahlen. Den Anfang und das Ende der Meßstrecke (z.B. die Grenzen eines Bakteriums) kann man jedoch nur unterscheiden und somit messen, wenn die Wellenlänge der abbildenden Strahlung kleiner als die Abmessung des Objektes ist. (Dies wird ausführlich in Bd. III besprochen.)

In der nachstehenden Tabelle sind die Wellenlängen einiger üblicher Strahlen zusammengestellt, die gleich den damit meßbaren minimalen Abständen sind.

Tabelle 2.3: Wellenlängen einiger bekannter Strahlen

Teilchen	Wellenlänge	Typisches Meßobjekt
Lichtphoton	10^{-6} m	Lichtmikroskop, Messung an Bakterien
Ultraschall	10^{-6} m	Ultraschallmikroskop
Elektron	10^{-10} m	Elektronenemikroskop, Messung an Viren
Röntgenphoton	10^{-10} m	Messung von Atomen im Kristallgitter
Schnelles Neutron	10^{-15} m	Messung von Kerndurchmessern

(Über die entsprechenden Meßverfahren werden wir später noch ausführlich berichten.)

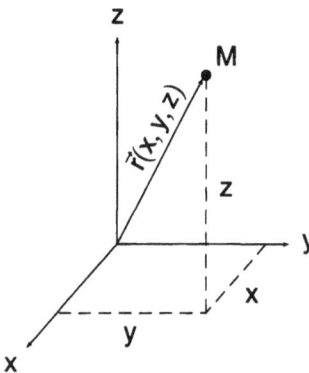

Bild 2.16: Ort eines Massenpunktes M in einem kartesischen Koordinatensystem

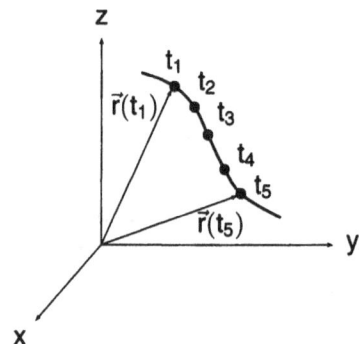

Bild 2.17: Bahn $\vec{r}(t)$ eines Massenpunktes

2.3 Bewegungen

In diesem Abschnitt werden wir die Bewegung eines Körpers beschreiben, dessen gesamte Masse in einem Punkt konzentriert ist. Das *Koordinaten-system*, in dem die Bewegung eines solchen idealisierten Massenpunktes beschrieben wird, wählen wir willkürlich so, daß die Beschreibung seiner Bahn möglichst einfach wird. In diesem *kartesischen Koordinatensystem* wird der Ort des Massenpunktes durch den Vektor $\vec{r}(x, y, z)$, Bild 2.16 festgelegt. Uns interessiert darüber hinaus die *Bahn*, d.h. der Ort des Mas-senpunktes als Funktion der Zeit t, beschrieben durch $\vec{r}(t)$, Bild 2.17.

2.3.1 Geschwindigkeit

Der Ort eines Massenpunktes M zur Zeit t soll gegeben sein durch den Ortsvektor $\vec{r}(t)$. Zur etwas späteren Zeit $t + \Delta t$ befindet sich M am Ort $\vec{r}(t + \Delta t)$. In der kleinen Zeit Δt hat sich der Ortsvektor $\vec{r}(t)$ um $\Delta \vec{r}$ geändert: $\vec{r}(t + \Delta t) = \vec{r}(t) + \Delta \vec{r}$ (vgl. Bild 2.18). Die Geschwindigkeit

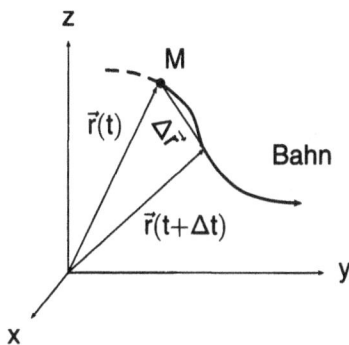

Bild 2.18: Zur Definition der Geschwindigkeit: Während der Zeit Δt legt der Massenpunkt näherungsweise die Strecke $\Delta \vec{r}$ auf der Bahn zurück.

des Massenpunktes M ist die Änderung des Ortsvektors $\vec{r}(t)$ in einer infinitesimal kleinen Zeit:

$$\vec{v} = \lim_{\Delta t \to 0} \frac{\Delta \vec{r}}{\Delta t} = \frac{d\vec{r}}{dt} \qquad \textbf{Geschwindigkeit} \qquad (2.3)$$

Sie ist ein Vektor, dessen Richtung durch $d\vec{r} = (dx, dy, dz)$ gegeben ist. Die Geschwindigkeit $\vec{v}$ besitzt in kartesischen Koordinaten die drei Komponen-ten

$$v_x = \frac{dx}{dt}, \quad v_y = \frac{dy}{dt}, \quad v_z = \frac{dz}{dt}, \qquad (2.4)$$

welche Betrag und Richtung der Geschwindigkeit bezüglich der Koordinatenachsen x, y und z festlegen. Der Betrag ist:

$$v = |\vec{v}| = \sqrt{v_x^2 + v_y^2 + v_z^2}, \qquad (2.5)$$

und die Richtung ist definiert durch:

$$\cos(\vec{x}, \vec{v}) = \frac{v_x}{v}, \qquad \cos(\vec{y}, \vec{v}) = \frac{v_y}{v}, \qquad \cos(\vec{z}, \vec{v}) = \frac{v_z}{v} \qquad (2.6)$$

Wie bereits erwähnt, liegt die *Richtung der Geschwindigkeit* wie d$\vec{r}$ entlang der Bahntangente. Man kann diese Richtung auch durch einen Einheitsvektor $\vec{t}$ definieren, der die Richtung der Tangente an die Bahn und den Betrag 1 hat. Nennt man den absoluten Wert von d$\vec{r}$, d.h. den zurückgelegten Weg, ds, so ist der *absolute Wert der Geschwindigkeit*

$$v = \frac{|d\vec{r}|}{dt} = \frac{ds}{dt} \quad \text{und} \quad \vec{v} = v \cdot \vec{t}. \qquad (2.7)$$

Geradlinige gleichförmige Bewegung

Die einfachste Bewegungsform eines Körpers ist die gleichförmige geradlinige Bewegung. Dabei legt das Objekt *in gleichen* Zeitintervallen *gleiche* Abstände zurück, und die *Richtung* der Bahn ändert sich *nicht*.

Zur einfachen Beschreibung einer solchen Bewegung können wir die x-Achse unseres Koordinatensystems entlang der Bewegungsrichtung legen. Die Geschwindigkeit $\vec{v}$ hat damit nur eine nicht verschwindende Komponente, nämlich

$$v_x = \frac{dx}{dt}; \qquad (v_y = v_z = 0).$$

Will man den Ort x als Funktion der Zeit t wissen, so muß man die seit $t = 0$ zurückgelegten Wege addieren. Durch entsprechende Integration erhält man

$$x(t) = \int_{x_0}^{x} dx = \int_{0}^{t} v_x \, dt. \qquad (2.8)$$

Für ein zeitlich konstantes v_x wird

$$x(t) = v_x t + x_0. \qquad (2.9)$$

Wir verschieben außerdem das Koordinatensystem so, daß zu dem willkürlich festgelegten Zeitnullpunkt $t = 0$ auch gerade $x(t = 0) = x_0 = 0$ wird, was immer möglich ist. Der seit $t = 0$ zurückgelegte Weg wird damit

$$x(t) = v_x t$$

und nimmt also linear mit der Zeit zu.

Diese elementarste Bewegungsform kommt in der Natur meist nur näherungsweise realisiert vor. Zum Beispiel die Photonen und Neutrinos bewegen sich in großer Entfernung von Sternen nahezu geradlinig und mit gleichförmiger Geschwindigkeit. Ihre Geschwindigkeit ist übrigens die größte, die in der Natur vorkommen kann, nämlich die Lichtgeschwindigkeit. Ihr Betrag ist

$$\boxed{c = 2,9979 \cdot 10^8 \text{ m/s}} . \qquad \textbf{Lichtgeschwindigkeit}$$

Messung von Geschwindigkeiten

Die einfachste Methode, konstante Geschwindigkeiten zu messen, besteht darin, die für eine bestimmte Wegstrecke erforderliche Laufzeit zu bestimmen. Daraus erhält man den Absolutwert der Geschwindigkeit. Wir betrachten einige Beispiele:

Beispiel 1: Geschwindigkeit eines Atomstrahls

Zu Bild 2.19: Die Länge der Pakete, in welche der Atomstrahl zerhackt wird, ist (unmittelbar hinter dem Zerhacker) sehr kurz gegenüber der Laufstrecke. Die Atome eines jeden Pakets treffen auf einen Detektor, in dem sie ein elektrisches Signal auslösen. Dieses Signal wird zugleich mit der Laufzeit

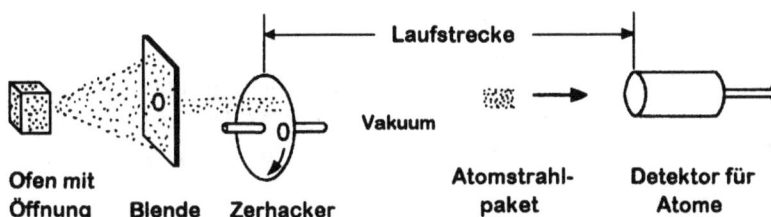

Bild 2.19: Versuchsaufbau zur Messung der Geschwindigkeit eines Atomstrahls: Der aus dem Ofen austretende Atomstrahl wird durch Blende und Zerhacker in „Pakete" geteilt. Die im Detektor ankommenden Atome werden durch Stöße ionisiert, wodurch sie leicht mit elektrischen Methoden nachgewiesen werden können.

vom Zerhacker zum Detektor auf einem Oszillographen registriert und erlaubt die Bestimmung der Geschwindigkeit der Atome im Strahl.

Durch Experimente dieser Art hat man gefunden, daß die Moleküle der Luft im Zimmer eine mittlere Geschwindigkeit von etwa 1 km/s haben. Prinzipiell ähnliche Methoden werden in der Kernphysik zur Messung von Neutronengeschwindigkeiten oder auch geladener Teilchen benützt.

Geschwindigkeit der Luftmoleküle

Beispiel 2: Messung der Lichtgeschwindigkeit

Mit Hilfe von intensivem und extrem parallelem Laserlicht könnte man die Lichtgeschwindigkeit aus der Laufzeit eines kurzen (Pulsbreite z.B. 1 ns) Laserpulses von München zur Zugspitze und zurück (180 km) messen. (Ein Lichtpuls benötigt für diese Strecke etwa 0,6 ms.)

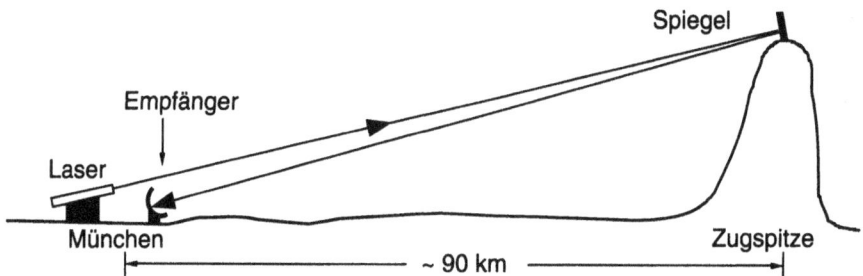

Bild 2.20: Der Lichtimpuls eines Lasers, der extrem parallel ist und zudem sehr kurz und intensiv sein kann, bildet ein ideales Mittel zur Bestimmung der Lichtgeschwindigkeit mit Hilfe der Laufzeitmethode. Bei der bisher genauesten Messung nutzt man jedoch eine andere Eigenschaft von Lasern, nämlich ihre Frequenzschärfe, aus: Man bestimmt sehr präzis Frequenz und Wellenlänge des Laserlichtes. Das Produkt dieser beiden Größen ergibt ebenfalls die Lichtgeschwindigkeit.

Beispiel 3: Messung der Geschwindigkeit eines Geschosses

Schießt man ein Geschoß der Geschwindigkeit v durch zwei auf einer gemeinsamen Achse im Abstand L montierten und rotierende Scheiben, so werden beide Scheiben durchlocht, aber die beiden Löcher sind um den Drehwinkel $\Delta\alpha$ gegeneinander versetzt, der leicht bestimmbar ist. $\Delta\alpha$ ist der Drehwinkel der Scheiben während der Flugzeit Δt des Geschosses über die Laufstrecke L zwischen beiden Scheiben. Wenn die Umlaufzeit der Scheiben T ist, ergibt sich für

$$\Delta t = T\frac{\Delta\alpha}{360}$$

und für die Geschwindigkeit

$$v = \frac{\text{Laufstrecke } L}{\Delta t}.$$

Geschwindigkeit in bewegten Bezugssystemen

Ein Objekt bewegt sich – von allen Bezugssystemen S aus betrachtet, die uns gegenüber in Ruhe sind – mit der Geschwindigkeit $\vec{v}$. Ein anderer Beobachter, der sich im Bezugssystem S' befindet, das sich gegenüber S mit der Relativgeschwindigkeit $\vec{v}_0$ bewegt, z.B. in einem fahrenden Zug, stellt eine andere Geschwindigkeit des Objekts $\vec{v}'$ fest. Wie man aus Bild 2.21 ersieht, gilt

$$\boxed{\vec{v} = \vec{v}_0 + \vec{v}'}\,. \tag{2.10}$$

Entsprechende Überlegungen ermöglichen es uns auch, Geschwindigkeiten zusammenzusetzen oder in zweckmäßiger Weise zu zerlegen. Geht zum Beispiel ein Mann auf einer Rolltreppe, so erhalten wir dessen Geschwindigkeit relativ zur Erde, indem wir zunächst seine Geschwindigkeit bezüglich der Rolltreppe ermitteln und dann vom Bezugssystem der ruhenden Erde die Geschwindigkeit der Rolltreppe bestimmen und beide Geschwindigkeiten vektoriell addieren.

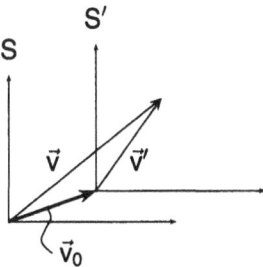

Bild 2.21: Vektorielle Addition von Geschwindigkeiten: Ein Mann läuft auf einer Rolltreppe (System S'), die sich relativ zum Ruhesystem (System S) mit der Geschwindigkeit $\vec{v}_0$ bewegt. Er selbst läuft auf der Rolltreppe relativ zu ihr (d.h. im System S') mit der Geschwindigkeit $\vec{v}'$. Daher legt der Mann in der Zeit relativ zur Rolltreppe (im System S') zwar nur den Weg $\mathrm{d}\vec{r}'$, relativ zur Erde (System S) dagegen den Gesamtweg $\mathrm{d}\vec{r} = \mathrm{d}\vec{r}_0 + \mathrm{d}\vec{r}'$ zurück. Daraus ergibt sich die Addition der Geschwindigkeiten nach Gl. 2.10.

Übungsfrage: Ein Fährmann möchte mit seinem Motorboot einen 180 m breiten Fluß überqueren, der eine Strömung von 3 m/s hat. In welche Richtung muß der Mann fahren, und welche Geschwindigkeit muß er auf seinem Tachometer einstellen, wenn er in 1 min am anderen Ufer sein will?

Hier, in Band I, behandeln wir nur Geschwindigkeiten, die klein gegen die Lichtgeschwindigkeit (d.h. kleiner als $c = 3 \cdot 10^8$ m/s) bleiben. Tabelle 2.4 gibt einen Überblick über einige typische Geschwindigkeiten. Für Geschwindigkeiten in der Nähe der Lichtgeschwindigkeit gelten andere Gesetze für die Addition von Geschwindigkeiten, nämlich die der speziellen Relativitätstheorie, die wir erst in Band II behandeln werden. Nach dieser Theorie kann sich kein Objekt schneller als mit Lichtgeschwindigkeit bewegen.

Tabelle 2.4: In Natur und Technik vorkommende Geschwindigkeiten

Lichtgeschwindigkeit	$3 \cdot 10^8$ m/s
Elektronen in einer Fernsehbildröhre	$1 \cdot 10^6$ m/s
Astronauten in der Umlaufbahn	$7 \cdot 10^3$ m/s
Düsenflugzeug	$3 \cdot 10^2$ m/s
Schallgeschwindigkeit in Luft	$3 \cdot 10^2$ m/s
Schnellzug Tokio – Osaka	$5,5 \cdot 10^1$ m/s

2.3.2 Beschleunigung

Wenn sich die Geschwindigkeit eines Körpers *zeitlich ändert*, spricht man von einer *beschleunigten* Bewegung. Die Beschleunigung ist definiert als die Änderung der Geschwindigkeit in einem infinitesimalen Zeitintervall:

$$\boxed{\vec{a} = \lim_{\Delta t \to 0} \frac{\Delta \vec{v}}{\Delta t} = \frac{\mathrm{d}\vec{v}}{\mathrm{d}t} = \frac{\mathrm{d}^2\vec{r}}{\mathrm{d}t^2}}. \qquad \textbf{Beschleunigung} \qquad (2.11)$$

Die Beschleunigung $\vec{a}$ ist also ebenfalls ein Vektor und besitzt in einem kartesischen Koordinatensystem die drei Komponenten

$$\frac{\mathrm{d}^2 x}{\mathrm{d}t^2} = a_x\,; \qquad \frac{\mathrm{d}^2 y}{\mathrm{d}t^2} = a_y\,; \qquad \frac{\mathrm{d}^2 z}{\mathrm{d}t^2} = a_z\,. \qquad (2.12)$$

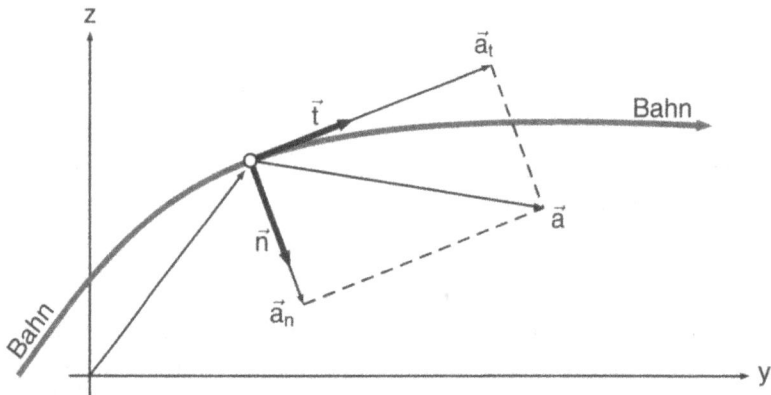

Bild 2.22: Zerlegung der Beschleunigung $\vec{a}$ in eine Tangentialbeschleunigung $\vec{a}_t$ und eine Normalbeschleunigung $\vec{a}_n$. Die Bahn liegt in der y-z-Ebene.

Wir wollen nun die Beschleunigung relativ zur Bahn des Massenpunktes bestimmen. Die Richtung der Beschleunigung fällt (im Gegensatz zur Geschwindigkeit) nicht allgemein mit der Bahntangente zusammen. Vielmehr kann die Beschleunigung neben einer tangentiellen Komponente (in Richtung der Bahntangente) auch eine Komponente senkrecht (oder normal) dazu besitzen:

$$\vec{a} = \frac{d\vec{v}}{dt} = \frac{d(v \cdot \vec{t})}{dt} = \frac{dv}{dt} \cdot \vec{t} + v \cdot \frac{d\vec{t}}{dt} . \tag{2.13}$$

Der *erste* Term gibt offensichtlich die *Tangentialbeschleunigung* an:

$$\vec{a}_t = \frac{dv}{dt} \cdot \vec{t}, \qquad \textbf{Tangentialbeschleunigung} \tag{2.14}$$

wobei (dv/dt) die Änderung des Betrages der Geschwindigkeit ist und $\vec{t}$ der Einheitsvektor parallel zur Bahn. Der *zweite* Term von Gl (2.13) läßt sich umformen in

$$v \frac{d\vec{t}}{dt} = \frac{v^2}{R} \vec{n} = \vec{a}_n , \qquad \textbf{Normalbeschleunigung} \tag{2.15}$$

und bildet *die Normalbeschleunigung*. Dabei ist $\vec{n}$ der Einheitsvektor in Richtung der Bahnnormalen (vgl. Bild 2.22) und R der Krümmungsradius der Bahn.[12]

Wir haben somit die Beschleunigung zerlegt in eine zeitliche Geschwindigkeitsänderung entlang der Bahntangente und in eine senkrecht dazu:

$$\boxed{\vec{a} = \frac{dv}{dt}\vec{t} + \frac{v^2}{R}\vec{n}} \tag{2.16}$$

Gleichförmig beschleunigte geradlinige Bewegung

Wenn sich die Geschwindigkeit eines Körpers nur in der Größe, nicht jedoch in der Richtung ändert, dann ist die Normalbeschleunigung null, und die Bewegung erfolgt geradlinig in die Richtung von $\vec{t}$:

$$\vec{a} = \vec{a}_t = \frac{dv}{dt}\vec{t}; \qquad (\vec{a}_n = 0)$$

---

[12] Beweis der in Gl. 2.15 benutzten Beziehung $\frac{d\vec{t}}{dt} = \frac{v}{R}\vec{n}$:

a) Da $\vec{t}$ der Einheitsvektor parallel zur Bahn ist und seine Länge nicht verändern kann, muß die *Richtung von* $(d\vec{t}/dt)$ *senkrecht zur Bahn, d.h. parallel zur Bahnnormalen* $\vec{n}$, liegen.
b) Zur Abschätzung des Betrages von $(d\vec{t}/dt)$ betrachten wir das Bahnelement ds, das in der kurzen Zeit dt durchlaufen wird, näherungsweise als einen Kreisabschnitt mit dem Radiusvektor $\vec{R}$. Da $\vec{R}$ und $\vec{t}$ senkrecht aufeinander stehen, drehen sie sich in der Zeit dt um den gleichen Winkel $d\varphi = ds/R = |d\vec{t}|/|\vec{t}| = |d\vec{t}|$ wegen $|\vec{t}| = 1$. *Somit ergibt sich für den Betrag von* $(d\vec{t}/dt)$: $|d\vec{t}|/dt = (ds/dt)/R = v/R$ in Übereinstimmung mit Gl. (2.15).

Wir wählen das Koordinatensystem zum Beispiel so, daß die Richtung von $\vec{t}$ mit der x-Achse zusammenfällt. Dann gilt für die Bewegung entlang der x-Achse:

$$a_x = \frac{\mathrm{d}v_x}{\mathrm{d}t} = \frac{\mathrm{d}^2x}{\mathrm{d}t^2}; \qquad (a_y = a_z = 0).$$

Bei gleichförmiger Beschleunigung ist

$$\frac{\mathrm{d}v_x}{\mathrm{d}t} = a_0 = \text{konstant}.$$

Durch Integration erhält man die Geschwindigkeit

$$\boxed{v_x(t) = a_0t + v_0 = \frac{\mathrm{d}x}{\mathrm{d}t}}, \qquad\qquad (2.17)$$

wobei v_0 die Geschwindigkeit zur Zeit $t = 0$ ist.

Weitere Integration ergibt die Bahnkurve der beschleunigten geradlinigen Bewegung eines Körpers entlang der x-Achse

$$\boxed{x(t) = \frac{a_0t^2}{2} + v_0t + x_0}. \qquad\qquad (2.18)$$

v_0 ist die Anfangsgeschwindigkeit für $t = 0$ und x_0 ist der Ort zur Zeit $t = 0$. Nur das erste Glied $\dfrac{a_0 \cdot t^2}{2}$ stellt eine *beschleunigte* Bewegung dar. Ihr überlagert bleibt die gleichförmige Bewegung $(v_0t + x_0)$. Durch verschiedene *Anfangsbedingungen* (v_0, x_0) können viele Bewegungen (alle mit der gleichen Beschleunigung) beschrieben werden. Wir wollen zwei Beispiele für beschleunigte Bewegungen näher betrachten: Den freien Fall ohne und mit horizontaler Bewegung.

Beispiel 1: Freier Fall (ohne Horizontalbewegung)

Läßt man eine Fallschnur, an der Kugeln in den relativen Höhen 1, 4, 9 und 16 m angebracht sind, fallen, so treffen nach der Erfahrung alle Kugeln in gleicher zeitlicher Folge auf dem Boden auf. Wir folgern hieraus: läßt man eine Kugel zur Zeit $t = 0$ vom Punkt $x = 0$ ohne Anfangsgeschwindigkeit $(v_0 = 0)$ fallen, so nimmt die Fallstrecke $x(t)$, wie es zuerst Galilei beobachtet hat, in guter Näherung quadratisch mit der Zeit zu. Das heißt: $x(t) \sim t^2$. Da die Fallstrecke quadratisch mit der Zeit zunimmt, bedeutet dies nach

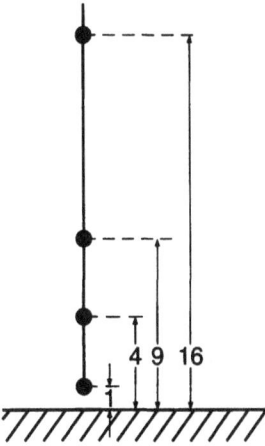

Bild 2.23: Die Fallschnur

Gl. (2.18), daß die beim freien Fall wirksame Beschleunigung konstant ist. Wir nennen sie die *Gravitationsbeschleunigung g*. Somit wird aus Gl. (2.18):

$$x(t) = \frac{g}{2}t^2 . \tag{2.19}$$

Die Gravitationsbeschleunigung ist nicht überall auf der Erdoberfläche genau die gleiche. Beobachtungen auf dem 50. Breitengrad der Erde ergeben für g den Wert von $9{,}81\,\mathrm{m/s}^2$.

Beispiel 2: Freier Fall mit horizontaler Bewegung (Bild 2.24)

Die oben geschilderte *vertikale* Bewegung eines fallenden Körpers ist – ebenfalls nach unserer Erfahrung – unabhängig davon, ob der Körper sich gleichzeitig auch horizontal bewegt: Angenommen ein Ball werde horizontal (in der y-Richtung) mit der Geschwindigkeit v_y aus einem Haus geworfen. Zur Zeit $t = 0$ verlasse der Ball die „Abschußplattform" in Bild 2.24. Dann bleibt die Bewegung in der y-Richtung gleichmäßig (ohne Beschleunigung):

$$y = v_y t \tag{2.20}$$

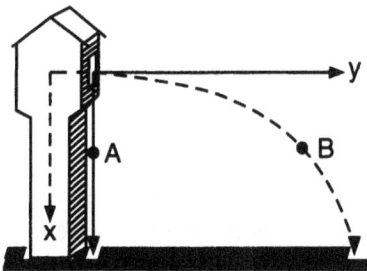

Bild 2.24: Zur gleichen Zeit, zu der man einen Stein (A) senkrecht nach unten fallen läßt, wird ein zweiter (B) horizontal aus dem Fenster geworfen. Beide treffen erfahrungsgemäß gleichzeitig auf dem Boden auf trotz der sehr unterschiedlichen Wege von A und B.

in der x-Richtung dagegen ist sie beschleunigt:

$$x = \frac{g}{2}t^2 \tag{2.20a}$$

Durch Eliminierung von t aus Gl. (2.20) und (2.20a) erhält man als Gleichung für die Bahn eine Parabel, die bekannte *Wurfparabel*

$$x = \frac{g}{2v_y^2} \cdot y^2 \,. \tag{2.21}$$

Gl. (2.21) gibt direkt Auskunft über die Reichweite in der y-Richtung für einen horizontalen Abschuß aus der Höhe x_0 mit der Abschußgeschwindigkeit v_y.

2.3.3 Kreisbewegung

Im folgenden wollen wir die Bewegung eines Massenpunktes auf einem Kreis mit dem Radius R (siehe Bild 2.25) betrachten. Einfachheitshalber legen wir den Ursprung des kartesischen Koordinatensystems in den Kreismittelpunkt, so daß

$$x = R\cos\varphi \qquad y = R\sin\varphi\,; \tag{2.22}$$

x und y sind zugleich die kartesischen Komponenten des Radiusvektors $\vec{R}$ mit dem Betrag R.

Wir wollen nun eine gleichförmige Kreisbewegung (entgegen dem Uhrzeigersinn) diskutieren. Die zeitliche Zunahme des Drehwinkels, die sog. Winkelgeschwindigkeit

$$\boxed{\frac{\mathrm{d}\varphi}{\mathrm{d}t} = \omega} \qquad \textbf{Winkelgeschwindigkeit} \tag{2.23}$$

sei zeitlich konstant. (Der Winkel wird im Bogenmaß gemessen; der Einheit 1 Radian (rad) entsprechen $(360/2\pi)$ Grad. Die Einheit der Winkelgeschwindigkeit ist daher (1 rad/s), meist auch nur 1/s genannt). Der Drehwinkel ist also

$$\varphi(t) = \omega t\,, \tag{2.24}$$

wenn man die Zeit $t = 0$ so wählt, daß $\varphi(t = 0) = 0$ ist. Während der Radiusvektor $\vec{R}$ mit der Winkelgeschwindigkeit ω umläuft, ändern die beiden

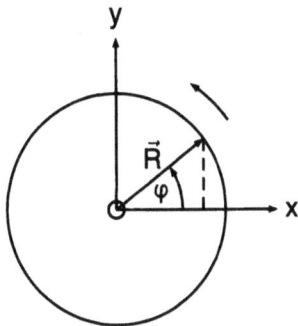

Bild 2.25: Zur Definition der Winkelgeschwindigkeit

Komponenten dieses Vektors zeitlich periodisch ihren Wert:

$$\left. \begin{array}{l} x = R \cdot \cos(\omega t) \\ y = R \cdot \sin(\omega t) \end{array} \right| \qquad \textbf{Gleichförmige Kreisbewegung} \qquad (2.25)$$

Die *Periodendauer* T, d.h. die Zeit eines Umlaufs, ist:

$$\left. T = \frac{2\pi}{\omega} \right| \qquad \textbf{Periodendauer} \qquad (2.26)$$

Für die *Frequenz*, d.h. die Zahl der Umläufe pro Sekunde, ergibt sich der Kehrwert von T:

$$\left. \frac{1}{T} = f = \frac{\omega}{2\pi} \right|. \qquad \textbf{Frequenz} \qquad (2.27)$$

(Die Winkelgeschwindigkeit ω wird oft auch als *Kreisfrequenz* bezeichnet.)

Der Betrag der *Geschwindigkeit* ist bei einer Kreisbewegung zeitlich konstant ($v = \omega \cdot R$), nur ihre Richtung ändert sich stetig. Daher verschwindet auch die tangentielle Komponente der Beschleunigung, und nach Gl. (2.16) bleibt nur ihre Normalkomponente (senkrecht zur Bahn) übrig:

$$\boxed{a_n = \frac{v^2}{R} \quad \text{oder} \quad a_n = \omega^2 \cdot R} \qquad (2.28)$$

Die Richtung dieser Normalbeschleunigung weist zum Kreismittelpunkt.

2.3.4 Lineare harmonische Schwingung

Die Kreisbewegung kann man sich als Überlagerung zweier geradliniger Bewegungen entlang der x- und y-Achse zusammengesetzt denken:

$$\boxed{x(t) = R \cdot \cos(\omega t) \quad \text{oder} \quad y(t) = R \cdot \sin(\omega t)} \qquad (2.29)$$

Jede dieser Bewegungen einzeln betrachtet nennt man eine lineare *harmonische Schwingung* mit der Kreisfrequenz ω und der Amplitude R.

Durch Differentiation erhält man für die Geschwindigkeit:

$$\frac{\mathrm{d}x}{\mathrm{d}t} = -\omega R \cdot \sin(\omega t)$$

und für die Beschleunigung:

$$\frac{\mathrm{d}^2 x}{\mathrm{d}t^2} = -\omega^2 R \cos(\omega t) = -\omega^2 x \qquad (2.30)$$

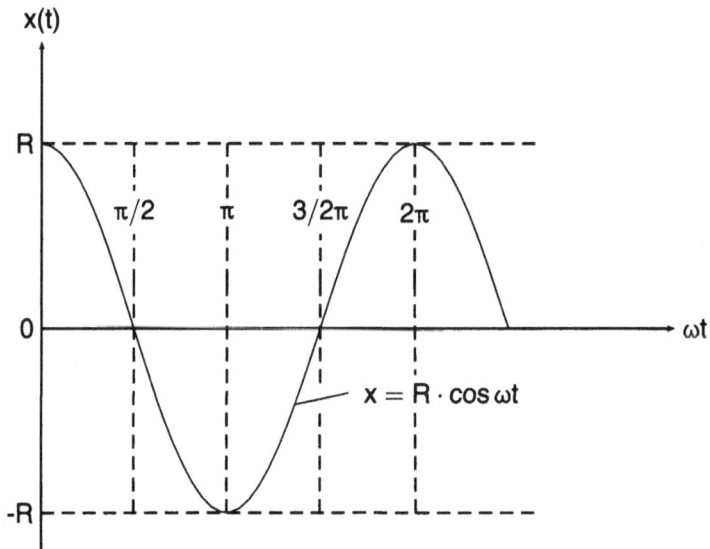

Bild 2.26: Lineare harmonische Schwingung $x(t) = R \cdot \cos(\omega t)$ mit der Amplitude R und der Periode $T = (2\pi/\omega)$.

Damit haben wir ein allgemein wichtiges Resultat abgeleitet: Für harmonische Schwingungen ist zu jeder Zeit die Beschleunigung proportional zur Auslenkung, aber entgegengesetzt zu ihr gerichtet.

In der Natur und in der Technik sind Schwingungsbewegungen in vielfältiger Weise realisiert. Das charakteristische Merkmal aller harmonischer Schwingungen ist die Winkelgeschwindigkeit ω, bzw. die Schwingungsdauer T.

Tabelle 2.5: Beispiele für verschiedene Schwingungen

	Schwingungsdauer
Schwingungen der Nukleonen im Kern	10^{-21} s
Schwingungen der Atome im Molekül	10^{-13} s
Schwingungen der Elektronen in der Fernsehantenne	10^{-8} s
Schwingungen einer Lautsprechermembran	10^{-3} s
Schwingungen der Erde	54 Minuten
Schwingungen eines Sterns (Cephëiden)	20 Tage

Literaturhinweise zu Kapitel 2

Astin, A.V.: Standards of Measurement, Scientific American 218, June (1968).

Becker, F.: Einführung in die Astronomie, Kapitel 1A: Bestimmung von Ort und Bewegung, BI Hochschultaschenbücher Bd 8/8a, Mannheim (1966).

Berkeley Physics Course, Bd. I, McGraw-Hill, New York (1965), Chap. 1: Geometry and Physics.

Feynman, Vorlesungen über Physik, Bd. I-1, R. Oldenbourg, München (2001), Kap.5: Zeit und Abstand

Kohlrausch, F.: Praktische Physik Bd. I, B.G. Teubner Verlag, Stuttgart (1968), Kap. 2.2 und 2.3: Längen- und Zeitmessung.

Renfrew, C.: C-14 and the Prehistory of Europe, Scientific American 225, Oct (1971).

Taylor, B.N., Langenberg, D.N. and Parker, W.H.: The Fundamental Physical Constants, Scientific American 223, Oct (1970).

Weitere Lehrbücher der Mechanik:

Alonso-Finn: Physik, Oldenbourg Verlag, München (2000), 776 Seiten, in deutscher Übersetzung. Ein didaktisch sehr gut aufgebautes Lehrbuch, das vor allem Wert darauf legt, daß die wesentlichen Konzepte der Mechanik beherrscht werden und Probleme gelöst werden können; viele Beispiele und Aufgaben, auch für Übungen zu empfehlen.

Atkins, K. R.: Physik, die Grundlagen des physikalischen Weltbildes, Walter de Gruyter Verlag, Berlin (1986). Kompakte Darstellung der gesamten Physik in einem Band ohne viel Mathematik, geeignet für Studenten mit Physik im Nebenfach.

Bergmann/Schaefer/Gobrecht, H.: Lehrbuch der Experimentalphysik Bd. 1, Mechanik, Akustik, Wärme, 902 Seiten, Walter de Gruyter Verlag, Berlin (1998): ein besonders ausführliches und klares Lehrbuch, mit zahlreichen Versuchsbeschreibungen

Berkeley Physik Kurs, Band 1, Mechanik, Vieweg-Verlag (1975). Beschränkung auf wenige Themen, die aber ausführlich behandelt werden; interessante Ausblicke in andere Gebiete, didaktisch gut aufgebaut, viele Beispiele, für Übungen zu empfehlen.

Demtröder, W.: Experimentalphysik 1, Mechanik und Wärme, Springer-Verlag, Heidelberg (2005). Anspruchsvolles Lehrbuch mit klaren mathematischen Ableitungen, mit vielen Beispielen und lehrreichen Übungsaufgaben

Feynman, R.: Vorlesungen über Physik, Bd.1, R. Oldenbourg-Verlag, München (2001): In deutscher Übersetzung, Darlegung sowohl der grundlegenden klassischen Konzepte als auch Einblick in die moderne Physik; klare physikalische Argumentation; als Einführungslektüre weniger geeignet (z.B. zu wenig Experimente), jedoch als Vertiefung und zur Vorbereitung auf die theoretische Physik sehr empfohlen.

Gerthsen, C. und Vogel, H.: Physik, 19. vollständig neubearb. Auflage, Springer-Verlag (2001), 1262 Seiten, über 100 Aufgaben mit Lösungen, übersichtliche Darstellung der wichtigsten Prinzipien, auch sehr gut geeignet als Nachschlagewerk und zur Wiederholung.

Grimsehl, E.: Lehrbuch der Physik, Bd. 1, Mechanik, Akustik, Wärme, B.G. Teubner Verlag, Leipzig 1991. Sehr ausführliche klassische Einführung.

Hänsel, H. und Neumann, W: Physik, Mechanik und Wärmelehre, Spektrum Akademischer Verlag (1993)

Kuypers, F.: Klassische Mechanik, VCH-Verlag (2005)

Lüscher, E.: Moderne Physik, von der Mikrostruktur der Materie bis zum Bau des Universums, Piper-Verlag, München (1987). Wegen seiner ungewöhnlichen Stoffauswahl mit zahlreichen Seitensprüngen in die modernen Gebiete der Physik und ins tägliche Leben eine unterhaltsame zusätzliche Lektüre.

Martienssen, W.: Einführung in die Physik, 5 Bände, Verlag H. Deutsch (1993), der Übergang von der reinen Beobachtung zum mathematischen Modell überall deutlich herausgearbeitet, mit Übungen und Lösungen, Mechanik (Bd. 1), Wärme (Bd. 2), Schwingungen und Wellen (Bd. 3)

Pohl, R.W.: Einführung in die Physik Bd. 1 Mechanik, Akustik, Wärmelehre, 17. Auflage, Springer, Berlin (1969): klare und einfache Gedankenführung, wegen seiner Fülle von Versuchsbeschreibungen seit vielen Jahren ein besonders anschauliches Lehrbuch.

Tipler, P. A.: Physik, Spektrum Akademischer Verlag (2004), in deutsch, 1490 Seiten, umfaßt die gesamte Physik, sehr anregend zu lesen, mit Übungen + Lösungen in jedem Kapitel.

Lehrbücher zur mathematischen Einführung:

Barner, M. und Flohr, F.: Analysis I, 5. Auflage, de Gruyter-Verlag (2000)

Berkeley Physik Kurs, Vieweg-Verlag (1979), Bd. 1, Kap. 2 Vektorrechnung, Bd. 2, Kap. 2, Gradient, Divergenz und Rot.

Bronstein-Semendjajew: Taschenbuch der Mathematik, Verlag H. Deutsch, Zürich und Frankfurt/Main, (1969)

Courant, R.: Vorlesungen über Differential- und Integralrechnung, 2 Bände, Springer-Verlag, Berlin (1971): Analysis, mit besonderer Betonung physikalischer Anwendungen.

Feynman, R.: Vorlesungen über Physik, R. Oldenbourg, München (2001), Bd. I-1, Kap. 11, Vektoren: ein interessantes Kapitel über die physikalische Interpretation der Eigenschaften von Vektoren, Band II-1, Vektoranalysis.

Heuser, H.: Lehrbuch der Analysis 1, 10. Aufl., B.G. Teubner Verlag, Stuttgart (1993). Mit zahlreichen Beispielen.

Jänich, K.: Lineare Algebra, Springer (2003), enthält spezielle Abschnitte für Physiker.

Läuger, K.: Mathematik Kompakt, R. Oldenbourg Verlag, München (1992), gut verständliche Einführung in die notwendigsten mathematischen Methoden: Trigonometrie, Infinitesimalrechnung, Vektorrechnung und komplexe Zahlen, einschließlich vieler Aufgaben mit Lösungen.

Lehr- und Übungsbuch Mathematik Bd. III, Verlag Harri Deutsch, Frankfurt (1970): Vektorrechnung, Infinitesimalrechnung, Exponentialfunktionen, viele durchgerechnete Übungsbeispiele.

Noltius, W.: Grundkurs, Theor. Physik 1, Klass. Mechanik, 3. Aufl., Zimmermann-Neutang (1993), enthält gute Einführung in die mathematischen Hilfsmittel der Physik

Spiegel, M.R.: Vector-Analysis, McGraw-Hill, New York (1994): kurze Definitionen, dazu viele Aufgaben mit Lösungen.

Teichmann; H.: Physikalische Anwendungen der Vektor- und Tensorrechnung, BI Hochschultaschenbücher Bd. 39/39a, Mannheim (1964).

3 Die beiden ersten Newtonschen Gesetze

In diesem Kapitel wollen wir das *Zustandekommen* von Bewegungen verstehen, deren Beschreibung in Raum und Zeit wir im letzten Kapitel kennengelernt haben. Wir wollen beispielsweise wissen, warum Körper auf der Erde parabelförmig fallen, warum der Mond sich fast kreisförmig um die Erde bewegt, und warum alle Planeten auf Ellipsenbahnen um die Sonne laufen. Wir wollen ferner verstehen, warum ein Körper, der an einer Feder aufgehängt ist, harmonische Schwingungen ausführt und weshalb ein angestoßener gleitender Körper schließlich wieder zur Ruhe kommt.

Es ist das Verdienst Isaac Newtons (1642 – 1727), diese teilweise recht komplizierten Bewegungen auf das Zusammenwirken von einfachen und allgemeingültigen Prinzipien zurückzuführen. Naturforscher vor ihm wie G. Galilei (1564 – 1642), J. Kepler (1571 – 1630) oder R. Hooke hatten schon eine Fülle von neuen Beobachtungen zusammengetragen. Newtons Blick war aber auf das Gemeinsame all dieser einzelnen Beobachtungen gerichtet. So erzählt man sich, die *Idee*, daß die Bewegung eines fallenden Körpers und die des Mondes aufgrund der gleichen Kraftwirkung zustande kommen, ihm nachts im Mondschein unter einem Apfelbaum eingefallen ist, als gerade ein Apfel herunterfiel. Die Größe Newtons liegt jedoch darin, daß er diese ganz neue, faszinierende Idee auch verwirklichen, d.h. qualitativ beweisen konnte. Der Schlüssel hierzu war nicht nur die genaue Beobachtung oder ein geschicktes Experiment, sondern auch die *mathematische Abstraktion der Beobachtung*. (Es ist bezeichnend für Newton, daß er zugleich auch einer der Erfinder der Differential- und Integralrechnung war.)

3.1 Das Trägheitsprinzip oder 1. Newtonsches Gesetz

Galilei lieferte den ersten wichtigen Beitrag zum Verständnis der Bewegungen, als er durch quantitative Beobachtungen und eine geniale Extrapolation das Prinzip der Trägheit eines Körpers entdeckte. Wenn ein Körper in Ruhe

ist und man „läßt ihn allein", stößt ihn also nicht, so wird er immer in Ruhe bleiben. Ein ruhender Eishockeypuck bleibt auf der glattesten Eisfläche liegen. Stößt man ihn mit einem Schläger, dann bewegt er sich nach dem Schlag, wieder sich allein überlassen, *geradlinig* über die ganze Eisfläche, bis er wieder gestoppt wird. Messen wir die während kleiner Zeitintervalle zurückgelegten Wegstrecken, so finden wir, daß diese fast alle gleich sind. Die Geschwindigkeit ist also praktisch konstant. Es handelt sich um eine nahezu geradlinige und gleichförmige Bewegung.

Diese oder ähnliche Versuche kann man fast nie wirklich reibungsfrei durchführen. Vollkommen reibungsfreie Bewegungen hat man nur bei tiefen Temperaturen beobachtet. Zum Beispiel bewegen sich Körper in superflüssigem Helium oder Elektronen in supraleitenden Metallen ganz ohne

Reibung. Daher nehmen Ströme in supraleitenden Ringen mit der Zeit nicht ab. Letztere Eigenschaft hat große technische Bedeutung für den Bau von supraleitenden Spulen mit Dauerströmen zur Erzeugung großer und konstanter Magnetfelder. Auch die Bewegung der Elektronen im Atom sowie der Nukleonen im Kern ist keiner Reibung unterworfen.

Der geniale Beitrag von Galilei war nun der, von den fast immer auftretenden äußeren störenden Einwirkungen, z.B. durch die Reibung, abzusehen und festzustellen, daß *jeder Körper, falls keine Störung von außen auf ihn wirkt, in Ruhe verharrt oder sich mit seiner ursprünglichen konstanten Geschwindigkeit weiter bewegt.* Diese allgemeine Eigenschaft aller Körper nennt man *Trägheit.*

> **Trägheitsprinzip oder 1. Newtonsches Gesetz:**
> *Jeder Körper verharrt im Zustand der Ruhe oder gleichförmiger, geradliniger Bewegung, falls er nicht durch äußere Kräfte gezwungen wird, diesen Zustand zu verlassen.*

Newton übernahm dieses Trägheitsprinzip von Galilei als sein *1. Bewegungsgesetz,* formulierte es jedoch (siehe oben) etwas genauer als Galilei.

Was aber ist die Ursache der Trägheit aller Körper? Wir wissen es noch nicht mit Sicherheit. Newton glaubte, daß die Trägheit eine „innere" Eigenschaft eines jeden Körpers ist, die von der Umwelt unabhängig ist. Im Gegensatz dazu vertrat der Wiener Physiker Ernst Mach die Ansicht, daß die Trägheit eines Körpers auf seine Wechselwirkung mit der ihn umgebenden Materie des Universums zurückzuführen sei. Nach Mach verhindert diese Wechselwirkung, daß – im kräftefreien Zustand – ein Körper relativ zur Materie des Universums beschleunigt wird. (Dieses Machsche Prinzip der Relativität wurde von Einstein wieder aufgenommen, der – in der sog. *allgemeinen Relativitätstheorie* – zu erklären versuchte, welcher Natur diese Wechselwirkungen mit dem Universum sind. Wir können im Rahmen dieser Vorlesung noch nicht auf diese Theorie eingehen; ihre experimentelle Prüfung mit Hilfe von extraterrestrischen Versuchen, z.B. Beobachtungen an schnell rotierenden Doppelsternen, stellt ein hochaktuelles Forschungsgebiet der Physik dar.)

Nun wollen wir unseren Begriff Trägheit quantitativer formulieren. Durch Beobachtung haben wir festgestellt, daß wir an einem Körper „ziehen" oder ihn „stoßen" – oder anders ausgedrückt – eine „Kraft" auf ihn ausüben müssen, um seinen Zustand der gleichförmigen geradlinigen Bewegung zu verändern. *Infolge der Trägheit von Materie ist also eine Kraft notwendig, um die Geschwindigkeit eines Körpers zu ändern,* d.h. *ihn zu beschleunigen (oder zu verzögern).* Welche Kraft aber ist für eine bestimmte Beschleunigung erforderlich?

3.1.1 Die statische Messung einer Kraft

Wir wollen zunächst nicht fragen, wie die Kraft bei den einzelnen Vorgängen zustandekommt, sondern was das Gemeinsame an diesen Vorgängen ist, das zum Begriff „Kraft" führt. Eine wesentliche Eigenschaft einer Kraft ist, daß man sie messen kann, d.h. in definierter Weise mit einer anderen Kraft vergleichen kann. Als „Kraftmesser" wollen wir eine Feder verwenden. Bei der Ausführung eines solchen Versuches erkennen wir zunächst, daß wir einer

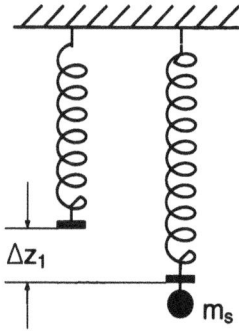

Bild 3.1: Eichung einer Feder zur Messung von Kräften

Kraft immer einen *Angriffspunkt* und eine *Richtung* zuordnen, d.h. durch einen Vektor $\vec{F}$ beschreiben können. Die *Größe der Kraft* können wir aus der Elongation der Feder bestimmen. Da die Elongation auch vom Material abhängt, aus dem die Feder hergestellt ist, müssen wir die Feder eichen, d.h. mit einer Kraft vergleichen, die immer und überall in definierter Weise zur Verfügung steht, z.B. die Schwerkraft. Dazu befestigen wir unten an der aufgehängten Feder eine bestimmte Masse m_s. Dadurch wird die Feder um eine Strecke Δz_1 verlängert. Warum?

Auf diese Masse m_s wirkt die anziehende Gravitationskraft der Erde. In der Ruhelage ist die Summe der Kräfte, die an m_s angreifen, null: Die Federkraft kompensiert genau die Schwerkraft $\vec{F}_s$. Wenn man nun die Feder zusätzlich mit einer zweiten identischen Masse m_s belastet, beobachtet man eine weitere Verlängerung der Feder, wiederum um Δz_1. Das heißt: bei einer doppelt so starken Kraft ($2\vec{F}_s$), verdoppelt sich auch die Elongation der Feder wie in Bild 3.2 dargestellt. Bei der dreifachen Beladung ist die Verlängerung entsprechend $3 \cdot \Delta z_1$. Wir fassen zusammen: *Die Verlängerung einer Feder unter dem Einfluß einer Kraft nimmt linear mit dem Betrag der Kraft* zu:

$$\boxed{\begin{aligned} F_z &= -C \cdot \Delta z \\ &(C = \text{Federkonstante}) \end{aligned}} \qquad \textbf{Hookesches Gesetz} \qquad (3.1)$$

Die Kraft der Feder wirkt ihrer Verlängerung entgegen, daher das negative Vorzeichen. C ist nur durch die Feder bestimmt.

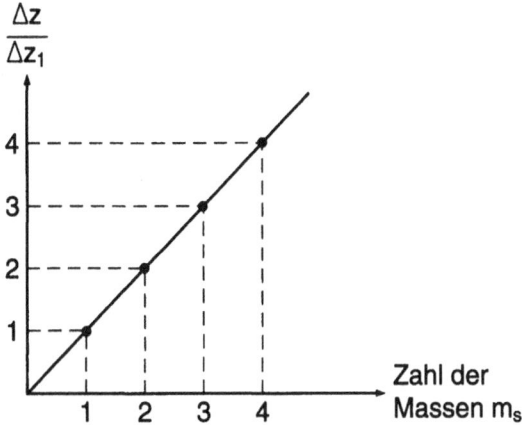

Bild 3.2: Hookesches Gesetz: Die Verlängerung der Feder aufgrund des Gewichtes der Massen m_s ist proportional zur Zahl der Massen.

Dieser lineare Zusammenhang zwischen Kraft und Auslenkung *(Hookesches Gesetz)* gilt für alle Materialien und alle Arten von Deformationen, sofern die Auslenkungen klein bleiben. Sie ist von großer technischer Bedeutung im Maschinen- und Apparatebau.

Bild 3.3 zeigt die Verlängerung dl eines Drahtes mit Gesamtlänge l und Querschnitt A unter dem Einfluß einer Kraft. Die Größe (Kraft/Querschnittsfläche) nennt man *Spannung* (oder *Druck*), und die relative Längenänderung (dl/l) heißt *Dehnung*. Somit läßt sich das Hookesche Gesetz auch in die Form bringen:

$$\boxed{\frac{F}{A} = -E\frac{dl}{l} \quad (E = \text{Elastizitätsmodul})} \tag{3.2}$$

Spannung = − E · Dehnung

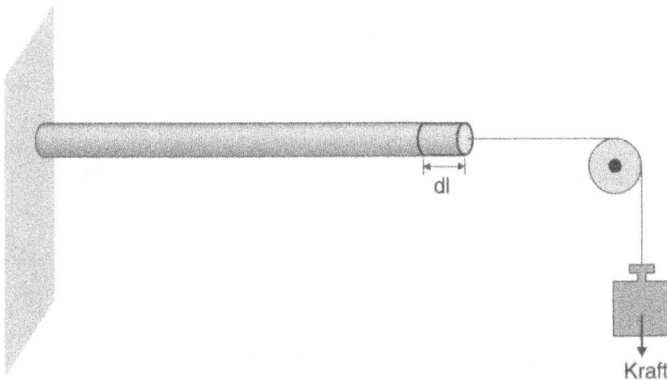

Bild 3.3: Dehnung eines Drahtes (Querschnitt A und Gesamtlänge l aufgrund der Zugkraft $\vec{F}$

Ein solcher linearer Zusammenhang zwischen Spannung und Dehnung wird in allen Materialien gefunden, sofern die Dehnung unter 1% bleibt. (Bei größeren Verformungen tritt in der Regel *plastisches Fließen* und schließlich Bruch auf. Gummi, das aus Kettenmolekülen besteht, mit elastischen Dehnungen bis über 700% bildet eine wichtige Ausnahme, auf die wir in Kap. 6 genauer eingehen werden.)

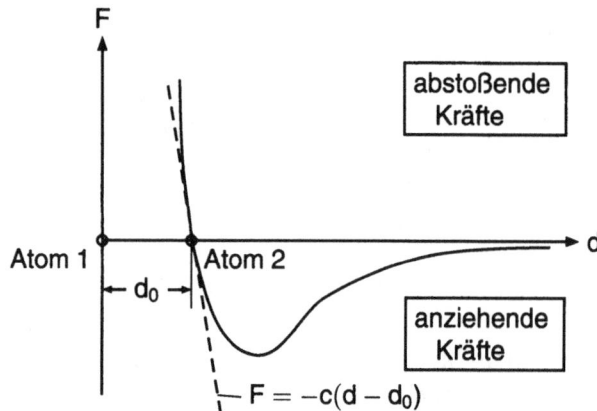

Bild 3.4: Interatomare Kraft als Funktion des Atomabstandes: Für $d = d_0$, der Ruhelage, wirkt keine Kraft auf das Atom 2. Bei kleineren Abständen treten stark abstoßende, bei größeren Abständen anziehende Kräfte auf, die durch die Bindungselektronen hervorgerufen werden. Im Bereich der Ruhelage läßt sich die Kraft durch eine lineare Beziehung annähern.

Mikroskopisch können solche elastischen Kräfte auf interatomare Kräfte, die in allen Festkörpern den in Bild 3.4 dargestellten Verlauf haben, zurückgeführt werden. Im Gleichgewichtsabstand d_0 zwischen zwei Nachbaratomen sind die Kräfte zwischen ihnen null.

Bei größeren Atomabständen ($d > d_0$) entstehen anziehende Kräfte und bei kleineren ($d < d_0$) werden die Atome stark abgestoßen. Bei kleinen Dehnungen bleibt die Kraft proportional zur Dehnung:

$$\vec{F} = -c(\vec{d} - \vec{d_0})$$

Dies ist das mikroskopische Analogon zum makroskopischen Hookeschen Gesetz (3.1).

Übungsfrage: Als Modell für einen Festkörper verwendet man oft die lineare Kette von Atomen, d.h. man denkt sich die Atome in einer Reihe durch Federn verbunden. Zeigen Sie, daß das Hookesche Gesetz auch für die ganze lineare Kette gilt, wenn es für die interatomaren Kräfte gültig ist, und daß die atomare Kraftkonstante c gleich der makroskopischen Kraftkonstanten C in Gl. (3.1) ist.

Wir haben gesehen, wie wir durch die *statische* Deformation Kräfte in relativen Einheiten messen können. Im folgenden wollen wir uns mit der *dynamischen* Folge von Krafteinwirkungen beschäftigen, d.h. mit dem Einfluß der Kraft auf die Bewegung.

3.2 Das Aktionsprinzip oder 2. Newtonsches Gesetz

3.2.1 Kraft und Beschleunigung

Die Wirkung einer Kraft auf die Bewegung wollen wir anhand eines einfachen Experiment studieren, nämlich an der Bewegung eines nahezu reibungsfreien Wagens mit der Masse m_T, der durch eine Kraft $\vec{F}$ nach rechts bewegt wird, wie in Bild 3.5 angedeutet.

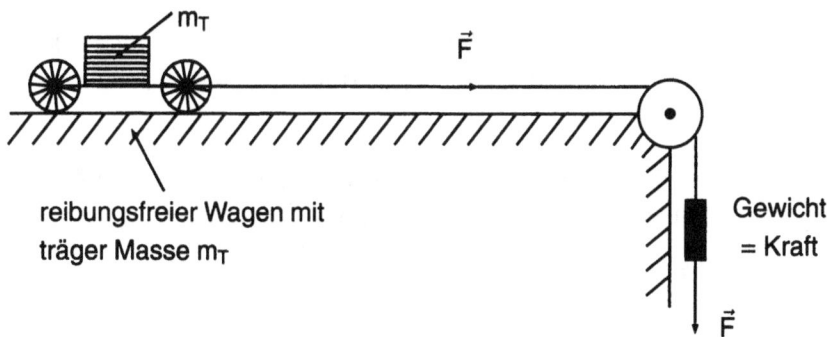

Bild 3.5: Experiment zum Studium der Bewegung eines Körpers unter dem Einfluß von Kräften

Dazu bestimmen wir den zurückgelegten Weg und daraus die Geschwindigkeit und die Beschleunigung des Wagens als Funktion der Zeit. (Der Wagen sei viel schwerer als das Gewicht, mit dem er über das Seil gezogen wird.)

Als Ergebnis unseres Experimentes wollen wir festhalten (s. auch Bild 3.6):

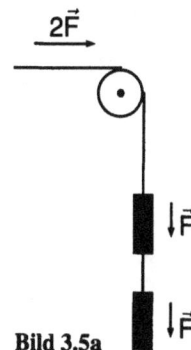

Bild 3.5a

1. Die Beschleunigung des Wagens ist zeitlich konstant!

2. Hängen wir ein zweites identisches Gewicht an die Zugschnur (Bild 3.5a), dann verdoppeln wir die Kraft, da Betrag und Richtung beider Kräfte in diesem Falle gleich sind. Das beobachtete Resultat: Die Beschleunigung des Wagens hat sich ebenfalls verdoppelt!

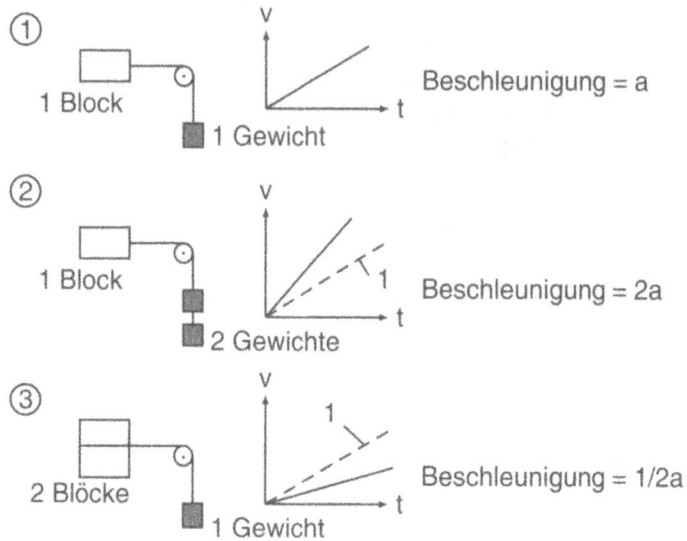

Bild 3.6: Zusammenfassung der experimentellen Ergebnisse

3. Verdoppeln wir dagegen die Beladung des Wagens (Wagenmasse klein gegen die Last), so verringert sich die Beschleunigung gegenüber Versuch 1 um die Hälfte.

Aus dem ersten und zweiten Experiment können wir einen einfachen Zusammenhang zwischen Kraft $\vec{F}$ und Beschleunigung $\vec{a}$ ableiten:

Die Beschleunigung ist proportional zur Kraft:

$$\vec{a} \sim \vec{F}$$

Aus dem ersten und dritten Experiment ist ersichtlich, daß die Beschleunigung des bewegten Wagens bei Verdoppelung seiner Masse m_T auf den halben Wert sinkt:

Die Beschleunigung ist umgekehrt proportional zur Masse m_T:

$$|\vec{a}| \sim \frac{1}{m_T}$$

Alle drei Beobachtungen lassen sich offenbar einfach beschreiben durch das Gesetz:

$$\boxed{\vec{a} = \frac{\vec{F}}{m_T} \quad \text{oder} \quad \vec{F} = m_T \cdot \vec{a}} \qquad \textbf{Aktionsprinzip} \qquad (3.3)$$

welches auch *Aktionsprinzip* oder *zweites Newtonsches Gesetz* genannt wird.

Übungsfrage: Das Aktionsprinzip ermöglicht es uns, auch andere Bewegungsformen des Wagens vorauszusagen, wenn wir die Kräfte kennen, die auf ihn einwirken. Wie können wir zum Beispiel den Bremsweg des Wagens, der zunächst mit der Geschwindigkeit $\vec{v_0}$ fährt, ermitteln, wenn plötzlich eine konstante Bremskraft $\vec{R}$ entgegengesetzt zur Richtung von $\vec{v_0}$ wirkt?

Genauere Beobachtungen im *dreidimensionalen* Raum zeigen, daß auch hier die Beschleunigung immer parallel zur Kraft erfolgt. Demzufolge ist m_T eine skalare Größe ohne Richtungsabhängigkeit. Das heißt zum Beispiel parallel zur Achse des Milchstraßensystems erfolgt eine genauso große Beschleunigung für gleich große Kräfte wie senkrecht dazu. Diese Isotropie von m_T stützt im Rahmen der allgemeinen Relativitätstheorie die Annahme, daß die globale Massenverteilung des Universums mit ebenso guter Genauigkeit isotrop ist.

Da die Größe m_T quantitatives Maß für die Trägheit eines Körpers ist, seinen Bewegungszustand zu ändern, nennt man ihn *träge Masse*. Die träge Masse eines Körpers wird also durch die Kraft bestimmt, die er einer definierten Beschleunigung entgegensetzt.

Es läßt sich zeigen, daß auch eine allgemeinere Formulierung des Aktionsprinzips gültig ist, die die Bewegung eines Körpers auch dann beschreiben kann, wenn sich dessen Masse m_T während der Krafteinwirkung ändert. Dazu führen wir als *Bewegungsgröße* das Produkt aus Masse m_T und Geschwindigkeit $\vec{v}$ ein, das wir als *Impuls $\vec{p}$* bezeichnen wollen:

$$\boxed{\vec{p} = m_T \vec{v}} \qquad \textbf{Impuls} \tag{3.4}$$

In der allgemeineren Form lautet dann das Aktionsprinzip oder 2. Newtonsche Gesetz:

$$\boxed{\frac{d\vec{p}}{dt} = \frac{d}{dt}(m_T \vec{v}) = \vec{F}} \tag{3.5}$$

Oder in Worten: *Die zeitliche Änderung des Impulses ist gleich der Kraft.*

Im Bereich großer Geschwindigkeiten – in der Nähe der Lichtgeschwindigkeit – nimmt die träge Masse eines Körpers mit der Geschwindigkeit zu, womit wir uns ausführlich im Kapitel „Relativistische Mechanik" von Band II beschäftigen werden. Hier sei nur schon darauf hingewiesen, daß das obige Aktionsprinzip nach Gl. (3.5) bei allen Geschwindigkeiten gültig bleibt, also auch im relativistischen Bereich.

3.2.2 Inertialsysteme

In unserer bisherigen Formulierung des Newtonschen Gesetzes haben wir
noch nicht das Bezugssystem spezifiziert, in welchem wir die Beschleunigung eines Körpers messen müssen. Die Antwort darauf ist im Prinzip klar.
Das Bezugssystem muß ein Koordinatensystem sein, in dem ein kräftefreier
Körper wirklich keine Beschleunigung erfährt. Weil ein Körper sich in einem
solchen Koordinatensystem nach dem Galileischen Trägheitsgesetz bewegt,
nennt man es „*Inertialsystem*" (inertia – die Trägheit). Da im Aktionsprinzip
nur Beschleunigungen vorkommen, sind auch alle anderen Koordinatensy-
steme, die sich relativ *zu einem* Inertialsystem mit beliebigen, aber *konstanten*
Geschwindigkeiten bewegen, ebenfalls Inertialsysteme.

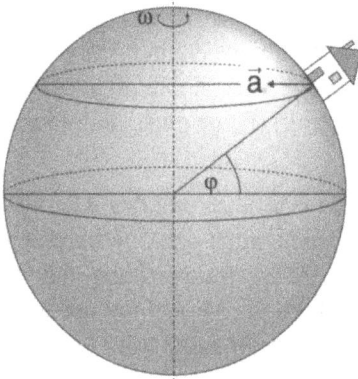

Bild 3.7: Die Erdrotation bewirkt, daß ein Laboratorium auf der Erde zur Drehachse hin beschleunigt wird.

Wir wollen nun prüfen, ob ein Laboratorium auf der Erde ein gutes Inertialsystem ist, in dem also das Trägheitsgesetz gültig ist. Wir müssen dabei
feststellen, daß ein in diesem System kräftefreier Körper dennoch wegen der
Erdrotation eine Kreisbahn beschreibt. Wegen der Rotation der Erde[1] erfährt
ein Körper im terrestrischen ortsfesten Laborsystem unter dem Winkel der
geographischen Breite φ eine Beschleunigung

$$a = \omega^2 \cdot R \cdot \cos\varphi = 3{,}4 \cdot 10^{-2} \cos\varphi \quad [\text{m/s}^2]\,,$$

die zur Drehachse hin gerichtet ist (siehe Bild 3.7). In ähnlicher Weise führt
auch die *Rotation der Erde um die Sonne* zu einer etwa 6-mal kleineren Beschleunigung der Erde zur Sonne hin. Fast 7 Größenordnungen kleiner ist die
Beschleunigung der Sonne zum galaktischen Zentrum aufgrund der *Rotation
der Sonne in der Milchstraße* (Bild 2.15). Wir dürfen daher nicht streng, aber

---

[1] Ihr Radius R beträgt bekantlich $6{,}4 \cdot 10^6$ m. Ihre Umdrehungszeit T von einem Tag entspricht = 86 400 Sekunden, so daß ihre Kreisfrequenz $\omega = 2\pi/T$ etwa $7 \cdot 10^{-5}\,\text{s}^{-1}$ beträgt.

in guter Näherung, den Fixsternhimmel als ein unbeschleunigtes *Inertial-system* betrachten. (Die Newtonsche Mechanik in beschleunigten Systemen werden wir später ausführlich diskutieren).

3.2.3 Die Maßeinheit der Masse

Unter der Annahme, daß eine gegebene Kraft einem Körper eine eindeutige meßbare Beschleunigung erteilt, können wir eine relative Massenskala auf-stellen, indem wir die gegebene Kraft auf verschiedene Massen einwirken lassen und die dabei auftretenden Beschleunigungen messen:

$$F = m_1 a_1 = m_2 a_2 = m_3 a_3 = \dots$$

Daraus erhält man

$$\frac{m_2}{m_1} = \frac{a_1}{a_2}; \quad \frac{m_3}{m_1} = \frac{a_1}{a_3}; \quad \text{usw.}$$

Nun wählen wir einen Körper als Standard und nennen dessen Masse 1 Ki-logramm = 1 kg. Damit haben wir neben dem Meter für die Länge und der Sekunde für die Zeit eine dritte Grundeinheit für die träge Masse eingeführt. Ferner besitzen wir eine eindeutige Meßvorschrift für den Vergleich anderer Massen mit dem gewählten Standard. (Als Standard dient heute ein Platin-Iridium-Zylinder, der in Sèvres bei Paris aufbewahrt wird.)

Die Einheit der Masse ist 1 kg

In der Atomphysik und Chemie werden meist sog. Atommasseneinheiten benützt. Die Definition basiert auf der Masse eines ^{12}C-Atoms, dem genau die Atommasse 12 zugeordnet wird. Auf dieser Skala haben einige Elemente (mit natürlichem Isotopengemisch) folgende Massen, die *Atommassenzah-len*:

Element	Atommassenzahl
H	1,00797
C	12,01115
O	15,994

(Weitere Elemente im Periodensystem am Ende des Buches.)

Bei zusammengesetzten Atomen, den Molekülen, ist die der Atommassen-zahl entsprechende Größe die *Molekülmassenzahl*, die gleich der Summe der Atommassen ist, aus denen das Molekül besteht. (Für H_2O zum Beispiel ist die Molekülmassenzahl $2 \cdot 1{,}00797 + 15{,}994 = 18{,}0994$.)

Wie ist nun der Zusammenhang dieser Molekülmassenzahlen (die im Sprach-gebrauch auch verwirrenderweise *Molekulargewichte* genannt werden) mit unserem Massenstandard 1 kg? Dazu wurde das *Mol* eingeführt, *dessen Masse (in Gramm) gleich der Molekülmassenzahl ist*. Ein Mol eines Elementes oder einer Verbindung muß daher immer gleich viele Atome oder Moleküle besitzen. Man kann diese Zahl zum Beispiel bei der Elektrolyse aus der gesammelten Ladung pro Mol abgeschiedener Ionen, deren Ionenladung bekannt sein muß, bestimmen. Auf diese Weise hat man gefunden, daß ein Mol jeder Substanz aus

$$\boxed{N_A = 6{,}0222 \cdot 10^{23}} \qquad \textbf{Avogadro-Konstante}$$

Atomen oder Molekülen besteht. (Man nennt diese Zahl zuweilen auch *Loschmidtsche Zahl*.)

Ein Mol Wasser besitzt demnach eine Masse von $18{,}0994 \cdot 10^{-3}$ kg und enthält $6{,}0222 \cdot 10^{23}$ Moleküle. Die Avogadro-Konstante oder Loschmidtsche Zahl stellt also die Verbindung zwischen der Welt der Atome und unserer makroskopischen Welt dar.

Man kann mit ihr auch die atomare Masseneinheit in kg angeben:

$$\boxed{\text{Eine atomare Masseneinheit} = \frac{1}{12}\, m(^{12}\text{C}) = 1{,}66053 \cdot 10^{-27}\,\text{kg}}$$

Im Englischen wird diese Einheit, die der Masse eines Wasserstoffatoms sehr ähnlich aber nicht gleich ist, auch als 1 amu („atomic mass unit") oder kurz als 1 u bezeichnet.

In der Tabelle 3.1 haben wir noch einige andere typische, in der Natur vorkommende Massen zusammengestellt:

Tabelle 3.1: In der Natur vorkommende Massen [in kg]

Elektron	$9{,}1 \cdot 10^{-31}$
H-Atom	$1{,}67 \cdot 10^{-27}$
Proteinmolekül	$2{,}2 \cdot 10^{-24}$
Grippevirus	$6 \cdot 10^{-19}$
Erde	$6 \cdot 10^{24}$
Sonne	$1{,}97 \cdot 10^{30}$
Milchstraße (10^{11} Sterne)	$\sim 10^{41}$
Universum (10^{11} Galaxien)	$\sim 10^{52}$

3.2.4 Maßeinheit der Kraft

Ein quantitatives Maß für die Einheit, in der die Kraft angegeben werden soll, kann nach Festlegung der Grundeinheiten m, kg, s (Internationales Einheitensystem, SI) aus dem Newtonschen Gesetz (z.B. Gl. (3.3)) abgeleitet werden. Diese *Einheit der Kraft* wird nach Newton benannt, *sie erteilt einer Masse von 1 kg eine Beschleunigung von 1 m/s²*:

Die Krafteinheit ist 1 Newton

$$1 \, \text{Newton} = 1 \, \text{N} = 1 \, \text{kg m/s}^2 \, .$$

In der Physik wurde früher auch häufig das cgs-System mit den Grundeinheiten cm, g, s verwendet. In diesem System ist die *Einheit der Kraft* das Dyn.

$$1 \, \text{dyn} = 1 \, \text{g} \cdot \text{cm/s}^2 = 10^{-5} \, \text{N}$$

3.2.5 Anwendung des 2. Newtonschen Gesetzes

Das Newtonsche Gesetz $m_\text{T} \vec{a} = \vec{F}$ kann auf zwei sehr verschiedene Weisen benutzt werden:

1. Wenn alle Kräfte, die auf einen Körper einwirken, gegeben sind, kann man seine *Bewegung genau berechnen*. Geschick hierbei ist die Grundlage aller mechanischen Projektierungen in der Physik und in den Ingenieurwissenschaften.

2. Wenn durch Beobachtung der Bahn eines Körpers $\vec{r}(t)$ seine Beschleunigung bekannt ist, können wir daraus die *Eigenschaften der Kräfte ableiten*. Auf diese Art entdeckte Newton das universelle Gravitationsgesetz, Faraday das Induktionsgesetz, Rutherford die Größe des Atomkerns, und heutzutage benutzen die Kern- und Teilchenphysiker diese Methode (allerdings auf der Grundlage der Quantenmechanik), um die Kernkräfte zu untersuchen.

Wir wollen nun an den folgenden dynamischen Beispielen zeigen, wie man aus der beobachteten Bewegung auf die Eigenschaften und Gesetze der *elastischen Kraft* und der *Reibungskraft* schließen kann.

3.3 Kraftgesetz des harmonischen Oszillators

3.3.1 Der ungedämpfte harmonische Oszillator

Betrachten wir eine Masse m_T, die – wie in Bild 3.8 dargestellt – an einer leichten (nahezu masselosen) Feder aufgehängt ist. Wenn man die Masse aus der Gleichgewichtslage $z_0 = 0$ in eine neue Lage z_1 bringen will, so leistet die Feder – wie wir bereits weiter oben gesehen hatten – dagegen Widerstand mit einer Kraft, die der Auslenkung proportional ist,

$$F_z = -C \cdot z_1 \tag{3.1}$$

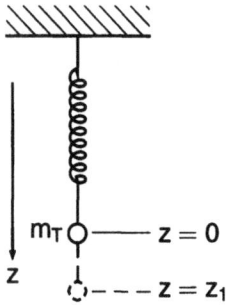

Bild 3.8: Versuch: Beobachtung der Bewegung einer Feder mit Masse, die aus der Ruhelage ausgelenkt und dann losgelassen wird.

mit der Federkonstanten C.

Nachdem die Masse auf diese Weise durch eine äußere Kraft, zum Beispiel mit der Hand, nach z_1 gezogen worden ist, wollen wir die Masse zur Zeit $t = 0$ plötzlich loslassen. Unmittelbar danach wirkt nur noch die Rückstellkraft F_z der Feder auf die Masse und beschleunigt diese.

Übungsfrage: Durch welche Kraftgleichung wird die Bewegung der Masse beschrieben?

Die Bewegung von m, die man beobachtet, ist eine *harmonische Schwingung* mit der Bahnfunktion

$$z(t) = z_1 \cos \omega t \,.$$

Für $t = 0$ ist $z(0) = z_1$. Die Kreisfrequenz ω dieser Schwingung hängt erfahrungsgemäß *nicht* von der *Amplitude* z_1 ab. Bei einer anderen Anfangsauslenkung z_2 erhält man nämlich den gleichen zeitlichen Abstand zwischen zwei Nulldurchgängen und daher dieselbe Kreisfrequenz (vgl. Bild 3.9).

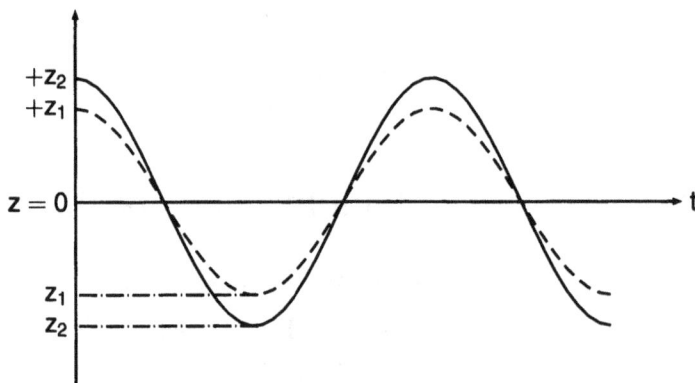

Bild 3.9: Ergebnis: Die beobachtete Bahnfunktion ist eine harmonische Schwingung. Die Kreisfrequenz ist unabhängig von der Amplitude.

Wovon hängt die Kreisfrequenz ab? Das Ergebnis einer Versuchsserie ist in Bild 3.10 zusammengefaßt:

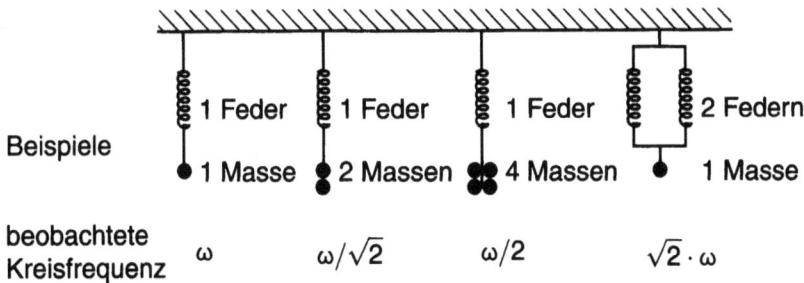

Beispiele	1 Feder	1 Feder	1 Feder	2 Federn
	1 Masse	2 Massen	4 Massen	1 Masse
beobachtete Kreisfrequenz	ω	$\omega/\sqrt{2}$	$\omega/2$	$\sqrt{2}\cdot\omega$

Bild 3.10: Experimente zur Abhängigkeit der Kreisfrequenz einer Feder von Masse und Federkonstante.

Diese Beobachtungen deuten bereits an, daß ω proportional zu $\sqrt{C/m_T}$ ist. Um zu sehen, welche Relation zwischen ω, C und m_T nach der Newtonschen Mechanik bestehen sollte, erinnern wir uns daran, daß für eine harmonische Schwingung nach Gl. (2.30) (die von Kap. 2 hier nochmal zitiert sei) die Beschleunigung proportional zur Auslenkung, aber ihr entgegen gerichtet ist, also:

$$a_z = \quad \omega^2 z \tag{2.30}$$

Der Proportionalitätsfaktor ist ω^2.

Nach dem Aktionsprinzip der Newtonschen Mechanik, Gl. (3.3), können wir die Federkraft F_z aus der von ihr erregten Beschleunigung ermitteln:

$$F_z = m_T a_z = \quad m_T \omega^2 z$$

Aus dem Vergleich dieser Beziehung mit Gl. (3.1) liest man sogleich ab, wie die Kreisfrequenz ω beim harmonischen Oszillator von der Masse und Federkonstante abhängt:

$$\boxed{\omega^2 = \frac{C}{m_T}} \tag{3.6}$$

Wir können also aus der Messung der Kreisfrequenz, mit der eine Masse m_T schwingt, die Federkonstante C und damit das Kraftgesetz der Feder bestimmen. So kann man zum Beispiel aus der Beobachtung der Kreisfrequenz, mit der ein Wasserstoffatom bekannter Masse im HCl-Molekül (gegen das große Cl-Atom) schwingt, die Federkonstante und damit das Kraftgesetz zwischen beiden Atomen bestimmen.

3.3.2 Der gedämpfte harmonische Oszillator

Bei genauer Beobachtung der Schwingung des Körpers an der Feder sieht man, daß die Maximalamplituden mit der Zeit abnehmen. Die Schwingung ist gedämpft durch eine Reibungskraft, und man beobachtet, daß die Amplituden *exponentiell* mit der Zeit abklingen:

$$z(t) = z_1 \cdot e^{-\beta t} \cdot \cos \omega t \tag{3.7}$$

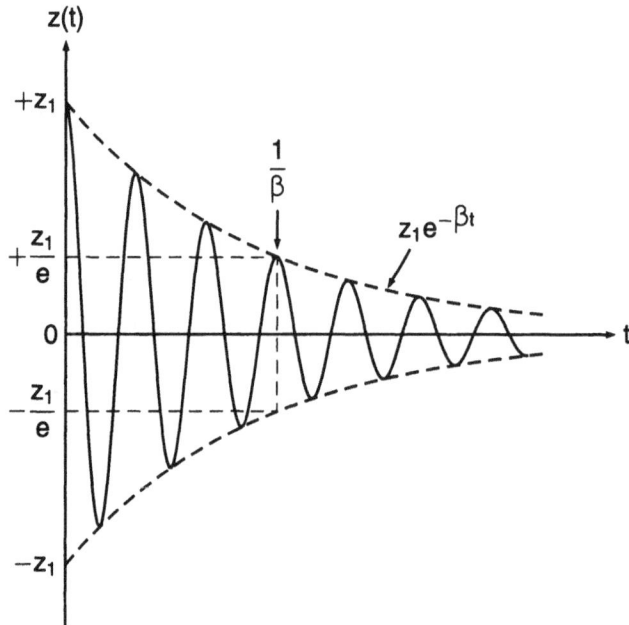

Bild 3.11: Gedämpfte Federschwingung: die Schwingungsamplitude klingt exponentiell mit der Zeit ab.

Wenn die Reibungskraft klein ist (und nur diesen Fall wollen wir hier betrachten), erfolgt ein merklicher Abfall der Amplitude erst nach mehreren Schwingungen, d.h. in Gl. (3.7) ist $\omega \gg \beta$ oder

$$\frac{\beta}{\omega} \ll 1. \tag{3.8}$$

Wir wollen nun einer weiteren Frage nachgehen: *Können wir die Gesetze der Reibungskraft aus diesem beobachteten Abfall der Schwingung finden?* Zur Beantwortung dieser Frage benötigen wir die Kenntnis von Geschwindigkeit und Beschleunigung der schwingenden Masse. Einmaliges Differenzieren von Gl. (3.7) liefert uns zunächst die Geschwindigkeit:

$$\frac{dz}{dt} = -\beta z_1 e^{-\beta t} \cos \omega t - z_1 e^{-\beta t} \omega \sin \omega t \tag{3.9a}$$

oder wenn man auf beiden Seiten mit 2β erweitert:

$$2\beta \frac{dz}{dt} = -z_1 e^{-\beta t} [2\beta^2 \cos \omega t + 2\beta \omega \sin \omega t] \tag{3.9b}$$

Nochmaliges Differenzieren von Gl. (3.9a) ergibt für die Beschleunigung[2]:

$$\frac{d^2 z}{dt^2} = -z_1 e^{-\beta t} [(\omega^2 - \beta^2) \cos \omega t - 2\beta \omega \sin \omega t] \tag{3.9c}$$

Addiert man zu der so erhaltenen Gl. (3.9c) die frühere Gl. (3.9b), so erhält man:

$$\frac{d^2 z}{dt^2} + 2\beta \frac{dz}{dt} = -z_1 e^{-\beta t} (\omega^2 + \beta^2) \cos \omega t = -(\omega^2 + \beta^2) z \tag{3.9d}$$

und daraus für die Beschleunigung:

$$\frac{d^2 z}{dt^2} = -(\omega^2 + \beta^2) z - 2\beta \frac{dz}{dt} \tag{3.9e}$$

oder noch einfacher wegen $\frac{\beta}{\omega} \ll 1$, d.h. im Fall kleiner Reibungskräfte, (s. Gl. (3.8)):

$$\frac{d^2 z}{dt^2} = -\omega^2 z - 2\beta \frac{dz}{dt} \tag{3.10}$$

Mit Hilfe des Newtonschen Gesetzes finden wir aus dieser Beschleunigung wieder die Gesamtkraft, die beim gedämpften Oszillator auf die Masse wirkt: *Kräfte beim gedämpften harmonischen Oszillator*

$$\boxed{F_{\text{Gesamt}} = -m\omega^2 z - 2m\beta \frac{dz}{dt}}$$

Der erste Term rechts ist die uns schon bekannte elastische Kraft. Neu ist der zweite Ausdruck rechts, der von der Geschwindigkeit abhängt.

---

[2] Zunächst findet man

$$\frac{d^2 z}{dt^2} = \beta^2 z_1 e^{-\beta t} \cos \omega t + \beta z_1 e^{-\beta t} \omega \sin \omega t + \beta z_1 e^{-\beta t} \omega \sin \omega t - z_1 e^{-\beta t} \omega^2 \cos \omega t.$$

Durch Sortieren nach cos- und sin-Funktionen ergibt sich dann Gl. (3.9c).

3.3.3 Reibungskräfte

Der zweite Term auf der rechten Seite von Gl. (3.10) ist proportional zur Geschwindigkeit $\vec{v}$ und bewirkt die Dämpfung. Er stellt die Reibungskraft dar:

$$\vec{F}_{\text{Reibung}} = -2m\beta\,\frac{\mathrm{d}z}{\mathrm{d}t} = -\gamma_{\text{R}} \cdot \vec{v} \tag{3.8}$$

$\gamma_{\text{R}} = 2\beta \cdot m$ heißt Reibungskoeffizient und kann aus der zeitlichen Abnahme der Amplitude bestimmt werden. *Die Reibungskraft ist grundsätzlich immer der Geschwindigkeit entgegengerichtet* und versucht somit, die Bewegung zu verlangsamen. Darüber hinaus wächst die Reibungskraft in diesem Fall (und in vielen anderen) *linear mit der Geschwindigkeit.*

Wir wollen zunächst allgemeiner fragen: *Wie kommen Reibungskräfte in der Natur zustande?* Von der Erfahrung wissen wir: Reibungskräfte entstehen immer, wenn ein Körper relativ zu einem angrenzenden Medium (sei es gasförmig, flüssig oder fest) bewegt wird.

Betrachten wir zunächst die Bewegung eines Körpers, z.B. einer Raumkapsel, durch die Luft. Wie können wir in diesem Fall das Entstehen der Reibungskraft physikalisch verstehen? Nehmen wir an, die Luft sei sehr verdünnt, und die Raumkapsel bewege sich sehr schnell, d.h. viel schneller als die Luftmoleküle gegeneinander, wie das in der Tat beim Wiedereintritt in die Erdatmosphäre zutrifft. Die Luftmoleküle, die von vorne auf die fliegende Raumkapsel treffen (von hinten treffen in diesem Fall keine auf), werden von der Raumkapsel in der Flugrichtung nach vorne beschleunigt. Dieselbe Kraft, welche zur Vorwärtsbeschleunigung der auftreffenden Moleküle führt, verursacht auch die Abbremsung der Raumkapsel, ist also identisch mit der beobachteten Reibungskraft.

Wie hängt die Reibungskraft von der Geschwindigkeit ab? Nach Gl. (3.11) nimmt die Reibungskraft linear mit der Geschwindigkeit zu. Nur bei großen Geschwindigkeiten, zum Beispiel beim gerade erwähnten Wiedereintritt einer Raumkapsel in die Erdatmosphäre, treten komplizierte Abweichungen von dem linearen Zusammenhang zwischen $\vec{F}_{\text{Reibung}}$ und $\vec{v}$ auf. Wichtiger ist für uns die Tatsache, daß *bei hinreichend kleinen Geschwindigkeiten die einfache lineare Beziehung (3.11) für alle Reibungsprozesse in Gasen und Flüssigkeiten gültig ist.*

Bei kleinen Geschwindigkeiten wächst die Reibungskraft linear mit der Geschwindigkeit an.

Betrachten wir z.B. die Reibungskraft, welche auf eine Kugel wirkt, die mit einer sehr kleinen Geschwindigkeit $\vec{v}$ durch ein dichtes Gas oder durch eine Flüssigkeit gezogen wird. Obwohl wir uns genauer damit erst in dem späteren Kapitel über Hydrodynamik (d.h. über die Bewegung von Flüssigkeiten) befassen werden, wollen wir doch schon hier ein wichti-

ges Resultat, das berühmte *Stokessche Gesetz* vorwegnehmen. Stokes hat
als erster die Reibungskraft berechnet, die auftritt, wenn man eine Kugel langsam durch eine Flüssigkeit zieht. Nach dem Stokesschen Gesetz
ist die Reibungskraft auf die bewegte Kugel (Radius R) proportional zur
Geschwindigkeit und – wie schon erwähnt – ihr entgegengerichtet. Die Proportionalitätskonstante γ_R hängt nach diesem Gesetz wie folgt in einfacher
Weise von den Eigenschaften der Flüssigkeit und vom Kugelradius R ab:

$$\boxed{\gamma_R = 6\pi\eta \cdot R}$$ **Stokessches Gesetz** (3.12)

Die Reibungskraft wächst somit linear mit der sog. *Viskosität* (oder *Zähigkeit*) η des fluiden Mediums und mit dem Kugelradius R. η ist klein für
dünnflüssige Medien, groß für zähflüssige und hat nach Gl. (3.11) und (3.12)
die Dimension [Kraft/(Länge·Geschwindigkeit)] = [N s/m^2]. (Die frühere
cgsEinheit der Viskosität, ein Poise, wird kaum mehr benutzt.) Tabelle 3.2
zeigt die Größe und Temperaturabhängigkeit der Viskosität von Luft und von
zwei Flüssigkeiten bei verschiedenen Temperaturen:

Tabelle 3.2: Viskosität von Luft und Flüssigkeiten [N s/m^2]
(1 [N s/m^2] = 10 Poise [dyn s/cm^2])

	20°	100°	$(\mathrm{d}\eta/\mathrm{d}T)$
Luft	$1{,}8 \cdot 10^{-5}$	$2{,}25 \cdot 10^{-5}$	> 0
Wasser	$1{,}0 \cdot 10^{-3}$	$0{,}3 \cdot 10^{-3}$	< 0
leichtes Maschinenöl	$1{,}0$	$5 \cdot 10^{-2}$	> 0

Wegen der vergleichsweise geringen Viskosität der Luft wird zur Bewegung schwerer Lasten, wie Maschinen oder Magnete, auf einem glatten
Boden vorteilhaft ein Luftpolster zwischen dem Boden und einer glatten
Auflagefläche des schweren Gegenstands erzeugt, der dann ohne Kran fast
reibungsfrei verschoben werden kann.

Wie wir sehen, wird Luft bei höheren Temperaturen „steifer", während
das bei den beiden Flüssigkeiten umgekehrt gerade beim Abkühlen eintritt.
Dieses gegensätzliche Temperaturverhalten der Viskosität von Gasen und
Flüssigkeiten wird für alle Gase und für alle Flüssigkeiten beobachtet. Wir
werden darauf später in der Hydrodynamik noch einmal zurückkommen.

Gase werden „steifer" beim Erwärmen, Flüssigkeiten dagegen beim Abkühlen

Die Reibungskraft zwischen zwei festen Oberflächen

Schon die Ägypter erkannten um 2000 v. Chr. beim schleifenden Transport
ihrer gewaltigen Baukörper und Monumentalstandbilder aus Stein, daß die
dabei entstehende große Reibungskraft durch Lubrikation oder Schmierung,
d.h. durch das Einbringen von passenden Flüssigkeiten zwischen die rei-

benden Flächen, erheblich verringert werden kann. Die Verringerung der Reibungskräfte durch *optimale Lubrikation oder Schmierung* mit passenden Flüssigkeiten ist bis heute, z.B. für alle modernen Maschinen, von erheblicher wirtschaftlicher Bedeutung.

Warum ist Öl normalerweise ein besseres Gleitmittel als Wasser? Schon vom Händewaschen wissen wir, daß durch Benetzung mit reinem Wasser die Reibungskräfte zwischen den Händen nahezu unverändert bestehen bleiben. Erst nach Zugabe von Seife werden die Reibungskräfte sehr klein und verschwinden fast. Hierfür verantwortlich sind offenbar nur die dünnen höherviskosen Fettsäurefilme, die jeden Tropfen und jedes Bläschen einer Seifenlösung umgeben.

Warum verringert sich die Reibungskraft bei der Verwendung von flüssigen Gleitmitteln?

Warum ist das so? Die Wirkung eines flüssigen Schmiermittels zur Verringerung der Reibungskräfte zwischen zwei rauhen Oberflächen besteht vor allem darin, die beiden festen rauhen Oberflächen so weit voneinander entfernt zu halten, daß sie sich nicht mehr berühren können. Daher darf ein gutes Gleit- oder Schmiermittel nicht zu dünnflüssig sein, sonst wird es zu leicht zwischen den Grenzflächen herausgepresst, wenn die beiden mikroskopisch rauhen Oberflächen gegeneinander gedrückt werden. Andererseits darf das Schmiermittel auch nicht zu dickflüssig sein, weil das wiederum zu einem Ansteigen der Reibungskraft führen würde. *Die Reibungskräfte bei Verwendung optimaler Lubrikationsflüssigkeiten sind hydrodynamischen Ursprungs, sie nehmen daher – wie beim Stokesschen Gesetz – linear mit der Gleitgeschwindigkeit zu und hängen entscheidend von der Viskosität der Lubrikationsflüssigkeit ab.*

Die Reibung zwischen trockenen Grenzflächen

Als letztes aber wichtiges Beispiel für Reibungskräfte wollen wir die *trockene* Reibung von zwei festen Körpern gegeneinander betrachten, deren Grenzflächen vollständig trocken sind und keinerlei Schmiermittel enthalten. Diesen Fall, der in Bild 3.12 schematisch dargestellt ist, hat schon Leonardo da Vinci studiert, wie wir aus seinen Skizzenbüchern wissen.

Im Fall der trockenen Reibung sind – wie wir alle aus der Erfahrung wis-

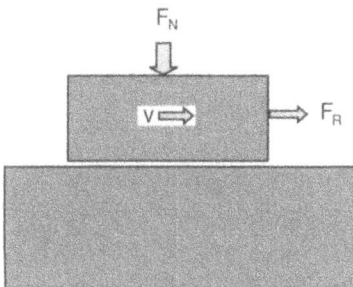

Bild 3.12: Modell der trockenen Reibung. Der obere Körper wird mit der Kraft F_N gegen den unteren gepresst. Gleichzeitig wird der obere mit der Geschwindigkeit v nach rechts gegen den unteren verschoben. Dafür ist die seitlich gerichtete Reibungskraft F_R erforderlich. Die Grenzfläche zwischen beiden Körpern sei poliert und trocken.

sen – die beim Gleiten auftretenden Reibungskräfte viel größer als bei der Anwendung von flüssigen Schmiermitteln. Interessant sind aber noch die folgenden weiteren Beobachtungen im Fall der trockenen Reibung (siehe auch Bild 3.12):

- Der obere Körper in Bild 3.12 fängt erst an zu gleiten, wenn eine gewisse Kraftschwelle, die sog. *Haftreibungskraft* F_H, überschritten wird. Nach der Erfahrung wächst diese Haftreibungskraft linear mit der wirkenden Normalkraft F_N. In der resultierenden Beziehung $F_H = \mu_H \cdot F_N$ ist μ_H der sog. *Haftreibungskoeffizient*, dessen Größe in Tabelle 3.3 aufgeführt ist.) *(Haft- und Gleitreibung nehmen mit dem Normaldruck zu)*

- Erst wenn die seitlich wirkende Kraft einmal diese Schwelle der Haftreibungskraft überschritten hat, setzt seitliches Gleiten ein. Zur Aufrechterhaltung des Gleitens ist eine wesentlich kleinere Kraft erforderlich als die Haftreibungskraft F_H. Die zur Aufrechterhaltung des Gleitens notwendige Kraft (*Gleitreibungskraft*) F_G wächst empirisch ebenfalls linear mit der wirksamen Normalkraft F_N an. ($F_G = \mu_G \cdot F_N$, wobei μ_G der *Gleitreibungskoeffizient* ist.)

- Die zur Scherbewegung erforderliche Kraft hängt interessanterweise nach diesen empirischen Regeln nur von der Normalkraft F_N ab, nicht dagegen von der Größe der reibenden Flächen!

- In den meisten Fällen ist bei *trockener* Reibung für kleine Gleitgeschwindigkeiten die erforderliche *Gleitreibungskraft fast unabhängig von der Gleitgeschwindigkeit*. Dies steht im Gegensatz zur Reibung *mit* Schmiermittel, bei der die (hydrodynamische) Reibungskraft linear mit der Gleitgeschwindigkeit anwächst.

- Wenn ein trockenes Rad (z.B. einer Bahn, mit dem Radius R) über eine feste trockene Ebene (z.B. über eine Schiene) rollt, tritt ebenfalls eine Reibung auf, die sog. *Rollreibung*. Die Reibungskräfte bei der rollenden Bewegung $F_R = (\mu_R/R) \cdot F_N$, sind, wie in Tab. 3.3 dargestellt, bei weitem die kleinsten. Die Erfindung des Rades mit der extrem kleinen Rollreibung gehört zu den frühen Kulturleistungen der Menschheit.

Tabelle 3.3: Haft-, Gleit- und Rollreibungskoeffizienten

	Haftreibungs-koeffizient μ_H	Gleitreibungs-koeffizient μ_G	Rollreibungs-koeffizient μ_R
Stahl auf Stahl			
an Luft:	$0{,}6 - 0{,}8$	$0{,}2 - 0{,}4$	$5 \cdot 10^{-4}$
Cu auf Cu			
an Luft:	$1{,}0$		
im Vakuum:	$> 100(!)$		

Wie man am letzten Beispiel in Tab. 3.3 (Cu auf Cu, im Vakuum) sieht, sind die Haftreibungskräfte für wirklich saubere Oberflächen (nämlich unter Vakuumbedingungen) bedeutend höher als bei Gasbedeckung. Im Vakuum können sich nämlich, z.B. zwischen sauberen Kupferoberflächen, relativ feste Bindungen bilden (wie beim sog. Sinterprozeß zwischen Metallen).

Wie kann man sich den Prozeß der trockenen Reibung auf mikroskopischer Skala vorstellen? Das ist auch heute eine noch nicht ganz geklärte Frage. Aber viele Beobachtungen mit trockenen Oberflächen deuten darauf hin, daß beim Prozeß des Gleitens wegen der üblichen Rauhigkeit technischer Oberflächen die beiden Grenzflächen sich *nicht mit konstanter Relativgeschwindigkeit* gegeneinander bewegen. Vielmehr erfolgt in der Grenzfläche die mikroskopische Bewegung ruckweise: Sie wechselt ab zwischen „Kleben" oder „Hängenbleiben" und „Rutschen" (*Stick-slip-motion* im Englischen). Die gleiche ruckweise Bewegung ist erst vor einigen Jahren[3] erstmals auch bei glatten einkristallinen Oberflächen auf atomarer Skala beobachtet worden: Ein solcher atomarer Stick-Slip-Prozeß ist schematisch in Bild 3.13 dargestellt.

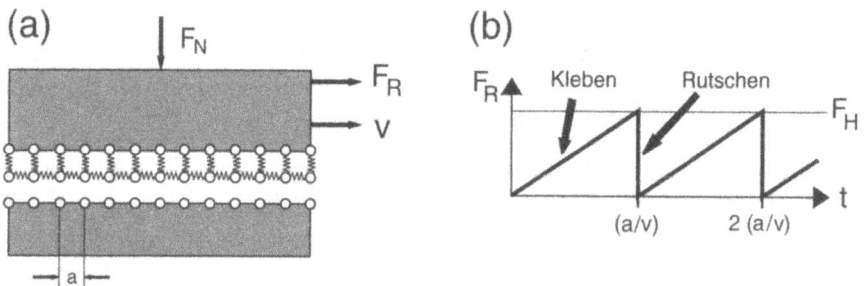

Bild 3.13: (a) Zwei Kristalle gleiten gegeneinander mit der Geschwindigkeit v unter der Normalkraft F_N und der Reibungskraft FR . Beide Festkörper sind als sehr starr angenommen mit Ausnahme der elastisch weicheren Oberflächenatome.
(b) Die Reibungskraft als Funktion der Zeit. Die Bewegung der oberen Oberflächenatome erfolgt ruckweise: Während des „Klebens" werden die Federn der OF-Atome elastisch deformiert und während des „Rutschens" wird die elastisch gespeicherte Energie erst in kinetische Energie und schließlich in Wärme umgewandelt. Die Rutschlänge ist in diesem Beispiel ein Atomabstand, kann aber auch größer sein. Es ist ersichtlich, daß die Gleitreibungskraft im Zeitmittel nur etwa die Hälfte der Haftreibungskraft beträgt, was mit vielen Beobachtungen (s. auch Tab. 3.3) gut übereinstimmt. Auch die oft beobachtete Unabhängigkeit der Gleitreibungskraft von der Geschwindigkeit des Gleitens wird so verständlich.

Damit sind wir der Aufklärung eines der ältesten, aber immer noch nicht

---

[3] Im ersten mikroskopischen Reibungsexperiment mit einer feinen Spitze über einer Kristalloberfläche entdeckten C.M. Mate und seine Kollegen, daß sich bei der Reibung die Spitze auf atomarer Skala nicht mit konstanter Gleitgeschwindigkeit, sondern ruckweise über die einkristalline Graphitoberfläche bewegte. Diese Entdeckung hat zur sog. Reibungsmikroskopie geführt und ist veröffentlicht in Phys. Rev. Lett., **59**, 1942 (1987).

ganz verstandenen Probleme der Mechanik, dem Prozeß der Reibung, ein gutes Stück näher gekommen.

3.4 Das universelle Gravitationsgesetz

In diesem Abschnitt wollen wir die größte Entdeckung Newtons behandeln: *Alle Körper des Universums ziehen sich gegenseitig an.* Nach Newton ist die universelle Gravitationskraft zwischen zwei Körpern der Massen m_1 und m_2 im Abstand r durch die Beziehung gegeben: Alle Körper des Universums ziehen sich an

Alle Körper des Universums ziehen sich gegenseitig an

$$\boxed{F = \gamma \frac{m_1 m_2}{r^2}} \qquad \text{Gravitationsgesetz} \qquad (3.13)$$

Dabei ist die Gravitationskonstante $\gamma = 6{,}6742(10) \cdot 10^{-11} \mathrm{Nm^2 kg^2}$, empfohlen von CODATA (2004), dem *Committee on Data for Science and Technology*. Damit ist γ die am wenigsten genau bekannte Naturkonstante!

Wir wollen sehen, wie Newton aufgrund der Beobachtungen der Mond- und Planetenbewegungen sowie der Fallgesetze irdischer Körper dieses universelle Gesetz ableiten konnte, dem alle Massen des Universums, die Galaxien, die Sternhaufen, die Sterne, die Planeten, die Raumschiffe und der fallende Apfel, folgen. Allein aus diesem Kraftgesetz sowie dem Newtonschen Aktionsprinzip kann man alle Bewegungen elektrisch ungeladener Objekte aufgrund ihrer Gravitation ableiten. Wir werden uns zunächst vor Augen führen, wie dieses Gesetz entdeckt wurde.

3.4.1 Das Fallgesetz

Der erste wichtige Beitrag zum Verständnis der Gravitation war die Beobachtung Galileis, daß alle Körper, *unabhängig von ihrer Größe, Form oder sonstigen Beschaffenheit*, beim freien Fall die gleiche Beschleunigung erfahren. (Voraussetzung ist lediglich, daß die Luftreibung vernachlässigt oder ganz eliminiert werden kann.) Die Beschleunigung *aller* Körper durch die von der Erde auf sie ausgeübte Gravitation beträgt an der Erdoberfläche (am 50. geographischen Breitengrad)

$$g = 9{,}81 \ \mathrm{m/s^2}\,.$$

3.4.2 Äquivalenzprinzip

Wie muß nun die Gravitationskraft der Erde beschaffen sein, damit alle Körper gleich stark beschleunigt werden? Mit dieser Frage wollen wir uns jetzt beschäftigen.

Vorher wollen wir die Gravitationskraft auf einen Körper noch mit einer rein statischen Methode untersuchen. Wir hängen den Körper unten an eine Feder, für die wir die Kraft pro Auslenkung kennen und bestimmen so die Größe der Gravitationskraft aus der Auslenkung der Feder. Diese Kraft, die der Ausschlag der Federwaage anzeigt, nennt man das *Gewicht G* eines Körpers. (Das Gewicht hat daher die Dimension einer Kraft.) Teilt man das so definierte Gewicht G durch die konstante Beschleunigung $g = 9{,}81$ m/s^2, so erhält man eine Masse, die man die *schwere Masse* m_s nennt:

$$m_s = \frac{G}{g}$$

Diese schwere Masse, welche statisch die Feder auszieht, da sie mit der Gravitationskraft G zum Erdmittelpunkt gezogen wird, hat von der Natur dieser Definition her nichts mit der *trägen* Masse m_T zu tun. Letztere war allein aus der Beschleunigung eines Körpers durch eine bestimmte Kraft abgeleitet worden.

Doch nun zurück zu unserer Frage: Warum erfahren beim freien Fall alle Körper die gleiche Beschleunigung g? Aus dem Aktionsprinzip erhält man für den freien Fall die Beschleunigung $G = m_T$. Diese kann nur dann für alle Körper gleich g sein, wie beim freien Fall beobachtet, wenn

$$g = \frac{G}{m_T} = \frac{g m_s}{m_T}$$

oder wenn universell gilt:

$$\boxed{m_s = m_T}$$
Äquivalenz von schwerer   (3.14)
und träger Masse

Die schwere und die träge Masse eines Körpers scheinen also innerhalb der Meßgenauigkeit *gleich zu sein*, und zwar nicht nur für ein spezielles Material sondern grundsätzlich *für jeden Körper*. Ist diese Übereinstimmung der so verschieden definierten Größen m_s und m_T ein reiner Zufall, oder spiegelt sich darin ein neuer fundamentaler Zusammenhang zwischen Trägheit und Gravitation wieder?

Bevor wir diesen Gedanken weiterführen, wollen wir uns fragen, ob es andere Methoden gibt (als die des freien Falles), um die Äquivalenz beider Massen mit noch größerer Präzision zu prüfen. Schon Newton sah in dieser Äquivalenz ein Hauptkennzeichen seines Gravitationsgesetzes und stellte folgende sehr genaue Messungen am Fadenpendel an, um die Gleichheit von m_s und m_T zu prüfen: *Bei der Beobachtung von Pendelschwingungen fand er, daß die Periodendauer T unabhängig von der Art des Pendelkörpers*

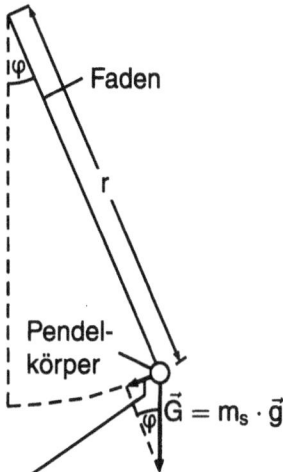

$F_t = -\vec{G} \sin \varphi = -m_s \cdot g \sin \varphi$ **Bild 3.14:** Das Fadenpendel

war (vorausgesetzt, daß die Pendellänge gleich blieb). Wir wollen diese Eigenschaften des Fadenpendels jetzt mit Hilfe des Aktionsprinzips genauer betrachten.

Da die Fadenlänge r konstant ist, gilt für den Weg s des Pendelkörpers (siehe Bild 3.14):

$$s = r \cdot \varphi(t).$$

Die Tangentialbeschleunigung ist durch die Änderung von φ allein bestimmt:

$$\frac{d^2(r\varphi)}{dt^2} = r \frac{d^2\varphi}{dt^2}, \quad \text{da } r \text{ konstant ist.}$$

Aus dem Aktionsprinzip folgt für kleine Winkel φ

$$m_T \cdot r \cdot \frac{d^2\varphi}{dt^2} = m_s g \cdot \sin(\varphi) = -m_s g \varphi,$$

da bei sehr kleinen Winkeln $\sin(\varphi)$ durch φ ersetzt werden kann.

Übungsfrage: Was bedeutet das negative Vorzeichen?

Damit bekommen wir eine Gleichung (eine Differentialgleichung), die der einer elastischen Feder (siehe Gl. (2.30)) ähnlich ist:

$$\boxed{\frac{d^2\varphi}{dt^2} = -\frac{m_s g}{m_T r} \varphi} \tag{3.15}$$

Diese *Bewegungsgleichung* läßt sich lösen durch den Ansatz einer periodischen Bewegung

$$\varphi(t) = A\cos(\omega t + \phi)\,, \tag{3.16}$$

wobei noch die Anfangsbedingungen $\varphi(0) = \varphi_0$ und $\dot{\varphi}(0) = \left(\dfrac{\mathrm{d}\varphi}{\mathrm{d}t}\right)_{t=0} = 0$ zusätzlich erfüllt sein sollen. Dies ergibt den spezielleren Ansatz:

$$\varphi(t) = \varphi_0 \cos(\omega t) \tag{3.17}$$

Um zu prüfen, ob dieser Ansatz die Differentialgleichung (3.15) löst, setzen wir ihn in diese ein:

$$-\varphi_0\omega^2 \cos(\omega t) = -\frac{m_\mathrm{s}g}{m_\mathrm{T}r}\,\varphi_0 \cos(\omega t)$$

Unser Ansaty ist also für alle Zeiten t nur dann erfüllbar, wenn die Winkelgeschwindigkeit den Wert hat:

$$\boxed{\omega = \frac{2\pi}{T} = \sqrt{\frac{m_\mathrm{s}g}{m_\mathrm{T}r}}}\,. \tag{3.18}$$

Daraus sieht man, daß die beobachtete *Unabhängigkeit der Schwingungsperiode T von der Art des Pendelkörpers nur verständlich ist, wenn für jeden Körper seine schwere und träge Masse gleich ist (Äquivalenzprinzip).*

1898 hatte Baron Eötvös eine sehr originale Idee, wie man das Äquivalenzprinzip noch genauer prüfen könnte: Wir haben bei unserer Betrachtung über Inertialsysteme schon gesehen, daß ein ruhender Körper, der zum Beispiel an der Erdoberfläche an einem Faden hängt, infolge der Erdrotation eine Beschleunigung erfährt, die auf die Rotationsachse zu gerichtet ist. Das heißt, aufgrund der Rotation muß eine resultierende Kraft auf den Körper wirken, die gleich $F_\mathrm{z} = m_\mathrm{T}\cdot\omega^2 r$ ist und nicht zum Erdmittelpunkt, sondern – senkrecht auf der Drehachse stehend – nach außen gerichtet ist. Andererseits ist die Gravitationskraft $\vec{F}_G$ zum Erdmittelpunkt hin gerichtet. Wie addieren sich die beiden Kräfte? Die Kraft des Fadens auf den Körper $\vec{F}_\mathrm{F}$ (siehe Bild 3.15) hat nicht genau die umgekehrte Richtung wie die Gravitationskraft $\vec{F}_\mathrm{G}$. Der Winkel zwischen $\vec{F}_\mathrm{F}$ und $\vec{F}_\mathrm{G}$ hängt vom Verhältnis $m_\mathrm{S} = m_\mathrm{T}$ ab. Wenn dieses Verhältnis für Körper aus verschiedenen Materialien verschieden wäre, müßte der Winkel materialabhängig variieren. Trotz sorgfältigster Beobachtung stellte sich jedoch heraus, daß mit hoher Genauigkeit der Winkel für alle Körper identisch war, daß daher mindestens mit einer Präzision von $1 : 10^8$ das Verhältnis $m_\mathrm{S} = m_\mathrm{T}$ für alle Körper gleich ist.

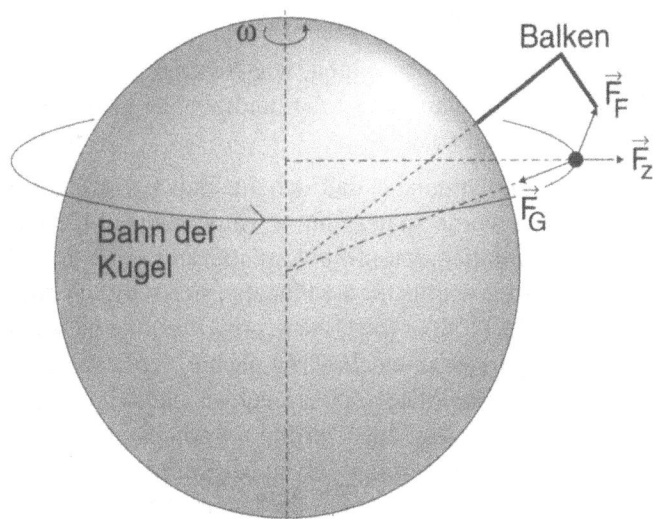

Bild 3.15: Das Eötvös-Experiment zur Überprüfung der Äquivalenz von schwerer und träger Masse. Die geniale Idee dieses einfachen Experiments gegenüber ähnlichen Untersuchungen von Galilei (freier Fall) bzw. von Newton (Fadenpendel) besteht darin, daß der Körper im Laborsystem in Ruhe bleibt. Daher brauchen keine dynamischen Größen gemessen zu werden, sondern nur statische: nämlich Masse und Winkel. Dies ist der Grund für die erstaunlich hohe Genauigkeit dieses Experiments.

Die Genauigkeit dieses Befundes wurde von Professor R.H. Dicke an der Princeton-Universität noch weiter gesteigert: $m_S = m_T$ ändert sich um weniger als $1 : 10^{11}$ für verschiedene Körper[4].

Wegen dieser zunächst rein empirischen Äquivalenz von schwerer und träger Masse, die keine theoretische Beziehung zueinander zu haben schienen, kommen wir nicht umhin zu schließen, daß wohl doch eine enge Beziehung zwischen der Trägheit und der Gravitation bestehen muß. Einstein machte daher das *Äquivalenzprinzip* zum Grundpostulat seiner *allgemeinen Relativitätstheorie*. In Anbetracht der beobachteten Gleichheit von m_S und m_S werden auch wir von hier ab nicht mehr zwischen schwerer und träger Masse unterscheiden.

---

[4] Einzelheiten dieses grundlegenden Experimentes findet man z.B. im Scientific American, S. 205, Dec. (1961) in dem allgemeinverständlichen Aufsatz von R.H. Dicke: *The Eötvös Experiment*

3.4.3 Die Keplerschen Gesetze

In diesem Abschnitt wollen wir zeigen, wie Newton aus der beobachteten Planetenbewegung die Richtung und Abstandsabhängigkeit der Kraft zwischen Sonne und Planeten ableitete.

Schon die Pythagoräer nahmen an, daß sich die Planeten auf Kreisen um die Sonne bewegen. Dies wurde später von N. Kopernikus (1473 – 1543) wiederentdeckt, der bekanntlich daraufhin vom geozentrischen Lager in große Diskussionen verwickelt wurde, ob die Planeten sich wirklich um die Sonne bewegen. Tycho Brahe (1546 – 1601) hatte eine Idee, die sich grundlegend von denen seiner Vorgänger unterschied: Er dachte, das Problem könne eher durch genaue Messung der Planetenpositionen als durch langes Debattieren gelöst werden. Diese großartige Idee verfolgte Tycho Brahe viele Jahre lang in seinem Observatorium auf der Insel Hven bei Kopenhagen. Sein Assistent Johannes Kepler (1571 – 1630) wertete die langen Meßreihen aus und entdeckte dabei die berühmten Bewegungsgesetze der Planeten, die nach ihm benannt sind.

Hier ist, was er fand:

1. *Die Planeten bewegen sich um die Sonne auf Ellipsenbahnen*, und die Sonne steht im einen der beiden Brennpunkte der Ellipse (Bild 3.16):

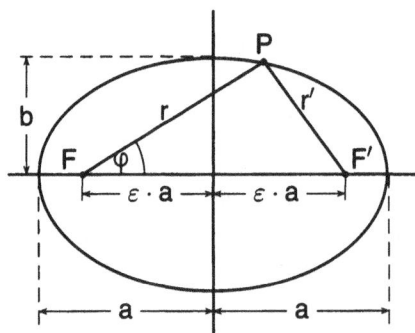

Bild 3.16: Eine Ellipse mit der großen Halbachse a und der Exzentrizität ϵ ist definiert durch: $r + r' = 2a$. Die beiden Brennpunkte sind mit F und F' bezeichnet. In Polarkoordinaten (r, φ) hat die Ellipsengleichung die Form:

$$r = a\frac{1 - \epsilon^2}{1 - \epsilon \cdot \cos\varphi} \tag{3.18}$$

Bemerkungen:
Alle Planetenbahnen liegen nahezu in *einer Ebene*, und alle Planeten umkreisen die Sonne im gleichen Drehsinn. Die Exzentrizität ist für alle Planeten klein (nur für Merkur und Pluto größer als $e = 0{,}02$ (vgl. Tabelle 1.5), so daß ihre Bahnen annähernd Kreisbahnen sind. Der mittlere

Abstand zur Sonne und die Umlaufzeit ist für alle Planeten in Tabelle 1.5 wiedergegeben.

2. *Der Flächensatz:*[1] *Zieht man einen Radiusvektor von der Sonne zum Planeten, so überstreicht dieser Fahrstrahl in gleichen Zeiten gleiche Flächen,* wie in Bild 3.17 gezeigt ist. Die beiden grau unterlegten, in gleichen Zeiten t überstrichenen Flächen, sind gleich! Die Planeten sind also schneller in Sonnennähe und langsamer in Sonnenferne.

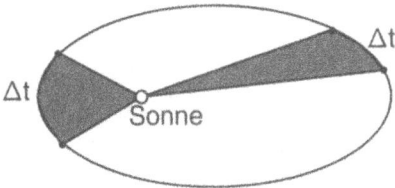

Bild 3.17: Zweites Keplersches Gesetz (Flächensatz): Der Fahrstrahl von der Sonne zu einem Planeten überstreicht in gleichen Zeiten gleiche Flächen.

Berücksichtigen wir, daß die Fläche eines Dreiecks gegeben ist durch $A = \frac{1}{2} \cdot (a \cdot b) \cdot \sin\gamma$ (γ ist dabei der von a und b eingeschlossene Winkel), so können wir einen Vektor $\vec{V}_A$ einführen, dessen Betrag die Flächengeschwindigkeit darstellt:

$$\vec{V}_A = \frac{1}{2}\left[\vec{r} \times \frac{\mathrm{d}\vec{r}}{\mathrm{d}t}\right], \qquad \frac{\mathrm{d}A}{\mathrm{d}t} = |\vec{V}_A| \tag{3.19}$$

Wegen der beiden ersten Keplerschen Gesetze ändert $\vec{V}_A$ weder seine Richtung noch den Betrag:

$$2\frac{\mathrm{d}\vec{V}_A}{\mathrm{d}t} = 0 \quad \text{oder} \quad \left[\frac{\mathrm{d}\vec{r}}{\mathrm{d}t} \times \frac{\mathrm{d}\vec{r}}{\mathrm{d}t}\right] + \left[\vec{r} \times \frac{\mathrm{d}^2\vec{r}}{\mathrm{d}t^2}\right] = 0$$

Hiervon verschwindet der erste Term, da beide Vektoren parallel sind. So ergibt sich aus dem Flächensatz die Folgerung

$$\boxed{\left[\vec{r} \times \frac{\mathrm{d}^2\vec{r}}{\mathrm{d}t^2}\right] = 0}. \tag{3.20}$$

Dies bedeutet, daß die Beschleunigung – und daher auch die Kraft ($\vec{F} = m(\mathrm{d}^2\vec{r}/\mathrm{d}t^2)$) – *immer parallel* zu $\vec{r}$ gerichtet ist, d.h. parallel zur Verbindungslinie zwischen Sonne und Planet. Eine solche Kraft nennt man eine *Zentralkraft*.

Zentralkraft

---

[1] Der Keplersche Flächensatz ist identisch mit dem Drehimpulserhaltungssatz, den wir im Abschnitt 5.1 behandeln werden. Vergleichen Sie dazu die Folgerung einer Zentralkraft aus dem Keplerschen Flächensatz (weiter unten) und die Erhaltung des Drehimpulses im Zentralkraftfeld (Seite 152).

3. Das dritte Keplersche Gesetz vergleicht die Bewegung verschiedener Planeten und sagt folgendes aus: *Das Verhältnis aus dem Quadrat der Umlaufzeit zur dritten Potenz der Länge der großen Halbachse ist für alle Planetenbahnen gleich*: $\frac{T^2}{a^3} = 3{,}354 \cdot 10^{-18}\,\mathrm{m}^{-3}\mathrm{s}^2 = C$ (3.21) Wenn wir annehmen, daß die Planetenbahnen Kreisbahnen sind, dann können wir hieraus sehr einfach auch die Abhängigkeit der Kraft vom Abstand ableiten: Die radiale Beschleunigung auf der Kreisbahn ist

$$a = \omega^2 \cdot r = \frac{4\pi^2}{T^2} \cdot r\,.$$

Ersetzen wir $\frac{1}{T^2} = \frac{C}{r^3}$ aus dem dritten Keplerschen Gesetz, so erhalten wir für die Beschleunigung

$$a = 4\pi^2 \cdot C \cdot \frac{1}{r^2}\,,$$

wobei C eine für die Bahnen aller Planeten gleiche Konstante darstellt. Daraus ergibt sich die Kraft der Sonne auf einen Planeten der Masse m im Abstand r zu

$$F = ma = 4\pi^2 \cdot C \cdot \frac{m}{r^2}\,.$$

Die *anziehende Kraft*, die wie oben gezeigt auf die Sonne zu gerichtet ist, *fällt also mit* $1/r^2$ *ab. Sie ist ferner proportional zur Masse* m *des Planeten wie bei fallenden Objekten auf der Erde.*

3.4.4 Der Mond fällt wie der Apfel

Es ist eine alte, aber aufregende Geschichte, wie Newton diese Erkenntnis der Anziehung zwischen Sonne und Planeten genial verallgemeinerte, indem er eine ganz universelle Kraft vorschlug, mit der sich alle Massen untereinander anziehen. Insbesondere wollen wir kennenlernen, auf welchem Wege Newton zeigte, daß der Mond unter dem Einfluß der gleichen Kraft fällt wie der Apfel auf der Erde. Diese Kraft ist – wie der Sonne auf die Planeten – ebenfalls proportional zu $1/r^2$, wird aber von der Erde ausgeübt.

Die Frage war, „fällt" der Mond unter dem Einfluß einer mit $1/r^2$ abnehmenden Gravitationskraft in einer Sekunde entsprechend weit auf die Erde zu wie ein vom Baum fallender Apfel?

Da sich der Mond auf einer Kreisbahn um die Erde bewegt (Radius der Kreisbahn $R = 3{,}8 \cdot 10^8$ m, Zeit eines Umlaufs $T = 27{,}3$ Tage), wird er zur Erde hin beschleunigt, er „fällt" also mit der Beschleunigung

$$a_\mathrm{n} = \omega^2 \cdot R = \frac{4\pi^2}{T^2} \cdot R$$

Die in der Zeit $t = 1$ s zurückgelegte Fallstrecke ist (siehe dazu Gl. 2.19)

$$\Delta r = \frac{1}{2} a_\mathrm{n} t^2 = \frac{1}{2} a_\mathrm{n} = \frac{2\pi^2}{T^2} \cdot R = 1{,}3 \,\mathrm{mm} \,.$$

Ein Apfel dagegen, der vom Baum fällt, legt in der ersten Sekunde bekanntlich eine Strecke von $g/2 = 4{,}9$ m zurück. Daraus ergibt sich, daß der Apfel in dieser Zeit etwa $4{,}9/1{,}3 \cdot 10^{-3} = 3700$ mal „tiefer" fällt als der Mond. Andererseits ist der Mond 60 mal weiter vom Erdmittelpunkt entfernt als der Apfel. Mit einem $(1/r^2)$-Kraftgesetz konnte Newton die 3700 mal kleinere Beschleunigung des Mondes relativ zum Apfel erklären. Das $(1/r^2)$-Gesetz gilt also nicht nur für die Kräfte, die von der Sonne ausgehen, sondern auch für die terrestrischen Gravitationskräfte.

Apfel und Mond fallen nach dem gleichen Gesetz

3.4.5 Die Gravitationskonstante

Zur endgültigen Formulierung des Gravitationsgesetzes hatte Newton noch eine weitere geniale Idee über die Eigenschaft der Kraft zwischen zwei Körpern. Betrachten wir Erde und Sonne. Wir haben gesehen, daß die Sonne auf die Erde eine Kraft ausübt, die proportional zur Erdmasse ist.

Newton schlug nun vor, daß die Erde auch auf die Sonne eine Kraft ausübt, die proportional zur Sonnenmasse ist, im übrigen aber die gleiche Größe besitzt wie die Kraft der Sonne auf die Erde. Entsprechend diesem Prinzip konnte Newton sein Kraftgesetz zwischen zwei Massen m_1 und m_2 vollkommen symmetrisch formulieren:

$$F = \gamma \frac{m_1 m_2}{r^2} \,,$$

wobei γ die Gravitationskonstante ist.

Newton konnte die Größe von γ nicht angeben, da damals weder die Massen der Planeten noch die der Sonne bekannt waren. H. Cavendish (1731 – 1810) gelang es aber, in einem Experiment die Gravitationskraft zwischen zwei bekannten Massen im Labor zu beobachten. Er benutzte eine sehr empfindliche Drehwaage (siehe Bild 3.18), die aus einem dünnen Torsionsfaden bestand, an dem ein Stab aufgehängt wurde, an dessen Enden zwei Bleikugeln befestigt waren. Zwei große Massen üben Kräfte auf die Bleikugeln aus und

Cavendisch-Experiment mit der Drehwaage

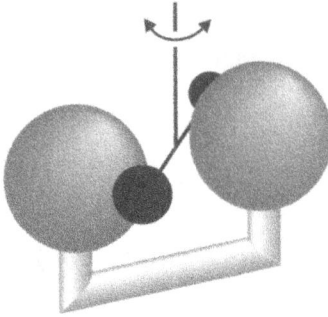

Bild 3.18: Der Versuch von Cavendish

drehen den Torsionsfaden. Mit modernen Variationen dieser Anordnung hat Professor Beams (Universität von Virginia, USA, Nov. 1970) den Absolutwert der Gravitationskraft zwischen den Kugeln und damit den Wert von

$$\gamma = 6{,}6742(10) \cdot 10^{-11} \frac{\text{Nm}^2}{\text{kg}^2}$$

mit einer Genauigkeit von $1 : 10\,000$ bestimmt[5].

Mit der Kenntnis von γ können wir aus dem Gewicht G eines Körpers auch die Erdmasse m_e bestimmen. Das *Gewicht* eines Körpers ist gleich der Gravitationskraft, welche von der Erde auf den Körper ausgeübt wird, und welche – wie schon erwähnt – mit einer Federwaage gemessen werden kann. So ist das Gewicht G einer Masse m an der Erdoberfläche (wenn wir hier einmal die Erdrotation vernachlässigen)

$$G = m\frac{\gamma m_e}{R^2} \qquad (R = \text{Erdradius}) . \tag{3.22}$$

Da andererseits auch $G = m \cdot g$ gilt, können wir die Erdmasse auch einfach aus der Kenntnis der Gravitationsbeschleunigung $g = 9{,}81\text{m/s}^2$ ermitteln:

$$\boxed{g = \frac{\gamma m_e}{R^2}} \tag{3.23}$$

Wie wir im nächsten Abschnitt sehen werden, können wir auf ähnliche Weise die Masse der Sonne aus dem Abstand Erde – Sonne und der Umlaufzeit der Erde um die Sonne bestimmen.

Kilopond (kp) und Kilogramm (kg)

Anmerkung: Das Gewicht eines Körpers der Masse $m = 1\,\text{kg}$ (auf der Erd-

[5] Einzelheiten dieses Präzisionsexperimentes sind zu finden in den beiden folgenden Veröffentlichungen: Rose, R.D., Porter,H.M., Loury, R.A., Hulthau, A.R. and Beams, J.W. in Phys. Rev. Lett. **23**, 655 (1969) und bei Beams, J.W. in Physics Today **24**, May (1971).

oberfläche) ist eine *Kraft*, die zuweilen auch als 1 Kilopond (kp) bezeichnet wird:

$$1\,\mathrm{kp} = m \cdot g = 9{,}81\,\mathrm{N}$$

Wir wollen jedoch festhalten: Nicht das Gewicht, sondern *die Masse ist eine Grundeinheit unseres (m-kg-s) Maßsystems*, wenn auch im normalen Sprachgebrauch das Gewicht mehr im Vordergrund steht.

3.5 Einfache Anwendungen des Gravitationsgesetzes

In diesem Abschnitt wollen wir das Gravitationsgesetz zusammen mit dem Newtonschen Gesetz benutzen, um die Bewegung von Massen im Gravitationsfeld vorauszuberechnen.

3.5.1 Satellitenbahnen

Schießt man von einem Gebirge ein Geschoß parallel zur Erdoberfläche ab (siehe Bild 3.19), so fällt das Geschoß nur bei kleinen Abschußgeschwindigkeiten auf einer Parabelbahn wieder zur Erdoberfläche zurück. Bei größeren Startgeschwindigkeiten dagegen fängt das Geschoß an, auf Kreis- oder Ellipsenbahnen um die Erde zu kreisen.

Wir wollen die Geschwindigkeit v und Umlaufperiode T von Satelliten kennenlernen, die in kreisförmige Umlaufbahnen mit dem Radius r um den Erdmittelpunkt geschossen wurden. Die Beschleunigung zum Kreismittel-

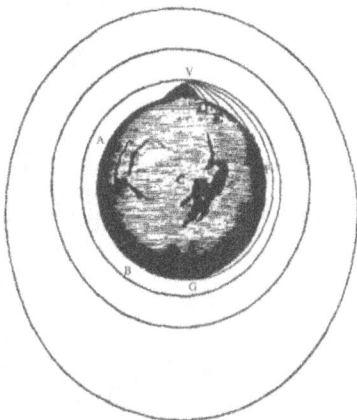

Bild 3.19: Schießt man ein Geschoß parallel zur Erdoberfläche, so geht die Form der Geschoßbahn mit zunehmender Abschußgeschwindigkeit von einer Parabel über in einen Kreis bzw. in eine Ellipse. Die Reibung sei dabei vernachlässigt. (Bild entnommen: Newton, Philosophiae Naturalis Principia Mathematica, erschienen 1686, und Newton, A Treatise of the System of the World, erschienen 1728.)

punkt ist bekanntlich

$$a_{\mathrm{n}} = \frac{v^2}{r} = \omega^2 r \,,$$

(v = Satellitengeschwindigkeit und $\omega = 2\pi/T$ = Kreisfrequenz).

Die dafür erforderliche Kraft wird von der Erdanziehung aufgebracht

$$m a_{\mathrm{n}} = \gamma \frac{m \cdot m_{\mathrm{e}}}{r^2}$$

(m = Satellitenmasse; m_{e} = Erdmasse).

Satelliten-
geschwindigkeit
Daraus erhält man die Satellitengeschwindigkeit:

$$v = \sqrt{\gamma \frac{m_{\mathrm{e}}}{r}} \tag{3.24}$$

($v \approx 8 \,\mathrm{km/s}$ für r = Erdradius) und die Umlaufperiode:

$$\boxed{T^2 = \left(\frac{2\pi}{\omega}\right)^2 = \frac{4\pi^2}{\gamma}\frac{r^3}{m_{\mathrm{e}}}} \tag{3.25}$$

($T \sim 90\,\mathrm{min}$ für r = Erdradius.)

Die Satellitenbewegung ist also unabhängig von der Satellitenmasse (Konsequenz des Äquivalenzprinzips). Aus diesem Grund kann ein Astronaut während einer Erdumkreisung seine Raumkapsel verlassen, ohne befürchten zu müssen, daß sich diese rasch von ihm entfernt.

3.5.2 Bestimmung der Masse und Dichte von Jupiter

Wie man aus Gl. (3.25) ersieht, ist es möglich, durch Messung von Bahnradius und Umlaufzeit eines Satelliten, der einen Planeten umkreist, die Masse des Planeten zu finden.

So kann man aus der Bewegung des Jupitermondes Io die Masse des Planeten Jupiter bestimmen. Aus Gl. (3.25) ergibt sich für die Jupitermasse m_{Jup}:

$$m_{\mathrm{Jup}} = \frac{4\pi^2}{\gamma}\frac{r^3}{T^2}\,, \tag{3.26}$$

Der Bahnradius von Io beträgt $r = 422 \cdot 10^3$ km und seine Umlaufzeit $T = 1{,}5 \cdot 10^5$ s. Daraus ergibt sich, daß die Jupitermasse die Masse der Erde etwa um den Faktor 330 übertrifft. Damit ist Jupiter der größte Planet unseres Sonnensystems.

Diese Rechnung wurde schon von Newton ausgeführt. Er kannte allerdings den Bahnradius r_{Io} von Io nicht absolut, sondern nur in Einheiten des Jupiterradius: $r_{Io} = 5{,}6 \cdot r_{Jup}$. Deshalb konnte er nicht die Masse, sondern nur die mittlere Dichte des Planeten bestimmen, für die aus Gl. (3.26) folgt:

$$\varrho_{Jup} = \frac{m_{Jup}}{\frac{4\pi}{3} r_{Jup}^3} = \frac{3\pi}{\gamma T_{Io}^2} \cdot \frac{r_{Io}^3}{r_{Jup}^3} . \tag{3.27}$$

Man erhält einen Wert von $\varrho = 1{,}3\,\text{g/cm}^3$. Der Planet Jupiter besitzt also nur etwa die gleiche Dichte wie Wasser und damit nur ein Fünftel der mittleren Dichte der Erde. Man nimmt daher an, daß er hauptsächlich aus leichter Materie – wahrscheinlich aus festem Wasserstoff – besteht.

Übungsfrage: Um wieviel mal größer ist das Gewicht eines Körpers auf dem Jupiter als auf der Erde?

3.5.3 Numerische Berechnung von Planetenbahnen[6]

Zum Abschluß unserer Betrachtungen über die Gravitation wollen wir ein auf den ersten Blick schwieriges Problem lösen, nämlich die Berechnung von Planetenbahnen unter dem Einfluß *aller* Kräfte (z.B. auch der Kräfte der Planeten untereinander). Dazu sei ein neues Verfahren vorgestellt, mit dessen

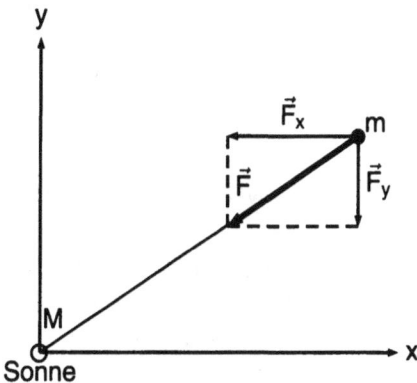

Bild 3.20: Die Gravitationskraft zwischen Sonne und Planeten in einem zweidimensionalen Koordinatensystem (Bahnebene)

Hilfe Sie die Planetenbahn im Prinzip beliebig genau berechnen können. Wie gehen wir vor?

Zuerst ermitteln wir die Bahn eines Planeten (m) um die Sonne (M): Die Bewegungsgleichung lautet:

---

[6] Dieses Kapitel wurde Feynmans hervorragendem Lehrbuch *„Vorlesungen über Physik"* (siehe Zitat am Ende dieses Kapitels) entnommen.

$$m \cdot \frac{\mathrm{d}\vec{v}}{\mathrm{d}t} = \vec{F} \quad \text{mit} \quad \vec{F} = \gamma \frac{mM}{r^2} \cdot \frac{\vec{r}}{r}$$

Die Bewegung erfolgt in einer Ebene, die durch $\vec{r}$ und $\vec{v}$ definiert ist. Wir benutzen daher (siehe Bild 3.20) ein zweidimensionales kartesisches Koordinatensystem mit der Sonne im Ursprung. Mit dessen Koordinaten lauten die Bewegungsgleichungen:

$$m \cdot \frac{\mathrm{d}v_\mathrm{x}}{\mathrm{d}t} = -\gamma \cdot M \cdot m \frac{x}{r^3} = F_\mathrm{x}$$
$$\text{mit} \quad x^2 + y^2 + z^2 = r^2$$
$$m \cdot \frac{\mathrm{d}v_\mathrm{y}}{\mathrm{d}t} = -\gamma \cdot M \cdot m \frac{y}{r^3} = F_\mathrm{y}$$

Diese Differentialgleichungen müssen wir lösen. Auf den ersten Blick schrecklich! Doch warten Sie, wir werden sie mit einer neuen Methode lösen, die auch auf noch kompliziertere Gleichungen erfolgreich angewandt werden kann: Die *Methode kleiner Schritte* oder die sog. *numerischen Methoden*. Das geht ganz einfach: Zur Zeit $t = 0$ soll der Planet sich am Ort (x, y) mit der Geschwindigkeit v_x und v_y bewegen. Die Aufgabe besteht nun darin, x, y, v_x und v_y zu den nur etwas späteren Zeiten $t+\epsilon, t+2\epsilon, t+3\epsilon$ usw. nacheinander zu finden.

Doch wie gehen wir praktisch vor? Was ist unsere Prozedur, um x, y, v_x und v_y zu späteren Zeiten $(t + \epsilon)$ aus ihren früheren Werten (zur Zeit t) zu ermitteln? Nun, etwa folgendermaßen:

$$x(t + \epsilon) = x(t) + \epsilon \cdot v_\mathrm{x}(t + \frac{\epsilon}{2}), \qquad y(t + \epsilon) = y(t) + \epsilon \cdot v_\mathrm{y}(t + \frac{\epsilon}{2})$$

$$v_\mathrm{x}(t + \epsilon) = v_\mathrm{x}(t) + \epsilon \cdot a_\mathrm{x}(t + \frac{\epsilon}{2}), \qquad v_\mathrm{y}(t + \epsilon) = v_\mathrm{y}(t) + \epsilon \cdot a_\mathrm{y}(t + \frac{\epsilon}{2})$$

$v_\mathrm{x}(t + \epsilon/2)$ ist die mittlere Geschwindigkeit zwischen t und $t + \epsilon$. In gleicher Weise ist $a_{x,y}(t)$ jeweils die *mittlere* Beschleunigung zwischen $t - (\epsilon/2)$ und $t + (\epsilon/2)$ und ist zugleich die Gravitationsbeschleunigung am Ort $r(t)$:

$$a_\mathrm{x}(t) = -\gamma \frac{M \cdot x(t)}{r^3(t)}, \quad a_\mathrm{y}(t) = -\gamma \frac{M \cdot y(t)}{r^3(t)}, \quad r^3 = (x^2 + y^2)^{\frac{3}{2}} \quad (3.28)$$

Wir gehen nun folgendermaßen vor: Zur Zeit $t = 0$ sind uns $x(0), y(0), v_\mathrm{x}(0)$ und $v_\mathrm{y}(0)$ gegeben. Aus Gl. (3.28) können wir $a_\mathrm{x}(0)$ und $a_\mathrm{y}(0)$ berechnen. Es gibt aber noch ein kleines Startproblem: In unserer klugen Formel oben brauchen wir nämlich $v_{x,y}(t - \epsilon/2)$, nicht dagegen $v_{x,y}(0)$, um die Berechnung überhaupt beginnen zu können. Über diese Startschwierigkeiten hilft uns die Anfangsgleichung

$$v_{x,y}\left(\frac{\epsilon}{2}\right) = v_{x,y}(0) + \frac{\epsilon}{2}a_{x,y}(0)$$

hinweg.

Nun geht es endlich los! Um uns die numerische Arbeit zu erleichtern, setzen wir $\gamma \cdot M = 1$. Dies ändert nur den Maßstab. Ferner benutzen wir für x, y, v_x und v_y bequeme Größen, also z.B. die folgende Anfangsbedingungen:

$$\underline{x(0) = 0{,}500}, \quad \underline{y(0) = 0{,}000}, \quad \underline{v_x(0) = 0{,}0}, \quad \underline{v_y(0) = 1{,}630}$$

Daraus finden wir

$$r(0) = 0{,}500, \quad \frac{1}{r^3(0)} = 8{,}000, \quad \underline{a_x(0) = -4{,}00}, \quad \underline{a_y(0) = 0} .$$

Jetzt berechnen wir $v_x(\epsilon/2)$ und $v_y(\epsilon/2)$ mit dem kleinen Zeitintervall $\epsilon = 0{,}1$:

$$\underline{v_x(0{,}05) = 0{,}000 - 4{,}000 \cdot 0{,}050 = -0{,}200}$$

sowie

$$\underline{v_y(0{,}05) = 1{,}630 + 0{,}000 \cdot 0{,}100 = +1{,}630} .$$

Nun fängt die Hauptrechnung an:

$$\underline{x(0{,}1) = 0{,}500 - 0{,}20 \cdot 0{,}1 = 0{,}480}$$

sowie

$$\underline{y(0{,}1) = 0{,}0 + 1{,}63 \cdot 0{,}1 = 0{,}163} ,$$

$$\underline{r(0{,}1) = \sqrt{(0{,}480)^2 + (0{,}163)^2}} , \qquad \frac{1}{r^3(0{,}1)} = 7{,}67 ,$$

$$\underline{a_x(0{,}1) = -0{,}480 \cdot 7{,}67 = -3{,}68}$$

sowie

$$\underline{a_y(0{,}1) = -0{,}163 \cdot 7{,}67 = -1{,}256} ;$$

dabei können wir wieder

$$\underline{v_x(0{,}15) = -0{,}2 - 3{,}68 \cdot 0{,}1 = -0{,}568}$$

und

$$\underline{v_y(0{,}15) = 1{,}63 - 1{,}26 \cdot 0{,}1 = 1{,}505}$$

berechnen und einen weiteren Schritt beginnen:

$$\underline{x(0,2) = 0,480 - 0,56 \cdot 0,1 = 0,423}\,,$$
$$\underline{y(0,2) = 0,163 + 1,50 \cdot 0,1 = 0,313}$$

usw. usw. ....

So können wir unseren Planeten in kleinen Schritten um die Sonne jagen. Wie man aus den in Bild 3.21 rechts eingetragenen berechneten Punkten sieht, scheint er sich wirklich auf einer Ellipsenbahn um die Sonne zu bewegen wie von J. Kepler beschrieben: Rasch in Sonnennähe und langsamer in großer Entfernung von ihr. Wir können also wirklich Planetenbahnen berechnen.

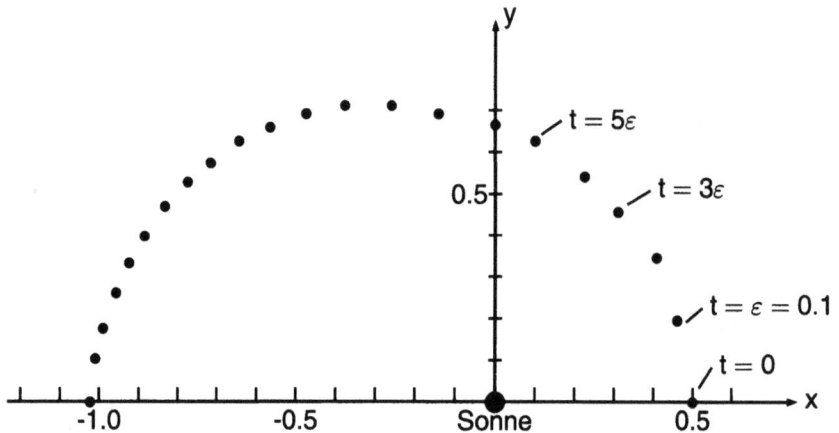

Bild 3.21: Die numerisch berechnete Bahn eines Planeten um die Sonne

Ermutigt durch diesen Erfolg wollen wir uns gleich schwierigeren Problemen zuwenden. *Wir wollen nämlich jetzt die Bewegung aller Planeten unter Berücksichtigung aller gegenseitigen Kräfte berechnen.* Kann man überhaupt so ein Problem lösen? Natürlich, nur dauert es etwas länger. Wir berechnen die Kraft auf einen bestimmten Planeten i mit der Position x_i, y_i, z_i (z.B. $i = 1$ für die Sonne, $i = 2$ für Merkur, $i = 3$ für Venus etc.) als Summe der Kräfte, die von allen anderen Planeten herrühren, mit den Positionen x_i, y_i, z_i. Die Gleichungen, die wir lösen müssen, sind somit:

Mit unseren neuen Methoden könen wir sogar Drei- und Mehrkörperprobleme lösen

$$\left\{\begin{array}{l} m_i \mathrm{d}v_{ix}/\mathrm{d}t = \displaystyle\sum_{j=1}^{N} \gamma m_i m_j (x_i - x_j)/r_{ij}^3\,, \\[2ex] m_i \mathrm{d}v_{iy}/\mathrm{d}t = \displaystyle\sum_{j=1}^{N} \gamma m_i m_j (y_i - x_j)/r_{ij}^3\,, \\[2ex] m_i \mathrm{d}v_{iz}/\mathrm{d}t = \displaystyle\sum_{j=1}^{N} \gamma m_i m_j (z_i - x_j)/r_{ij}^3\,, \end{array}\right\} \quad j \ne i$$

$\sum\limits_{j=1}^{N}$ bedeutet Summierung über alle Werte von i mit Ausnahme von $i = j$.

r_{ij} steht für den Abstand zwischen den beiden Planeten i und j und ist gleich

$$r_{ij} = \sqrt{(x_i - x_j)^2 + (y_i - y_j)^2 + (z_i - z_j)^2}\,.$$

Wir lösen unsere Gleichungen genau wie vorher, nur der Rechenaufwand ist jetzt größer. (Daher ist eine elektronische Rechenmaschine dafür besonders nützlich.) Die gegenwärtigen Anfangsbedingungen lassen Sie sich von einer Sternwarte geben. Dann können Sie alle Planetenbahnen für die Zukunft vorausberechnen. Sie können ruhig ein Fernrohr nehmen und die berechneten Positionen von Zeit zu Zeit nachprüfen: Es wird stimmen!!

In etwa drei Wochen haben Sie ohne mathematische Voraussetzungen mit Hilfe der Newtonschen Gesetze gelernt, diese komplizierten Bewegungen aller Planeten zu berechnen. Ihr einziges Hilfsmittel war ein Computer. (Kein Wunder also, daß man so viele Computer baut!)

Gegenüber diesen numerischen Methoden werden Sie vielleicht analytische Lösungen vorziehen, die „überschaubarer, eleganter und exakter" sind. Dieser Ansicht wird jeder zustimmen. Leider sind jedoch nur wenige Probleme in der Natur analytisch lösbar, wie z.B. die Bewegung von zwei Körpern unter der Gravitation. Schon für den nächsten Fall der Bewegung von drei Körpern, die sich gegenseitig anziehen, gibt es keine allgemeine analytische Lösung, so daß man zu numerischen Lösungsmethoden greifen muß. Mit der numerischen Methode können Sie also prinzipiell alle Probleme der Newtonschen Mechanik mit vorgegebenen Kräften lösen, *auch wenn keine analytische Lösung bekannt ist.*

Literaturhinweise zu Kapitel 3

Berkeley Physics Course, Band I, Mechanik, Vieweg-Verlag (1975), Kap. 3: Galileische Invarianz.

Bohrmann., A.: Bahnen künstlicher Satelliten, BI-Hochschultaschenbücher Bd. 40/40a, Mannheim (1966).

Feynman, Vorlesungen über Physik, Oldenbourg Verlag, München (2001); Bd.I-1, Kap. 12: Das Charakteristische von Kräften.

Mönch., E.: Einführungsvorlesung Technische Mechanik, Oldenbourg, München (1973).

Persson, B.N.J.: Physics of sliding friction, Springer Verlag (1996)

Persson, B.N.J.: Sliding friction of lubricated surfaces, Comments Cond. Mat. Phys. 17, 281 (1995)

Sagirow., P.: Satellitendynamik, BI-Hochschultaschenbücher Bd. 719, Mannheim (1970).

Tabor, D.: Friction as a dissipative process, in: Fundamentals of friction, macroscopic and microscopic processes, I.L. Singer and H.M. Pollock, eds. Kluwer Academic Publishers (1992)

4 Die Erhaltung von Energie und Impuls

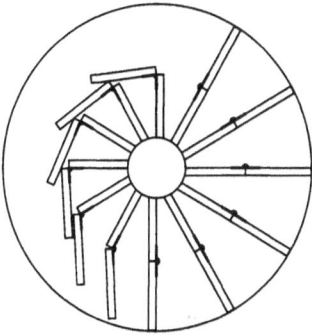

Bild 4.1: Perpetuum mobile von J. Mariano aus Siena (1438)

Newton mußte weder in seinem Trägheitsprinzip (oder 1. Newtonschen Gesetz) noch im Aktionsprinzip (oder 2. Newtonschen Gesetz) eine Angabe über die in der Natur wirklich vorkommenden Kräfte machen. In diesem Kapitel wollen wir über ein noch fundamentaleres Prinzip sprechen, welches nicht nur auf grundsätzlich alle Bewegungsvorgänge, sondern auf alle physikalischen Phänomene überhaupt anwendbar ist. Es handelt sich um das *Gesetz der Erhaltung der Energie.*

Energie kommt in verschiedenen Formen vor, wie z.B. als Gravitationsenergie, kinetische Energie, Wärmeenergie, elastische, elektrische, magnetische, chemische Energie, Kernenergie und Strahlungsenergie. Bei den in der Natur ablaufenden Prozessen wird immer eine Energieform in eine andere umgewandelt, wobei jedoch die Summe der Einzelenergien konstant bleibt. Kurz gesagt: *Energie* kann weder erzeugt noch vernichtet werden, sondern *bleibt in jedem abgeschlossenen System konstant.* (Erfahrungstatsache!)

Hier stellt sich die Frage „Was ist eigentlich Energie?" Doch wir können sie, ähnlich der nach dem Wesen der Kraft, nicht beantworten. Wir wollen uns deshalb fragen, was das Gemeinsame an den Erfahrungen ist, die zum Begriff Energie geführt haben. Interessanterweise hat Newton nie von Energie gesprochen, der Begriff der Kraft und die damit verbundenen Prinzipien reichten ihm zur Erklärung der beobachteten Bewegungsvorgänge

Was ist Energie?

in der Natur völlig aus. Die Energie ist keine direkt beobachtbare Größe. Jedoch ist die Erhaltung der Energie eine wichtige Erfahrungstatsache, zum Beispiel bei der Erfindung von Maschinen. So können wir annehmen, daß sich der Energiebegriff vor allem gleichzeitig damit entwickelte, als man daran ging, die Phänomene der Natur nachzuahmen und für sich nutzbar zu machen. Die zahlreichen Perpetuum mobile, die im Laufe der Jahrhunderte vorgeschlagen worden sind, geben ein eindrucksvolles Beispiel hierfür.

Vorerst wollen wir uns nur mit zwei Energieformen beschäftigen, die für Bewegungen, d.h. für die klassische Mechanik, besonders wichtig sind, nämlich mit der *kinetischen Energie*, die immer auftritt, wenn sich etwas bewegt, und der *potentiellen Energie*, die eng verknüpft ist mit dem Auftreten von Kräften (z.B. Gravitationskräften oder elastischen Federkräften).

4.1 Die Erhaltung der Summe von kinetischer und potentieller Energie

Wir wollen uns an dem einfachen Beispiel eines Körpers der Masse m, der sich unter dem Einfluß einer Kraft $\vec{F}(\vec{r})$ bewegt, fragen, *welche Größe sich bei der Bewegung nicht ändert*.

Zur Zeit t befindet sich der Körper am Orte $\vec{r}$ und besitzt einen Impuls $\vec{p} = m\vec{v}$. Unter der Wirkung der Kraft $\vec{F}$ (vgl. Bild 4.2) ändert der Körper im Zeitintervall dt seinen Impuls um

$$d\vec{p} = \vec{F} \cdot dt$$

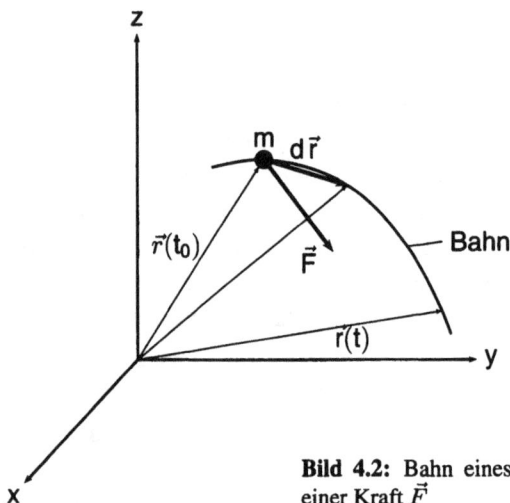

Bild 4.2: Bahn eines Massenpunktes unter der Wirkung einer Kraft $\vec{F}$

und seine Position um

$$\mathrm{d}\vec{r} = \vec{v} \cdot \mathrm{d}t$$

Aus diesen beiden Beziehungen erhält man durch Eliminierung von $\mathrm{d}t$

$$\vec{v} \cdot \mathrm{d}\vec{p} - \vec{F} \cdot \mathrm{d}\vec{r} = 0$$

Mit $m\vec{v} = \vec{p}$ kann man hierfür auch schreiben:

$$\frac{\vec{p} \cdot \mathrm{d}\vec{p}}{m} - \vec{F} \cdot \mathrm{d}\vec{r} = 0$$

Nun gilt aber bezüglich des Produkts $\vec{p} \cdot \mathrm{d}\vec{p}$ folgende Beziehung:

$$\mathrm{d}(\vec{p} \cdot \vec{p}) = \mathrm{d}\vec{p} \cdot \vec{p} + \vec{p} \cdot \mathrm{d}\vec{p} = 2\vec{p} \cdot \mathrm{d}\vec{p},$$

da im Skalarprodukt die Faktoren vertauschbar sind. Durch Kombination der beiden letzten Gleichungen erhalten wir folgende wichtige Beziehung:

Änderung der kinetischen Energie nur durch Leistung von Arbeit möglich

$$\boxed{\mathrm{d}\left(\frac{p^2}{2m}\right) - \vec{F} \cdot \mathrm{d}\vec{r} = 0} \tag{4.1}$$

Wir haben also zwei differentielle Größen gefunden, die charakteristische Parameter der Bewegung enthalten (wie Impuls, Masse, Kraft und Ort), deren *Summe* konstant bleibt.

Man nennt $p^2/2m$ (was identisch ist mit $(m/2)v^2$ wegen $p = mv$) die *kinetische Energie T* eines Körpers:

Kinetische Energie

$$\boxed{T = \frac{p^2}{2m} = \frac{m}{2}v^2} \quad \textbf{Definition der kinetischen Energie} \tag{4.2}$$

$\mathrm{d}T = \mathrm{d}\left(\dfrac{p^2}{2m}\right)$ drückt also die Änderung der kinetischen Energie längs des Weges $\mathrm{d}\vec{r}$ aus.

Den zweiten Term in Gl. (4.1), das Produkt (Kraft · Weg) $= \vec{F} \cdot \mathrm{d}\vec{r}$, nennt man die *Arbeit* $\mathrm{d}W$ längs des Weges $\mathrm{d}\vec{r}$:

$$\boxed{\mathrm{d}W = \vec{F} \cdot \mathrm{d}\vec{r}} \tag{4.3}$$

Gl. (4.1) besagt also, daß *eine Änderung der kinetischen Energie nur durch Leistung einer Arbeit erfolgen kann.*

Um die Gesamtarbeit W zu berechnen, welche die Kraft $\vec{F}$ längs der Bahn zwischen den Punkten $\vec{r}(t_0)$ und $\vec{r}(t_1)$ leistet, müssen wir Gl. (4.3) integrieren:

Arbeit gleich Kraft mal Weg

$$W = \int_0^1 \vec{F} \cdot d\vec{r}$$ **Definition der Arbeit**   (4.4)

Hierbei kommt es also nur auf die Kraftkomponente an, welche *tangential zur Bahn* wirkt, da $\vec{F} \cdot d\vec{r} = F_{\text{tang}} dr$ ist. Eine Normalkraft $\vec{F}_n$ dagegen, die senkrecht auf der Bahn steht, kann wegen $\vec{F}_n \cdot d\vec{r} = 0$ keine Arbeit leisten.

Beispiel 1: Arbeit und potentielle Energie bei Deformation einer Feder

Wenn man eine Feder aus ihrer Ruhelage $x = 0$ um die Länge x_1 streckt, so entwickelt die Feder dagegen eine Kraft, die nach dem Hookeschen Gesetz nach Gl. (3.1) proportional zu x ist:

$$F = -c \cdot x.$$

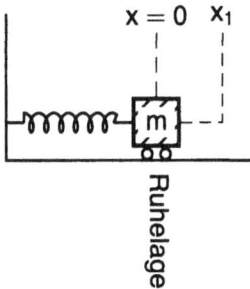

Bild 4.3: Ein Wagen, der die Feder aus der Ruhelage auslenkt, muß gegen die Federkraft eine Arbeit leisten. Diese Arbeit wird von der Feder in der Form von potentieller Energie aufgenommen.

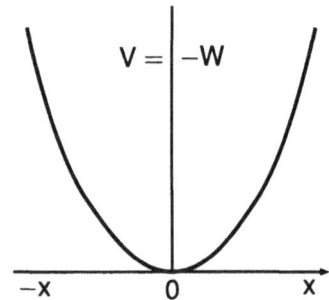

Bild 4.4: Potentielle Energie einer Feder in Abhängigkeit von der Auslenkung aus der Ruhelage

Die Federkonstante bezeichnen wir von jetzt ab mit c. Die Federkraft hängt also in eindeutiger Weise nur von der Ortskoordinate ab.

Dehnt man die Feder um die Gesamtstrecke x, so leistet dabei die Federkraft eine Arbeit von insgesamt

$$W = \int\limits_{0}^{x} F \mathrm{d}x = -c \int\limits_{0}^{x} x \mathrm{d}x = -\frac{c}{2} x^2. \tag{4.5}$$

Diese Arbeit ist hier negativ, weil die Feder keine Arbeit nach außen leistet und Energie abgibt, sondern weil umgekehrt die Feder Energie aufnimmt. Die von der Feder bei der Dehnung aufgenommene Energie

$$\boxed{V = -W} \qquad \textbf{potentielle Energie} \tag{4.6}$$

wird *potentielle Energie* genannt, denn sie ist ein Maß für die Fähigkeit der Feder, Arbeit nach außen zu leisten und damit Energie abzugeben. Diese potentielle Energie für eine Feder hängt in eindeutiger Weise nur von den Ortskoordinaten der Feder ab:

$$\boxed{V(x) = \frac{c}{2} x^2} \qquad \textbf{potentielle Energie einer Feder} \tag{4.7}$$

Nach Einführung der potentiellen Energie wollen wir nun zum oben erwähnten Prinzip der Energieerhaltung zurückkehren. Durch Integration von Gl. (4.1) über die Bahn zwischen den beiden Endpunkten $\vec{r}(t_0)$ und $\vec{r}(t)$ ergibt sich:

$$\left[\left(\frac{p^2}{2m} \right)_{\vec{r}(t)} - \left(\frac{p^2}{2m} \right)_{\vec{r}(t_0)} \right] - \int\limits_{\vec{r}(t_0)}^{\vec{r}(t)} \vec{F} \cdot \mathrm{d}\vec{r} = 0 \tag{4.8}$$

oder

$$[T(\vec{r}) - T(\vec{r_0})] + [V(\vec{r}) - V(\vec{r_0})] = 0$$

und somit:

$$\boxed{T(\vec{r}) + V(\vec{r}) = T(\vec{r_0}) + V(\vec{r_0})} \qquad \textbf{konstante Gesamtenergie } E \tag{4.9}$$

Gesamtenergie = kinetische Energie + potentielle Energie

Die Summe aus kinetischer und potentieller Energie ändert sich nicht, sondern die Gesamtenergie bleibt konstant.

Das Prinzip der Energieerhaltung in dieser Form sei an unserem Beispiel der Feder erläutert: Läßt man die Masse m in Bild 3.1 nach einer endlichen Deformation los, so schwingt die Masse bekanntlich periodisch um die Ruhelage. Nach Gl. (4.9) bleibt hierbei die Summe von kinetischer und potentieller Energie konstant:

$$T + V = \frac{1}{2} m v^2 + \frac{c}{2} x^2 = E = \text{konstant}$$

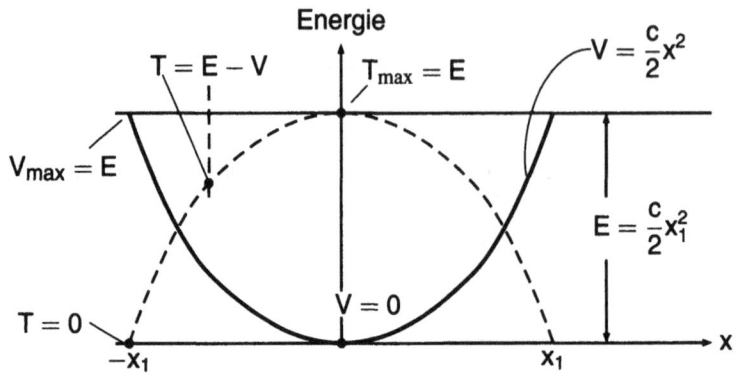

Bild 4.5: Kinetische (gestrichelte Kurve) und potentielle (volle Kurve) Energie einer Feder in Abhängigkeit von der Auslenkung: die Summe der beiden ist konstant.

Diese Konstanz der Gesamtenergie E ist in Bild 4.5 dargestellt. Während die Masse zwischen den Umkehrpunkten x_1 und $-x_1$ schwingt, ändern sich T und V in solcher Weise, daß $T + V$ konstant und gleich E bleibt. An den Umkehrpunkten verschwindet v und damit die kinetische Energie, während bei $x = 0$ die potentielle Energie null wird. Während der Schwingung findet also eine periodische Umwandlung von kinetischer in potentielle Energie und umgekehrt statt, wobei die Gesamtenergie konstant bleibt. Diese Gesamtenergie wächst – wie man sieht – mit dem Quadrat der Amplitude x_1.

Übungsfrage: In Wirklichkeit wird die Schwingung der Feder gedämpft sein. Wie könnte man für diesen Fall den Satz der Energieerhaltung verallgemeinern?

Beispiel 2: Arbeit und potentielle Energie beim Heben einer Last

Hebt man eine Masse m gegen die Gravitationskraft mg um die Höhe h (klein gegen Erdradius), so erfordert dies eine Arbeitsleistung zur Erhöhung

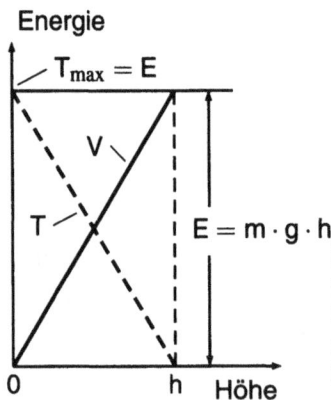

Bild 4.6: Kinetische und potentielle Energie eines Körpers aufgrund der Gravitationskraft (in der Nähe der Erdoberfläche): Für einen frei fallenden (bzw. senkrecht nach oben geworfenen) Körper ist die Summe der beiden konstant.

der potentiellen Energie der Masse m:

$$V = mgh \tag{4.10}$$

Läßt man nun die Masse – anfänglich in Ruhe – aus der Höhe h fallen, so gewinnt sie an Geschwindigkeit und damit an kinetischer Energie, verliert aber potentielle Energie, so daß die Gesamtenergie konstant bleibt ($T + V = E$), wie in Bild 4.6 angedeutet. Die maximale kinetische Energie beim Auftreffen der Masse ist wegen $V = 0$

$$\frac{m}{2}v^2 = mgh \quad \text{oder} \quad v = \sqrt{2gh} \tag{4.11}$$

Beispiel 3: Arbeit und potentielle Energie bei elektrostatischen Kräften

Zwischen zwei Ladungen im Abstand r voneinander wirkt, wie in Kap. 1 besprochen, eine radial gerichtete elektrostatische Kraft vom Betrag (s. Bild 4.7):

$$|\vec{F}| = \frac{1}{4\pi\epsilon_0} \cdot \frac{q'q''}{r^2} \tag{4.12}$$

$(1/(4\pi\epsilon_0) = 9 \cdot 10^9 \, \mathrm{N\,m^2/C^2}$, wenn man die Ladungen q', q'' in Coulomb mißt).

Wir wollen uns fragen: Wie groß ist die Arbeit, die von dieser Kraft geleistet wird, wenn man die zweite Ladung von P_1 nach P_2, entweder auf dem Weg a oder b, verschiebt? Auf dem Weg a erfolgt die Verschiebung zunächst auf dem Kreisbogen, so daß $\vec{F}$ senkrecht auf der Bahn steht und daher keine

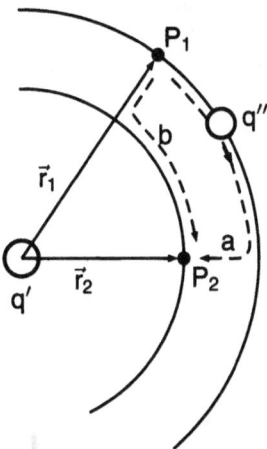

Bild 4.7: Um die Arbeit zu berechnen, die die elektrostatische Zentralkraft an einer Probeladung q'' auf dem Weg von P_1 nach P_2 leistet, zerlegt man den Weg in Anteile, die senkrecht bzw. parallel zur Kraft liegen, d.h. man bewegt sich im einfachsten Fall auf dem Weg a oder b.

Arbeit anfällt. Nur das zweite Teilstück des Weges trägt zur Arbeit bei. Somit ist die Gesamtarbeit für den ganzen Weg von P_1 nach P_2:

$$W = \int_{r_1}^{r_2} F\,\mathrm{d}r = \int_{r_1}^{r_2} \frac{q'q''}{4\pi\epsilon_0} \cdot \frac{\mathrm{d}r}{r^2} = -\frac{q'q''}{4\pi\epsilon_0}\left(\frac{1}{r_2} - \frac{1}{r_1}\right) \qquad (4.13)$$

Es ist leicht einzusehen, daß die Arbeit auf dem Weg b identisch damit ist (dies zu zeigen sei als Übung empfohlen). Die Arbeit ist also unabhängig vom Weg und nur durch die Koordinaten der Anfangs- und Endlage bestimmt. (Aus unserer Ableitung ist ersichtlich, daß grundsätzlich bei allen Zentralkräften die Arbeit unabhängig vom Integrationsweg ist.)

Die potentielle Energie eines Körpers hängt nur von seinen Ortskoordinaten ab (nicht von seiner Geschwindigkeit)

Übungsfrage: Warum drückt die Unabhängigkeit der Arbeit vom Integrationsweg gleichzeitig aus, daß die Summe von kinetischer und potentieller Energie an jedem Punkt konstant ist?

Gl. (4.13) bedeutet auch, daß die potentielle Energie $V = -W$ *nur von den Koordinaten r_1 und r_2 abhängt*. Statt des Bezugspunktes P_1 können wir natürlich irgendeinen anderen Punkt wählen. Oft ist man speziell an der Arbeit interessiert, um die Ladung q'' vom Unendlichen ($r_1 \to \infty$) bis nach P_2 zu verschieben. Nach Gl. (4.13) erhalten wir in diesem Fall für die potentielle Energie:

$$\boxed{V_2 = -W = \int_{r_2}^{\infty} F\,\mathrm{d}r = \frac{q'q''}{4\pi\epsilon_0}\frac{1}{r_2}} \qquad (4.14)$$

Die elektrostatische Anziehungskraft und die Gravitationsanziehung fallen beide mit $1/r^2$ ab

Bei Ladungen gleichen Vorzeichens ist diese potentielle Energie positiv; bei der Trennung der Ladungen vergrößert sich daher die kinetische Energie des geladenen Körpers und seine potentielle Energie nimmt entsprechend ab, wie in Bild 4.8 dargestellt. Da auch die Gravitationskraft Gl. (3.13) mit $1/r^2$

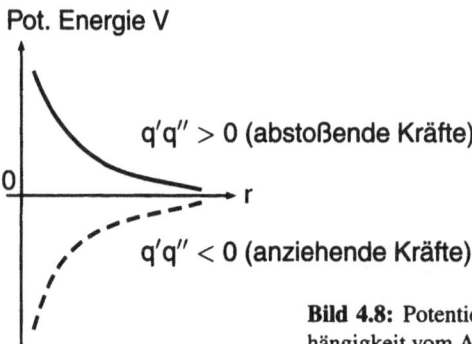

Pot. Energie V

$q'q'' > 0$ (abstoßende Kräfte)

0

r

$q'q'' < 0$ (anziehende Kräfte)

Bild 4.8: Potentielle Energie einer Probeladung q'' in Abhängigkeit vom Abstand r von einer Ladung q'

abfällt, läßt sich das letzte Resultat (Gl. (4.14)) auch auf den analogen Fall zweier *Massen* übertragen, die sich infolge der *Gravitation* anziehen. Entsprechend ist die potentielle Energie zweier Massen (m', m'') im Abstand r

$$V(r) = -\frac{\gamma m' m''}{r}$$

(4.15)

Übungsfrage: Wie kann man das negative Vorzeichen in Gl. (4.15) erklären?

Potentielle Energie ausgedehnter Massen- und Ladungsverteilungen

Wir wollen hier die Arbeit berechnen, die erforderlich ist, um eine Masse m_0 von N beliebig angeordneten anderen Massen zu trennen. Nehmen wir zunächst den Fall, daß m_0 – wie in Bild 4.9 gezeigt – von zwei anderen Massen m_1 und m_2 mit den Kräften $\vec{F}_{01}$ und $\vec{F}_{02}$ angezogen wird. Will man die Masse m_0 gegen die Kraft

$$\vec{F}_0 = \vec{F}_{01} + \vec{F}_{02}$$

bis ins Unendliche verschieben, so ist die erforderliche Gesamtarbeit gleich der Summe der Arbeiten durch die Teilkräfte:

$$V(m_0) = \int_{r_{01}}^{\infty} F_{01}\,dr + \int_{r_{02}}^{\infty} F_{02}\,dr = -\gamma m_0 \left(\frac{m_1}{r_{01}} + \frac{m_2}{r_{02}} \right)$$

Dies läßt sich leicht auf N Massen verallgemeinern:

$$V(m_0) = -\gamma m_0 \sum_{i=1}^{N} \frac{m_i}{r_{0i}}$$

(4.16)

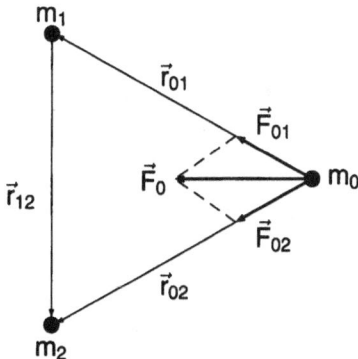

Bild 4.9: Die Gesamtarbeit, die die Gravitationskraft $\vec{F}_0$ an der Masse m_0 leistet, ist infolge der vektoriellen Addition von Kräften die Summe der Arbeiten, welche die Teilkräfte leisten.

Auf ähnliche Weise könnten wir (zur Übung) auch die Arbeit oder potentielle Energie berechnen, die erforderlich ist, um *alle* Körper voneinander zu trennen. Entsprechend können wir auch dann vorgehen, wenn wir statt diskreter Massen eine Massenverteilung vor uns haben, wie zum Beispiel bei der Berechnung der Gravitationsenergie der Sonne. Dazu wollen wir zunächst folgendes einfachere, aber wichtige Beispiel betrachten:

Beispiel: Potentielle Energie einer Masse m_0 in der Nähe einer Kugelschale der Masse M (siehe dazu Bild 4.10)

Gl. (4.16) läßt sich verallgemeinern zu

$$V = -\gamma m_0 \int \frac{\mathrm{d}m}{s} \,, \tag{4.17}$$

wobei s der Abstand zwischen dem Massenelement $\mathrm{d}m$ und m_0 ist.

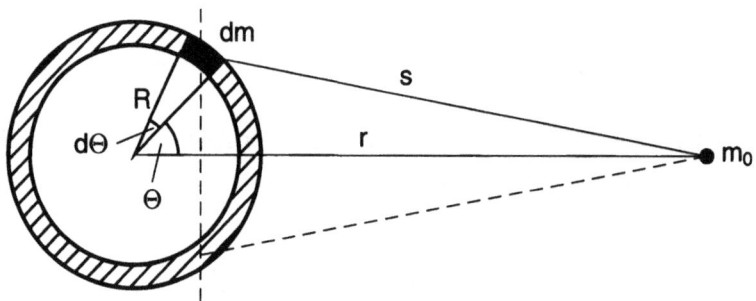

Bild 4.10: Rechengang: die Kugelschale wird in Ringe zerlegt, deren Massenelemente alle den gleichen Abstand s von m_0 haben. Durch Integration lassen sich dann die Energiebeträge dieser Ringe addieren.

Dazu berechnen wir zunächst den Beitrag eines Ringes der Masse $\mathrm{d}m$ aus der Kugelschale zu V:

$$\mathrm{d}V = -\gamma \frac{m_0 \mathrm{d}m}{s} \,, \tag{4.18}$$

wobei

$$\mathrm{d}m = M \frac{\mathrm{d}A\ (\text{Ring})}{A\ (\text{ganze Schale})} \qquad (\text{dabei sind } \mathrm{d}A \text{ und } A \text{ Flächenmaße})$$

Nun ist

$$\mathrm{d}A\ (\text{Ring}) \; = R\mathrm{d}\Theta \cdot 2\pi R \cdot \sin\Theta = 2\pi R^2 \sin\Theta\mathrm{d}\Theta \,,$$

$$A\ (\text{Schale}) = 4\pi R^2 \,.$$

Damit ist

$$dm = \frac{M \sin\Theta \cdot d\Theta}{2},$$

$$dV = -\gamma \frac{m_0 M}{2} \frac{\sin\Theta \cdot d\Theta}{s}.$$

Durch Integration dieser Beiträge über die ganze Kugelschale ($0 \leq \Theta \leq \pi$) erhält man die gesamte potentielle Energie der Masse m_0 im Abstand r vom Mittelpunkt der Kugelschale zu

$$V(r) = -\gamma \frac{m_0 M}{2} \int\limits_{\Theta=0}^{\Theta=\pi} \frac{\sin\Theta \cdot d\Theta}{s}.$$

Durch die Differentiation der trigonometrischen Beziehung $s^2 = R^2 + r^2 - 2Rr \cdot \cos\Theta$ erhält man $2s\,ds = 2Rr \cdot \sin\Theta \cdot d\Theta$ und somit:

$$V(r) = -\frac{\gamma m_0 M}{2Rr} \int\limits_{s(0)}^{s(\pi)} ds = -\frac{\gamma m_0 M}{2Rr}[s(\pi) - s(0)] \qquad (4.19)$$

Nun sind zwei Fälle zu unterscheiden, je nachdem, ob m_0 *außerhalb* der Kugelschale ($r > R$) oder *innerhalb* derselben ($r \leq R$) liegt.

1. Fall: m_0 *außerhalb der Kugelschale* (Bild 4.11):

$$s(\pi) = r + R, \qquad s(0) = r - R,$$

$$\boxed{V(r) = -\gamma \frac{m_0 M}{r}} \qquad (4.20)$$

Außerhalb der Kugelschale nimmt die potentielle Energie so ab, als ob die gesamte Masse der Kugelschale im Kugelmittelpunkt konzentriert sei.

Eine massive Kugelschale und die gleiche Masse in einem Punkt konzentriert, erzeugen im Außenraum die gleichen Kräfte

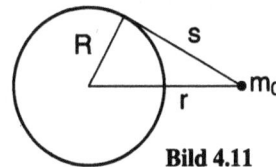

Bild 4.11

2. Fall: m_0 *innerhalb der Kugelschale* (Bild 4.12):

$$s(\pi) = r + R, \qquad s(0) = R - r,$$

$$\boxed{V(r) = -\gamma \frac{m_0 M}{R}} \qquad (4.21)$$

Im Innern der Hohlkugel ist die potentielle Energie überall konstant. Es bedarf also keiner Arbeit, um die Masse im Innern beliebig zu verschieben. Daraus folgt: *das Innere der Kugel ist völlig kräftefrei.* Ebenso wirken im Innern einer elektrisch geladenen Hohlkugel keine elektrischen Kräfte (Faraday-Käfig).

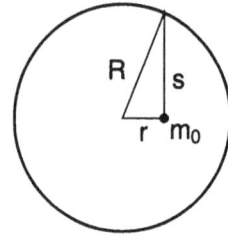

Bild 4.12

Das Innere einer massiven Kugelschale ist frei von Gravitationskräften

Bild 4.13 zeigt den Verlauf der gesamten potentiellen Energie innerhalb und außerhalb der Hohlkugel.

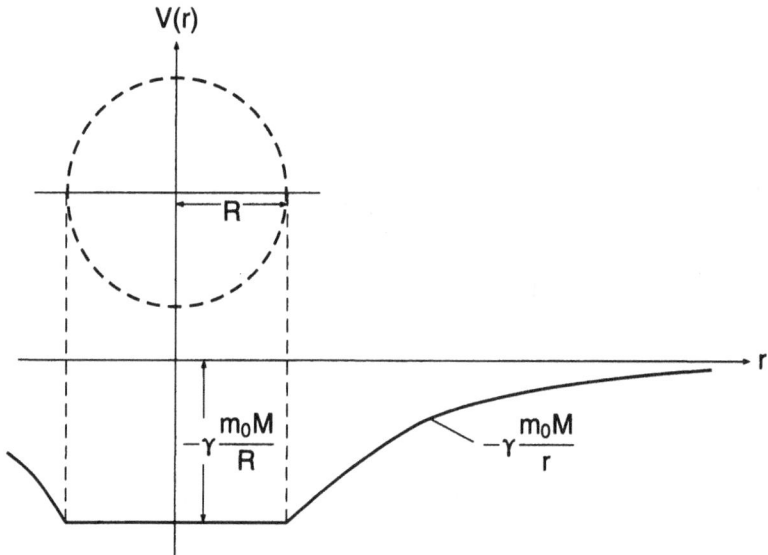

Bild 4.13: Die potentielle Energie einer Masse m_0 innerhalb und außerhalb einer Hohlkugel der Masse M

Übungsfrage: Wie kann man nun daraus die Gravitationsenergie der Sonne (konstante Dichte vorausgesetzt) berechnen? Zeigen Sie, daß die potentielle Energie einer Probemasse m_0 innerhalb und außerhalb der Sonne die Größe hat:

$$r \le R: \quad V(r) = -\gamma \frac{Mm_0}{2R^3}(3R^2 - r^2); \quad r > R: \quad V(r) = -\gamma \frac{Mm_0}{r}$$

Maßeinheiten von Arbeit, Energie und Leistung

Energie und Arbeit werden in gleichen Einheiten gemessen. Im modernen SI-System ist die Einheit der Energie 1 Joule [J]:

$$1\,\mathrm{J} = 1\,\mathrm{N\,m} = 1\frac{\mathrm{kg\,m^2}}{\mathrm{s^2}}$$

In dem früher üblichen cgs-System wurde die Energie in erg gemessen:

$$1\,\text{erg} = 1\,\text{dyn} \cdot \text{cm} = 10^{-7}\,\text{J}$$

Die Leistung. Die Fähigkeit von Maschinen und Zugtieren, in einer bestimmten Zeit eine bestimmte Arbeit zu „leisten", wird als Leistung bezeichnet. Leistung ist die pro Zeiteinheit vollbrachte Arbeit:

$$P = \frac{\text{d}W}{\text{d}t} = \frac{\text{d}}{\text{d}t}(\vec{F} \cdot \text{d}\vec{r}) = \vec{F} \cdot \vec{v}$$ **Leistung**   (4.22)

und wird in Watt [W] gemessen:

$$1\,\text{W} = 1\,\text{J/s} = 1\frac{\text{kg}\,\text{m}^2}{\text{s}^3}$$

Die Leistung wurde früher auch in Pferdestärken [PS] angegeben:

$$1\,\text{PS} = 735{,}5\,\text{W}$$

4.2   Einfache Anwendungen des Prinzips der Energieerhaltung

Beispiel 1

Wenn sich ein Planet (der Masse m) auf einer Ellipsenbahn um die Sonne (der Masse M_s) bewegt, so besagt der Keplersche Flächensatz, daß *seine Geschwindigkeit in Sonnennähe größer ist als in Sonnenferne*. Dies ist eine Folge davon, daß die Summe von kinetischer und potentieller Energie

$$\frac{mv^2}{2} - \gamma\frac{mM_\text{s}}{r} = E$$

konstant ist. Daher nimmt die Geschwindigkeit bei abnehmendem Radius r zu.

Beispiel 2

Als weitere Anwendung des Energiesatzes wollen wir die Geschwindigkeit v_0 berechnen, mit der ein Projektil der Masse m abgeschossen werden muß, *um von der Erdoberfläche aus dem Schwerefeld der Erde entweichen zu können.*

Die Gesamtenergie kurz nach Abschuß von der Erdoberfläche und die im Unendlichen sind gleich:

$$\frac{mv_0^2}{2} - \gamma\frac{mM_\mathrm{E}}{R} = \frac{mv_\infty^2}{2} + V_\infty,$$

M_E = Erdmasse, R = Erdradius, $V_\infty = 0$.

Setzen wir $v_\infty = 0$, so erhalten wir als minimale Abschußgeschwindigkeit

$$v_0 = \sqrt{2\frac{\gamma M_\mathrm{E}}{R}}.$$

Die Entweichge-
schwindigkeit eines
Körpers von der
Erdoberfläche ist
unabhängig von
seiner Masse

Da nun ferner $\dfrac{\gamma M_\mathrm{E}}{R^2} = g = 9{,}81\,\mathrm{m/s^2}$ ist, findet man

$$\boxed{v_0 = \sqrt{2gR} = 11{,}2\,\mathrm{km/s}}.$$ **Entweich-Geschwindigkeit** (4.23)

Um vollständiges Entweichen zu erreichen, ist es ganz gleichgültig, ob man den Körper horizontal oder vertikal nach oben abschießt. (Sofern man ihn nicht gegen einen anderen Punkt der Erdoberfläche schießt und die Atmosphäre vernachlässigen kann.)

Beispiel 3

Wir wollen nun auch zeigen, daß alle *Gesetze des statischen Gleichgewichts* (z.B. die Hebelgesetze, Gesetze des Flaschenzugs und hydrostatische Gesetze) zurückführbar sind auf das Prinzip der Energieerhaltung, das in diesem Fall zuweilen auch *Prinzip der virtuellen Arbeit* genannt wird.

a)   Betrachten wir z.B. einen *Hebel* (vgl. Bild 4.14). Er ist dann und nur dann im Gleichgewicht, wenn zur Veränderung des Winkels um einen

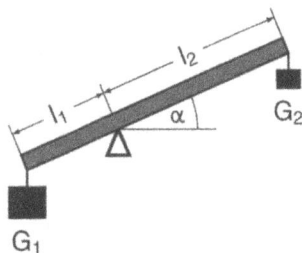

Bild 4.14: Der Hebel

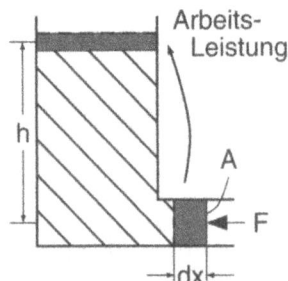

Bild 4.15: Der hydrostatische Druck

kleinen Betrag $\mathrm{d}\alpha$ keine Arbeit erforderlich ist, d.h., wenn

$$dW = \mathrm{d}\alpha \cdot (l_1 G_1 - l_2 G_2) = 0 .$$

Hieraus folgt sofort:

$$\boxed{G_1 l_1 = G_2 l_2} \tag{4.24}$$

b) Betrachten wir eine Wassersäule der Höhe h, die unten durch einen Kolben mit der Fläche A, auf den eine Kraft F wirkt, im Gleichgewicht gehalten wird. Bei welcher Kraft steht der Kolben im Gleichgewicht mit der Wassersäule? Nur dann, wenn zu einer kleinen Verschiebung des Kolbens eine Arbeit erforderlich ist, die gerade der Zunahme an potentieller Energie entspricht:

$$\text{Arbeit} = F \cdot \mathrm{d}x = A \cdot \mathrm{d}x \cdot \varrho \cdot gh$$
$$= \text{Zunahme der potentiellen Energie} .$$

Daraus folgt:

$$\boxed{\text{Druck} = \frac{F}{A} = \varrho \cdot gh} \qquad \textbf{Schweredruck in} \atop \textbf{einer Flüssigkeit} \tag{4.25}$$

Dieser *hydrostatische Druck* ist unabhängig von der Orientierung des unteren Zylinders und daher isotrop. Die Einheit für den Druck ist 1 Pascal [Pa] bzw. 1 Bar [bar]:

$$\boxed{1\,\mathrm{Pa} = 1\,\frac{\mathrm{N}}{\mathrm{m}^2} = 10^{-5}\,\mathrm{bar}}$$

(Weitere häufig verwendete Druckeinheiten sind am Ende des Buches zu finden.)

Übungsaufgabe: Überlegen Sie sich die Wirkungsweise eines Flaschenzugs mit Hilfe des Prinzips der virtuellen Arbeit.

Beispiel 4

Schließlich sei auch noch erwähnt, daß man den Bewegungsablauf eines Körpers oft einfacher aus dem Energiesatz herleiten kann als aus der Newtonschen Bewegungsgleichung. Aus dem Energiesatz

$$\frac{p^2}{2m} + V(\vec{r}) = E$$

erhält man sogleich den Impuls

$$p = \sqrt{2m(E - V)}. \tag{4.26}$$

Vergleicht man dieses Ergebnis mit der Newtonschen Bewegungsgleichung

$$\frac{\mathrm{d}\vec{p}}{\mathrm{d}t} = \vec{F},$$

so sieht man, daß der Energiesatz bereits eine erste Integration der Newtonschen Gleichung liefert. Die Herleitung fast aller mechanischen Gesetze aus dem Energiesatz ist eines der Hauptthemen der theoretischen Mechanik.

Übungsfrage: Wie könnte man mit Hilfe des Energiesatzes die Bewegung einer schwingenden Feder ableiten? (vgl. damit Kap. 3.3)

4.3 Äquipotentialflächen der potentiellen Energie und ihr Gradient

Wir haben gezeigt, daß die potentielle Energie eines Körpers, zum Beispiel einer Probeladung, bei gegebener Verteilung anderer Ladungen sehr einfach an jedem Ort des Raumes berechnet werden kann. Jetzt wollen wir zeigen, daß aus einer vorgegebenen räumlichen Verteilung der potentiellen Energie ebenso einfach die Kräfte auf die Probeladungen abgeleitet werden können.

Die Orte gleicher potentieller Energie sind durch die Gleichung

$$V(x, y, z) = \text{konstant} \tag{4.27}$$

definiert. Dies ist die Gleichung einer Fläche, der sog. *Äquipotentialfläche*.

Die Äquipotentialflächen, zum Beispiel eines Elektrons im Bereich eines Protons, sind nach Gl. (4.14) einfache Kugelflächen:

$$V = \frac{-e^2}{4\pi\epsilon_0} \cdot \frac{1}{r} = \text{konstant} \tag{4.28}$$

Die Äquipotentialflächen eines Elektrons in der Nähe der beiden Protonen eines Wasserstoffmoleküls ergeben sich analog zu Gl. (4.16):

$$V = -\frac{e^2}{4\pi\epsilon_0} \cdot \left(\frac{1}{r_{01}} + \frac{1}{r_{02}}\right) = \text{konstant} \tag{4.29}$$

Dabei sind r_{01} und r_{02} die Abstände zu den beiden Ladungen. Die Äquipotentialflächen sind in Bild 4.16 dargestellt.

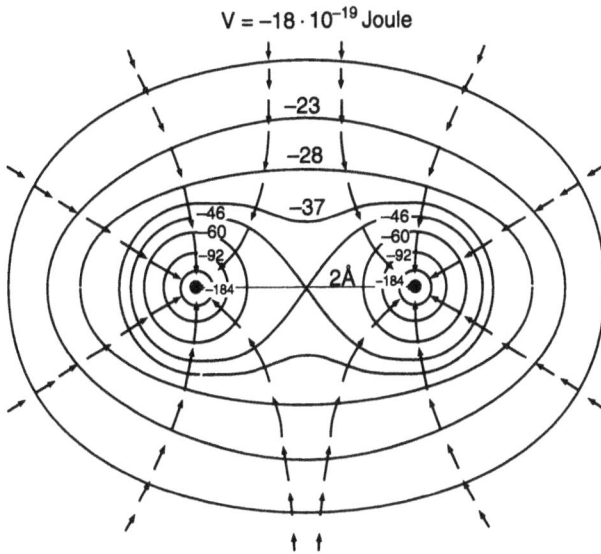

Bild 4.16: Äquipotentialflächen eines Elektrons in der Nähe der beiden Protonen eines Wasserstoffmoleküls. Die gestrichelten Linien geben Richtung und Größe der Kraft an (Kraftlinien). Kraftlinien und Äquipotentialflächen stehen aufeinander senkrecht ($1 \text{ Å} = 10^{-10}$ m).

Wie bestimmen wir nun die Richtung und Größe der Kraft auf das Elektron an jedem Ort?

Wenn wir unser Elektron um die Strecke $\mathrm{d}\vec{r}$ verschieben, ändert sich die potentielle Energie um

Ableitung der Kraft aus der potentiellen Energie

$$\mathrm{d}V = -\vec{F} \cdot \mathrm{d}\vec{r}. \tag{4.30}$$

Verschieben wir das Elektron *innerhalb* einer Äquipotentialfläche, so ändert sich natürlich definitionsgemäß $\mathrm{d}V$ nicht. Hieraus folgt mit der letzten Gleichung, daß die Kraft $\vec{F}$ keine Komponente in der Äquipotentialfläche besitzen kann, sondern darauf senkrecht stehen muß. *Die Richtung der Kraft ist daher durch die in Bild 4.16 gestrichelten* (auf den Äquipotentialflächen senkrecht stehenden) *Linien festgelegt*. Verschiebt man das Elektron entlang dieser „Kraftlinien", so ergibt sich:

$$\left(\frac{\mathrm{d}V}{\mathrm{d}r}\right) = -F \qquad (\mathrm{d}r \text{ parallel zu den „Kraftlinien"})$$

Mathematisch gesehen zeigt die Kraft in die Richtung der maximalen Abnahme der potentiellen Energie $V(x, y, z)$ und gibt die Größe der Änderung pro Längeneinheit an.

Übungsfrage: Welche mathematische Bedeutung hat die Kraft, wenn V nur eine Funktion von x ist?

Man bezeichnet eine solche Größe den *Gradienten* der Funktion $V(x,y,z)$ und schreibt kurz:

$$\boxed{\vec{F} = -\operatorname{grad} V}$$
(4.31)

Der Gradient einer skalaren Größe (z.B. V) ist also ein Vektor. Wie können wir nun die Kraft, die auf das Elektron wirkt, aus der räumlichen Verteilung der potentiellen Energie Gl. (4.29) ermitteln? Nach Gl. (4.30) $dV = -(F_x dx + F_y dy + F_z dz)$ erhalten wir die Kraftkomponente F_x einfach dadurch, daß wir $d\vec{r}$ parallel zur x-Achse wählen:

$$dV = -F_x \cdot dx, \qquad dy = dz = 0;$$
(4.32)

oder

$$F_x = -\frac{\partial V}{\partial x}$$

(Das Symbol $\partial/\partial x$ bedeutet, daß nur die Differentiation nach x durchgeführt wird, wobei die anderen Variablen y, z konstant gehalten werden.)

Oder allgemein, in Komponentenschreibweise:

$$\boxed{\vec{F} = -\left(\frac{\partial V}{\partial x}, \frac{\partial V}{\partial y}, \frac{\partial V}{\partial z},\right) = -\operatorname{grad} V}$$
(4.33)

Wir fassen zusammen: Wenn die potentielle Energie an jedem Ort bekannt ist, so läßt sich durch einfache Differentialoperationen daraus auch die Kraft an jedem Ort bestimmen. (Hierauf werden wir in der Elektrodynamik ausführlich zurückkommen.)

4.4 Konservative und nichtkonservative Kräfte

*Bei zeitabhängigen Kräften bleibt die Summe von kinetischer und potentieller Energie **nicht** konstant*

Wir hatten in diesem Abschnitt nur von *zeitlich konstanten* Gravitations- und elektrostatischen Kräften gesprochen. Diese hängen *nur von den Ortskoordinaten* ab, und man kann für sie eine potentielle Energie unabhängig vom Integrationsweg definieren. Solche Kräfte nennt man *konservative Kräfte*, da nur unter der Wirkung so gearteter Kräfte eine eindeutige Definition der potentiellen Energie (vgl. Gl. (4.6)) und damit der Erhaltung von potentieller und kinetischer Energie möglich ist.

Nichtkonservative Kräfte sind zum Beispiel Reibungskräfte (die von der Geschwindigkeit und *nicht* vom Ort abhängen) sowie alle zeitabhängigen

Kräfte. Für diese nichtkonservativen Kräfte ist die Summe von kinetischer und potentieller Energie nicht unbedingt konstant.

Wenn zum Beispiel eine Reibungskraft ein Fahrzeug auf ebener Erde zum Stehen bringt, so verliert der Körper anscheinend kinetische Energie ohne daß potentielle Energie gewonnen würde. Wohin geht aber die kinetische Energie des Fahrzeugs, wenn es durch eine Reibungskraft abgebremst wird? Nun, die kinetische Energie geht keineswegs verloren, denn die Atome im Bremsbelag werden sich stärker bewegen, ihre kinetische Energie wird erhöht, was man leicht an der Erhitzung des Bremsbelages feststellen kann.

Wir fassen zusammen: Die Summe von potentieller und kinetischer Energie ist nur konstant für konservative Kräfte. Die Gesamtenergie einschließlich der thermischen, elektrischen, nuklearen usw. bleibt jedoch immer konstant in jedem abgeschlossenen System.

4.5 Reaktionsprinzip und Impulserhaltung

In den vorausgegangenen Abschnitten haben mehrere Beispiele gezeigt, daß das Prinzip der Energieerhaltung die Analyse des Bewegungsablaufes eines Körpers wesentlich erleichtern kann. In diesem Abschnitt werden wir in dem sog. *dritten Newtonschen Gesetz* eine sehr nützliche Regel für die Wechselwirkung zwischen Teilchen kennenlernen, die wie das Energieprinzip für beliebige Kräfte gültig ist, unabhängig davon, ob wir die Kräfte im einzelnen verstehen oder nicht.

Reaktionsprinzip (oder 3. Newtonsches Gesetz)

Nehmen wir an, zwei Körper der Masse m_1 und m_2 ziehen sich an, üben also Kräfte aufeinander aus, wobei der erste Körper den zweiten mit der Kraft $\vec{F}_{21}$ anzieht und umgekehrt $\vec{F}_{12}$ die Kraft ist, welche der zweite Körper auf

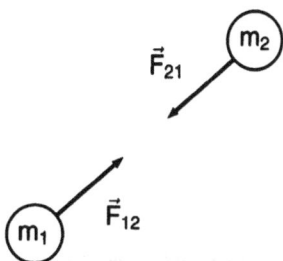

Bild 4.17a: Die Gravitationskraft zwischen zwei Massen: sie wirkt sowohl auf die Masse m_1 als auch auf die Masse m_2.

Bild 4.17b: Ein Knabe (A) wird mit der gleichen Kraft nach rechts gezogen, mit der er selbst den Wagen (B) nach links zieht.

den ersten ausübt (vgl. Bild 4.17). Das Reaktionsprinzip (Actio = Reactio) besagt nun, daß die beiden Kräfte $\vec{F}_{12}$ und $\vec{F}_{21}$ von gleichem Betrag und entgegengesetzter Richtung sind:

$$\vec{F}_{12} = -\vec{F}_{21}$$

oder

$$\boxed{\vec{F}_{12} + \vec{F}_{21} = 0} \qquad \textbf{3. Newtonsches Gesetz} \qquad (4.34)$$

Übungsfrage: Nehmen wir an, wir hätten eine Feder, an deren Enden zwei Massen m_1 und m_2 befestigt sind. Welche Experimente könnten wir damit durchführen, um das Reaktionsprinzip zu bestätigen?

Die Summe aller innere Kräfte ist in abgeschlossenen Systemen immer gleich null

Dieses Prinzip läßt sich leicht auf Kräfte zwischen mehreren Körpern verallgemeinern. Dabei ergibt sich, daß auch bei mehr als zwei Körpern *die Summe aller Kräfte*, die zwischen den betrachteten Körpern wirken, *null ist*. Diese Kräfte, die man *innere Kräfte* nennt, heben sich nämlich bei einem System, welches aus vielen Körpern besteht, paarweise auf. Dies erkennt man leicht am Beispiel dreier Körper (siehe Bild 4.18):

$$\vec{F}_{12} + \vec{F}_{21} + \vec{F}_{13} + \vec{F}_{31} + \vec{F}_{23} + \vec{F}_{32} = 0 \qquad (4.35)$$

oder

$$\boxed{\sum_{\substack{i,k=1 \\ i \neq k}}^{N} \vec{F}_{ik} = 0}$$

Nun wollen wir eine interessante Folgerung aus diesem einfachen Reaktionsprinzip ziehen, indem wir es mit dem früheren Aktionsprinzip kombinieren.

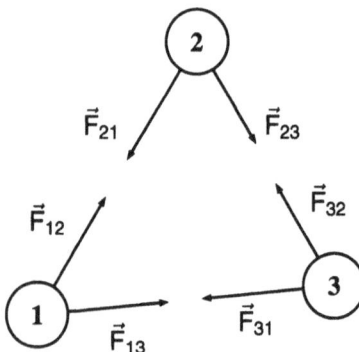

Bild 4.18: Wechselseitige Kräfte zwischen mehreren Körpern: die Summe aller inneren Kräfte ist immer null.

Impulserhaltung bei mehreren Massenpunkten (nur innere Kräfte)

Betrachten wir zwei Körper der Masse m_1 und m_2 (z.B. einen Doppelstern oder ein H_2-Molekül), die aufeinander die Kräfte $\vec{F}_{12}$ und $\vec{F}_{21}$ ausüben. Nach dem Aktionsprinzip treten daher beschleunigte Bewegungen auf, und man kann schreiben:

$$\vec{F}_{12} + \vec{F}_{21} = \frac{d(m_1\vec{v_1})}{dt} + \frac{d(m_2\vec{v_2})}{dt} = 0$$

Durch Integration erhält man:

$$\boxed{m_1\vec{v_1} + m_2\vec{v_2} = \vec{P} = \text{const}} \tag{4.36}$$

Dies bedeutet: *Der Gesamtimpuls $\vec{P}$ eines Systems von zwei Körpern ändert sich nicht unter dem Einfluß innerer Kräfte zwischen den Körpern.*

Erhaltung des Gesamtimpulses

Bei mehr als zwei Massenpunkten gilt genau dasselbe: *Der Gesamtimpuls eines beliebigen Systems von N Massenpunkten unter dem Einfluß innerer Kräfte bleibt konstant:*

$$\boxed{\sum_{i=1}^{N} m_i\vec{v_i} = \vec{P} = \text{const}} \qquad \textbf{Impulssatz} \text{ (innere Kräfte)} \tag{4.37}$$

Voraussetzung hierfür ist lediglich, daß wirklich keine Kräfte *von außen* auf das System wirken (Beispiel für solche Systeme: Nukleonen im Kern).

4.6 Stoßprozesse

Der Impulserhaltungssatz für *abgeschlossene Systeme* (d.h es wirken nur innere Kräfte) ist von besonderer praktischer Bedeutung für die Beschreibung von Stoßprozessen zwischen zwei Teilchen. Hierbei fehlt sehr oft eine genaue Kenntnis der Kräfte $\vec{F}_{12}$ und $\vec{F}_{21}$ zwischen den Stoßpartnern. Während des Stoßes dagegen ist das Newtonsche Reaktionsprinzip ($\vec{F}_{12} = -\vec{F}_{21}$) zu jeder Zeit erfüllt, und äußere Kräfte existieren nicht. Unter diesen Voraussetzungen hatten wir gesehen, daß der Gesamtimpuls des Systems, d.h. der beiden Stoßpartner, konstant ist, sich also während des Stoßes nicht ändern kann. *Der Gesamtimpuls vor dem Stoß ist daher gleich dem Gesamtimpuls nach dem Stoß:*

Impulserhaltung: Gesamtimpuls vor dem Stoß ist gleich dem Gesamtimpuls danach

$$\boxed{m_1 \cdot \vec{v_1} + m_2 \cdot \vec{v_2} = m_1 \cdot \vec{v_1}' + m_2 \cdot \vec{v_2}'} \tag{4.38}$$

Dieser vektoriellen Beziehung entsprechen in kartesischen Koordinaten drei
Gleichungen:

$$m_1 \frac{dx_1}{dt} + m_2 \frac{dx_2}{dt} = m_1 \frac{dx_1'}{dt} + m_2 \frac{dx_2'}{dt},$$

$$m_1 \frac{dy_1}{dt} + m_2 \frac{dy_2}{dt} = m_1 \frac{dy_1'}{dt} + m_2 \frac{dy_2'}{dt},$$

$$m_1 \frac{dz_1}{dt} + m_2 \frac{dz_2}{dt} = m_1 \frac{dz_1'}{dt} + m_2 \frac{dz_2'}{dt},$$

die vor und nach dem Stoß immer erfüllt sind, gleichgültig wie kompliziert
die Kräfte während des Stoßes sind. In dem Sonderfall, daß sich die Teilchen
vor und nach dem Stoß auf der gleichen Geraden bewegen, spricht man vom
sog. *zentralen Stoß*.

Erhaltung der kinetischen Energie nur beim elastischem Stoß

Jetzt wollen wir noch zusätzlich das Gesetz der Energieerhaltung beim Stoß
zweier Teilchen berücksichtigen. Wenn während des Stoßes keine kinetische Energie anderweitig verlorengegangen ist, muß die gesamte kinetische
Energie T vor dem Stoß gleich der gesamten kinetischen Energie nach dem
Stoß T' sein:

$$T = \frac{p_1^2}{2m_1} + \frac{p_2^2}{2m_2} = \frac{p_1'^2}{2m_1} + \frac{p_2'^2}{2m_2} = T' \tag{4.39}$$

Tatsächlich bewirken Prozesse wie Reibung, Verformung oder Aufheizung
der Stoßpartner, daß ein Teil der kinetischen Energie in andere Energieformen umgewandelt wird. Auch im Mikroskopischen, z.B. in der Kernphysik,
wird oft ein Teil Q der kinetischen Energie der Stoßpartner verwendet, um
eines der stoßenden Teilchen in einen um Q höheren Energiezustand zu
versetzen. Unter Berücksichtigung dieses Energieverlustes Q lautet das allgemeine Gesetz der Energieerhaltung für den Stoß zweier Teilchen:

Erhaltung der Gesamtenergie auch beim unelastischen Stoß

$$\frac{p_1^2}{2m_1} + \frac{p_2^2}{2m_2} = \frac{p_1'^2}{2m_1} + \frac{p_2'^2}{2m_2} + Q \tag{4.40}$$

$Q = 0 :$ Elastischer Stoß

$Q \neq 0 :$ Unelastischer Stoß

Stoßprozesse, in denen beide Teilchen ganz unverändert aus dem Stoß
hervorgehen und in denen daher keine Arbeitsleistung Q vorliegt, nennt man
elastische Stöße. Bei endlichem Q spricht man von *unelastischen* Stößen.

Durch die Messung der Impulse $\vec{p}_1, \vec{p}_2, \vec{p}_1'$ und $\vec{p}_2'$ vor und nach dem Stoß
kann man in der Atom- und Kernphysik genau die Energie Q bestimmen,
die ein Atom oder Kern während des Stoßes aufgenommen hat.

Wir wollen den Abschnitt über Stoßprozesse mit zwei einfachen, aber aufschlußreichen Beispielen vorerst abschließen:

Beispiel 1: Der vollkommen unelastische Stoß (Bild 4.19)

Die Masse m_1 fliege vor dem Stoß mit der Geschwindigkeit $\vec{v}_1$ auf die ruhende Masse m_2 zu. Wir wollen hier den vollkommen unelastischen Stoß betrachten, bei dem beide Körper nach dem Stoß zusammenkleben und vereinigt bleiben. Die Frage lautet, wie groß die gemeinsame Geschwindigkeit $\vec{v}_1' = \vec{v}_2'$ der beiden Teilchen nach dem Stoß ist.

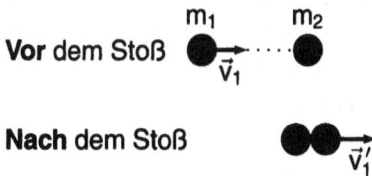

Bild 4.19: Der vollkommen unelastische Stoß: nach dem Stoß haben beide Massen die gleiche Geschwindigkeit.

Die Gleichsetzung des Gesamtimpulses vor und nach dem Stoß liefert nach Gl. (4.38):

$$m_1 \cdot \vec{v}_1 + 0 = (m_1 + m_2) \cdot \vec{v}_1'$$

Die Geschwindigkeit nach dem Stoß $\vec{v}_1'$ hat also die gleiche Richtung wie vor dem Stoß, und ihr Betrag ist durch das Massenverhältnis bestimmt:

$$v_1' = \frac{m_1}{m_1 + m_2} \cdot v_1 \qquad (4.41)$$

Bei zwei gleichen Massen ($m_1 = m_2$) ist daher die Endgeschwindigkeit nur halb so groß wie die Geschwindigkeit des ersten Teilchens vor dem Stoß.

Übungsfrage: Wie groß ist der Q-Wert für den vollkommen unelastischen Stoß in Abhängigkeit vom Massenverhältnis m_1/m_2? Warum ist der Q-Wert des oben beschriebenen Stoßes der größte von allen unelastischen Stößen mit den gleichen Anfangsbedingungen?

Beispiel 2: Der vollkommen elastische Stoß

Natürlich gibt es auch Stöße, in denen sich die Stoßpartner nach dem Stoß wieder elastisch voneinander trennen. Wenn beispielsweise ein Neutron mit bekanntem Impuls $m_1\vec{v}_1$ auf ein Proton trifft und nach dem Stoß einen Impuls $m_1\vec{v}_1'$ behält, so muß es nach Gl. (4.38) den Impuls

$$\Delta\vec{p} = m_1\vec{v}_1 - m_1\vec{v}_1' = \vec{p}_1 - \vec{p}_1'$$

auf das Proton übertragen haben (vgl. Bild 4.20).

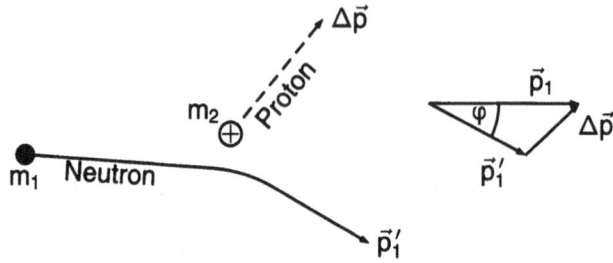

Bild 4.20: Elastischer Stoß zwischen einem Proton und einem Neutron. Das Dreieck (rechts) gibt den Satz der Impulserhaltung wieder.

Zusammen mit dem Energiesatz (4.40) können wir daraus Impuls und Energie des Protons ermitteln. Wir wollen dies jedoch hier noch nicht durchführen, da wir in einem der nächsten Abschnitte Methoden kennenlernen werden, die uns die Diskussion von Stoßprozessen noch wesentlich erleichtern werden.

Wir wollen jedoch schon jetzt auf einen Sonderfall eingehen, dem elastischen Stoß eines Neutrons mit einem ruhenden Kern, dessen Masse m_2 sehr viel größer als die Neutronenmasse m_1 ist: $m_2 \gg m_1$. Das Neutron habe vor dem Stoß den Impuls $\vec{p}_1$, der Kern nach dem Stoß den Impuls $\Delta\vec{p}$. Aus dem Energiesatz (4.40), der sich auch in der Form schreiben läßt

$$p_1^2 = p'^2_1 + \frac{m_1}{m_2} \cdot (\Delta p)^2 \,,$$

sehen wir, daß sich wegen $m_1/m_2 \ll 1$ der Betrag des Impulses des Neutrons kaum ändert:

$$p_1 \approx p'_1 \tag{4.42}$$

Das Dreieck in Bild 4.20, das die Impulserhaltung zwischen $\vec{p}_1, \vec{p}'_1$ und $\Delta\vec{p}$ darstellt, ist in diesem Fall gleichschenklig. Wir erhalten daraus die Beziehung:

$$\Delta p = 2p_1 \sin\left(\frac{\varphi}{2}\right); \quad m_1 \ll m_2 \tag{4.43}$$

Daraus können wir sofort die beim Stoß auf den Kern übertragene Energie ermitteln:

$$\frac{(\Delta p)^2}{2m_2} = \frac{4p_1^2 \cdot \sin^2(\varphi/2)}{2m_2} = 4\sin^2(\varphi/2) \cdot \frac{m_1}{m_2} \cdot T_1 \,, \tag{4.44}$$

wenn $T_1 = p_1^2/2m_1$ die kinetische Energie des Neutrons vor dem Stoß ist.

Wir sehen daraus: Die maximale Energie wird beim Zentralstoß ($\varphi = 180°$) übertragen:

$$\left(\frac{(\Delta p)^2}{2m_2}\right)_{\text{max}} = 4\,\frac{m_1}{m_2}T_1$$

Die übertragene Energie ist umso kleiner, je mehr sich die Massen der beiden Stoßpartner unterscheiden.

Huygens Beweis für die Impulserhaltung beim Stoß

Zur Vertiefung des Verständnisses und zur Verdeutlichung der Gründe, warum das Prinzip der Impulserhaltung auch über die Newtonsche Mechanik hinaus, z.B. in der Quantenmechanik, gültig ist, wollen wir die Erhaltung des Impulses bei Stößen zwischen zwei identischen Kugeln mit einem ganz anderen Prinzip beweisen.

Diese Argumentation wurde schon von Christian Huygens im 17. Jahrhundert benutzt und geht von dem Postulat aus, daß alle Gesetze der Natur unverändert bleiben, *wenn wir von einem ruhenden Bezugssystem (Laborsystem) zu einem gleichförmig geradlinig bewegten Bezugssystem übergehen.* (Eine Stewardeß serviert zum Beispiel Kaffee im schnellen Düsenflugzeug in der gleichen Weise wie zu Hause.) Dieses *Relativitätsprinzip* wollen wir im folgenden auf den Stoß zweier gleicher Massen anwenden, die nach dem Stoß vereinigt bleiben, d.h. zusammenkleben. Wir beobachten diesen unelastischen Stoß zunächst im Laborsystem, in dem der zweite Körper vor dem Stoß in Ruhe ist (vgl. Bild 4.21a). Anschließend wollen wir den gleichen Prozeß in einem *mit der Geschwindigkeit v_1* bewegten System betrachten (vgl. Bild 4.21b).

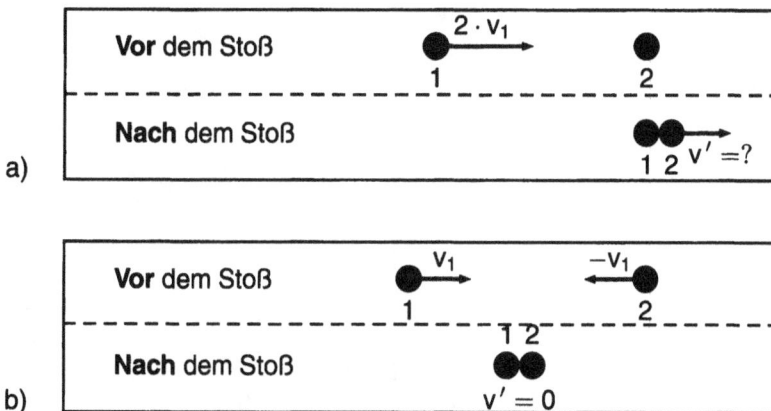

Bild 4.21: Der vollkommen unelastische Stoß in verschiedenen Bezugssystemen: a) ruhendes Laborsystem,   b) bewegtes Bezugssystem.

Hier ist aus Symmetriegründen allein nach dem Stoß nur die Geschwindig-keit $v = 0$ *möglich.* Transformiert man zurück ins Laborsystem, so ergibt sich $v' = v_1$. Im Laborsystem ist der Gesamtimpuls vor dem Stoß $m \cdot 2v_1$ und nach dem Stoß ebenfalls $m \cdot 2v_1$, *Wir haben also für diesen speziellen Fall aus Symmetrieüberlegungen gezeigt, daß der Gesamtimpuls beim Stoß erhalten bleibt.*

Übungsfrage: Wie würde man den Beweis im allgemeinen Fall ungleicher Massen führen?

4.7 Gesamtimpuls eines Systems mit äußeren Kräften

Wie verhält sich nun der Gesamtimpuls eines Systems von N Körpern, wenn nicht nur innere Kräfte, sondern *auch äußere Kräfte* auf die N Körper wir-ken, also Kräfte, die von anderen Körpern außerhalb des Systems herrühren? Wie verhält sich zum Beispiel der Gesamtimpuls des Planetensystems der Sonne unter dem Einfluß der Kräfte aller übrigen Sterne des Milchstraßen-systems?

Zur Klärung dieser Frage betrachten wir unser System von N Körpern mit den Massen $m_1, m_2 \ldots m_N$ etwas näher. Die *innere* Kraft auf den i-ten Körper, die vom k-ten Körper ausgeübt wird, nennen wir $\vec{F}_{ik}$. Damit wirkt insgesamt auf den i-ten Körper die *innere Kraft*

$$\vec{F}_i^{\text{int}} = \sum_{\substack{k=1 \\ k \neq i}}^{N} \vec{F}_{ik} \, .$$

Die gesamte *äußere Kraft* – im obigen Beispiel von der Milchstraße – auf den i-ten Körper wollen wir mit

$$\vec{F}_i^{\text{ext}}$$

bezeichnen. Die Bewegungsgleichungen der N Körper lauten somit:

$$\left.\begin{cases} \vec{F}_1^{\text{int}} + \vec{F}_1^{\text{ext}} = \dfrac{\mathrm{d}}{\mathrm{d}t} \, (m_1 \vec{v}_1) \\ \vdots \qquad \vdots \qquad \vdots \\ \vec{F}_i^{\text{int}} + \vec{F}_i^{\text{ext}} = \dfrac{\mathrm{d}}{\mathrm{d}t} \, (m_i \vec{v}_i) \\ \vdots \qquad \vdots \qquad \vdots \\ \vec{F}_N^{\text{int}} + \vec{F}_N^{\text{ext}} = \dfrac{\mathrm{d}}{\mathrm{d}t} \, (m_N \vec{v}_N) \end{cases}\right\} \qquad (4.45)$$

Durch Addition dieser Gleichungen erhält man

$$\sum_{i=1}^{N} \vec{F}_i^{\text{int}} + \sum_{i=1}^{N} \vec{F}_i^{\text{ext}} = \frac{\mathrm{d}}{\mathrm{d}t}\left(\sum_{i=1}^{N} m_i \cdot \vec{v}_i\right) = \frac{\mathrm{d}\vec{P}}{\mathrm{d}t},$$

oder, da nach dem Reaktionsprinzip $\sum_{i=1}^{N} \vec{F}_i^{\text{int}} = 0$ ist, bleibt

$$\boxed{\sum_{i=1}^{N} \vec{F}_i^{\text{ext}} = \frac{\mathrm{d}\vec{P}}{\mathrm{d}t}}. \qquad (4.46)$$

Die zeitliche Änderung des Gesamtimpulses eines Systems von Körpern ist gleich der gesamten von außen angreifenden Kraft. Die inneren Kräfte allein können – wie wir bereits sahen – den Gesamtimpuls nicht verändern.

Der Schwerpunktsatz

Diese Bewegungsgesetze für Systeme von Massenpunkten können wir noch anschaulicher interpretieren, wenn wir den Begriff des *Massenmittelpunktes* einführen, der in der Literatur meist *Schwerpunkt* genannt wird.

Der Ort des Massenschwerpunktes $\vec{r}_s$ für ein System von N Körpern an den Stellen $\vec{r}_i$ ist definiert durch

Definition des Schwerpunkts

$$\boxed{\vec{r}_s = \frac{\sum\limits_{i=1}^{N} m_i \vec{r}_i}{\sum\limits_{i=1}^{N} m_i}}. \qquad \textbf{Schwerpunkt} \qquad (4.47)$$

Beispiel 1: Schwerpunkt zweier Massen

Es gilt nach Gl. (4.47) (Bild 4.22):

$$m_1 \vec{r}_1 + m_2 \vec{r}_2 = (m_1 + m_2)\vec{r}_s$$

oder

$$m_1(\vec{r}_1 - \vec{r}_s) = m_2(\vec{r}_s - \vec{r}_2).$$

Demnach müssen die Vektoren $(\vec{r}_1 - \vec{r}_s)$ und $(\vec{r}_s - \vec{r}_2)$ parallel sein: Der Schwerpunkt liegt also auf der Verbindungslinie beider Massen.

Ferner gilt:

$$\frac{r_1 - r_s}{r_s - r_2} = \frac{m_2}{m_1}$$

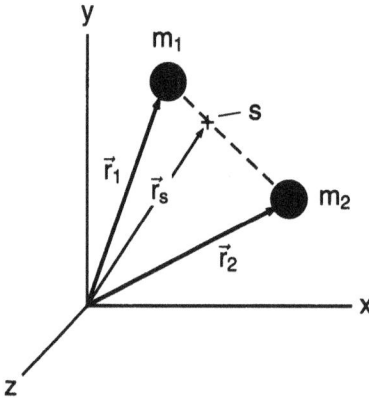

Bild 4.22: Der Schwerpunkt zweier Massen liegt auf der Verbindungslinie der beiden.

Der Schwerpunkt teilt also die Verbindungslinie beider Massen im umgekehrten Verhältnis der Massen.

Übungsfrage: Wo liegt der Schwerpunkt des Systems Erde – Mond? Denken Sie sich hierbei die Erdmasse im Erdmittelpunkt vereint.

Beispiel 2: Schwerpunkt einer Massenverteilung

Der Schwerpunkt einer Massenverteilung ergibt sich durch Integration über alle Massen- bzw. Volumenelemente:

Schwerpunkt einer stetigen Massenverteilung

$$\vec{r}_s = \frac{\int \vec{r}\,\mathrm{d}m}{\int \mathrm{d}m} = \frac{\int \vec{r}\varrho\,\mathrm{d}V}{\int \varrho\,\mathrm{d}V}, \tag{4.48}$$

wobei $\varrho(r) = \mathrm{d}m/\mathrm{d}V$ die Dichte ist.

Übungsfrage: Wo liegt der Schwerpunkt einer Pyramide mit konstanter Dichte?

Nun wollen wir zeigen, daß die Bewegung des Massenschwerpunkts eines beliebig komplexen Systems von Teilchen dennoch nach sehr einfachen Gesetzen verläuft. Für die Geschwindigkeit des Schwerpunkts gilt nämlich in einem System von N Körpern nach der Definition Gl. (4.47):

$$\frac{\mathrm{d}\vec{r}_s}{\mathrm{d}t} = \frac{\sum_{i=1}^{N} m_i \vec{v}_i}{\sum_{i=1}^{N} m_i} = \frac{\vec{P}}{M}, \tag{4.49}$$

wobei $\vec{P}$ der Gesamtimpuls und M die Gesamtmasse ist.

Die Schwerpunktsgeschwindigkeit ist also gleich dem Gesamtimpuls geteilt durch die Gesamtmasse. Nochmalige Differentiation liefert

$$M \cdot \frac{d^2 \vec{r}_s}{dt^2} = \frac{d\vec{P}}{dt}$$

oder nach Gl. (4.46):

$$\boxed{M \cdot \frac{d^2 \vec{r}_s}{dt^2} = \sum_{i=1}^{N} \vec{F}_i^{\,\text{ext}}} \quad \textbf{Schwerpunktsatz} \qquad (4.50)$$

Der Schwerpunkt eines Systems kann nur beschleunigt werden durch externe Kräfte

Der Massenschwerpunkt eines Systems von Massen bewegt sich daher so, als ob die Gesamtmasse im Schwerpunkt vereinigt wäre und die Summe aller äußeren Kräfte dort angreifen würde. Ist die Summe der äußeren Kräfte null, so bewegt sich der Massenschwerpunkt geradlinig und gleichförmig.

Übungsfrage: Ein Skispringer überschlägt sich nach dem Absprung; welches ist die Bahn seines Schwerpunkts? Oder: Ein Satellit in der Umlaufbahn um die Erde explodiert; wie bewegt sich sein Schwerpunkt vor und nach der Explosion?

Der Schwerpunkt eines frei rotierenden Körpers ist daher niemals beschleunigt

Stoßprozesse im Schwerpunktssystem

Wir wollen jetzt zeigen, daß man Stöße zwischen zwei Körpern am einfachsten in einem Bezugssystem beschreiben kann, in welchem der Schwerpunkt ruht, in welchem also die Schwerpunktsgeschwindigkeit verschwindet, d.h.

$$\boxed{\frac{d\vec{\underline{r}}_s}{dt} = 0}, \qquad (4.51)$$

$\vec{\underline{r}}_s$ = Ort des Schwerpunkts im Schwerpunktssystem.

(Zur Kennzeichnung dieses Systems wollen wir die darin vorkommenden Größen unterstreichen).

Ein solches Bezugssystem bewegt sich also (gesehen vom Laborsystem) mit der Geschwindigkeit des Schwerpunkts beider Massen

Im Schwerpunktssystem ist der Gesamtimpuls vor und nach dem Stoß gleich null

$$\boxed{\vec{v}_s = \frac{m_1 \vec{v}_1 + m_2 \vec{v}_2}{m_1 + m_2}}. \qquad (4.52)$$

Dieses Schwerpunktssystem zeichnet sich – vgl. Gl. (4.49) und (4.51) – dadurch aus, daß in ihm der Gesamtimpuls $\vec{P}$ verschwindet.

Im Schwerpunktssystem ist daher die Summe der Impulse vor dem Stoß und danach null. Dies erleichtert die Behandlung aller Stoßprobleme

Betrachten wir dazu einen beliebigen Stoß zweier Massen m_1 und m_2. Ihre Impulse im Schwerpunktssystem sollen vor dem Stoß $\vec{p}_1$ und $\vec{p}_2$ sein, und zwischen beiden besteht in diesem Bezugssystem die Relation

$$\underline{\vec{p}_1 = -\vec{p}_2}\,. \qquad \textbf{vor dem Stoß}$$

Beim Stoß kann sich sowohl die Richtung als auch der Betrag der beiden Einzelimpulse ändern. Wenn $\vec{p}_1'$ und $\vec{p}_2'$ die Impulse beider Teilchen nach dem Stoß sind, so besteht im Schwerpunktssystem wiederum die einfache Relation

$$\underline{\vec{p}_1' = -\vec{p}_2'}\,. \qquad \textbf{nach dem Stoß}$$

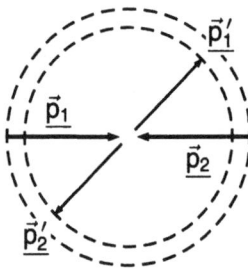

Bild 4.23: Impulsdiagramm für einen Stoß im Schwerpunktssystem: Die Impulse sind vor und nach dem Stoß entgegengesetzt gleich, beim elastischen Stoß haben zudem alle vier Impulsvektoren gleiche Beträge.

Wenn auch der Streuwinkel (zwischen $\vec{p}_1$ und $\vec{p}_1'$) von den Einzelheiten des Stoßes abhängt, so müssen die Impulsvektoren beider Teilchen nach dem Stoß wieder entgegengesetzt gleich sein wie in Bild 4.23 skizziert. Wie wir aus dem Energiesatz Gl. (4.40) ersehen können, sind darüber hinaus die Beträge aller 4 Impulsvektoren beim elastischen Stoß gleich, und beide Kreise in Bild 4.23 fallen zusammen.

4.8   Beispiele für die Impulserhaltung

Beispiel 1: Die elastische Proton-Proton-Streuung

Bild 4.24 zeigt die Spuren des Zusammenstoßes eines von links kommenden Protons mit einem ruhenden Proton in einer fotografischen Emulsion. Der ganz analoge Fall der Kollision eines von links kommenden Billiardballs mit einem ruhenden Ball (weiße Kugel) ist in Bild 4.25 im Zeitlupenverfahren gefilmt. Das Bemerkenswerte an diesen Stößen zwischen zwei *gleich schweren Partnern ist, daß nach dem Stoß beide Teilchenbahnen immer einen Winkel von 90° einschließen* (sofern die Geschwindigkeit nicht zu nahe an

Besonderheit beim Stoß zwischen gleich schweren Partnern

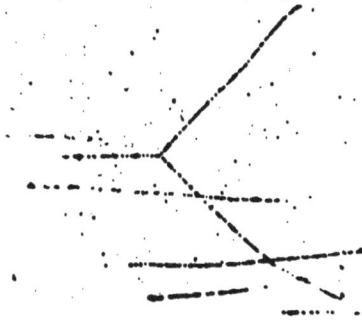

Bild 4.24: Elastische Proton-Proton-Streuung: Spuren des Zusammenstoßes eines von links kommenden Protons mit einem ruhenden Proton in einer photographischen Emulsion. Nach dem Stoß schließen die Bahnen der beiden Teilchen einen Winkel von 90° ein. (Bildquelle: C.F. Powell und G.P.S. Occhialini, Nuclear Physics in Photographs, Oxford University Press, 1947; s.a. A. Hammer, Atomphysik, S. 92, R. Oldenbourg Verlag)

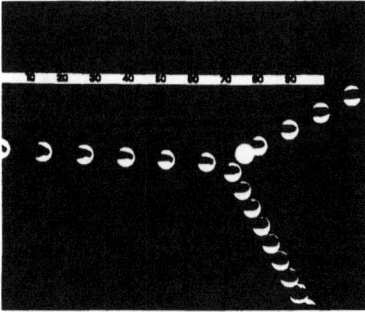

Bild 4.25: Kollision von zwei Billardkugeln (im Zeitlupenverfahren gefilmt): Nach dem Stoß bilden die Bahnen der gleich schweren Kugeln einen Winkel von 90°. (Bildquelle: Physical Science Study Committee (PSSC), Physics, D.C. Heath and Company, Boston, 1960)

der Lichtgeschwindigkeit liegt.) Wir werden dieses Verhalten sehr einfach verstehen können, wenn wir vom Laborsystem zum Schwerpunktssystem übergehen. Dieser Übergang von einem System ins andere kennzeichnet alle Kernphysiker: Sie leben in zwei Welten und ziehen sich bei Schwierigkeiten aus unserer Welt mit Vorteil ins Schwerpunktssystem zurück. Dies sei am vorliegenden Beispiel illustriert: Im Laborsystem bewegt sich das einfallende Proton mit der Geschwindigkeit $+\vec{v}$ auf das ruhende Proton zu. Der Schwerpunkt bewegt sich (nach Gl. (4.52)) im Laborsystem mit der Geschwindigkeit

$$\vec{v}_{\mathrm{s}} = \frac{m \cdot \vec{v} + m \cdot 0}{2m} = \frac{\vec{v}}{2}.$$

In einem Bezugssystem, das sich mit $\vec{v}/2$ bewegt – dem Schwerpunktssystem –, sieht der elastische Zusammenstoß wie in Bild 4.26a skizziert aus.

Nach dem Stoß fliegen beide Protonen in entgegengesetzter Richtung mit der Geschwindigkeit $v/2$ fort. Dies ist auch in Bild 4.26b durch die starken Linien angedeutet.

Wie kommen wir zurück ins Laborsystem? Nun, wir addieren vektoriell die Schwerpunktsgeschwindigkeit – also $v/2$ – zu allen Geschwindigkeiten und erhalten so die beiden „Streuwinkel" Θ_1 und Θ_2 im Laborsystem. Aus einer

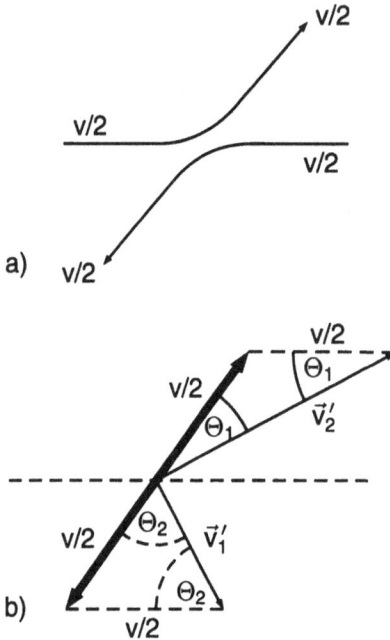

Bild 4.26: Der elastische Stoß zwischen zwei Protonen:
a) Im Schwerpunktssystem haben beide Teilchen vor und nach dem Stoß gleiche Geschwindigkeiten.
b) Rücktransformation der Geschwindigkeiten der Protonen nach dem Stoß vom Schwerpunktssystem ins Laborsystem

Betrachtung der Winkel (vgl. Bild 4.26b) ergibt sich sofort $2\Theta_1 + 2\Theta_2 = \pi$ oder

$$\boxed{\Theta_1 + \Theta_2 = \pi/2}. \tag{4.53}$$

Beispiel 2: Elastische Neutronenstreuung

Bei der Spaltung von ^{235}U entstehen sehr schnelle Neutronen, die in einem Reaktor die Kernspaltung als Kettenreaktion aufrechterhalten sollen. Dazu müssen diese Neutronen aber erst abgebremst werden (weil nur langsame Neutronen mit hoher Wahrscheinlichkeit neue Uranspaltprozesse auslösen können.) Wie aber bremst man Neutronen am besten ab? Sicherlich durch Stöße mit Kernen. Die Frage ist jedoch, mit welchen Kernen die Neutronen am besten zusammenstoßen sollten, um pro Stoß eine möglichst große Geschwindigkeit zu verlieren.

Zur Beantwortung dieser Frage wollen wir den elastischen Stoß eines Neutrons (der Masse m und Geschwindigkeit $\vec{v}_N$) mit einem ruhenden Kern (der Masse M) im Schwerpunktssystem betrachten. Die Schwerpunktsgeschwindigkeit ist wieder nach Gl. (4.52)

$$\vec{v}_s = \frac{m\vec{v}_N + M \cdot 0}{m + M} = \frac{m}{m + M} \cdot \vec{v}_N .$$

Die Geschwindigkeit der beiden Teilchen im Schwerpunktssystem läßt sich mit Hilfe der Transformation

$$\underline{\vec{v}} = \vec{v} - \vec{v}_s \tag{4.54}$$

ermitteln, wobei $\underline{\vec{v}}$ die Geschwindigkeit im Schwerpunktssystem und $\vec{v}$ die dazugehörige Geschwindigkeit im Laborsystem ist. Da es sich um einen elastischen Stoß handelt, sind die Impulse der beiden Teilchen im Schwerpunktssystem vor und nach dem Stoß gleich (siehe oben). Wir können also

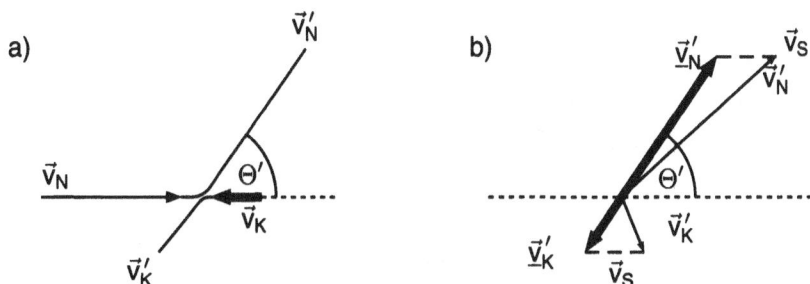

Bild 4.27: Elastischer Stoß eines Neutrons mit einem Kern:
a) Im Schwerpunktssystem sind die Impulse beider Teilchen vor und nach dem Stoß dem Betrage nach gleich, die Geschwindigkeiten unterscheiden sich jedoch entsprechend der verschiedenen Massen.
b) Rücktransformation der Geschwindigkeiten von Neutron und Kern nach dem Stoß vom Schwerpunktssystem ins Laborsystem.

den Neutron-Kern-Stoß im Schwerpunktssystem gemäß Bild 4.27a darstellen. In Bild 4.27b wird die Rücktransformation der Geschwindigkeiten $\underline{\vec{v}}'_N$ und $\underline{\vec{v}}'_K$ der beiden Teilchen *nach dem Stoß* ins Laborsystem durchgeführt.

Aus Bild 4.27b ist ersichtlich: Der Geschwindigkeitsverlust ist am größten für den sog. zentralen Stoß, wenn das Neutron zurückgestreut wird, d.h. wenn der Streuwinkel Θ' 180° beträgt. Für diesen Fall der Rückwärtsstreuung ergibt sich für die Geschwindigkeit des Neutrons $\vec{v}'_N$ nach dem Stoß im Laborsystem:

$$\vec{v}'_N = -(\vec{v}_N - \vec{v}_S) + \vec{v}_S = 2\vec{v}_S - \vec{v}_N = 2\frac{m}{m+M}\vec{v}_N - \vec{v}_N$$

also

$$\boxed{\vec{v}'_N = -\frac{M-m}{M+m}\vec{v}_N}. \tag{4.55}$$

Geschwindigkeit eines schnellen Neutrons minimal nach Stoß mit Proton: Moderierung schneller Neutronen mit Wasserstoff oder Paraffin

Je leichter also der Kern (M), an dem das Neutron (m) gestreut wird, desto kleiner wird die Neutronengeschwindigkeit nach dem Stoß. Haben darüber hinaus beide Stoßpartner die gleiche Masse, was z.B. für die Streuung von Neutronen an Protonen nahezu der Fall ist, so kann das Neutron bei Rückwärtsstreuung schon in einem einzigen Stoß seine gesamte Geschwindigkeit verlieren und nach dem Stoß ganz zur Ruhe kommen.

Wir fassen zusammen: Schnelle Neutronen lassen sich am wirksamsten abbremsen (oder „moderieren", wie man sagt) durch Streuung an wasserstoffreichen Substanzen. Wasser, schweres Wasser und – für die Erzeugung „kalter" Neutronen – flüssiger Wasserstoff eignen sich daher besonders gut als *Moderationssubstanzen* (schweres Wasser wegen der sehr niedrigen Absorption von Neutronen).

Beispiel 3: Raketenantrieb

Die Antriebskraft einer Rakete wird durch das mit einer hohen Geschwindigkeit v_0 ausströmende Gas des verbrannten Brennstoffs erzeugt (vgl. Bild 4.28). Wir wählen wieder als Bezugssystem das Schwerpunktssystem

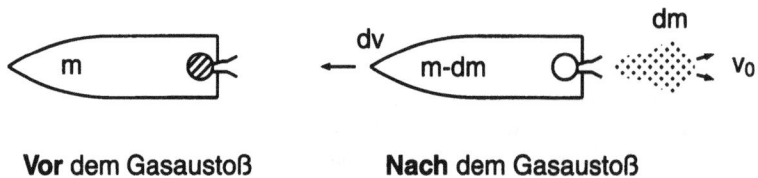

Vor dem Gasausstoß   **Nach** dem Gasausstoß

Bild 4.28: Prinzip des Raketenantriebs: vor dem Gasausstoß ist der Impuls der Rakete null. Nach dem Gasausstoß ist der Impuls der Rakete $(m - dm)dv$, der des Gases $dm\, v_0$, wobei der Gesamtimpuls erhalten bleibt.

(welches nahezu mit der fliegenden Rakete übereinstimmt, so lange der Gasausstoß dm klein gegen die momentane Raketenmasse m ist.) In diesem System ist bekanntlich der Gesamtimpuls nach dem Gasausstoß der gleiche wie vorher und gleich null:

$$0 = (m - dm)dv + dm\, v_0 = m dv - (dm \cdot dv) + dm\, v_0$$

Vernachlässigen wir die kleine Größe $(dm \cdot dv)$, so erhalten wir:

$$dv = -\frac{dm}{m}\, v_0 \qquad\qquad (4.56)$$

Übungsfrage: Wie lautet der Impulssatz, wenn man den Vorgang im System des Beobachters betrachtet? Wie groß ist die Antriebskraft (= Schub) der Rakete?

Wenn die Anfangsmasse M_a und die Endmasse M_e gegeben sind, kann der erzielte Geschwindigkeitszuwachs berechnet werden:

$$\int\limits_{v_a}^{v_e} \mathrm{d}v = v_e - v_a = -v_0 \int\limits_{M_a}^{M_e} \frac{\mathrm{d}m}{m} = v_0 \ln \frac{M_a}{M_e},$$

$$v_e = v_a + v_0 \cdot \ln \frac{M_a}{M_e} \tag{4.57}$$

Typische Werte für die Ausstoßgeschwindigkeit liegen bei $4 \cdot 10^3 \, m/s$ für ein Wasserstoff-Sauerstoff-Brennstoffgemisch bei einer Gastemperatur von $4\,000\,°C$. Noch höhere Geschwindigkeiten von $v_0 \approx 11 \cdot 10^3$ m/s lassen sich im Plasmabrenner (siehe Kap. 1) verwirklichen.

Übungsfrage: Wie wir weiter oben (siehe Gl. (4.23)) gesehen haben, beträgt die Entweichgeschwindigkeit aus dem Schwerefeld der Erde 11,2 km/s. Wie groß muß man das Verhältnis von Brennstoffvorrat zu Endmasse für diesen Fall etwa wählen? Warum ist eine Mehrstufenrakete wirtschaftlicher?

Beispiel 4: Das Neutrino

Es war lange bekannt, daß beim β-Zerfall eines Kerns ein Elektron emittiert wird, wobei ein anderer Kern entsteht. Ein typisches Beispiel hierfür ist der Zerfall eines ^{6}He-Kerns in ^{6}Li unter Aussendung eines Elektrons, was man mit folgender Schreibweise ausdrücken könnte:

$$^6_2\mathrm{He} \rightarrow \, ^6_2\mathrm{Li} + \mathrm{e}^-$$

Aufgrund der Erhaltung des Gesamtimpulses (vor dem Zerfall des ruhenden ^{6}He-Kerns war er null) sollte man erwarten, daß der ^{6}Li-Kern und das Elektron in genau entgegengesetzter Richtung auseinanderfliegen. In Bild 4.29 sieht man eine Nebelkammeraufnahme eines solchen Zerfalls von ^{6}He. Die lange dünne Spur stammt vom Elektron und die dicke kurze vom ^{6}Li-Rückstoßkern. Es ist deutlich sichtbar, daß das Elektron und der ^{6}Li-Kern *nicht* in entgegengesetzten Richtungen auseinanderfliegen, wie man

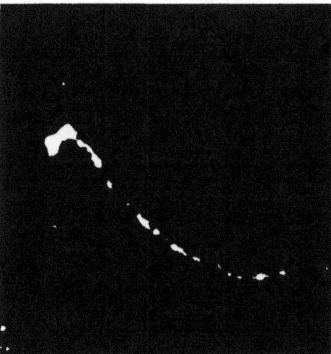

Bild 4.29: Nebelkammer-Aufnahme des β-Zerfalls eines ^{6}He-Kerns: die Bahnen des Elektrons und des ^{6}Li-Kerns, der Zerfallsprodukte, bilden einen Winkel von fast 90°, also wesentlich kleiner als 180°. (Bildquelle: J. Csikay and A. Szalay, Nuovo Cimento, Suppl. Padova Conference, 1957)

nach dem Impulserhaltungssatz erwarten würde, sondern eher unter einem Winkel von 90°.

Die Erhaltung des Impulses und die Erhaltung der Energie haben nach unserer bisherigen Erfahrung universelle Gültigkeit in der Natur

Daraus kann man nur folgern, daß entweder das Gesetz der Impulserhaltung für diesen Prozeß nicht gültig ist oder daß bei dem Zerfall von ^{6}He nicht nur ^{6}Li und e^-; sondern noch ein weiteres Teilchen entsteht. Da es auf der Nebelkammeraufnahme nicht sichtbar ist, muß es elektrisch neutral sein und nur eine schwache Wechselwirkung mit den anderen Teilchen unserer Welt besitzen. Nur durch die Annahme der Existenz eines solchen unsichtbaren Zerfallsproduktes – des sog. *Neutrinos* – kann das Gesetz der Impulserhaltung auch für diesen Prozeß seine Gültigkeit bewahren. Aus diesem Grunde wurde die Existenz des Neutrinos von Wolfgang Pauli 1932 postuliert, lange bevor es wirklich experimentell nachgewiesen wurde. An seiner Existenz kann heute nicht mehr gezweifelt werden, und seine beobachteten Eigenschaften sind in Tabelle 1.2 eingetragen.

Wir fassen zusammen: das Gesetz der Erhaltung des Impulses hat seine allgemeine Gültigkeit bewahrt. *Es gibt bisher keine Beobachtung, die ihm widerspricht.*

Literaturhinweise zu Kapitel 4

Feynman, R.P., Vorlesungen über Physik, R. Oldenbourg Verlag, München (2001), Bd. I, siehe Kapitel über Arbeit und potentielle Energie

Energy and Power, Scientific American **225**, Sep. (1971) aus dem Inhalt: Energy in the Universe, The Energy Resources of the Earth, The Flow of Energy in the Biosphere, The Conversion of Energy.

Barger, V.D. and Cline, D.B.: High Energy Scattering, Scientific American **217**, Dec (1967)

Baranger, M. and Sorensen, R.A.: The Size and Shape of Atomic Nuclei, Scientific American, **221**, Aug. (1969): es wird beschrieben, wie man mit Hilfe von Streuexperimenten Informationen über Größe und Form von Kernen erhalten kann.

Giese, R.: Weltraumforschung, Bd. I, BI-Hochschultaschenbücher, Bd. 107, Mannheim (1966) aus dem Inhalt: Raketenantriebssysteme, Raketenbahnen, Bahnbestimmung

Blumenberg, J.: Stand und Entwicklungstendenzen moderner Raketenantriebe, Physik in unserer Zeit, **1**, 3 (1970) und **1**, 70 (1970)

5 Die rotierende Bewegung

Wir wollen in diesem Kapitel eine spezielle Bewegungsform betrachten, die in der Natur besonders häufig auftritt: die rotierende Bewegung von Massen um eine Drehachse. Die Bewegung einer punktförmigen Materie auf einer Kreisbahn und die dabei auftretende Beschleunigung haben wir schon in Kap. 2 kennengelernt, aber wir wollen in diesem Kapitel die entsprechende Bahnbewegung z.B. eines Elektrons um den Atomkern und der Planeten um die Sonne näher betrachten.

1. Beispiel: Rotierende Bewegung eines Planeten auf seiner Bahn um die Sonne

Aber auch der andere Fall von Rotation, daß sich ein *ausgedehnter* Körper um eine Achse dreht, die durch seinen Körper selbst geht, z.B. durch seinen Schwerpunkt, hat große Bedeutung in der Physik und Technik. So wie die Erde sich an jedem Tag einmal um ihre Achse dreht, so besitzen auch die meisten Elementarteilchen eine rotierende Spinbewegung um ihre eigene Achse, und diese Spinbewegung ist für die Wechselwirkung zwischen den Teilchen, ihre magnetischen Eigenschaften und damit für den gesamten Aufbau der Materie von entscheidender Bedeutung. Die thermisch angeregte Rotation von Molekülen liefert einen bedeutenden Anteil zur thermischen Energie von Gasen. In der Technik finden rotierende Maschinen (z.B. Düsentriebwerke, elektrische Motoren und Kreiselkompass) vielfältige Verwendung. In der Biologie benutzen selbst die winzigen Bakterien kleine *Nanomotoren* zum rotierenden Antrieb ihrer schraubenförmigen *Flagellae*, welche sie wie Schiffsschrauben zum Vorwärts- oder Rückwärtsschwimmen in beiden Drehrichtungen laufen lassen können[1]. Wichtig ist auch die Rotation von ausgedehnten Flüssigkeitsbereichen in Wirbeln, wie sie bei der Turbulenz auftreten. Ähnliche großräumige Luftwirbel um die Hoch- und Tiefdruckgebiete sind uns von den Wetterkarten her bekannt. Auf noch größerer Skala dreht sich auch die Sonne einmal in 25 Tagen um sich selbst, wie wir von der Beobachtung der Sonnenflecken wissen.

2. Beispiel: Drehung der Erde um ihre Nord-Süd-Achse

Verweilen wir einen Moment bei der Rotation des Mondes um die Erde. Streng genommen umkreist der Mond nicht den Erdmittelpunkt, sondern Mond und Erde drehen sich um ihren gemeinsamen Schwerpunkt, der (nach der Definition des Schwerpunkts in Kap. 4 und mit den in Tabelle 1.5 angegebenen Daten für Mond und Erde) innnerhalb der Erde, aber etwa 4600 km vom Erdmittelpunkt entfernt liegt.

Erde und Mond kreisen um ihren gemeinsamen Schwerpunkt

---

[1] Siehe Literatur am Ende des Kapitels

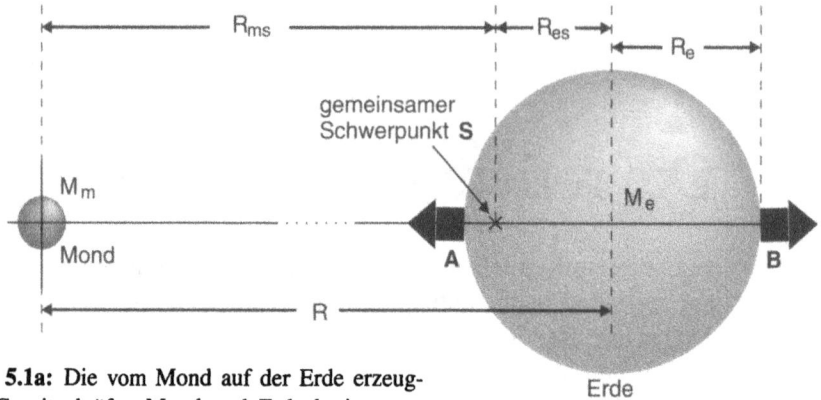

Bild 5.1a: Die vom Mond auf der Erde erzeugten Gezeitenkräfte: Mond und Erde kreisen um
den gemeinsamen Schwerpunkt S. Dabei umlaufen alle Volumenelemente der Erde Kreisbahnen
mit dem gleichen Radius (R_{es}) und der gleichen
Winkelgeschwindigkeit (ω). Daher wirkt auch auf
jedes Volumenelement der Erde – im Bild nach
rechts gerichtet – genau die gleiche Zentrifugalbeschleunigung ($R_{es} \cdot \omega^2$). Die gesamte auf die Erde
wirkende Zentrifugalkraft ($M_e \cdot R_{es} \cdot \omega^2$) wird kompensiert von der – im Bild nach links gerichteten
– Gravitationsanziehung des Mondes. Aber wegen
des etwas unterschiedlichen Abstands zum Mond
wird auf der Erde das Massenelement A stärker
vom Mond angezogen als das entferntere Element
B. Die resultierenden ortsabhängigen Kräfte (lokale Gravitationsanziehung minus Zentrifugalkraft)
sind mit Pfeilen gekennzeichnet und führen zu einer kleinen elastischen Deformation der Erde. Noch spektakulärer ist die auf der unteren Skizze schematisch dargestellte Verschiebung
der Wassermassen auf der Erde, die wir als Ebbe und Flut kennen.

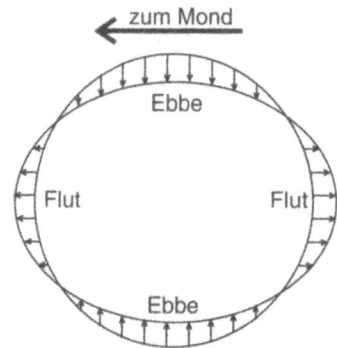

Wir wollen jetzt – in Bild 5.1a – die Kräfte, die bei dieser Bewegung
von Erde und Mond um den gemeinsamen Schwerpunkt auf die Erde
wirken, etwas genauer betrachten. Die Erde bewegt sich als Ganzes um den
gemeinsamen Schwerpunkt S, und dabei beschreibt jedes Volumenelement
der Erde eine Kreisbahn mit dem gleichen Radius R_{es} und mit der gleichen
Winkelgeschwindigkeit ω. Daher wirkt auf jedes Massenelement dm der
Erde die gleiche nach außen gerichtete Zentrifugalkraft ($dm \cdot \omega^2 \cdot R_{es}$).

Die sich so ergebende Zentrifugalkraft ($M_e \cdot w^2 \cdot R_{es}$), welche auf die ganze
Erde nach rechts wirkt, wird gerade aufgehoben von der nach links wirkenden Gravitationsanziehung des Mondes $F_G(Z) = G \cdot M_m dm / R^2$, wobei R
der Abstand vom Mittelpunkt des Mondes bis zum Erdmittelpunkt ist.

Während die nach rechts gerichtete Zentrifugalkraft pro Massenelement wie
oben erwähnt auf der ganzen Erde gleich groß ist, gilt das nicht mehr für

die attraktive Gravitationskraft des Mondes: Ein auf der linken Erdhälfte in Bild 5.1a dargestelltes Massenelement A ist ja um 2 Erdradien R_e dichter am Mond als das rechte Massenelement B. Daher ist die auf das Element A wirkende Gravitationsanziehung $F_G(A)$ entsprechend stärker als die auf das entferntere Element B wirkende Kraft $F_G(B)$. Die Differenz beider Kräfte ist:

$$F_G(A) - F_G(B) = (dF/dR) \cdot 2R_e = (2G \cdot M_m dm/R^3) \cdot 2R_e$$

Die Gesamtkraft $F(A)$ auf das Massenelement A ist die lokale Summe von Gravitationsanziehung $F_G(A)$ minus Zentrifugalkraft $F_G(Z)$, oder ausgeschrieben:

$$F(A) = GM_m \cdot dm[(R - R_e)^{-2} - R^{-2}] = GM_m dm 2R_e/R^3$$

ist daher von null verschieden und nach links zum Mond hin gerichtet. Die entsprechende auf B wirkende Gesamtkraft

$$F(B) = GM_m \cdot dm[R^2 - (R - R_e)^{-2}] = GM_m dm 2R_e/R^3$$

ist nach rechts gerichtet.

Diese auf A (nach links) und auf B (nach rechts) wirkenden Kräfte nennt man Gezeitenkräfte. Sie führen – wie in Bild 5.1a unten angedeutet – zu einer gewissen Deformation der Erdkugel (Der Boden hebt sich zweimal täglich unter unseren Füßen um etwa 30 cm, wovon wir nichts spüren, weil es langsam erfolgt). Bedeutender ist die Verlagerung der Wassermassen in *Ebbe* und *Flut* (den Gezeiten). Die Wechselwirkung mit dem Mond allein führt zu *zwei* Fluten an jedem 24-Stunden-Tag. Die Gezeitenkräfte wirken schließlich auch auf die Lufthülle der Erde, aber nur so geringfügig, daß sie das Wetter nicht beeinflussen.

Die Summe von Gravitations- und Zentrifugalkräften nennt man Gezeitenkräfte. Sie sind verantwortlich für Ebbe und Flut.

Die Sonne ist zwar viel weiter entfernt als der Mond, aber wegen ihrer sehr viel größeren Masse erzeugt auch sie Gezeitenkräfte auf der Erde, die jedoch wegen der anderen Massen und Abstandsverhältnisse (s. Tabelle 1.5) nur etwa halb so groß sind wie die vom Mond erzeugten Gezeitenkräfte. Dennoch können aus der zeitlichen Überlagerung beider Gezeitenkräfte besonders hohe Fluten (die gefürchteten *Springfluten*) entstehen, wenn nämlich Sonne, Mond und Erde auf einer Geraden liegen (z.B. bei Neumond und bei Vollmond).

So wie der Mond auf der Erde Gezeitenkräfte verursacht, so erzeugt auch umgekehrt die Erde Gezeitenkräfte auf dem Mond, die zu einer kleinen elastischen Deformation des Mondes führen.

Elastische Verformung des Mondes durch die von der Erde auf dem Mond erzeugten Gezeitenkräfte

Genau aus diesem Grunde kehrt uns der Mond immer die gleiche Seite zu. Würde er sich nämlich relativ zu uns drehen, was wahrscheinlich früher – kurz nach der Entstehung des Mondes – einmal der Fall war, so würden die bei der elastischen Deformation des Mondes auftretenden inneren Reibungskräfte seine Rotation nach und nach auf null abbremsen. Aus dem gleichen Grunde wird auch die 24-Stunden-Rotation der Erde durch die Gezeitenkräfte der Sonne nach und nach abgebremst, so daß im Laufe der Erdgeschichte die irdischen Tage stetig länger werden. Selbst sehr kleine Änderungen der Erdrotation, d.h. Abweichungen vom präzisen 24-Stunden-Tag, können heute mit modernen experimentellen Methoden[2] nachgewiesen werden.

Der Gravitations-kollaps der Sterne im Endstadium nach der Fusion des ganzen Wasserstoffs zu Helium führt zu sog. Weißen Zwergen, Neutronensternen oder Schwarzen Löchern (je nach der Anfangsgröße des Sterns)

Kehren wir zur langsam rotierenden Sonne zurück. Sie hat einen Durchmesser von etwas über 1 Million km. Auch die meisten anderen Sterne, die wir sehen, haben Massen von der gleichen Größenordnung wie die Sonne (M_0) und erzeugen ihre Leuchtkraft wie die Sonne aus der Fusion von Wasserstoff zu Helium. Während die Sonne erst etwa ihren halben Brennstoffvorrat erschöpft hat, ist der Brennstoff einiger anderer Sterne schon längst aufgebraucht. Das Endstadium[3] dieser „ausgebrannten" Sterne von etwa einer Sonnenmasse ($< 1,4M_0$) sind die sog. *weißen Zwerge*, bei denen die gesamte Sternenmasse sich in der Abwesenheit weiterer thermischer Prozesse unter der Wirkung der Gravitation zu einer Kugel von nur etwa 100 km Durchmesser kontrahiert. Größere Sterne von ursprünglich mehreren Sonnenmassen kollabieren im Endstadium zu sog. *Neutronensternen*[4], die nur noch einen Durchmesser von ca. 10 km haben. Ihre Dichte von etwa 100 Mio Tonnen/cm^3 entspricht derjenigen im Inneren eines Atomkerns. Während die Sonne sich wie erwähnt nur einmal in 25 Tagen dreht, rotieren Neutronensterne wesentlich schneller.

Vor 30 Jahren (1967) haben J. Bell und A. Hewish (Nobelpreis 1974) in Cambridge unerwartet bei einer radioastronomischen Durchmusterung des Himmels die ersten schnell rotierenden Neutronensterne entdeckt, die ungefähr in jeder Sekunde einen Radiopuls aussenden und die man daher auch

---

[2] Zur genauen Messung der Erdrotation entwickelt z.Zt. die Fa. Carl Zeiss mit den Schott-Glaswerken den bisher größten „Ring-Laser-Kreisel" der Welt, dessen Lichtstrahlen in einem fast 2 m großen Zerodur-Glaskeramikblock umlaufen. Seine Wirkungsweise wird in Bd. III erklärt. Mit diesem Instrument, das in Neuseeland aufgestellt werden soll, können auch kleine Schwankungen der Erdrotation, z.B. durch Massenverlagerung im Inneren der Erde, präzis bestimmt werden. So hofft man neue Einblicke zu erhalten über die im Erdinneren ablaufenden dynamischen Prozesse.

[3] Dieses Endstadium wird erreicht über einen aufgeblähten Zwischenzustand (den der sog. Roten Riesen), auf den wir hier nicht eingehen.

[4] oder zu sog. „schwarzen Löchern" für noch schwerere Sternmassen (siehe Hawking und Kippenhahn, Lit.-Verzeichnis zu Kap. 1)

Tabelle 5.1: Periodendauer einiger Pulsare

Pulsar		Periode [s]	Bemerkungen
CP	1919	1,33730113	Neutronenstern
CP	0950	0,2530646	Neutronenstern
PSR	1937+21	0,001558	Neutronenstern

Pulsare nennt. Bild 5.1b zeigt die ersten Meßprotokolle und Tabelle 5.1 gibt einen Eindruck von der Präzision, mit der die Zeit zwischen zwei Pulsen

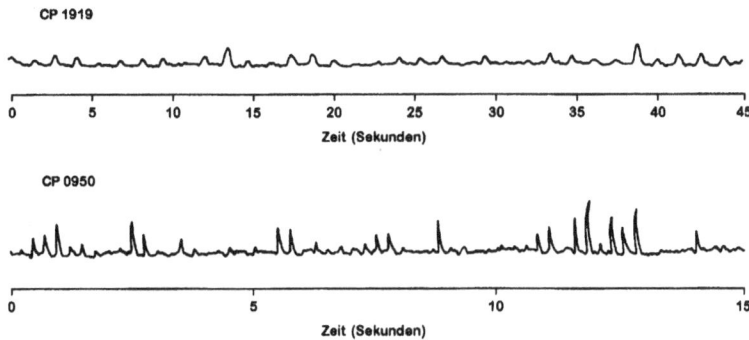

CP 1919

```
0    5    10    15    20    25    30    35    40    45
                    Zeit (Sekunden)
```

CP 0950

```
0                   5              10              15
                    Zeit (Sekunden)
```

Bild 5.1b: Erste Meßprotokolle von Radiosignalen der Pulsare CP 1919 und CP 0950 (A. Hewish et al., Universität Cambridge (1967)). Die sehr schwachen Signale schwanken in ihrer Intensität, hervorgerufen durch interstellare Wolken geladener Teilchen. Trotzdem ist der konstante Pulsabstand der Signale deutlich zu erkennen, der für CP 1919 etwa 1,3 s und für CP 0950 etwa 250 ms beträgt. (Bildquelle: A. Hewish, Pulsars, Sci. Am., 219, Okt. 1968)

bestimmt werden kann. Erst spekulierte man zwar, daß es sich vielleicht um Signale einer außerirdischen Zivilisation handelt, aber heute weiß man, daß es schnell rotierende Neutronensterne sind, deren gerichtete Strahlung uns bei jeder Umdrehung überstreicht. Insgesamt sind bis jetzt über 400 rotierende Neutronensterne gefunden worden mit Rotationszeiten im Millisekunden- bis Sekundenbereich. Die meisten von ihnen gehören zu unserem Milchstraßensystem, und viele von ihnen sind sogar unsere näheren Nachbarn, obwohl wir erst seit kurzem von ihnen wissen[5]. Bild 5.1c zeigt das Modell eines Neutronensterns mit einem großen magnetischen Dipolmoment (Feldstärke bis 10^8 Tesla), welches in diesem Fall nicht parallel zur Drehachse steht. Bei der raschen Rotation des Neutronensterns mit dem quer stehenden magnetischen Dipol entstehen auch sehr hohe elektrische Felder (bis 10^{12} V/cm) und elektromagnetische Strahlung, die bevorzugt parallel zur magnetischen Dipolachse austritt und daher wie ein Leuchtfeuer gepulste gerichtete Strahlung emittiert.

---

[5] Siehe zu diesem Thema die am Ende von Kap. 5 angegebene weitere Literatur.

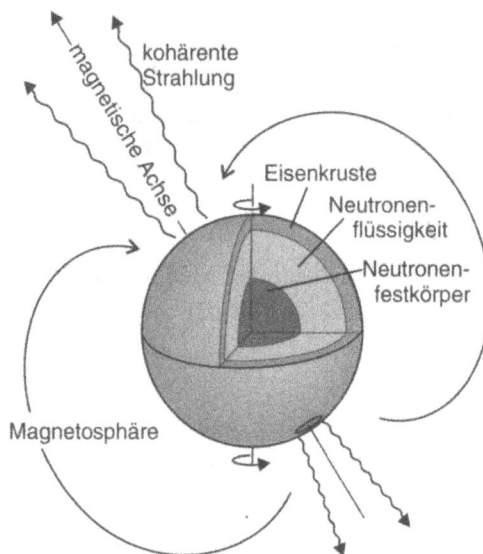

Bild 5.1c: Schematische Darstellung eines rotierenden Neutronensterns. Seine Masse von etwas mehr als einer Sonnenmasse ist in einer Kugel von nur 10 km Durchmesser konzentriert. Er besteht aus hoch verdichteter, vor allem neutronenreicher Materie und ist bedeckt mit einer festen Eisenkruste. Durch die schnelle Rotation des hohen magnetischen Dipolfeldes entstehen auch extrem hohe elektrische Felder. Gerichtete elektromagnetische Strahlung wird nur parallel zur rotierenden magnetischen Dipolachse emittiert, so daß der rotierende Neutronenstern wie ein Leuchtfeuer in den Raum hinaus strahlt.

Neutronendoppel-stern

Auch zwei Neutronensterne können wie in jedem anderen Doppelstern-system umeinander kreisen. Dabei kommen sie sich sehr nahe, und ihre Bahngeschwindigkeit erreicht in einigen bekannten Fällen 20 % der Lichtgeschwindigkeit. Der erste Neutronendoppelstern wurde 1974 von H. Taylor und R.A. Hulse mit dem 300 m Radioteleskop in Arecibo (Puerto Rico, USA) entdeckt. Er trägt nach seinen Himmelkoordinaten die Bezeichnung PSR 1913+16 (PSR steht für Pulsed Stellar Radiosource). Seine beiden Neutronensterne von je 1,4 Sonnenmassen umkreisen einander im mittleren Abstand von 1,8 Mio km[6] mit einer Bahnperiode von 8 Stunden, die sehr genau bestimmt werden kann.

Sich schnell umkreisende Neutronendoppelsterne erzeugen intensive Gravitationswellenstrahlung

Aufgrund der gewaltigen gegenseitigen Anziehung ist jeder der beiden Neutronensterne sehr großen Beschleunigungen unterworfen und müßte daher – nach der *allgemeinen Relativitätstheorie* von A. Einstein – *Gravitationswellen* ausstrahlen. Die dabei abgestrahlte Energie kann nur von der Bahnbewegung des Systems aufgebracht werden, so daß die Umlaufszeit auf der Bahn pro Jahr um 75 μs abnehmen sollte. Genau diese Erhöhung der Umlaufsfrequenz auf der Bahn wurde von Taylor und Hulse beobachtet,

---

[6] Das entspricht etwa dem Sonnendurchmesser.

womit zum ersten Mal zweifelsfrei die Aussendung von Gravitationswellen experimentell nachgewiesen wurde. Hierfür erhielten Taylor und Hulse 1993 den Nobelpreis. Die hohe abgestrahlte Gravitationswellenleistung führt dazu, daß sich die beiden Neutronensterne im Laufe der Zeit immer näher kommen und schließlich ineinander stürzen.

Ein überzeugender Nachweis von Gravitationswellen auf der Erde ist bisher (d.h. bis 2005) trotz großer Anstrengungen noch nicht gelungen. Die Wirkung von Gravitationswellen besteht in einer sehr kleinen zeitlich periodischen „Dehnung" und „Stauchung" des Raums, und man versucht daher, sie in neuen Experimenten[7] mit hochempfindlichen optischen Interferometern nachzuweisen.

Geplante Experimente auf der Erde zum Nachweis von Graviationswellen

Wir wollen im Laufe dieses Kapitels zeigen, daß die Beschreibung aller dieser Rotationsvorgänge sehr übersichtlich wird, wenn man einige neue Begriffe einführt, von denen der sog. *Drehimpuls* wohl der wichtigste ist.

5.1 Drehimpulserhaltung für einen Massenpunkt

Das Drehmoment und der Drehimpuls für einen Massenpunkt

Zur Definition dieser neuen Begriffe betrachten wir einen Körper der Masse m am Ort $\vec{r}$ (vgl. Bild 5.2), der sich unter dem Einfluß einer Kraft $\vec{F}$ mit der Geschwindigkeit $\vec{v}$ in der x, y-Ebene bewegt.

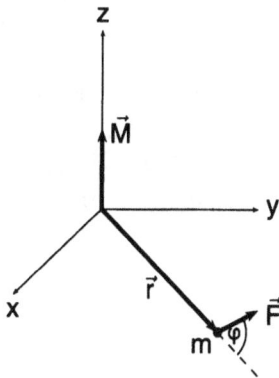

Bild 5.2: Das Drehmoment $\vec{M} = \vec{r} \times \vec{F}$ bezogen auf den Ursprung ist ein Vektor vom Betrag $r \cdot F \cdot \sin\varphi$. Er steht senkrecht auf $\vec{r}$ und $\vec{F}$. Die drei Vektoren $\vec{r}, \vec{F}$ und $\vec{M}$ bilden ein Rechtssystem entsprechend einem x, y, z-Koordinatensystem.

---

[7] Seit Sept. 1995 entsteht in Ruthe bei Hannover ein britisch-deutscher Gravitationswellen-Detektor (GEO 600). Es handelt sich dabei um ein optisches (Michelson-)Interferometer mit zwei Armen einer Länge von je 600 m. Weitere Gravitationswellen-Antennen sind im Bau in Italien, Japan sowie in den USA.

Die Bewegungsgleichung

$$\vec{F} = m \frac{d\vec{v}}{dt}$$

wollen wir auf beiden Seiten vektoriell mit dem Ortsvektor $\vec{r}$ multiplizieren:

$$\vec{r} \times \vec{F} = m \cdot \vec{r} \times \frac{d\vec{v}}{dt}$$

Hieraus erhält man wegen

$$\frac{d}{dt}(\vec{r} \times \vec{v}) = \underbrace{\frac{d\vec{r}}{dt} \times \vec{v}}_{=0} + \vec{r} \times \frac{d\vec{v}}{dt}$$

die wichtige neue Beziehung

*Drehmoment und
Drehimpuls*

$$\boxed{\vec{r} \times \vec{F} = \frac{d}{dt}(m \cdot \vec{r} \times \vec{v})}$$

oder kürzer $\qquad \boxed{\vec{M} = \frac{d\vec{L}}{dt}}$ (5.1)

Das Vektorprodukt

$$\boxed{\vec{M} = \vec{r} \times \vec{F}} \qquad \textbf{Drehmoment} \qquad\qquad (5.2)$$

heißt *Drehmoment* und ist ein Vektor vom Betrag $r \cdot F \cdot \sin\varphi$ (vgl. Bild 5.2), der auf $\vec{r}$ und $\vec{F}$ senkrecht, d.h. auf der x-y-Ebene senkrecht steht. (Ob man annimmt, daß $\vec{M}$ aus der Ebene heraus- oder hineinzeigt, ist eine Frage der mathematischen Definition, physikalisch wesentlich ist nur, daß man aus dieser Definition den Drehsinn entnehmen kann).

Das Produkt

$$\boxed{m \cdot \vec{r} \times \vec{v} = \vec{r} \times \vec{p} = \vec{L}} \qquad \textbf{Drehimpuls} \qquad\qquad (5.3)$$

in Gl. (5.1) bezeichnet man entsprechend als den *Drehimpulsvektor.* Er hat den Betrag $mrv \cdot \sin\delta$ und steht auf den beiden Vektoren $\vec{r}$ und $\vec{v}$ senkrecht (vgl. Bild 5.3).

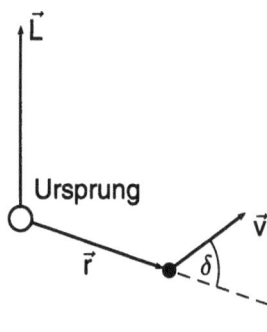

Bild 5.3: Drehimpulsvektor $\vec{L} = m\vec{r} \times \vec{v}$ bezüglich des Ursprungs

Übungsfrage: Eine Masse m fliegt im Abstand r vom Ursprung mit der konstanten Geschwindigkeit $\vec{v}$ vorbei. Wie groß ist der Drehimpuls des Massenpunktes?

Die Erhaltung des Drehimpulses bei Wirken einer Zentralkraft

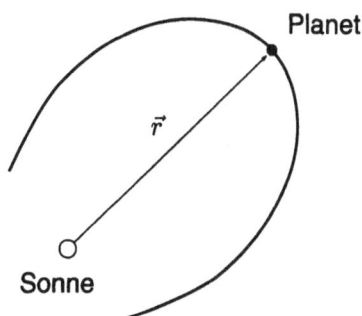

Bild 5.4: Planetenbahnen: Die Gravitationskraft zwischen Sonne und Planeten liegt immer parallel zu $\vec{r}$.

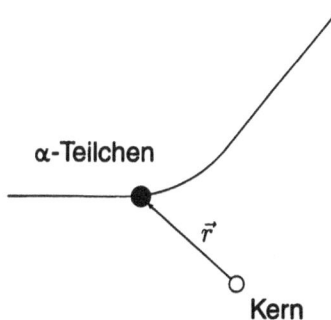

Bild 5.5: Streuung eines α-Teilchens an einem positiv geladenen Kern: die abstoßende elektrostatische Kraft liegt immer parallel zu $\vec{r}$.

Sowohl das Drehmoment als auch der Drehimpuls hängen von $\vec{r}$, d.h. von der Wahl des Ursprungs, ab. Ein besonderer Vorteil der Bewegungsgleichung in der Form von Gl. (5.1) liegt nun darin, daß bei passender Wahl des Ursprungs für *alle Bewegungen* eines Körpers unter dem Einfluß einer Zentralkraft *überhaupt kein Drehmoment auftritt*. Betrachten wir zum Beispiel die Bewegung eines Planeten um die Sonne (Bild 5.4): Wählt man die Sonne als Ursprung, so liegt der Radiusvektor zum Planeten immer parallel zur zentral wirkenden Gravitationskraft, und somit verschwindet das Drehmoment $\vec{M} = \vec{r} \times \vec{F}$ zu allen Zeiten.

Eine Zentralkraft erzeugt kein Drehmoment. Daher bleibt der Drehimpuls konstant (z.B. bei Gravitations- und Coulombkräften)

Ähnlich verhält es sich bei der Streuung eines positiven α-Teilchens an einem schweren positiven Kern, was in Bild 5.5 dargestellt ist. Auch hier liegt die abstoßende elektrostatische Kraft stets parallel zu $\vec{r}$ und kann daher auf das α-Teilchen kein Drehmoment ausüben.

Wenn aber bei einer Bewegung kein Drehmoment auftritt, so folgt sofort aus Gl. (5.1)

$$\frac{\mathrm{d}\vec{L}}{\mathrm{d}t} = 0$$

oder

$$\boxed{\vec{L}(t) = \text{konstant}}\,,\tag{5.4}$$

also daß der *Drehimpulsvektor nach Betrag und Richtung konstant bleibt.* Hiermit haben wir (neben der Impuls- und Energieerhaltung) ein drittes wichtiges Invarianzprinzip der Physik gefunden: Das Gesetz von der *Erhaltung des Drehimpulses.*

Übungsfrage: Zeigen Sie, daß die Erhaltung des Drehimpulses für das System Erde – Sonne auch dann gilt, wenn der Bezugspunkt nicht mit der Sonne zusammenfällt.

Zur genauen Bestimmung der Bahn eines Planeten benötigt man nur die Gesetze der Erhaltung des Drehimpulses und der Gesamtenergie

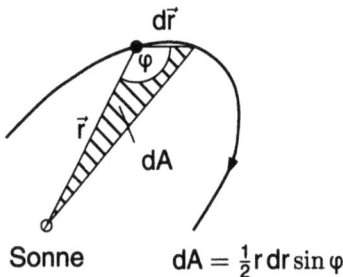

Im folgenden wollen wir an den beiden Beispielen der Planetenbewegung und Streuung von α-Teilchen zeigen, wie die Drehimpulserhaltung für diese Fälle detaillierte Angaben über die Bahnen erlaubt.

Beispiel 1: Beschreibung der Planetenbewegung

Bild 5.6: In der Zeit $\mathrm{d}t$ überstreicht der Radiusvektor $\vec{r}$ die Fläche $\mathrm{d}A = \frac{1}{2}r\,\mathrm{d}r\sin\varphi$.

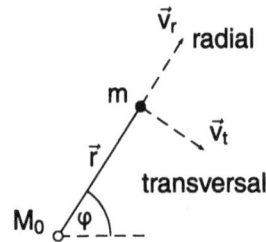

$$\mathrm{d}A = \tfrac{1}{2}r\,\mathrm{d}r\sin\varphi$$

Bild 5.7: Darstellung der Planetenbewegung in Polarkoordinaten

Wir nehmen an, daß sich ein Planet der Masse m um die Sonne (Masse M) als Ursprung bewegt. Wir hatten gerade gesehen, daß für diese Bewegung der Drehimpulsvektor $\vec{L} = m \cdot \vec{r} \times \vec{v}$ konstant bleibt. Hieraus folgt einerseits, daß *die Bahn ganz in einer Ebene liegen muß* (auf der $\vec{L}$ senkrecht steht). Andererseits läßt sich hieraus sogleich der Keplersche Flächensatz ableiten, daß der Radiusvektor $\vec{r}$ in gleicher Zeit gleiche Flächen überstreicht:

$$\frac{\mathrm{d}A}{\mathrm{d}t} = \frac{1}{2}|\vec{r} \times \vec{v}| = \frac{L}{2m} = \text{const}, \qquad \text{da} \quad L = \text{const}.$$

Um Näheres über die Bahn zu erfahren, wählen wir die Polarkoordinaten $\vec{r}$ und φ (siehe Bild 5.7) in der Ebene der Bewegung.

Es gilt:

$$v_r = \frac{\mathrm{d}r}{\mathrm{d}t}, \qquad v_t = r\frac{\mathrm{d}\varphi}{\mathrm{d}t}$$

$$F_r = \frac{C}{r^2} \quad (C = \gamma M_0 m), \qquad F_t = 0$$

$$V(r) = -C/r = \text{potentielle Energie}.$$

Der zeitlich konstante Drehimpuls ist

$$L = m|\vec{r} \times \vec{v}| = mrv_t = mr^2 \cdot \frac{\mathrm{d}\varphi}{\mathrm{d}t} = \text{const} \tag{5.5}$$

Ferner gilt die Erhaltung von kinetischer und potentieller Energie:

$$E = \frac{m}{2}\left(v_r^2 + v_t^2\right) - \frac{C}{r} = \text{const} \tag{5.6}$$

Wenn wir den Drehimpulssatz Gl. (5.5) benutzen, um v_t aus dem Energiesatz Gl. (5.6) zu eliminieren, erhalten wir eine einfache Beziehung für den radialen Teil der Bewegung allein:

$$\frac{mv_r^2}{2} + \frac{L^2}{2mr^2} - \frac{C}{r} = E \tag{5.7}$$

Benutzen wir als Abkürzung

$$V'(r) = \frac{L^2}{2mr^2} - \frac{C}{r}, \tag{5.8}$$

so ergibt sich:

$$\frac{mv_r^2}{2} + V'(r) = E \tag{5.9}$$

Übungsfrage: Aus $V'(r)$ kann man formal eine Kraft $F'(r)$ ableiten. Diskutieren Sie den Verlauf von $F'(r)$ anhand von Bild 5.8. Wie ließe sich diese Kraft in dem System Erde – Sonne beobachten? Warum ist $F'(r)$ eine Scheinkraft?

Mit Hilfe dieser Gleichung und der Bedingung $v_r^2 \geq 0$ können wir entscheiden, welcher Bahntyp in Abhängigkeit von der Gesamtenergie E vorliegt. Für einen bestimmten Drehimpuls L ist der Verlauf V' als Funktion von r in Bild 5.8 rechts dargestellt. Hat die Energie den Wert E_1 (oberer Fall), so nähert sich der Himmelskörper der Sonne nur bis zum Abstand r_s und verschwindet dann wieder im Unendlichen. Diesen Fall der *Streuung* werden wir in Beispiel 2 noch besprechen.

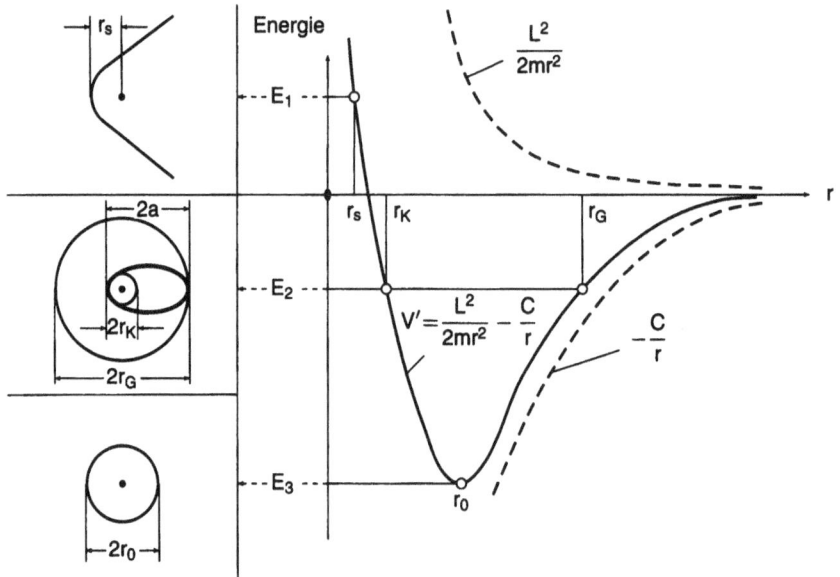

Bild 5.8: Bahnformen eines Planeten im Gravitationsfeld der Sonne in Abhängigkeit von Gesamtenergie und Drehimpuls

Senkt man die Energie auf den (negativen) Wert E_3 (unterer Fall), so ist nach Gl. (5.9)

$$v_r = \frac{dr}{dt} = \sqrt{\frac{2[E - V'(r)]}{m}} \tag{5.10}$$

immer null, d.h. es handelt sich um eine Kreisbahn mit dem Radius r_0.

Liegt die Energie aber etwas höher, zum Beispiel bei E_2 (mittlerer Fall), so kann der Radiusvektor nur zwischen einem kleinen Wert r_K und einem großen Wert r_G oszillieren. r_K und r_G sind *Umkehrpunkte*, an denen v_r verschwindet. Die genaue Bahnkurve ist eine Ellipse wie oben dargestellt.[8]

---

[8] Der prinzipielle Weg, wie man die Bahngleichung $r(\varphi)$ erhalten kann, sei hier kurz

An dieser Ellipse interessiert uns nur die Länge der großen Halbachse a, die nach Bild 5.8 (links) durch r_K und r_G wie folgt festgelegt ist:

$$2a = r_K + r_G \tag{5.11}$$

Wir wollen jetzt prüfen, welche physikalischen Parameter die große Halbachse $a = 1/2(r_K + r_G)$ der Ellipsenbahn bestimmen: An den „Umkehrpunkten" r_K und r_G verschwindet v_r, und das bedeutet nach Gl. (5.10), daß für r_K und r_G gilt:

$$V'(r) = E \tag{5.12}$$

d.h. $\quad \dfrac{L^2}{2mr^2} - \dfrac{C}{r} = E \quad$ oder $\quad Er^2 + Cr - \dfrac{L^2}{2m} = 0$

Diese Gleichung ist quadratisch in r und hat die beiden Lösungen r_K und r_G:

$$r_K = -\frac{C}{2E} - \sqrt{\left(\frac{C}{2E}\right)^2 + \frac{L^2}{2mE}} \tag{5.13}$$

und

$$r_G = -\frac{C}{2E} + \sqrt{\left(\frac{C}{2E}\right)^2 + \frac{L^2}{2mE}}$$

Addiert man beide Lösungen, so ergibt sich für die gesuchte große Halbachse a der Ellipse

$$r_K + r_G = 2a = \frac{C}{|E|} . \tag{5.14}$$

Dieses einfache Ergebnis für alle elliptischen Bahnen ist besonders bemerkenswert in anderer Hinsicht: Es zeigt, daß *die Energie allein von der*

---

skizziert:

$$\frac{d\varphi}{dt} = \frac{L}{2mr^2} \qquad \varphi = \int \frac{L}{mr^2}\, dt\,; \tag{5.5}$$

$$\frac{dr}{dt} = \sqrt{\frac{2}{m}[E - V'(r)]} \qquad dt = \frac{dr}{\sqrt{\frac{2}{m}[E - V'(r)]}}\,; \tag{5.10}$$

$$\varphi = \int \frac{L/r^2}{\sqrt{2m[E - V'(r)]}}\, dr$$

großen Halbachse der elliptischen Bahn abhängt. Daher besitzen alle nebenstehenden Bahnen mit gleich großen Halbachsen (aber verschiedenen Drehimpulsen) dieselbe Gesamtenergie (vgl. Bild 5.9).

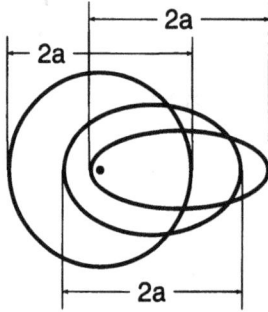

Bild 5.9: Planetenbahnen um die Sonne mit gleicher Gesamtenergie, aber unterschiedlichem Bahndrehimpuls

Sommerfeld benutzte die Beziehung (5.14) (mit $C = (4\pi\varepsilon_0)^{-1} \cdot q_1 q_2$), um auch im Atom die Energie von Elektronen auf elliptischen Bahnen zu berechnen, worauf wir später in der Atomphysik zurückkommen werden.

Übungsfrage: Die interatomaren Kräfte (vgl. Bild 3.4) lassen sich von einem Potential ableiten, das qualitativ den gleichen Verlauf hat wie $V'(r)$ in Bild 5.8. Inwieweit können wir unsere bisherige Analyse auf diesen Fall übertragen?

Die Gesamtenergie einer elliptischen Planetenbahn hängt nur ab von der großen Halbachse der Ellipse

Schließlich sei nochmals erwähnt, daß für alle Ellipsen- und Kreisbahnen (siehe E_2 und E_3 in Bild 5.8) die Gesamtenergie *negativ* ist. Das heißt die (positive) kinetische Energie reicht nicht aus, um die negative potentielle Energie zu überwinden. Das Teilchen bleibt daher an die Zentralmasse gebunden. Will man die Teilchen vollständig voneinander trennen, so muß man gerade die (negative) Energie E überwinden, welche auch oft als *Bindungsenergie* bezeichnet wird.

Beispiel 2: Streuung von α-Teilchen an schweren Kernen

In diesem Beispiel wollen wir das Gesetz der Drehimpulserhaltung auch anwenden auf die Streuung eines positiven, relativ leichten α-Teilchens an einem schweren positiven Kern. Aufgrund der zentralen (abstoßenden) Kräfte bleibt der Drehimpuls (vgl. Bild 5.10)

$$L = m v_\infty \cdot b = m r^2 \frac{\mathrm{d}\varphi}{\mathrm{d}t} \tag{5.15}$$

während des ganzen Streuprozesses konstant (b nennt man den *Stoßparameter*; er wird null beim zentralen Stoß).

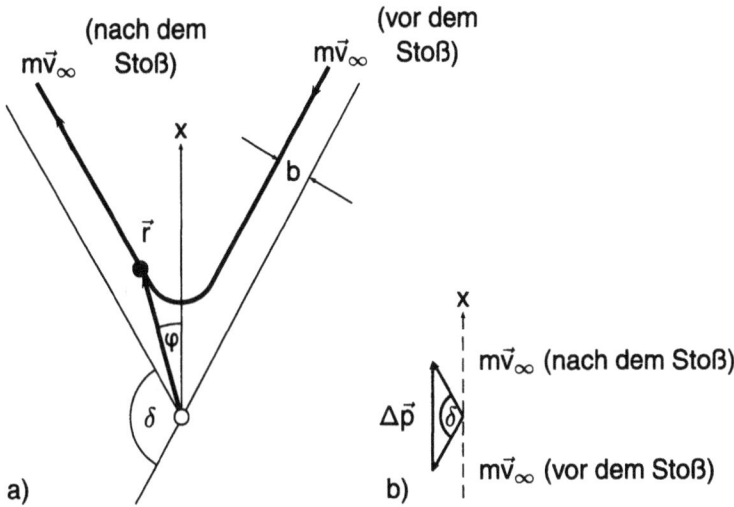

Bild 5.10: a) Hyperbelbahn eines α-Teilchens bei der Streuung an einem schweren Kern: Impuls $m\vec{v}_\infty$ und Stoßparameter b bestimmen den Verlauf des Stoßes.
b) Impulsänderung des α-Teilchens durch den Stoß

Das α-Teilchen wird jedoch um einen Winkel δ *abgelenkt*, den wir jetzt auf recht einfache Weise berechnen wollen. Aus der Auftragung der α-Teilchen-Impulse vor und nach dem Stoß in Bild 5.10b (rechts unten) sieht man, daß im Verlauf der Streuung von den elektrischen Kräften ein Impuls Δp_x in Richtung der x-Achse übertragen worden sein muß:

$$\Delta p_x = 2mv_\infty \sin \frac{\delta}{2} \tag{5.16}$$

Nach dem Newtonschen Gesetz gilt allgemein:

$$\int\limits_{-\infty}^{+\infty} \vec{F}\,\mathrm{d}t = \Delta\vec{p}, \tag{5.17}$$

wobei $\vec{F}$ die Coulombkraft ist:

$$F = \frac{1}{4\pi\varepsilon_0} \cdot \frac{q_1 q_2}{r^2} = \frac{C}{r^2} \tag{5.18}$$

Da die Impulsübertragung nur in Richtung der x-Achse erfolgt, trägt nur die x-Komponente der Kraft ($F \cdot \cos\varphi$) bei. Also gilt:

$$\int F_x\,\mathrm{d}t = \int F\cos\varphi\,\mathrm{d}t = \int \frac{C}{r^2}\cos\varphi\,\mathrm{d}t = \Delta p_x = 2mv_\infty \sin\frac{\delta}{2}$$

Aus der Erhaltung des Drehimpulses Gl. (5.15) gewinnt man nun $\mathrm{d}t = \dfrac{mr^2}{mv_\infty b} \cdot \mathrm{d}\varphi$, und somit erhält man

$$\int F \cos \varphi \, \mathrm{d}t = \frac{C}{v_\infty b} \int\limits_{\varphi_1}^{\varphi_2} \cos \varphi \, \mathrm{d}\varphi = \frac{C}{v_\infty b} (\sin \varphi_2 - \sin \varphi_1),$$

wobei $\varphi_{1,2}$ die Polarwinkel vor und nach der Streuung sind. Aus geometrischen Überlegungen ergibt sich:

$$\varphi_1 = -\left(\frac{\pi - \delta}{2}\right), \quad \varphi_2 = +\left(\frac{\pi - \delta}{2}\right) \quad \text{und} \quad \sin\left(\frac{\pi - \delta}{2}\right) = \cos\frac{\delta}{2}$$

Damit erhalten wir:

$$\frac{2C}{v_\infty b} \cos\frac{\delta}{2} = 2mv_\infty \sin\frac{\delta}{2}$$

oder

$$\tan\frac{\delta}{2} = \frac{C}{mv_\infty^2 b}, \quad \text{mit} \quad C = \frac{1}{4\pi\varepsilon_0} q_1 q_2 \tag{5.19}$$

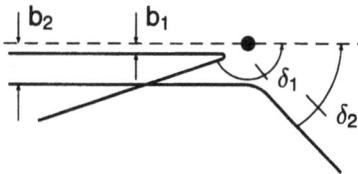

Bild 5.11: Der Streuwinkel δ in Abhängigkeit vom Stoßparameter für monoenergetische α-Teilchen: die größten Streuwinkel (Rückwärtsstreuung) treten bei kleinen Stoßparametern auf, in diesem Fall ist auch die Annäherung an den Kern am größten.

Durch das berühmte Rutherfordsche Experiment der Streuung von α-Teilchen an Goldatomen wurde erstmals die erstaunliche Kleinheit des Atomkerns erkannt

Diesen einfachen Zusammenhang zwischen dem Streuwinkel δ und dem Stoßparameter b haben wir aus der Drehimpulserhaltung ohne Analyse der Bahnkurve gewinnen können, allerdings unter der Annahme, daß die Kraft zwischen beiden Ladungen mit wachsendem Abstand proportional zu $1/r^2$ abfällt.

Rutherford, Geiger und Marsden lieferten 1910 einen entscheidenden Beitrag zum Aufbau der Atome: Sie beschossen eine Goldfolie mit monoenergetischen α-Teilchen. Dabei fanden sie eine Winkelverteilung der gestreuten α-Teilchen, die genau übereinstimmte mit der nach Gl. (5.19) erwarteten Verteilung. Diese Übereinstimmung bestand im besonderen auch bei sehr großen Streuwinkeln, bei denen sich die α-Teilchen dem Kernmittelpunkt bis auf 10^{-14} m nähern. Gl. (5.19) und damit das Coulombsche Kraftgesetz bleiben also auch in diesen kleinen Dimensionen gültig. Dies war der allererste deutliche Hinweis darauf, daß *die gesamte positive Ladung eines Atoms in einem Kern konzentriert ist mit einem Radius von kleiner als* $10^{-14}\,m$.[9]

Übungsfrage: Wie könnte man den minimalen Abstand des α-Teilchens vom Kern bestimmen? (Hinweis: an dieser Stelle ist $(\mathrm{d}r/\mathrm{d}t) = 0$).

5.2 Die Erhaltung des Drehimpulses bei Systemen von Massenpunkten

In diesem Abschnitt wollen wir nun von der Bewegung *eines* Körpers, zum Beispiel eines Planeten, im Bereich einer zentralen Kraft, übergehen zur Rotation einer Anordnung von *vielen* Massenpunkten, zum Beispiel eines ganzen galaktischen Systems.

Wenn die Massenpunkte starr miteinander verbunden sind, wie näherungsweise bei vielen Molekülen, Kristallen und beim Kreisel, spricht man von *starren Körpern.* Ihre Rotationsbewegungen, die besonders eindrucksvoll und technisch wichtig sind, wollen wir hier beschreiben.

Bewegung des Massenschwerpunktes

In Bild 1.2b erkennt man im galaktischen System der Jagdhunde an den Spiralarmen deutlich die Rotation des ganzen Systems um ein gemeinsames „Zentrum". Auch ein Stock, den man in die Höhe wirft, dreht sich erfahrungsgemäß um ein „Zentrum", das an den komplizierten Eigenbewegungen des Stockes nicht teilnimmt, sondern unter dem Einfluß der Gravitation eine einfache Wurfparabel durchläuft wie ein einzelner Massenpunkt.

Andererseits hatten wir bereits in Abschnitt 4.6 den *Massenschwerpunkt $\vec{r}_s$* eines Systems kennengelernt, dessen Bewegung *nicht* vom Rotationszustand des Systems abhängt, sondern nur durch äußere Kräfte bestimmt wird:

$$M \cdot \frac{\mathrm{d}^2\vec{r}_s}{\mathrm{d}t^2} = \sum_{j=1}^{N} \vec{F}_j^{\,\text{ext}} \qquad (M = \text{Gesamtmasse des Systems})$$

Der Massenschwerpunkt zum Beispiel des Stockes nimmt also auch nicht an der rotierenden Bewegung teil, ist daher offenbar identisch mit dem sichtbaren Drehzentrum.

Wir fassen zusammen: Ein beliebig geformtes System – frei von äußeren

---

[9] Die Originalarbeit von Rutherford ist abgedruckt im Berkeley Physics Course Vol. I, S. 460, McGraw-Hill, New York (1965).

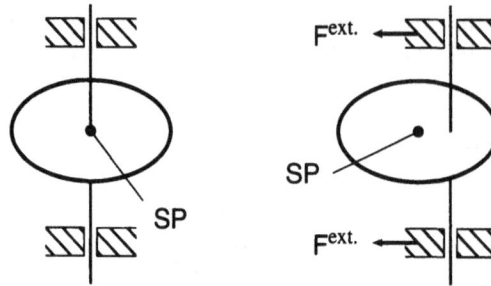

Bild 5.12: Rad mit Schwerpunkt auf bzw. außerhalb der Drehachse: liegt der Schwerpunkt nicht auf der Drehachse, übt das Rad externe Kräfte auf die Radlager aus.

Kräften – kann sich nur um Achsen drehen, welche durch seinen Schwerpunkt gehen.

Versucht man dagegen beispielsweise ein *exzentrisch* gelagertes Rad um eine Achse zu drehen, die *nicht* durch seinen Schwerpunkt geht, so übt das Rad bei der Drehung periodische externe Kräfte auf das Radlager aus, die sich bekanntlich nur durch *Auswuchten*, d.h. eine Korrektur an der Lage des Schwerpunktes, beseitigen lassen.

Auswuchten von exzentrisch gelagerten Rädern führt zu ruhigem Lauf

Da die freie Rotation eines Systems immer um den Schwerpunkt erfolgt, wollen wir zur Beschreibung von Drehbewegungen stets ein Koordinatensystem verwenden, dessen Ursprung im Massenschwerpunkt des Systems liegt.

Übungsfrage: Ein auf dem Tisch liegender Bleistift wird durch eine am Rand kurzzeitig angreifende Kraft in horizontale Bewegung versetzt. Wie läßt sich zeigen, daß sich diese Bewegung zusammensetzt aus einer geradlinigen Bewegung des Schwerpunktes und einer Drehung des Bleistifts um den Schwerpunkt? (Hinweis: Versuchen Sie, die angreifende Kraft in eine entsprechende Drehmoment- bzw. Kraftwirkung zu zerlegen).

Die Drehimpulserhaltung bei einem System von Massenpunkten

Wir hatten oben gesehen, daß bei *einem* um die Sonne kreisenden Planeten während seiner ganzen Laufzeit die Richtung und Größe des Drehimpulsvektors zeitlich konstant bleibt. Hier wollen wir nun auf einfache Weise diese Aussage auf beliebige Systeme von *vielen* Massen (z.B. schwere Atomkerne mit vielen Nukleonen oder große Atome mit ihren zahlreichen Elektronen) erweitern.

Bild 5.13 zeigt drei Massenpunkte, deren Ortsvektoren relativ zu einem willkürlich gewählten Ursprung $\vec{r}_1$, $\vec{r}_2$ bzw. $\vec{r}_3$ sind. Auf jeden Körper wirken sowohl innere Kräfte $\vec{F}_{ik}$ ($i, k = 1, 2, 3$) wie auch externe Kräfte $\vec{F}_i^{\text{ext}}$, welche herrühren von Massen oder Ladungen außerhalb des Systems. Die

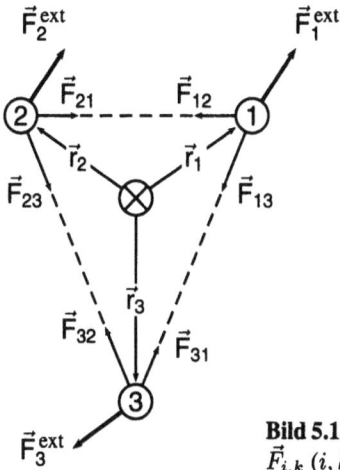

Bild 5.13: System von drei Massenpunkten, auf die innere Kräfte $\vec{F}_{i,k}$ $(i, k = 1, 2, 3)$ $(i \neq k)$ sowie externe Kräfte $\vec{F}_i^{\text{ext}}$ wirken.

Newtonsche Bewegungsgleichung für den ersten Körper lautet:

$$\vec{F}_1 = \vec{F}_{13} + \vec{F}_{12} + \vec{F}_1^{\text{ext}} = \frac{\mathrm{d}(m_1 \vec{v}_1)}{\mathrm{d}t}$$

Multipliziert man auf beiden Seiten vektoriell mit dem Ortsvektor $\vec{r}$, so erhält man in sehr ähnlicher Weise wie bei Gl. (5.1) schließlich die folgenden Bewegungsgleichungen:

$$\vec{r}_1 \times \vec{F}_{12} + \vec{r}_1 \times \vec{F}_{13} + \vec{r}_1 \times \vec{F}_1^{\text{ext}} = \frac{\mathrm{d}}{\mathrm{d}t}(m_1 \vec{r}_1 \times \vec{v}_1)$$

$$\vec{r}_2 \times \vec{F}_{21} + \vec{r}_2 \times \vec{F}_{23} + \vec{r}_2 \times \vec{F}_2^{\text{ext}} = \frac{\mathrm{d}}{\mathrm{d}t}(m_2 \vec{r}_2 \times \vec{v}_2)$$

$$\vec{r}_3 \times \vec{F}_{31} + \vec{r}_3 \times \vec{F}_{32} + \vec{r}_3 \times \vec{F}_3^{\text{ext}} = \frac{\mathrm{d}}{\mathrm{d}t}(m_3 \vec{r}_3 \times \vec{v}_3)$$

Addiert man diese drei Gleichungen und bedenkt, daß $\vec{F}_{12} = -\vec{F}_{21}$ usw. ist, so ergibt sich:

$$\vec{F}_{12} \times (\vec{r}_1 - \vec{r}_2) + \vec{F}_{23} \times (\vec{r}_2 - \vec{r}_3) + \vec{F}_{31} \times (\vec{r}_3 - \vec{r}_1) + \sum_{j=1}^{3} \vec{r}_j \times \vec{F}_j^{\text{ext}}$$

$$= \frac{\mathrm{d}}{\mathrm{d}t} \sum_{j=1}^{3} m_j \vec{r}_j \times \vec{v}_j$$

Da die Kraft $\vec{F}_{12}$ bei Zentralkräften parallel zur Verbindungslinie zwischen 1 und 2, d.h. zu $(\vec{r}_1 - \vec{r}_2)$ liegt, entfällt das erste Vektorprodukt $\vec{F}_{12} \times (\vec{r}_1 - \vec{r}_2)$ und ebenso die beiden folgenden. Was übrig bleibt, ist die folgende vektorielle Beziehung

$$\boxed{\sum_{j=1}^{3} \vec{r}_j \times \vec{F}_j^{\text{ext}} = \frac{\mathrm{d}}{\mathrm{d}t} \sum_{j=1}^{3} m_j \vec{r}_j \times \vec{v}_j}\,,$$

(5.20)

deren Gültigkeitsbereich sich nicht nur auf drei, sondern beliebig viele Massenpunkte erstreckt, wie man leicht einsieht.

Das Produkt $\vec{r}_j \times \vec{F}_j^{\text{ext}}$ ist genauso definiert wie in Gl. (5.2): $\vec{r}_j \times \vec{F}_j$ ist das Drehmoment in Bezug auf den Ursprung, welches die äußere Kraft $\vec{F}_j^{\text{ext}}$ auf das j-te Teilchen ausübt. Dieser Drehmomentvektor steht auch wieder senkrecht auf $\vec{r}_j$ und $\vec{F}_j$. Das *gesamte Drehmoment*, welches die äußere Kraft auf das ganze System ausübt, wird $\vec{M}$ genannt, d.h.:

$$\vec{M} = \sum_{j=1}^{N} \vec{r}_j \times \vec{F}_j^{\text{ext}}$$

(5.21)

Auch die Größe $m_j \vec{r}_j \times \vec{v}_j$ hatten wir schon weiter oben (in Gl. (5.3)) erklärt: Es ist der Drehimpuls, und zwar des j-ten Teilchens in Bezug auf den Ursprung. Die Summe der Drehimpulsvektoren aller Teilchen des Systems wollen wir als *Gesamtdrehimpuls* des Systems bezeichnen:

$$\vec{L} = \sum_{j=1}^{N} m_j \vec{r}_j \times \vec{v}_j$$

(5.22)

Zeitliche Änderungen des Drehimpulsvektors können nur durch ein Drehmoment bewirkt werden

Hiermit können wir Gl. (5.20) noch einfacher schreiben:

$$\boxed{\vec{M} = \frac{\mathrm{d}\vec{L}}{\mathrm{d}t}}$$ **Grundgleichung der rotierenden Bewegung**

(5.20)

Der Gesamtdrehimpuls eines Systems kann nur durch ein von außen wirkendes Drehmoment verändert werden. Dieses ist das Grundgesetz für alle Rotationsvorgänge.

Ein wichtiger Spezialfall tritt auf, wenn gar keine äußeren Kräfte wirken (alle $\vec{F}_j^{\text{ext}} = 0$), weil dann $\vec{M} = 0$ ist. Für ein solches abgeschlossenes System ist dann

$$\boxed{\vec{L} = \text{konstant}}\,,$$ **Drehimpulsänderung bei abgeschlossenen Systemen**

(5.23)

d.h. der Gesamtdrehimpulsvektor eines beliebigen abgeschlossenen Systems ist zeitlich konstant (nach Richtung und Betrag).

Zu Gl. (5.20) und (5.23) gibt es viele Beispiele (siehe z.B. R.W. Pohl, Einf. in die Physik, Bd. 1: Mechanik), wir wollen hier nur einige anführen.

Beispiel 1: Schwerpunktsbestimmung (Bild 5.14)

Wir wollen einen beliebigen Körper an einem Punkt A aufhängen und uns fragen, wie groß das gesamte Drehmoment infolge der Schwerkraft in bezug auf diesen Punkt ist:

$$\vec{M} = \sum_{i=1}^{N} \vec{r_i} \times (m_i \vec{g}) = -\vec{g} \times \sum_{i=1}^{N} \vec{r_i} m_i$$

Nun gilt für die Schwerpunktskoordinate $\vec{r}_s = \dfrac{\sum\limits_{i=1}^{N} \vec{r_i} m_i}{\sum\limits_{i=1}^{N} m_i}$ (vgl. Gl. (4.47)) und daher

$$\vec{M} = -\vec{g} \times \vec{r}_s \cdot \sum_{i=1}^{N} m_i . \tag{5.24}$$

Eine stabile Aufhängung, d.h. ohne Drehmoment, ist also nur möglich, wenn der Schwerpunkt unterhalb des Aufhängepunktes liegt (siehe Bild 5.14). Durch Aufhängung an zwei verschiedenen Punkten kann man so den Schwerpunkt ermitteln.

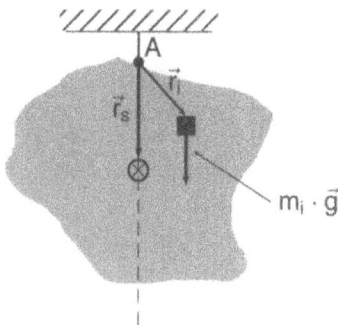

Bild 5.14: Körper, der im Punkt A aufgehängt ist: der Schwerpunkt liegt genau unterhalb des Aufhängepunktes. Auf einen beliebige Teilmasse m_i wirkt die Schwerkraft $m_i \vec{g}$.

Beispiel 2: Drehimpulserhaltung beim Ausfließen von Wasser aus einem Behälter

Wir nehmen einen breiten Glasbecher mit zentralem verschlossenen Ausfluß und füllen ihn mit Wasser. Durch langsames Umrühren mit einem Löffel

Bei der radialen Kontraktion rotierender Körper erhöht sich immer die Winkelge-schwindigkeit.

Das gilt für zentral ausfließendes Wasser genauso wie beim Gravitationskollaps eines sonnenähnlichen Sterns zu einem Neutronenstern

kann man die Flüssigkeit in eine langsame, ziemlich gleichförmige Rotation versetzen, welche man auch an der parabelförmigen Krümmung der Wasseroberfläche erkennen kann.

Übungsfrage: Wie kommt diese Form der Oberfläche zustande?

Öffnet man jetzt den zentralen Ausfluß, so strömt das Wasser radial von außen nach innen, *ohne jedoch auf den schraffiert eingezeichneten Wasserzylinder ein Drehmoment auszuüben* (vgl. Bild 5.15).

Daher bleibt der Drehimpuls des schraffierten Teilzylinders der Masse m konstant:

$$L_0 = m \cdot r \cdot v(r) = \text{konstant}$$

Beim Ausfließen verkleinert sich der Radius dieser Teilmenge des Wassers, und damit vergrößert sich notwendigerweise ihre Geschwindigkeit. Die neue Geschwindigkeitsverteilung ist

$$v(r) = \frac{1}{r} \frac{L_0}{m} \,,$$

d.h. die Umlaufgeschwindigkeit strebt gegen Unendlich für $r = 0$. Die entstehende Zentrifugalbeschleunigung wird daher in der Nähe von $r = 0$ um einiges höher als die Erdbeschleunigung, wie sicherlich jeder schon an der fast vertikalen lokalen Neigung der Wasseroberfläche am Ausfluß einer Badewanne beobachtet hat (siehe Bild 5.15 unten).

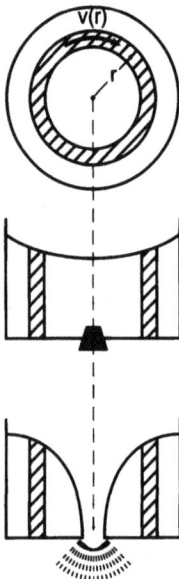

Bild 5.15: Versuch: das Wasser in einem Gefäß wird in gleichförmige Rotation versetzt, wodurch sich die Oberfläche parabelförmig wölbt. Nach Öffnen des Ausflusses bildet sich eine trichterförmige Oberfläche aus.

Beispiel 3: Drehimpulserhaltung im Sonnensystem

Die interessante, schon im 3. Kapitel erwähnte Tatsache, daß alle Planeten die Sonne in einer Ebene und im gleichen Drehsinn umkreisen, in dem auch die Sonne sich um sich selbst dreht, hat zu der Annahme geführt, daß die Sonne früher, d.h. vor einigen 10^9 Jahren, die Gestalt einer rotierenden Scheibe hatte, aus der das Planetensystem durch noch weitgehend unbekannte Prozesse kondensierte.[10] Was auch zur Bildung der Planeten geführt haben mag, die Planeten tragen heute 98% des gesamten Drehimpulses im Sonnensystem, obschon ihre Masse relativ geringfügig ist. Die Sonne hat also im Laufe der Entwicklung nur 2% ihres ursprünglichen Drehimpulses behalten und den Rest an die Planeten übertragen. Zwar wissen wir wenig über die Bildung der Planeten. Eines ist jedoch sicher: Bei der Planetenbildung blieb der Gesamtdrehimpuls des Sonnensystems konstant.

Übungsfrage: Unsere Milchstraße hat die Form einer flachen Scheibe (vgl. Bild 1.2b und 2.15). Wie kann man sich die Ausbildung einer solchen Form aus einer kugelförmigen Gaswolke (mit einem Drehimpuls $\vec{L}$) vorstellen?

5.3   Der Drehimpuls starrer Körper

Ein starrer Körper in Rotation zeichnet sich von anderen Systemen dadurch aus, *daß alle seine Teile die Drehachse mit der gleichen Umlaufsfrequenz, bzw. Winkelgeschwindigkeit umkreisen.* Die Winkelgeschwindigkeit kann dabei als Vektor aufgefaßt werden, der, wie in den folgenden Figuren definiert, parallel zur Drehachse liegt. Wir werden in diesem Abschnitt zunächst zeigen, daß bei der Rotation einfacher und symmetrischer Körper der Drehimpuls parallel zur Winkelgeschwindigkeit liegt.

Drehimpuls einer rotierenden Platte

Als erstes wollen wir die Frage stellen: Wie groß ist der Drehimpuls einer Platte (siehe Bild 5.16), die mit der Winkelgeschwindigkeit $\vec{\omega}$ um eine Drehachse rotiert, welche auf der Platte senkrecht steht? Als Ursprung für den Ortsvektor $\vec{r}_j$ wählen wir den Drehmittelpunkt der Platte so, daß $\vec{r}_j$ den Abstand zwischen der Drehachse und einem umlaufenden Massenelement m_j angibt. Die Umlaufgeschwindigkeit $v_j = r_j\omega$ liegt ebenfalls (wie $\vec{r}_j$) in

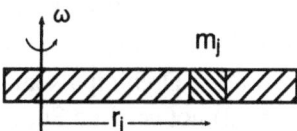

Bild 5.16: Rotierende Platte: die Drehachse steht senkrecht auf der Platte.

---

[10] Siehe z.B. Unsöld, A.; Baschek , B.: Der neue Kosmos, Kap. 31: Entstehung des Planetensystems, Springer (1991)

der Platte. Daher steht das Vektorprodukt $\vec{r}_j \times \vec{v}_j$ senkrecht auf der Platte, d.h. es liegt parallel zu $\vec{\omega}$ und hat den Betrag $r_j \cdot v_j = r_j^2 \omega$ (da auch $\vec{r}_j$ und $\vec{v}_j$ aufeinander senkrecht stehen).

Die allgemeine, für jedes System gültige Definition des Drehimpulses war (siehe Gl. (5.22)):

$$\vec{L} = \sum_{j=1}^{N} m_j \vec{r}_j \times \vec{v}_j$$

Damit ergibt sich der Drehimpuls der rotierenden Platte zu

$$\vec{L} = \left(\sum_{j=1}^{N} m_j r_j^2 \right) \vec{\omega}$$

oder kürzer:

$$\boxed{\vec{L} = I \cdot \vec{\omega}} \tag{5.25}$$

Wir fassen zusammen: Wenn man eine beliebige Platte um eine beliebige dazu senkrechte Achse dreht, so ist der Drehimpuls immer parallel zur Winkelgeschwindigkeit.

Den Faktor

Trägheitsmoment

$$\boxed{I = \sum_{j=1}^{N} m_j r_j^2} \quad \textbf{Trägheitsmoment} \tag{5.26}$$

nennt man das *Trägheitsmoment* der Platte für die spezielle Drehachse.

Übungsfrage: Wie groß ist das Trägheitsmoment einer kreisförmigen Platte mit der Masse M und dem Radius r_0 bezüglich einer Drehachse durch den Mittelpunkt der Platte?

Drehimpuls eines rotationssymmetrischen Körpers

Figurenachse

Betrachten wir jetzt einen dreidimensionalen starren Körper von rotations-symmetrischer Form, wie zum Beispiel den Kinderkreisel in Bild 5.17, welcher sich um seine vertikale Symmetrieachse (oft auch *Figurenachse* genannt) mit der Winkelgeschwindigkeit ω dreht. Um den Drehimpuls auf einfache Weise zu finden, wollen wir die nach Gl. (5.22) notwendige Summation über alle Massenelemente in besonderer Weise durchführen, wie hier erläutert sei:

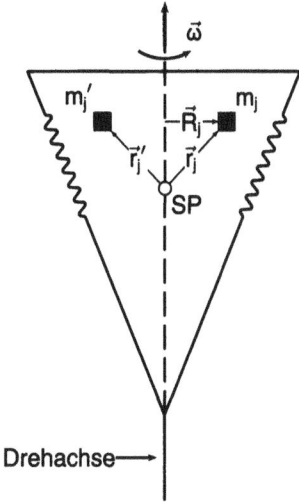

Drehachse⟶

Bild 5.17: Symmetrischer Kinderkreisel: Rotationsachse und Symmetrieachse fallen zusammen.

Der Massenschwerpunkt SP des Kreisels dient jetzt als Ursprung für die Ortsvektoren $\vec{r}_j$. Zu jeder Teilmasse m_j an der Stelle $\vec{r}_j$ gibt es aus Symmetriegründen eine zweite Teilmasse $m_j{}'$ mit dem Ortsvektor $\vec{r}_j{}'$, so daß beide Teilmassen sich durch Drehung des Kreisels (um die vertikale Drehachse) um 180° ineinander überführen lassen.

Der Beitrag dieser beiden Massen zum Drehimpuls ist

$$\vec{L}_j = m_j \vec{r}_j \times \vec{v}_j + m_j{}' \vec{r}_j{}' \times \vec{v}_j{}'.$$

Da nun $\vec{v}_j = -\vec{v}_j{}'$ sowie $m_j = m_j{}'$ und schließlich $\vec{r}_j - \vec{r}_j{}' = 2\vec{R}_j$, ergibt sich:

$$\vec{L}_j = m_j(\vec{r}_j - \vec{r}_j{}') \times \vec{v}_j = 2m_j \vec{R}_j \times \vec{v}_j$$

Da sowohl $\vec{R}_j$ wie $\vec{v}_j$ senkrecht auf $\vec{\omega}$ stehen, liegt offenbar $\vec{R}_j \times \vec{v}_j$ parallel zu $\vec{\omega}$. Der Betrag von $\vec{L}_j$ ist $2m_j R_j v_j = 2m_j R_j^2 \omega$. So ergibt sich der Beitrag beider Massen zum Drehimpuls zu

$$\vec{L}_j = 2m_j R_j^2 \vec{\omega}$$

und der Gesamtdrehimpuls ergibt sich durch algebraische Summation über alle Massen:

$$\boxed{\vec{L} = \left(\sum_{j=1}^{N} m_j R_j^2 \right) \vec{\omega} = I \cdot \vec{\omega}} \tag{5.27}$$

Wenn sich ein rotationssymmetrischer Körper um seine Symmetrieachse dreht, so sind der Drehimpuls und die Winkelgeschwindigkeit parallel. (Aus der Art der Ableitung folgt, daß dies übrigens nicht nur bei Rotationssymmetrie, sondern auch bei Symmetrie gegenüber Drehungen um 180° (= 2-zählige Rotationssymmetrie) gilt). Das *Trägheitsmoment*, auch hier wieder ein skalarer Faktor, kann für viele Körper leicht angegeben werden, wie an folgenden Beispielen erläutert sei.

Beispiel 1: Trägheitsmoment eines Hohlzylinders (Bild 5.18a)

Das Trägheitsmoment eines Hohlzylinders, Vollzylinders und einer Kugel

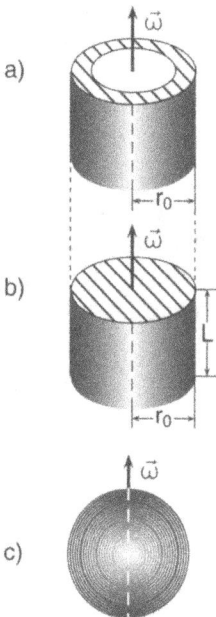

Bild 5.18: a) Hohlzylinder: Drehachse und Zylinderachse fallen zusammen.
b) Vollzylinder: Drehachse und Zylinderachse fallen zusammen.
c) Kugel: Drehachse durch den Mittelpunkt

Ist die Wanddicke klein gegenüber dem Radius r_0, kann das Trägheitsmoment mit Hilfe von Gl. (5.26) sofort angegeben werden:

$$I = r_0^2 M \,, \tag{5.28}$$

wobei M die Gesamtmasse ist.

Beispiel 2: Trägheitsmoment eines Vollzylinders

Wir gehen in Gl. (5.26) von der Summation zur Integration über:

$$\boxed{I = \int r^2 \, \mathrm{d}m} \tag{5.29}$$

Mit der Dichte $\varrho = \mathrm{d}m/\mathrm{d}V = \text{const}$ erhalten wir für die Masse $\mathrm{d}m$ im Volumenelement zwischen r und $r + \mathrm{d}r$ (vgl. Bild 5.18b)

$$\mathrm{d}m = \varrho\mathrm{d}V = \varrho \cdot l \cdot 2\pi r \cdot \mathrm{d}r$$

und damit

$$I = \int_0^{r_0} r^2 \cdot \varrho \cdot l \cdot 2\pi r \cdot \mathrm{d}r = \varrho \cdot l \cdot 2\pi \frac{r_0^4}{4}$$

$$I = \frac{M}{2}r_0^2, \tag{5.30}$$

wobei $M = \varrho \cdot \pi \cdot r_0^2 \cdot l$ die Gesamtmasse ist.

Beispiel 3: Trägheitsmoment einer Kugel

Die Integration erfolgt entsprechend Beispiel 2 und sei zur Übung empfohlen: Das Resultat ist für eine Kugel mit der Masse M und dem Radius r_0

$$I = \frac{2}{5}Mr_0^2. \tag{5.31}$$

(Da eine Kugel für jede beliebige Achse Rotationssymmetrie besitzt, sind bei ihr übrigens $\vec{L}$ und $\vec{\omega}$ immer parallel).

Übungsfrage: Wie kann man durch einfache vektorielle Zerlegung der $\vec{r}_j$ in Gl. (5.26) zeigen, daß zwischen dem Trägheitsmoment eines Körpers bezüglich einer Drehachse durch den Schwerpunkt I_s und dem Trägheitsmoment I für eine parallele Achse durch einen beliebigen Punkt die Beziehung gilt:

$$\boxed{I = Ma^2 + I_s} \qquad \textbf{(Steinerscher Satz)}$$

(M ist die Masse des Körpers, a der Abstand der Drehachse vom Schwerpunkt.)

Drehimpuls eines beliebig geformten Körpers

Wir haben bisher nur Fälle besprochen, in denen Drehimpuls und Winkelgeschwindigkeit parallel stehen. Um jedoch nicht den falschen Eindruck zu erwecken, daß dies immer eintritt, sei schließlich noch ein Gegenbeispiel gebracht, in dem zwischen $\vec{L}$ und $\vec{\omega}$ durchaus große Winkel auftreten können.

Rotiert man eine Hantel mit zwei gleichen Massen unter einem festen Winkel α gegen die Winkelgeschwindigkeit $\vec{\omega}$ (Bild 5.19), so ist der Drehimpuls nach Gl. (5.22)

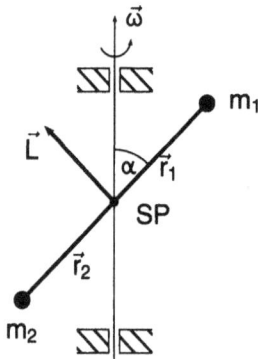

Bild 5.19: Rotierende Hantel: die Drehachse geht durch den Schwerpunkt, steht aber nicht senkrecht auf der Hantelachse.

$$\vec{L} = m_1\vec{r}_1 \times \vec{v}_1 + m_2\vec{r}_2 \times \vec{v}_2$$

Da $\vec{v}_{1,2}$ senkrecht auf der Bildebene stehen ($\vec{v}_1 = -\vec{v}_2$), überzeugt man sich rasch, daß hier $\vec{L}$ senkrecht auf der Hantelachse (oder Verbindung beider Massen) steht und daher *mit $\vec{\omega}$ einen großen Winkel* ($90° - \alpha$) *bildet*. (Bei der Drehung der Hantel bleibt der Drehimpulsvektor also *nicht* konstant, sondern ändert laufend seine Richtung. Dazu sind allerdings äußere Kräfte erforderlich, welche vom Lager auf die Drehachse ausgeübt werden.)

Übungsfrage: Wie könnte man die Kräfte berechnen, die auf die Lager wirken?

In der theoretischen Mechanik wird die bemerkenswerte Tatsache bewiesen werden, daß es für jeden noch so komplizierten Körper (z.B. einen Felsbrokken) doch genau drei aufeinander senkrechte Drehachsen gibt, die dadurch ausgezeichnet sind, daß bei einer Rotation um diese Achsen Drehimpuls und Winkelgeschwindigkeit parallel sind. Diese Achsen heißen *Hauptträgheitsachsen*. Bei Rotationssymmetrie des Körpers fällt naturgemäß eine Hauptträgheitsachse mit der Symmetrieachse des Körpers zusammen.

Die drei Hauptträgheitsachsen

Übungsfrage: Wie liegen die Hauptträgheitsachsen in einem Quader? Welche Bewegung um den Schwerpunkt führt ein hochgeworfener Ziegelstein aus, wenn ihm zu Beginn ein Drehimpuls parallel zu einer Hauptträgheitsachse bzw. nicht parallel zu einer der Hauptträgheitsachsen erteilt wurde?

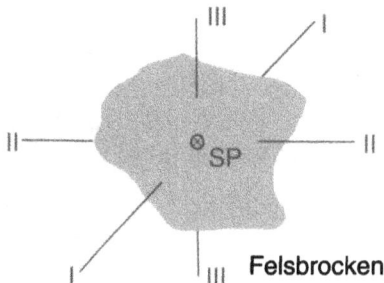

Felsbrocken

Bild 5.20: Hauptträgheitsachsen eines Felsbrockens

5.4 Die kleinste Einheit des Drehimpulses in der Natur

Viele Beobachtungen, zum Beispiel an Atomen, die wesentlich zur Entwicklung der Quantenmechanik beitrugen, haben gezeigt, daß endliche Drehimpulse nur in halb- oder ganzzahligen Vielfachen einer fundamentalen Grundeinheit auftreten können *(Drehimpulsquantisierung)*.

Quantenphysik und Rotation:
„Der Drehimpuls kann sich nicht stetig ändern sondern nur in Stufen von jeweils $(h/2\pi)$"

Diese Grundeinheit des Drehimpulses ist

$$\hbar = \frac{h}{2\pi} = 1{,}054 \cdot 10^{-34}\,\text{kg}\,\text{m}^2/\text{s}$$

mit der berühmten Planckschen Konstanten h.

h ist die Plancksche Konstante

Übungsfrage: Wie kann man sich das Auftreten einer Grundeinheit des Drehimpulses mit Hilfe des Heisenbergschen Unschärfeprinzips (vgl. Kap. 1) plausibel machen?

Wenn auch ein solcher Drehimpuls der Größe $\hbar$ außerordentlich klein ist, so bewirkt er doch in atomaren Bereichen hohe Umlauf- und Winkelgeschwindigkeiten.

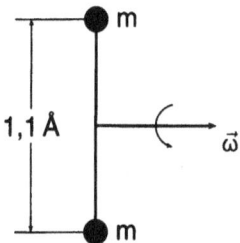

Bild 5.21: Freie Rotation eines Stickstoff-Moleküls um eine Achse, die auf der Molekülachse senkrecht steht (1 Å = 10^{-10} m)

Nehmen wir zum Beispiel ein *Stickstoffmolekül*, welches aus zwei Atomen – im Abstand 1,1 Å voneinander – besteht. Die starke chemische Bindung zwischen beiden Atomen erlaubt es uns, das Molekül nahezu als *starren Rotator* zu betrachten. *Der Drehimpuls des Moleküls sei nun gerade $\hbar$.*

$$L = 2mrv = 2mr^2\omega = \hbar \qquad (5.32)$$

Daraus ergibt sich mit den Werten

$$2r = 1{,}1 \cdot 10^{-10}\,\text{m}$$

und

$$m = 2{,}3 \cdot 10^{-26}\,\text{kg}$$

die Winkelgeschwindigkeit:

$$\omega = \frac{\hbar}{2mr^2} = 7{,}5 \cdot 10^{11}\,\mathrm{s}^{-1}$$

Umdrehungsfrequenzen dieser Größenordnung sind typisch für Molekülrotationen.

Oder betrachten wir im *Wasserstoffatom* das Elektron auf seiner Kreisbahn um das Proton (im Abstand r). Die elektrostatische Anziehungskraft führt zur Beschleunigung des Elektrons mit der Ladung e:

$$\frac{mv^2}{r} = \frac{1}{4\pi\varepsilon_0} \cdot \frac{e^2}{r^2} \tag{5.33}$$

Multiplizieren wir beide Seiten mit r^3, so ergibt sich:

$$\frac{m^2 r^2 v^2}{m} = \frac{1}{4\pi\varepsilon_0} \cdot e^2 r$$

Lassen wir nun für den Bahndrehimpuls $mrv = L$ nur ganzzahlige Vielfache von $\hbar$ zu $(L = n\hbar)$, so wird daraus

$$4\pi\varepsilon_0 \cdot \frac{n^2 \hbar^2}{me^2} = r_\mathrm{n} = r_1 \cdot n^2, \qquad n = 1, 2, 3, \ldots \tag{5.34}$$

mit

$$r_1 = 0{,}529 \cdot 10^{-10}\,\mathrm{m}$$

Die Größe des Wasserstoffatoms (und aller anderen Atome) ist eine unmittelbare Folge der Quantisierung des Drehimpulses

Wie man sieht, kann wegen der Quantisierung des Bahndrehimpulses der Bahnradius nur noch diskrete Werte r_n annehmen. Der kleinste Radius entspricht $n = 1$ und ist etwa 0,5 Å. Dieser Radius wird auch *Bohrscher Radius* genannt und stimmt gut mit dem beobachteten Radius des Wasserstoffatoms überein. Der nächstgrößere Radius für $n = 2$ ist $r = (2)^2 \cdot 0{,}5\,\text{Å} = 2\,\text{Å}$, usw.

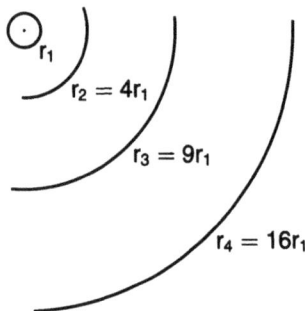

Bild 5.22: Bohrsche Elektronenbahnen in einem Wasserstoffatom: aufgrund der Drehimpulsquantisierung sind nur diskrete Bahnradien möglich ($r_1 = 0{,}5\,\text{Å} = 0{,}5 \cdot 10^{-10}$ m).

$E_\infty = 0$

$E_3 = -C/9$

$E_2 = -C/4$

13,6 eV

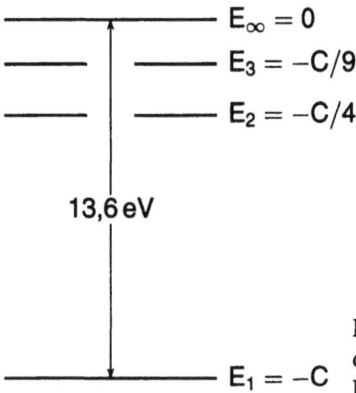

Auch die diskreten Energieniveaus des Wasserstoffatoms sind eine Folge der Drehimpulsquantisierung

Bild 5.23: Energieniveaus eines Wasserstoffatoms: jeder Bahn entspricht eine bestimmte Gesamtenergie. Der Grundzustand hat eine Energie von $-13,6$ eV.

$E_1 = -C$

Wir wollen uns noch fragen, wie groß die Gesamtenergie des Atoms ist, wenn sich das Elektron in den Bahnen r_1, r_2, r_3 usw. befindet. Die kinetische Energie ist nach Gl. (5.33)

$$T = \frac{mv^2}{2} = \frac{1}{4\pi\varepsilon_0} \cdot \frac{e^2}{2r}$$

die potentielle Energie

$$V = -\frac{1}{4\pi\varepsilon_0} \cdot \frac{e^2}{r}$$

Somit ergibt sich für die Gesamtenergie $E = T + V$:

$$E_n = -\frac{1}{4\pi\varepsilon_0} \cdot \frac{e^2}{2r_n} \tag{5.35}$$

Setzt man den Wert r_n aus Gl. (5.34) ein, so erhält man:

$$\boxed{E_n = -\frac{me^4}{2(4\pi\varepsilon_0)^2\hbar^2} \cdot \frac{1}{n^2} = -C/n^2} \tag{5.36}$$

mit $\quad C = 2{,}17 \cdot 10^{-18}$ J
$\qquad = 13{,}6$ eV

Wie man sieht, entspricht jeder Bahn ein bestimmtes Energieniveau. Die Energiedifferenz zwischen E_1 und E_∞, die man aufbringen muß, um das Elektron ganz vom Atom im Grundzustand zu trennen, nennt man die *Bindungs- oder Ionisationsenergie C*.

Anmerkung: Im atomaren Bereich wird häufig als Energieeinheit das Elektronenvolt [eV] verwendet. 1 eV ist die Energie, die ein Elektron gewinnt, wenn es die Potentialdifferenz von 1 V durchläuft:

$$1\,\text{eV} = 1{,}602 \cdot 10^{-19}\,\text{J}$$

In der Welt der Elementarteilchen spielt der *Eigendrehimpuls, den jedes Elementarteilchen besitzt*, noch eine weitere fundamentale Rolle. Jedes Teilchen dreht sich – wie die Erde – um seine eigene Achse. Sein Eigendrehimpuls oder *Spin* beträgt ein ganzzahliges Vielfaches von $\hbar/2$.

Tabelle 5.2: Eigendrehimpulse oder Spins von Elementarteilchen

Nukleonen (n, p):	1/2	$\hbar$
Leptonen $(e^-, e^+, \nu, \bar{\nu}, \mu^+, \mu^-)$:	1/2	$\hbar$
Photonen (γ):	1	$\hbar$
Mesonen (π, K):	0	$\hbar$

Bei allen Reaktionen und Zerfällen von Atomen und Kernen gilt die Erhaltung des Gesamtdrehimpulses, und sie verlaufen so, daß die Vektorsummen aus allen Bahndrehimpulsen und Eigendrehimpulsen erhalten bleibt.

Beispiel: Der Zerfall eines π^--Mesons

$$\pi^- \to \mu^- + \bar{\nu}$$

verläuft so, daß die Bahndrehimpulse (im Schwerpunktsystem) null sind. Zum Gesamtdrehimpuls tragen nur die Spins bei:

Teilchen	π^-	μ^-	$\bar{\nu}$
Spin $[\hbar]$	0	1/2	1/2

Die Eigendrehimpulse der Zerfallsprodukte Myon und Neutrino müssen also antiparallel stehen.

Da viele Elementarteilchen elektrische Ladungen tragen, bedingt der spezielle Drehimpuls auch besondere Kreisströme und magnetische Eigenschaften der Teilchen, deren Studium wichtige Aufschlüsse über die Ladungsverteilung im Teilchen erlaubt.

Übungsfrage: Beim Zerfall eines Neutrons können das entstehende Proton und Elektron leicht, zum Beispiel in einer Nebelkammer, nachgewiesen werden. Warum muß aufgrund der Drehimpulserhaltung noch zusätzlich ein Teilchen entstanden sein? (Siehe die Bemerkungen über das Neutrino am Ende des vierten Kapitels.)

5.5 Der symmetrische Kreisel

Im folgenden wollen wir die Rotationsbewegung von starren Körpern um freie Achsen näher betrachten. Zwar müssen auch hier die Drehachsen immer durch den Schwerpunkt gehen, aber ihre Orientierung im Raum ist nicht durch Lager festgelegt, sondern kann sich ändern.

Wir wollen einfachheitshalber annehmen, daß der sich drehende Körper, den man auch *Kreisel* nennt, Rotationssymmetrie besitzt. (In diesem Fall spricht man von einem *symmetrischen Kreisel*.) Die Bilder 5.24 und 5.25 zeigen zwei Formen von symmetrischen Kreiseln: Der linke ist genau im

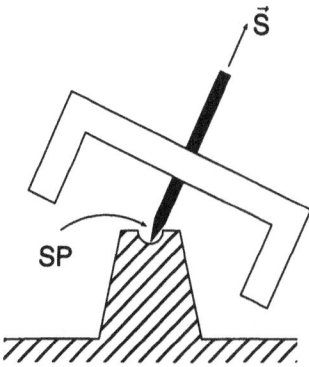 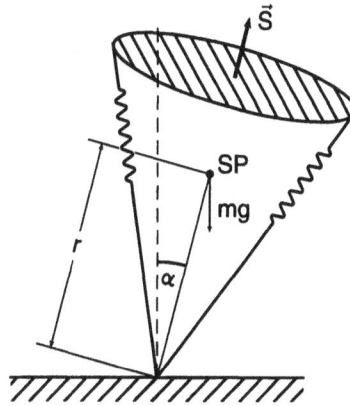

Bild 5.24: Symmetrischer Kreisel, im Schwerpunkt gelagert: die Schwerkraft kann kein Drehmoment auf den Kreisel ausüben.

Bild 5.25: Symmetrischer Kreisel, unterhalb des Schwerpunktes unterstützt: auf den geneigten Kreisel greift im Aufstützpunkt ein Drehmoment an.

Schwerpunkt festgehalten. Daher übt die Erdanziehung kein aufrichtendes Drehmoment auf ihn aus, und er bleibt in jeder schiefen Lage stehen. Es handelt sich um einen *kräftefreien Kreisel*. Im Gegensatz dazu ist der Kinderkreisel rechts im Bild 5.25 *unterhalb* des Schwerpunkts unterstützt, so daß bei einer Neigung um den Winkel α infolge der Gravitationskraft mg, die ja am Schwerpunkt angreift, ein Drehmoment auftritt *(Kreisel mit Drehmoment)*.

Wir wollen im folgenden anhand der Grundgleichung (5.20)

$$\vec{M} = \frac{\mathrm{d}\vec{L}}{\mathrm{d}t} \tag{5.20}$$

die Bewegung eines Kreisels ohne und mit äußerem Drehmoment beschreiben.

Der kräftefreie symmetrische Kreisel

Die Symmetrieachse des Kreisels, die man auch oft *Figurenachse* nennt, sei mit $\vec{S}$ bezeichnet (siehe Bild 5.24). Das Trägheitsmoment des Kreisels für eine Drehung um die Figurenachse habe einen anderen Wert als für die Drehung um eine dazu senkrechte Achse ($I_M \neq I_\perp$). Da auf den kräftefreien Kreisel kein Drehmoment wirkt, kann sich nach Gl. (5.20) die Richtung der Drehimpulsachse $\vec{L}$ während der Rotation nicht ändern. Die Drehimpulsachse bleibt fest im Raume stehen. Versetzt man also den Kreisel mit etwas Sorgfalt so in Rotation, daß er sich *genau um die Figurenachse dreht* (d.h. die Winkelgeschwindigkeit $\vec{\omega}$ liegt in Richtung der Figurenachse), dann liegt auch der Drehimpulsvektor $\vec{L}$ in Richtung von $\vec{S}$, da ja für diesen Fall (siehe Abschnitt 5.3) $\vec{\omega}$ und $\vec{L}$ parallel sind. Wegen der Konstanz des Drehimpulses bleibt daher auch die Figurenachse im Raume fest stehen.

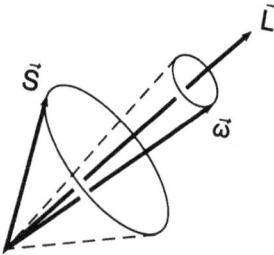

Bild 5.26: Nutation des kräftefreien symmetrischen Kreisels: momentane Drehachse und Figurenachse rotieren auf einem Kegelmantel um den raumfesten Drehimpulsvektor.

Stört man jedoch die Parallelität von Figurenachse und Winkelgeschwindigkeit (z.B. durch einen seitlichen Schlag auf den Kreisel), dann gilt auch die Parallelität von $\vec{\omega}$ und $\vec{L}$ nicht mehr: Jetzt bewegen sich die momentane Drehachse $\vec{\omega}$ und die Figurenachse $\vec{S}$ mit einem endlichen Winkel um die raumfeste Drehimpulsachse $\vec{L}$, wie in Bild 5.26 dargestellt, wobei alle 3 Achsen jeweils in einer Ebene bleiben. Diese Rotation der Figurenachse des kräftefreien symmetrischen Kreisels auf einem Kegelmantel, die immer auftritt, wenn $\vec{\omega}$ und $\vec{S}$ nicht zusammenfallen, heißt *Nutation*.

Übungsfrage: Auch die Erdachse führt eine Nutationsbewegung mit einer Periode von etwa 420 Tagen und einem Öffnungswinkel von kleiner als $1/2''$ aus. Was könnte die Ursache dieser Nutationsbewegung sein?

Der Kreisel unter dem Einfluß eines Drehmoments

Wir wollen hier anhand von einigen Beispielen zeigen, wie sich ein Kreisel bewegt, wenn ein konstantes Drehmoment versucht, die Kreiselachse zu kippen (vgl. Bild 5.27).

Die Masse des Kreiselkörpers sei klein gegen m, so daß auf den Kreisel ein Drehmoment $\vec{M} = \vec{R} \times m\vec{g}$ (vom Betrag Rmg) wirkt, welches in die Zeichenebene hineingerichtet ist. Nach der Grundgleichung (5.20) führt dies

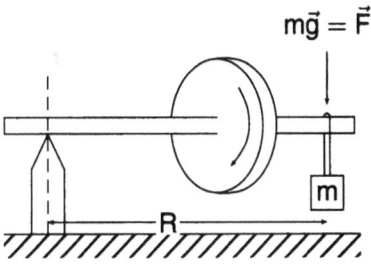

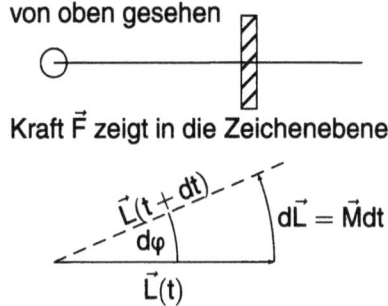

Bild 5.27: Symmetrischer Kreisel mit Drehmoment: die Schwerkraft steht senkrecht
auf der Kreiselachse.

Bild 5.28: Zur Präzession des Kreisels:
Das angreifende Drehmoment bewirkt eine
Kreisbewegung des Drehimpulsvektors.

in jedem Zeitintervall dt zu einer Veränderung des Drehimpulsvektors

$$\mathrm{d}\vec{L} = \vec{M}\mathrm{d}t\,.$$

Da $\vec{M}$ senkrecht auf $\vec{L}$ steht (wie aus Bild 5.27 ersichtlich), steht auch $\mathrm{d}\vec{L}$ senkrecht auf $\vec{L}$: Hieraus folgt, daß der Drehimpuls nur seine Richtung, nicht aber seinen Betrag ändert. Die Drehimpulsachse weicht somit senkrecht zur angreifenden Kraft aus und beschreibt einen Kreis mit der Winkelgeschwindigkeit $\mathrm{d}\varphi/\mathrm{d}t$, und hierfür gilt nach Bild 5.28:

$$\mathrm{d}\varphi = \frac{\mathrm{d}L}{L} = \frac{M}{L}\,\mathrm{d}t$$

oder

$$\boxed{\frac{\mathrm{d}\varphi}{\mathrm{d}t} = \frac{M}{L}} \qquad (5.37)$$

Die Präzessionsbewegung des Kreisels ist wichtig auch für die Präzession eines Elektrons oder Atomkerns im Magnetfeld. Diese Präzessionsbewegung ist z.B. die Grundlage der modernen Kernspintomographie

Diese Bewegung des Kreisels heißt *Präzession.*

Wir halten fest: Versucht man, den Kreisel *durch ein Drehmoment* zu kippen, so weicht die Kreiselachse senkrecht zur angreifenden Kraft aus und beschreibt eine *Präzessionsbewegung* mit der Kreisfrequenz (M/L).

Übungsfrage: Welche (Kreisel-)Kräfte wirken auf die Räder eines Autos, das in eine Rechtskurve gelenkt wird?

Als nächstes Beispiel wollen wir die Präzession eines Kinderkreisels betrachten, welche den gleichen Gesetzmäßigkeiten folgt. Bild 5.29 zeigt einen Kreisel, der gegen die Vertikale um den Winkel α geneigt ist. Das resultierende Drehmoment $\vec{M} = \vec{R} \times m\vec{g}$ (wiederum in die Zeichenebene weisend) hat einen Betrag von

$$M = R \cdot mg \cdot \sin\alpha\,. \qquad (5.38)$$

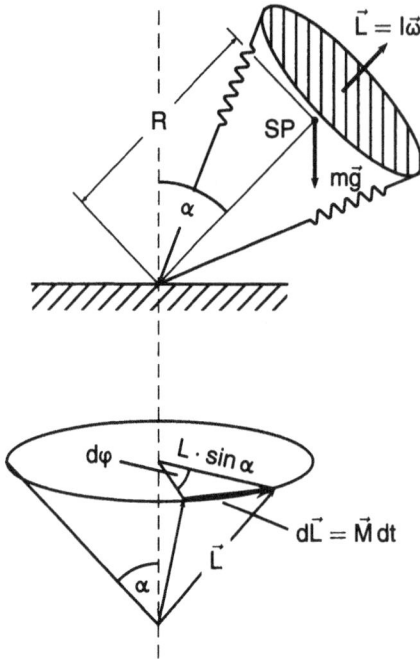

Bild 5.29: Präzession eines Kinderkreisels: Die Kreiselachse bildet mit der Richtung der Schwerkraft einen Winkel α. Drehimpulsvektor und Kreiselachse bewegen sich gleichförmig auf einem Kegelmantel mit dem Öffnungswinkel 2α.

Die Drehimpulsachse weicht wieder in Richtung des Drehmoments aus: $\mathrm{d}\vec{L} = \vec{M}\mathrm{d}t$. Das bedeutet:

1. $\mathrm{d}\vec{L}$ liegt senkrecht zu $\vec{L}$, d.h. der Betrag von $\vec{L}$ bleibt konstant.

2. $\mathrm{d}\vec{L}$ liegt senkrecht zur vertikalen Kraft, d.h. in einer horizontalen Ebene. Der Endpunkt von $\vec{L}$ beschreibt daher einen Kreis in der horizontalen Ebene wie in Bild 5.29 unten angedeutet. Für die Winkelgeschwindigkeit dieser Präzessionsbewegung ergibt sich:

$$\frac{\mathrm{d}\varphi}{\mathrm{d}t} = \frac{\mathrm{d}L/\mathrm{d}t}{L\sin\alpha} = \frac{M}{L\sin\alpha} = \frac{R \cdot mg \cdot \sin\alpha}{L\sin\alpha}$$

also:

$$\boxed{\frac{\mathrm{d}\varphi}{\mathrm{d}t} = \frac{R \cdot mg}{L}} \qquad (5.39)$$

Die Präzessionsfrequenz des Kinderkreisels ist also unabhängig vom Neigungswinkel α.

Auch im Mikroskopischen kann man die Präzessionsbewegung beobachten: Atome, Kerne und Elementarteilchen mit Drehimpuls besitzen oft – wie schon erwähnt – ein magnetisches Moment, verhalten sich also etwa wie ein Stabmagnet. Legt man ein äußeres Magnetfeld an, so entsteht ein Drehmoment, welches versucht, die Drehimpulsachse parallel zum Magnetfeld zu orientieren. Infolge dieses Drehmoments präzediert die Drehimpulsachse des Teilchens um das Magnetfeld mit einer charakteristischen Resonanzfrequenz, die man leicht beobachten kann. (Hierauf kommen wir später zurück im Rahmen der Atomphysik.)

Schließlich sei auch noch als technische Anwendung der Kreiselkompaß erwähnt. Er besteht im wesentlichen aus einem elektrisch getriebenen Rotor, dessen Drehachse sich in einer horizontalen Ebene ganz frei bewegen kann. Diese freie Beweglichkeit der Rotorachse wird oft dadurch erzielt, daß das Rotorgehäuse auf einer Flüssigkeit schwimmt. Nehmen wir an, der

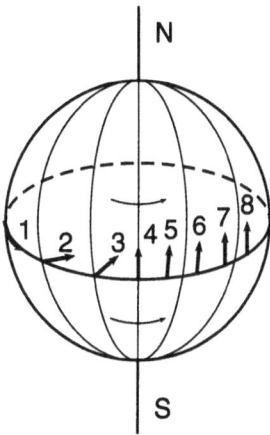

Bild 5.30: Nord-Süd-Ausrichtung der Drehachse eines Kreiselkompasses infolge der Erddrehung

Kreisel wird auf einem Schiff im Atlantik in der Äquatornähe in Gang gesetzt, und die Rotorachse weist zufällig nach Osten zu dieser Zeit (Position 1 in Bild 5.30). Durch die Erddrehung wird bei dieser Orientierung der Rotorachse ein Drehmoment auf die Achse ausgeübt, da ja die Achse in einer horizontalen Ebene bleibt. Als Folge davon (siehe Gl. (5.20)) dreht sich die Rotorachse mehr und mehr in die Nord-Süd-Richtung (Position 2 – 4 in Bild 5.30). Nach dem Erreichen der Nord-Süd-Richtung wirkt kein weiteres Drehmoment mehr, und die Drehimpulsachse des Kreisels bleibt daher von diesem Zeitpunkt ab genau parallel zur Drehachse der Erde orientiert. So ist der Kreiselkompaß ein hervorragendes Hilfsmittel der Navigation, welcher nicht wie der magnetische Kompaß für mancherlei magnetische Störungen anfällig ist.

Übungsfrage: Um einem Satelliten eine feste Orientierung zu geben, wird er häufig in eine nutationsfreie Rotation versetzt. Inwieweit kann die Inhomogenität des Schwerefeldes der Erde innerhalb des Satelliten zu einer störenden Präzessionsbewegung führen?

5.6 Die Energie eines starren Rotators

Wir wollen uns zunächst fragen, wie groß die *kinetische Energie* eines Körpers ist, der sich fortbewegt und sich gleichzeitig um seinen eigenen Schwerpunkt dreht. Erfolgt die Rotation um eine Hauptträgheitsachse, so ist $\vec{L}$ parallel zu $\vec{\omega}$, und die gesamte kinetische Energie ergibt sich zu (siehe Bild 5.31)

$$T = \frac{1}{2} \sum_{j=1}^{N} m_j \left(\frac{\mathrm{d}\vec{\varrho}_j}{\mathrm{d}t} \right)^2 = \frac{1}{2} \sum_{j=1}^{N} m_j \left(\frac{\mathrm{d}(\vec{R} + \vec{r}_j)}{\mathrm{d}t} \right)^2$$

$$= \frac{1}{2} \sum_{j=1}^{N} m_j \left(\frac{\mathrm{d}\vec{R}}{\mathrm{d}t} \right)^2 + \frac{\mathrm{d}\vec{R}}{\mathrm{d}t} \sum_{j=1}^{N} m_j \frac{\mathrm{d}\vec{r}_j}{\mathrm{d}t} + \frac{1}{2} \sum_{j=1}^{N} m_j \left(\frac{\mathrm{d}\vec{r}_j}{\mathrm{d}t} \right)^2.$$

Hierbei sind die $\vec{r}_j$ die Koordinaten relativ zum Schwerpunkt. Daher verschwindet $\sum m_j \frac{\mathrm{d}r_j}{\mathrm{d}t} = \frac{\mathrm{d}}{\mathrm{d}t} \left(\sum m_j r_j \right) = 0$ und damit der zweite Term oben. Im dritten Term oben ist $(\mathrm{d}\vec{r}_j/\mathrm{d}t)^2$ das Quadrat der Geschwindigkeit und diese ist aufgrund der Rotation um den Schwerpunkt $(r_{j\perp}\omega)^2$. Hierbei steht $r_{j\perp}$ für die zu $\vec{\omega}$ senkrechte Komponente von $\vec{r}_j$. Daher ergibt sich für $\sum m_j (\mathrm{d}\vec{r}_j/\mathrm{d}t)^2 = \left(\sum m_j r_{j\perp}^2 \right) \omega^2 = I \cdot \omega^2$ und schließlich

Einfache Zusammensetzung der kinetischen Energie eines starren Rotators: Bewegung des Schwerpunkts und Rotation um den Schwerpunkt.

$$\boxed{T = \frac{M}{2} \left(\frac{\mathrm{d}\vec{R}}{\mathrm{d}t} \right)^2 + \frac{I}{2}\omega^2}.$$

Energie eines starren Rotators   (5.40)

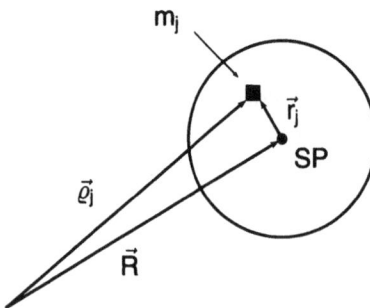

Bild 5.31: Die Bewegung eines starren Körpers läßt sich zerlegen in die Bewegung des Schwerpunktes und eine Bewegung um den Schwerpunkt.

Übungsfrage: Nehmen Sie eine volle und eine leere Bierflasche. Lassen Sie beide aus gleicher Höhe eine schiefe Ebene herabrollen. Warum kommt die volle Flasche früher unten an? (Versuchen Sie es mit dem Prinzip der Energieerhaltung!)

Nun wollen wir noch den Begriff der potentiellen Energie für starre Rotatoren diskutieren und als Anwendung die Drehschwingung eines Rotators betrachten.

In vielen physikalischen Meßgeräten ist ein starrer, um eine festgelagerte Drehachse drehbarer Körper mit einer Spiralfeder oder einem verdrillbaren Draht verbunden. In der Gleichgewichtslage übt die Feder oder der Draht kein Drehmoment auf den Körper aus. Wird aber von außen ein Drehmoment angelegt, so dreht sich der Körper. Dabei erzeugt die gedrehte Feder oder der Draht ein *Richtmoment*, das bei kleinem Drehwinkel zu diesem proportional und dem äußeren Drehmoment entgegengerichtet ist:

$$\boxed{M_r = -D\varphi}$$ (5.41)

Im Gleichgewicht ist die Summe aus äußerem Drehmoment und Richtmoment null.

Die Arbeit, die geleistet werden muß, um den Körper um den Winkel $d\varphi'$ zu drehen, ist

$$dW = M d\varphi' = -D\varphi' d\varphi'$$ (5.42)

Daraus ergibt sich die potentielle Energie, die bei einer Drehung von $\varphi = 0$ bis φ dem System zugeführt wird, zu:

$$\boxed{V(\varphi) = -\int_0^\varphi dW = \int_0^\varphi D\varphi' d\varphi' = \frac{D\varphi^2}{2}}$$ (5.43)

Die gespeicherte potentielle Energie ist proportional zum Quadrat des Drehwinkels φ in Analogie zu der potentiellen Energie einer gedehnten Feder, die proportional zum Quadrat der Dehnung ist. Das beschriebene System kann Drehschwingungen um die Gleichgewichtslage durchführen. Sie können mit Hilfe des Energieerhaltungssatzes beschrieben werden. Die kinetische Energie des schwingenden Rotators ist $T = \frac{1}{2}I\left(\frac{d\varphi}{dt}\right)^2$, die potentielle Energie ist $V = \frac{1}{2}D\varphi^2$. Die gesamte Energie muß konstant bleiben. Daher gilt die Beziehung

$$\frac{1}{2}I\left(\frac{d\varphi}{dt}\right)^2 + \frac{1}{2}D\varphi^2 = E = \text{konstant}\,.$$

Energieerhaltung bei einer Dreh- oder Torsionsschwingung

Eine ähnliche Differentialgleichung haben wir bereits in Kap. 4 für lineare Schwingungen gefunden und gelöst:

$$\frac{1}{2}mv^2 + \frac{1}{2}cx^2 = E$$

und hieraus ergab sich die Resonanzfrequenz $\omega_0^2 = \dfrac{c}{m}$.

Für Drehschwingungen erhalten wir in analoger Weise die Schwingungsfrequenz

Resonanzfrequenz einer Torsionsschwingung

$$\omega_0^2 = \frac{D}{I}. \qquad\qquad (5.44)$$

Anwendung: Bestimmung des Trägheitsmoments eines Körpers
Zuerst bestimmt man D durch Messung der Schwingungsfrequenz für einen Körper mit bekanntem Trägheitsmoment. Dann kann I auch für einen beliebigen Körper durch Messung von ω bestimmt werden.

5.7   Scheinkräfte in rotierenden Bezugssystemen

Wie wir bereits in Abschnitt 3.2 gesehen haben, ist das Newtonsche Gesetz $\vec{F} = m\vec{a}$ nur in unbeschleunigten Bezugssystemen, sog. Inertialsystemen, gültig, wie zum Beispiel in einem geradlinig und mit konstanter Geschwindigkeit fahrenden Zug.

Im modernen (aktiven oder passiven) Pendolino-Zug wird der Reisende in Kurven nicht mehr aus dem Fenster geworfen. Warum nicht?

Sobald jedoch das Bezugssystem *beschleunigt* wird, wenn zum Beispiel wie in Bild 5.32 ein D-Zug-Wagen in eine scharfe Rechtskurve fährt, gilt das Newtonsche Gesetz *in diesem System* nicht mehr: Der als schwarzer Punkt angedeutete Passagier nämlich, der sich nicht festhält, wird im Wagen in Fahrtrichtung gesehen nach links beschleunigt und leider dabei aus dem Wagenfenster geschleudert, obwohl keine „echte" Kraft auf ihn wirkt. Für einen *ruhenden* Beobachter ergeben sich in der Beschreibung dieses Vorgangs keinerlei Schwierigkeiten: Der Passagier bewegt sich auf einer geradlinigen Bahn, da keine horizontale Kraft auf ihn wirkt. Der Wagen jedoch erfährt

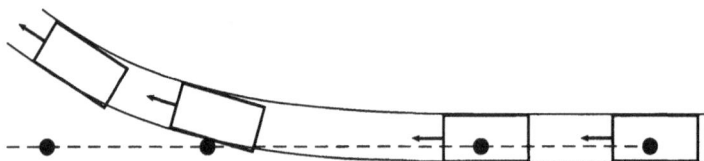

Bild 5.32: D-Zug-Wagen in einer sehr scharfen Kurve: ein Passagier (schwarzer Punkt) wird aus dem Wagen geschleudert.

eine Beschleunigung zum Krümmungsmittelpunkt der Kurve. Anders sieht dieser Unfall *für die übrigen Mitreisenden* im gleichen Abteil aus: Der unglückliche Passagier scheint unter dem Einfluß einer fiktiven Kraft aus dem Fenster geschleudert worden zu sein. *Diese Scheinkraft existiert nur für Beobachter in beschleunigten Bezugssystemen.* Beschleunigte Bezugssysteme von besonderer Wichtigkeit sind *rotierende Bezugssysteme*, wie z.B. unsere Erde. Bei jeder Rotation tritt bekanntlich eine Beschleunigung zur Drehachse hin auf. Wir wollen hier zeigen, daß auch ein mitrotierender Beobachter alle Bewegungen im rotierenden System richtig beschreibt, wenn man zwei zusätzliche Scheinkräfte einführt, die *Zentrifugalkraft* und die *Corioliskraft*.

Wir betrachten zwei Bezugssysteme (x, y, z) und (x', y', z') mit gemeinsamem Ursprung (siehe Bild 5.33). Das System (x', y', z') rotiert gegenüber dem (x, y, z)-System um eine Drehachse durch den Ursprung mit konstanter Winkelgeschwindigkeit $\vec{\omega}$ ($\vec{\omega}$ ist ein Vektor in die Richtung der Drehachse, die im Uhrzeigersinn umlaufen wird – Rechtssystem). Ein Körper mit der Masse m soll sich nun im System (x, y, z) auf einer Bahn bewegen, die durch den Ortsvektor $\vec{r}(t) = x(t)\hat{x} + y(t)\hat{y} + z(t)\hat{z}$ beschrieben wird. Dabei sind $\hat{x}$, $\hat{y}$ und $\hat{z}$ die Basis- oder Einheitsvektoren des (x, y, z)-Systems. Wir können $\vec{r}(t)$ aber auch ebensogut mit den Basisvektoren $\hat{x}'$, $\hat{y}'$ und $\hat{z}'$ des (x', y', z')-Systems darstellen, da beide Systeme einen gemeinsamen Ursprung haben: $\vec{r}(t) = \vec{r}'(t)$ oder

$$x(t)\hat{x} + y(t)\hat{y} + z(t)\hat{z} = x'(t)\hat{x}'(t) + y'(t)\hat{y}'(t) + z'(t)\hat{z}'(t). \qquad (5.45)$$

Differenzieren wir nun nach der Zeit, so erhalten wir auf der linken Seite $\vec{v} = (dx/dt)\hat{x} + (dy/dt)\hat{y} + (dz/dt)\hat{x}$. Auf der rechten Seite müssen wir jedoch berücksichtigen, daß die Basisvektoren $\hat{x}'$, $\hat{y}'$ und $\hat{z}'$ rotieren, sich

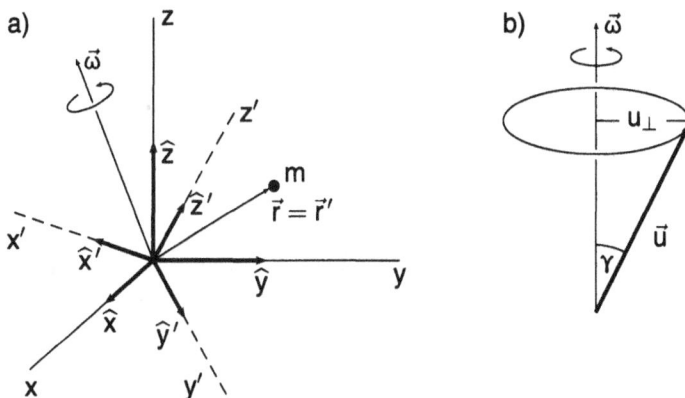

Bild 5.33: a) Das Koordinatensystem (x', y', z') dreht sich gegenüber dem (x, y, z)-System mit der Winkelgeschwindigkeit $\vec{\omega}$. b) Der Vektor $\vec{u}$ rotiert mit der Winkelgeschwindigkeit $\vec{\omega}$.

also zeitlich verändern. Wir erhalten damit für die Geschwindigkeit

$$\vec{v} = \left[\frac{dx'}{dt}\widehat{x}' + \frac{dy'}{dt}\widehat{y}' + \frac{dz'}{dt}\widehat{z}'\right] + \left[x'\frac{d\widehat{x}'}{dt} + y'\frac{d\widehat{y}'}{dt} + z'\frac{d\widehat{z}'}{dt}\right] \tag{5.46}$$

und entsprechend für die Beschleunigung $\vec{a} = d\vec{v}/dt$:

$$\vec{a} = \left[\frac{d^2x'}{dt^2}\widehat{x}' + \frac{d^2y'}{dt^2}\widehat{y}' + \frac{d^2z'}{dt^2}\widehat{z}'\right] + 2\left[\frac{dx'}{dt}\frac{d\widehat{x}'}{dt} + \frac{dy'}{dt}\frac{d\widehat{y}'}{dt} + \frac{dz'}{dt}\frac{d\widehat{z}'}{dt}\right] \tag{5.47}$$
$$+ \left[x'\frac{d^2\widehat{x}'}{dt^2} + y'\frac{d^2\widehat{y}'}{dt^2} + z'\frac{d^2\widehat{z}'}{dt^2}\right]$$

Dabei ist $\vec{a}' = \left(d^2x'/dt^2\right)\widehat{x}' + \left(d^2y'/dt^2\right)\widehat{y}' + \left(d^2z'/dt^2\right)\widehat{z}'$ die Beschleunigung von m im (x', y', z')-System. Die Beschleunigungen in den beiden Bezugssystemen unterscheiden sich also durch zwei zusätzliche Terme, die zu den oben erwähnten Scheinkräften in rotierenden Systemen führen. Diese beiden Terme enthalten zeitliche Ableitungen der Basisvektoren $\widehat{x}'$, $\widehat{y}'$ und $\widehat{z}'$, die wir nun berechnen wollen. Hierzu betrachten wir zunächst einen beliebigen Vektor $\vec{u}$, der mit konstanter Winkelgeschwindigkeit $\vec{\omega}$ um eine Drehachse rotiert. Wie aus Bild 5.33 ersichtlich ist, steht der Vektor $d\vec{u}/dt$ senkrecht auf $\vec{u}$ und $\vec{\omega}$ und hat den Betrag $|d\vec{u}/dt| = \omega u_\perp = \omega u \sin\gamma$. Wir können also schreiben:

$$\boxed{\frac{d\vec{u}}{dt} = \vec{\omega} \times \vec{u}} \tag{5.48}$$

Für $\vec{u} = \widehat{x}'$ liefert diese Beziehung $d\widehat{x}'/dt = \vec{\omega} \times \widehat{x}'$ und für $\vec{u} = d\widehat{x}'/dt$: $d^2\widehat{x}'/dt^2 = \vec{\omega} \times \left(d\widehat{x}'/dt\right) = \vec{\omega} \times \left(\vec{\omega} \times \widehat{x}'\right)$. Entsprechendes gilt für $\widehat{y}'$ und $\widehat{z}'$. Wir können damit Gl. (5.47) umformen in

$$\vec{a} = \vec{a}' + 2\vec{\omega} \times \left(\frac{dx'}{dt}\widehat{x}' + \frac{dy'}{dt}\widehat{y}' + \frac{dz'}{dt}\widehat{z}'\right)$$
$$+ \vec{\omega} \times \left[\vec{\omega} \times \left(x'\widehat{x}' + y'\widehat{y}' + z'\widehat{z}'\right)\right] \tag{5.49}$$
$$= \vec{a}' + 2\vec{\omega} \times \vec{v}' + \vec{\omega} \times \left(\vec{\omega} \times \vec{r}'\right) \ .$$

Wirkt auf einen Körper mit der Masse m im System (x, y, z) eine Kraft $\vec{F} = m\vec{a}$, so stellt ein Beobachter im rotierenden System (x', y', z') eine Kraft

$$\boxed{\vec{F}' = m\vec{a}' = \vec{F} - 2m\left(\vec{\omega} \times \vec{v}'\right) - m\vec{\omega} \times \left(\vec{\omega} \times \vec{r}'\right)} \tag{5.50}$$

fest. Zusätzlich zu $\vec{F}$ wirken im rotierenden System also zwei Teilkräfte $\vec{F}'_c = -2m\left(\vec{\omega} \times \vec{v}'\right)$ und $\vec{F}'_n = -m\vec{\omega} \times \left(\vec{\omega} \times \vec{r}'\right)$ auf einen Körper. $\vec{F}'_c$ wird als *Corioliskraft* bezeichnet. Sie tritt nur dann auf, wenn sich ein Körper im rotierenden System bewegt, da sie proportional zur Geschwindigkeit $\vec{v}'$ ist. $\vec{F}'_n$ wirkt dagegen auch auf einen im (x', y', z')-System ruhenden Körper. Sie steht senkrecht auf der Drehachse und zeigt nach außen. $\vec{F}'_n$ heißt deshalb *Zentrifugalkraft*. Ihr Betrag ist gleich $\vec{F}'_n = m\omega^2 r'_{\perp}$, wobei $r'_{\perp}$ die Projektion von $\vec{r}'$ auf eine Ebene senkrecht zur Drehachse ist.

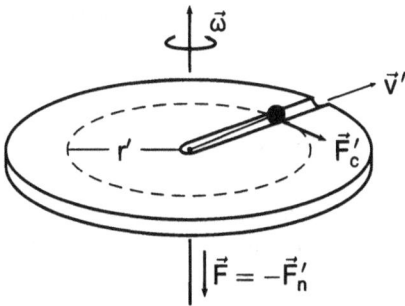

Bild 5.34: Auf einem Plattenteller rotiert eine Masse m, die durch eine radiale Rille geführt ist. Über einen Seilzug durch das Drehzentrum kann die Masse in radialer Richtung bewegt werden.

Betrachten wir z.B. eine Masse m auf einem Schallplattenteller, der mit der Winkelgeschwindigkeit $\vec{\omega}$ rotiert (siehe Bild 5.34). Ruht die Masse im Abstand r' auf dem Plattenteller, so sind in Gl. (5.50) $\vec{F}'$ und die Corioliskraft null. Die Zentrifugalkraft $\vec{F}'_n = m\omega^2 \vec{r}'$ muß aber durch eine gleich große, entgegengesetzt gerichtete Kraft $\vec{F} = -\vec{F}'_n$ ausgeglichen werden, wie in Bild 5.34 gezeigt ist. Ein Beobachter, der nicht mitrotiert, führt diese Kraft auf das Wirken einer *Zentripetalkraft* $\vec{F} = -m\omega^2 \vec{r}$ zurück, da in seinem Bezugssystem m mit der Winkelgeschwindigkeit ω rotiert.

Bewegt sich nun die Masse, die durch eine radiale Rille auf dem Plattenteller geführt wird, mit *konstanter* Geschwindigkeit radial nach außen, so wirkt für den mitrotierenden Beobachter neben der Zentrifugalkraft auch die Corioliskraft $\vec{F}'_c = -2m\left(\vec{\omega} \times \vec{v}'\right)$, die senkrecht zur Rille wirkt (siehe Bild 5.34). Ein Beobachter, der nicht mitrotiert, führt diese Kraftkomponente von $\vec{F}$, die von der Rille auf m ausgeübt wird, auf ein Drehmoment $\vec{M} = -\vec{r} \times \vec{F}'_c = 2mrv'\omega$ zurück. Was ist die Ursache dieses Drehmoments? Nun, durch die radiale Bewegung der Masse ändert sich ihr Drehimpuls $\vec{L} = m\left(\vec{r} \times \vec{v}\right) = mr^2\vec{\omega}$, so daß $\vec{M} = d\vec{L}/dt = 2mr(dr/dt)\vec{\omega}$ zu dem beobachteten Drehmoment führt.

Wir wollen schließlich mit Hilfe von Gl. (5.50) den Einfluß der *Corioliskraft* auf Bewegungen von Körpern auf der Erdoberfläche diskutieren. Fließen z.B. Luftmassen auf der Nordhalbkugel nach Norden wie in Bild 5.35 gezeigt, so führt die Corioliskraft $\vec{F}'_c = -2m\left(\vec{\omega} \times \vec{v}'\right)$ zu einer östlichen

Coriolis-Kraft

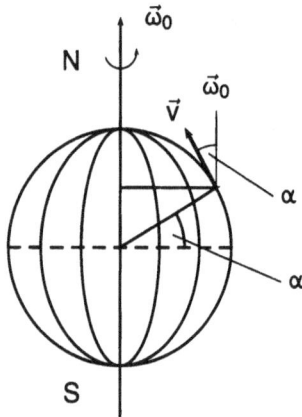

Bild 5.35: Coriolis-Kraft auf der Erdoberfläche. (Die beiden mit α bezeichneten Winkel sind definitionsgemäß gleich.)

oder Rechtsablenkung. Auch bei einer Bewegung von Osten nach Westen tritt durch die Corioliskraft eine Abweichung nach rechts, d.h. nach Norden auf. Alle horizontalen Bewegungen auf der Nordhalbkugel der Erdoberfläche führen somit zu einer Rechtsabweichung, auf der Südhalbkugel zu einer Linksabweichung. Der Betrag der Corioliskraft parallel zur Erdoberfläche ist hierbei

Wenn auf der Nordhalbkugel Luft in ein Tiefdruckgebiet strömt, erfahren die Luftmassen eine Rechtsablenkung.

$$\vec{F}_c' = 2mv'\omega \sin \alpha \, , \tag{5.51}$$

wobei α den geographischen Breitengrad angibt.

Wenn Luft aus einem Hochdruck- in ein Tiefdruckgebiet strömt, folgen die Luftmassen nicht genau der Richtung des Druckgradienten, sondern sie erfahren zusätzlich eine Corioliskraft, die sie auf der Nordhalbkugel von der Richtung des Druckgradienten nach rechts ablenkt. So entsteht um jedes Hochdruckzentrum eine Wirbelbewegung im Uhrzeigersinn und – aus dem gleichen Grunde – um jedes Tiefdruckgebiet eine Rotation der Luftmassen entgegen dem Uhrzeigersinn, wie wir dies von unseren Wetterkarten kennen. Auf der Südhalbkugel ist der Drehsinn der Luftwirbel genau umgekehrt.

So entstehen sowohl die rechts-drehenden Wirbel in den Hochdruck-gebieten wie auch die linksdrehenden in den Tiefdruck-zonen unserer Wetterkarten.

Übungsfragen:

- Wie wirkt sich die Erdrotation auf den freien Fall aus? Führt die Corioliskraft zu einer Störung des Kreiselkompasses auf einem fahrenden Schiff oder in einem Flugzeug?

- Welchen Einfluß hat die Erdrotation auf die Schwingung eines Faden-pendels? Zeigen Sie, daß die Schwingungsebene nicht erhalten bleibt (Foucault-Pendel).

5.8 Schlußbemerkung: Vergleich zwischen linearer und rotierender Bewegung

Zum Abschluß unserer Beschreibung der rotierenden Bewegung wollen wir noch auf die große formale Ähnlichkeit zwischen der linearen und der rotatorischen Bewegung hinweisen, wie sie in der folgenden Gegenüberstellung zum Ausdruck kommt:

Tabelle 5.3: Gegenüberstellung entsprechender Begriffe der linearen Bewegung und der Rotationsbewegung

Lineare Bewegung			Rotationsbewegung		
Ortskoordinate	x		Winkelkoordinate	φ	
Geschwindigkeit	v	$= dx/dt$	Winkelgeschwindigkeit	ω	$= d\varphi/dt$
Masse	m		Trägheitsmoment	I	
Impuls	p	$= mv$	Drehimpuls	L	$= I\omega$
Kraft	F	$= dp/dt$	Drehmoment	M	$= dL/dt$
Kinetische Energie	$\frac{1}{2}mv^2$	$= \frac{p^2}{2m}$	Kinetische Energie	$\frac{1}{2}I\omega^2$	$= \frac{L^2}{2I}$

Literaturhinweise zu Kapitel 5

Allgemeines:

Berkeley Physics Course Vol. I, McGraw-Hill (New York) (1965): Chap. 9: Inverse Square-Law Force, Chap. 8: Elementary Dynamics of Rigid Bodies, p. 83, Velocity and acceleration in rotating coordinate systems

Pohl, R.W.: Einführung in die Physik Bd. I, Springer Berlin (1969): Kap. 6: Drehbewegungen fester Körper

Giese, R.: Weltraumforschung I, BI-Hochschultaschenbücher Bd.107/107a (1966): Kapitel Drehbewegungen und Lagebestimmung von Raumflugkörpern

Goldreich, P.: Tides and the Earth-Moon-System, Scientific American, **226**, April (1972)

Kendall, H.W. und Panofsky: The Structure of the Proton and the Neutron, Scientific American, **224**, June (1971): Streuexperimente von Elektronen an Protonen und Neutronen

Zum Nanomotor der Bakterien:

Andersen, R.A.: Bacteria swim by rotating their flagellar filaments, Nature 245, 380 (1973)

Garza, A.G. et al.: Motility protein interactions in the bacerial flagellar motor, Proc. Nat. Acad. Sci. 92, 1970 (1995)

Zu den Pulsaren:

Grewing, M.: Pulsare, Physik in unserer Zeit, 1, 142 (1970)

Ostriker, H.P.: The nature of pulsars, Scientific American, 224, Jan. (1971)

Lyne, A.G. und Graham-Smith, F.: Pulsare, Joh. Ambrosius Barth Verlag, (1993)

6 Feste Stoffe: Vom Diamant zum Wackelpudding

6.1 Strukturen

In diesem Kapitel wollen wir einen ersten Überblick gewinnen über die verschiedenen festen Stoffe, die uns umgeben und aus denen wir selbst teilweise bestehen. Genaueres – insbesondere zu den elektronischen Eigenschaften – wird in Band II und später in der Vorlesung über Festkörperphysik besprochen. Zunächst werden wir am Beispiel von Kohlenstoffatomen die verschiedenen möglichen Bindungen und Anordnungen der Atome in der festen Materie diskutieren und die charakteristischen elastischen Eigenschaften der Materie, die sich aus diesen unterschiedlichen Strukturen ergeben. Auch die besonderen Eigenschaften der keramischen Materialien und die faszinierenden neuen Möglichkeiten der Kraftmikroskopie, mit denen wir heute sehr kleine Strukturen abtasten und herstellen können, wollen wir hier kurz besprechen. Schließlich gibt es noch festkörperähnliches Verhalten im flüssigen Zustand, z.B. bei Flüssigkristallen, Kolloiden und Gelen, die wir in die Übersicht mit einbeziehen wollen.

Hier geht es um die Frage, warum sind die verschiedenen Festkörper so „unterschiedlich" fest

Für den Zusammenschluß der Atome zu Molekülen und schließlich zur festen Materie sind die interatomaren und intermolekularen Kräfte verantwortlich. Die Struktur, die sich beim Kondensieren der Atome bildet, hängt entscheidend von der Art der Bindungen ab, die sich zwischen den wechselwirkenden Atomen ausbilden kann. Die Kräfte, die zur chemischen Bindung führen, sind grundsätzlich elektrischer Natur. Sie entstehen, wie im Band IV ausführlich beschrieben wird, durch die quantenmechanische Wechselwirkung zwischen den Elektronen benachbarter Atome. Wenn wir auch die physikalische Erklärung dieser Kräfte zunächst noch zurückstellen müssen[1], so wollen wir doch schon jetzt festhalten, daß die Stärke der Bindungen, die Zahl der gebundenen Partner und der sterische Winkel, unter dem Partner an ein Atom gebunden werden können, durch die chemische Natur der beteiligten Atome bestimmt sind.

Wichtig für die Festigkeit einer Probe sind zwei Komponenten: Die Stärke der chemischen Bindung zwischen den Atomen und die strukturelle Anordnung der Atome

---

[1] Wer sich schon jetzt informieren möchte, sei auf eine gute kurze Darstellung in dem Lehrbuch von A. Beiser (siehe Zitat am Kapitelende) verwiesen.

Betrachten wir zum Beispiel Kohlenstoffatome: Sie sind im Diamant in dreidimensionaler Ordnung, im Graphit in zweidimensionaler und im Polyethylen schließlich in eindimensionaler Anordnung aneinander gebunden. Daraus ergeben sich, wie wir im folgenden beschreiben wollen, sehr unterschiedliche, von der jeweiligen Struktur abhängige elastische Eigenschaften.

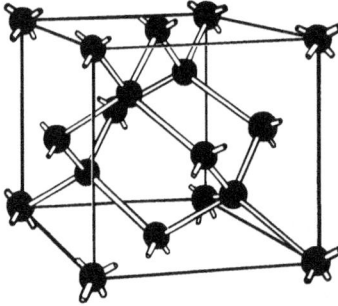

Bild 6.1: Die Kristallstruktur von Diamant mit der tetraedrischen Anordnung der Bindungen zu jeweils vier Nachbaratomen

Im Diamant ist jedes Kohlenstoffatom in tetraedischer Anordnung von vier benachbarten Atomen umgeben

Betrachten wir als erstes Beispiel Kohlenstoffatome in einem *Diamantkristall*. Bild 6.1 zeigt die Elementarzelle eines Diamantkristalls, und man erkennt deutlich die sterische tetraedrische Anordnung der Bindungen von jedem Kohlenstoffatom zu vier Nachbaratomen. Die (homöopolare) Bindung zwischen Kohlenstoffatomen gehört zu den stärksten Bindungen überhaupt. Daher ist Diamant auch der härteste aller bekannten Festkörper und schmilzt erst bei 3550 °C. Die bekannten Halbleiter Silizium und Germanium besitzen die gleiche Kristallstruktur wie Diamant, schmelzen aber schon bei erheblich niedrigeren Temperaturen (Si bei 1420 °C und Ge sogar schon bei 936 °C).

Graphit ist eine planare Struktur von Kohlenstoffatomen: Sehr fest gebunden nur innerhalb der Ebenen

Diese tetraedrische Anordnung ist aber nicht die einzige Form, in der Kohlenstoffatome ihre Nachbarn binden können. Im bekannten *Graphit* (siehe Bild 6.2) ist beispielsweise jedes Kohlenstoffatom nur an drei Nachbaratome gebunden, die alle in einer Ebene liegen. So ergeben sich im Graphit sehr fe-

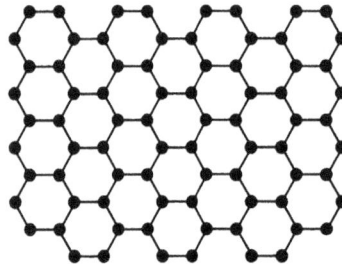

Bild 6.2: Graphit besteht aus Schichten von Kohlenstoffatomen in hexagonaler Anordnung. Jedes C-Atom ist stark zu drei Nachbarn gebunden. Die Schichten sind gegeneinander nur durch schwache sog. *van-der-Waals*-Kräfte gebunden.

ste[2] Kohlenstoffebenen, die – nur relativ schwach gebunden – übereinander

---

[2] Auch die Graphitbindung innerhalb der Ebenen bleibt bis mindestens 3500 °C stabil.

gestapelt sind, so daß sich diese Ebenen schon durch kleine Kräfte voneinander trennen lassen und auch leicht aufeinander gleiten. Daher werden Graphit und andere ähnliche Schichtstrukturen in der Technik auch als Gleitmittel zur Verringerung der Reibungskräfte eingesetzt.

In gewisser Ähnlichkeit zum Graphit existieren auch kugel- und zylinderförmige Kohlenstoffstrukturen, die innen hohl sind. Diese großen symmetrischen Kohlenstoffmoleküle, die in Bild 6.3 dargestellt sind, wurden erst vor einigen Jahren von W. Krätschmer und D. Huffman entdeckt. Sie bilden sich in kohlenstoffhaltigen Gasentladungen und bei der Laser-Verdampfung von Graphit. Das C_{60}-Molekül, das wie ein Fußball aus Sechs- und Fünfecken besteht, wurde auch im interstellaren Raum aufgrund seiner optischen Absorption gefunden. Nach Richard Buckminster Fuller, einem Architekten, der zuerst ähnliche Strukturen im Bau sphärischer Kuppeln einsetzte, nennt man diese großen Moleküle heute *Fullerene*. Inzwischen gibt es auch Kristalle aus vielen C_{60}-Molekülen: Eine neue Form von festem Kohlenstoff.

Die kürzlich entdeckten hohlen C_{60}-Moleküle aus 60 Kohlenstoffatomen in Fußballähnlicher Anordnung gehören zu den sog. Fulleren

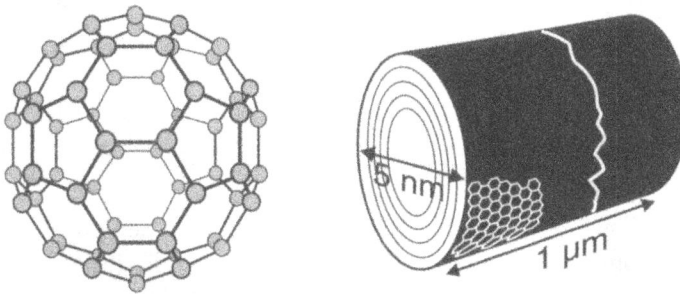

Bild 6.3: Fullerene: Links das sphärische C_{60}-Molekül und rechts eine Struktur aus konzentrischen *Nanoröhrchen*, von denen jedes aus zylindrisch gebogenen graphitähnlichen Kohlenstoffnetzen besteht.

Mit Hilfe von Katalysatoren und in der Gegenwart von Wasserstoff kann man aus Kohlenstoffatomen auch sehr lange eindimensionale Polymerketten herstellen, wie z.B. das Polyethylen (PE). Hier ist die Bindung eines Kohlenstoffatoms zu seinen zwei benachbarten Kohlenstoffatomen entlang der Kette wiederum sehr stark, im Gegensatz zu der viel schwächeren Bindung zwischen benachbarten Polymerketten. Obwohl die Existenz so langer kettenförmiger Makromoleküle erst seit etwa 70 Jahren bekannt ist (Staudinger, 1926), übertrifft die Weltproduktion von Kunststoffen aus Polymeren heute bereits erheblich die klassische Stahlproduktion. Doch die Bedeutung polymerer Materialien reicht viel weiter. Wie wir heute wissen, sind alle Tiere und Pflanzen aus spezifisch gefalteten Polymerketten aufgebaut. Die Biopolymere sind aber nicht nur die wichtigsten Bauelemente, sondern zugleich auch Informationsträger in jeder biologischen Zelle.

Fast alle Kunststoffe und biologische Materialien bestehen aus Polymerketten

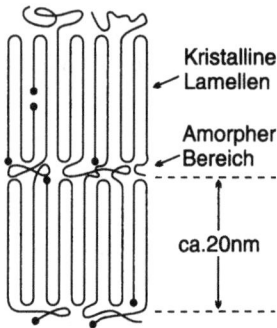

Bild 6.4a: Schematische Darstellung zweier gefalteter Lamellenkristalle, die etwa 20 nm hoch und durch amorphe Zwischenschichten voneinander getrennt sind. Wegen der inhomogen verteilten und relativ festen Kristallite sind kristallisierte Kunststoffe oft hart und erscheinen wegen der starken Lichtstreuung (im Gegensatz zu amorphen Kunststoffen) milchig trüb.

Regelmäßig gebaute Polymerketten falten sich beim Abkühlen aus der Schmelze oder Lösung zu flachen Kristallen, die für die meisten Polymere nur etwa 10–30 nm hoch sind, wie in Bild 6.4a dargestellt ist. In der Breite dagegen erreichen sie im Wachstum bedeutend größere Dimensionen (z.B. einige μm). Sie ähneln damit flachen Lamellen, und man nennt sie daher *Lamellenkristalle*. Polymere mit hoher Kristallinität besitzen in der Regel keine hohe Zugfestigkeit. Wie Bild 6.4b zeigt, entsteht beim Recken einer (z.B. 3 mm) dicken runden kristallinen Faser eine zunächst lokale und dann die ganze Länge der Faser erfassende Einschnürung, innerhalb derer die Polymerketten weitgehend parallel orientiert sind. Solche hochorientierten gereckten Fasern erreichen außerordentliche Festigkeiten, auf die wir weiter unten nochmal zurückkommen werden.

Polymerkristalle entstehen durch Faltung der Ketten. Oft sind sie spröde und optisch trüb.

Falls die Polymerketten unregelmäßig angeordnete Seitengruppen besitzen (wie z.B. Polystyrol (PS) oder Polymethylmetacrylat (PMMA)) ist eine Kristallisation aus sterischen Gründen nicht möglich. Diese unregelmäßigen Kettenmoleküle erstarren beim Abkühlen als homogen amorphes und daher meist gut durchsichtiges Polymerglas.

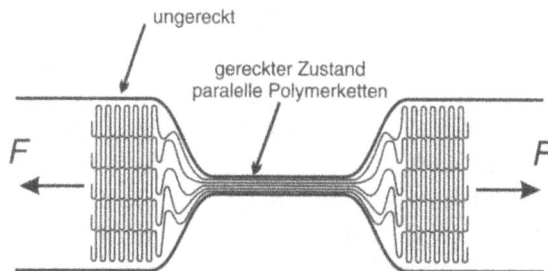

Bild 6.4b: Beim Recken einer polykristallinen Polymerfaser entsteht – wie schematisch dargestellt – ohne große Gegenkraft eine Einschnürung, in der alle Polymerketten nahezu parallel liegen. Der eingeschnürte und parallel orientierte Bereich dehnt sich immer mehr aus, bis er die ganze Faserlänge erfaßt hat. Erst dann entsteht plötzlich eine starke rücktreibende Kraft, und der unten in diesem Kapitel definierte E-Modul erreicht Werte in der Größenordnung von Stahl.

Die Bildung von geordneten Kristallstrukturen durch Abkühlung aus der Schmelze setzt grundsätzlich bei allen Stoffen voraus, daß die Abkühlung langsam genug erfolgt, damit jedes Atom oder Molekül Zeit hat, seinen Gitterplatz zu finden, bevor es bei tiefen Temperaturen seine Beweglichkeit verliert. Bei zu rascher Abkühlung einer Schmelze bilden sich daher keine geordneten Kristalle, sondern die Schmelze verfestigt sich zu einem makroskopisch homogenen, aber mikroskopisch ungeordneten Glas.

Unregelmäßig gebaute Polymerketten können sich nicht zu symmetrischen Kristallen falten: Sie bilden daher beim Abkühlen ungeordnete Gläser

6.2 Makroskopisches mechanisches Verhalten fester Körper

Wir wollen uns jetzt dem elastischen Verhalten fester Körper zuwenden. Bereits in Kap. 3, Gl. (3.2), haben wir das empirische Hookesche Gesetz am Beispiel eines Drahtes kennengelernt: Demnach beobachtet man bei der elastischen Dehnung eines festen Drahtes unter dem Einfluß einer Zugkraft immer einen linearer Zusammenhang zwischen Dehnung und Zugkraft pro Flächeneinheit (Spannung S), sofern die Dehnung klein bleibt:

$$S = (F/A) = -E(\mathrm{d}l/l) \tag{3.2}$$

Die Proportionalitätskonstante E hängt vom Material ab und heißt Elastizitätsmodul oder kurz *E-Modul*. Das Verhältnis der (senkrecht auf den Querschnitt A wirkenden) Kraft zum Querschnitt (d.h. das Verhältnis F/A) hatten wir Spannung (bzw. Druck) genannt. Die Einheit des Drucks ist 1 Pascal = 1 Newton/m^2 = 10^{-5} bar (1 bar entspricht etwa 1 atm, siehe

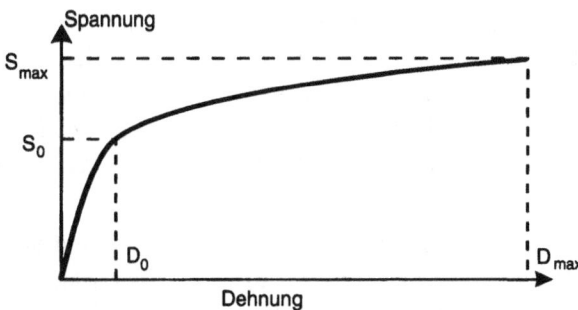

Bild 6.5: Schematische Darstellung der Spannung als Funktion der Dehnung für einen metallischen Draht. Nur für Dehnungen, die viel kleiner sind als D_0, gilt das Hookesche Gesetz, und die Probe nimmt nach der Entlastung wieder die ursprüngliche Form an. Oberhalb von D_0 jedoch tritt *plastisches Fließen* auf, das sehr von der Vorbehandlung der Probe abhängt: Die Dehnung nimmt bei nur geringem Spannungsanstieg stetig zu. Nach der Entlastung einer plastisch deformierten Probe bleibt die plastische Deformation weitgehend erhalten. Erst oberhalb der Zugfestigkeit D_{max} reißt die Probe schließlich.

*Das lineare
Hookesche Gesetz
gilt nur für kleine
Deformationen (im
Prozent-Bereich)*

die technischen Druckeinheiten am Ende des Buches). Das Verhältnis der Längenänderung dl zur Probenlänge l heißt *Dehnung* (bzw. *Kontraktion*).

Diese lineare Beziehung zwischen Spannung und Dehnung ist in Bild 6.5 schematisch für einen metallischen Draht dargestellt: Wie uns die Erfahrung lehrt, ist sie für die meisten festen Materialien[3] nur gültig für kleine Dehnungen bis zu maximal etwa 1 – 2 %. Bei größeren Dehnungen (oberhalb der sog. *Fließgrenze* D_0) tritt im allgemeinen plastisches Fließen auf, und schließlich bei der sog. *Zug-* oder *Bruchfestigkeit* bricht die Probe.

*Bei größeren
Deformationen
(> 2%) tritt meist
plastisches Fließen
und dann Bruch auf*

Die mikroskopischen Vorgänge beim plastischen Fließen wollen wir weiter unten behandeln. Die folgende Tabelle gibt die Zugfestigkeit eini-

Tabelle 6.1: E-Modul und Zugfestigkeit einiger wichtiger Materialien (gemittelte Werte in Pascal, 1 N/m^2 = 1 Pa)

		E-Modul [GPa]	Zugfestigkeit [GPa]
Aluminium	weich	67	0,05
	kalt verfestigt	67	0,15
Kupfer	weich	125	0,30
Stahl		215	2,90
Wolfram	hart gezogen	400	4,00
Glas	dünne E-Fasern	72	2,40
Aramid (Kevlar)		130	2,75
Kohlenstoff-Fasern	parallel	≤700	4,00

*Der E-Modul und
die Zugfestigkeit
von parallel
ausgerichteten
Kohlenstoff-Fasern
sind etwas größer
als Stahl*

ger Materialien an, einschließlich der Glasfasern, wie sie für Glasfaser-Verbundwerkstoffe benutzt werden. Die Zugfestigkeit von parallel ausgerichteten Kohlenstoff-Fasern erreicht die gleiche Größenordnung wie die besten Metalldrähte (Stahl und Wolfram). Mit den modernen Kohlefaser-Verbundwerkstoffen, bei denen Kohlefasern in eine Epoxy-Matrix eingebettet sind, werden daher gleiche Festigkeiten wie für Stahl erreicht, aber bei wesentlich geringerem Gewicht.

Die *Härte einer Oberfläche* wird technisch durch das Eindrücken entweder einer Diamant-Pyramide (*Vickers-Härte*) oder einer Stahlkugel (*Brinell-Härte*) in den Probekörper bestimmt. Die Härte von Diamant läßt sich so nicht bestimmen, denn er ist bei weitem der härteste Kristall überhaupt, gefolgt von Korund (Al_2O_3), Topas (Al_2SiO_4) und Quarz (SiO_2).

---

[3] Eine bemerkenswerte Ausnahme stellt nur Gummi dar, worauf wir weiter unten in diesem Kapitel zu sprechen kommen.

Kehren wir zur elastischen Deformation zurück. Während jeder Draht unter dem Einfluß einer Zugkraft in seiner Länge zunimmt (um dl), beobachtet man in der Regel auch eine Abnahme seines Durchmessers (um dr). Diese Verkleinerung des Querschnitts beim Ziehen nennt man *Querkontraktion*. Ein Maß für die Größe der Querkontraktion ist das Verhältnis $(dr/dl) = \mu$, die sog. *Poisson-Zahl*. Für einen Wert von $\mu = 0,5$ würde bei der Dehnung keine Volumenänderung eintreten (weshalb?), und für $\mu = 0$ wäre die Dehnung mit der maximalen Volumenänderung $dV/V = dl/l$ verbunden. Experimentell beobachtet man bei allen festen Stoffen Werte von μ zwischen 0,5 und 0,2. Für plastische flüssigkeitsähnliche Substanzen, bei denen während der Dehnung keine Volumenzunahme auftritt, liegt μ näher bei 0,5.

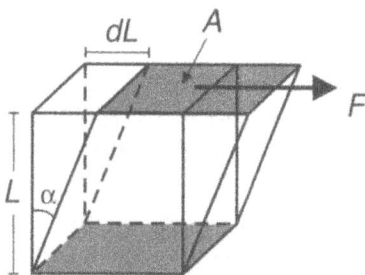

Bild 6.6: Die Scherdeformation eines Würfels der Kantenlänge L durch eine tangential an der oberen Fläche A angreifende Kraft F. Die Scherung ist bestimmt durch das Verhältnis dL/L oder durch den Scherwinkel α.

Auch bei der elastischen Scherung, die in Bild 6.6 dargestellt ist, tritt in erster Näherung keine Volumenänderung ein. Die Scherkraft F, die jetzt tangential an der Fläche A angreift, führt zu einer *Scherung* des Würfels um die kleine seitliche Auslenkung dL. Auch hier besteht, wie beim Hookeschen Gesetz, nur für kleine Deformationen ein linearer Zusammenhang zwischen der *Scherspannung* (F/A) und der *Scherung* (dL/L) bzw. dem auch in Bild 6.6 dargestellten *Scherwinkel* α:

$$\frac{F}{A} = G \cdot \frac{dL}{L} = G \cdot \alpha \qquad (6.2)$$

G ist der sog. *Schermodul*. Da auch die Torsion eines Zylinders letztlich auf Scherungen zurückgeführt werden kann (versuchen Sie das am Bild eines tordierten Zylinders zu zeigen), wird G oft auch *Torsionsmodul* genannt. Der Schermodul ist für die meisten Materialien nur etwa halb so groß wie der E-Modul[4]. Für Flüssigkeiten, die ja keine Gestaltelastizität besitzen, ist er null.

Der Schermodul von Flüssigkeiten ist null: Sie besitzen keine Gestaltelastizität

Die technisch so wichtige Biegung eines Balkens (oder einer Platte), die in Bild 6.7 gezeigt ist, stellt physikalisch keine neue Form der Deformation

---

[4] Es läßt sich auch zeigen, daß zwischen E, G und μ eine lineare Beziehung besteht: $E = 2G(1 + \mu)$. Somit gibt es für isotrope feste Körper nur genau zwei unabhängige elastische Konstanten. Diese Beziehung ist im Lehrbuch von Bergmann-Schaefer (Zitat am Kapitelende) abgeleitet.

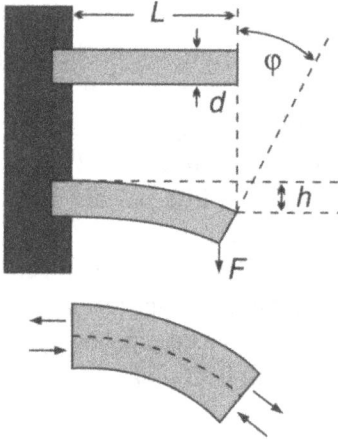

Bild 6.7: Biegung eines Balkens der Dicke d und der Breite b, der auf der linken Seite eingeklemmt ist, durch eine nach unten wirkende Kraft F. Wie die untere Bildhälfte vergrößert zeigt, führt die Biegung zu einer Dehnung der oberen Balkenhälfte und einer Kompression der unteren. Diese beiden so deformierten Bereiche des Balkens sind getrennt durch die neutrale, gestrichelt gezeichnete Ebene, die als einzige keine Längenänderung erfährt.

dar. Vielmehr läßt sie sich auf die schon weiter oben behandelte Dehnung (bzw. der Kompression) zurückführen. Die oberen Schichten des Balkens werden nämlich durch die Biegung gedehnt und die unteren zusammengedrückt. Daraus allein ergibt sich die elastische Rückstellkraft. Zwischen dieser Kraft F und der Auslenkung des Balkens h besteht wiederum eine lineare Beziehung, die wir nicht hier (sondern in der Übungsstunde) ableiten wollen. Das Resultat

Die Biegesteifigkeit eines hohlen Balkens ist fast so groß wie die eines massiven Balkens

$$s = \frac{4L^3}{Ebd^3} \, F \qquad\qquad (6.3)$$

zeigt – mit den dritten Potenzen von L und d – wie wichtig (neben der Länge L) die Dicke d des Balkens ist, so daß ein hohles Rohr oder ein Doppel-T-Träger fast so hohe Biegesteifigkeiten besitzt wie die entsprechenden um ein Mehrfaches schwereren massiven Strukturen.

6.3 Mikroskopische Aspekte der plastischen Deformation

Bisher haben wir die plastische Deformation makroskopischer Körper durch äußere Kräfte nur makroskopisch beschrieben. Zum besseren Verständnis der plastischen Deformation ist aber auch eine mikroskopische Betrachtung der dabei ablaufenden Prozesse bis hin zu atomaren Dimensionen besonders interessant und aufschlußreich. Andererseits gibt es Metallegierungen, sog. Gedächtnislegierungen, die nach einer fast beliebigen plastischen Deformation offenbar ein Gedächtnis für ihre frühere Form besitzen und diese frühere Form nach kurzem Erwärmen wieder einnehmen. Hier ergibt sich die Frage: Wo ist – mikroskopisch gesehen – der Sitz dieses Gedächtnisses?

Wir wollen uns zunächst der plastischen Deformation in einfachen Ein-kristallen zuwenden und uns fragen, wie sich die Atome beim plastischen Fließen (d.h. bei Dehnungen oberhalb D_0 in Bild 6.5) mikroskopisch be-wegen. Von der makroskopischen Beobachtung eines plastisch fließenden Einkristalls, die in Bild 6.8 schematisch dargestellt ist, wissen wir, daß plastisches Fließen unter starken Scherspannungen immer identisch ist mit

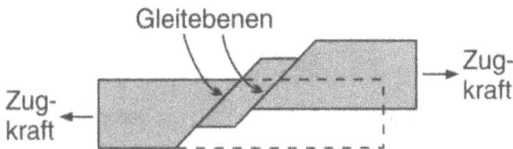

Bild 6.8: Ein metallischer Einkristall unter externer Zugspannung nach dem Einsetzten von plastischem Fließen entlang kristalliner Gleitebenen.

einem Abgleiten einer Kristallhälfte gegen eine andere, und die Gleitebe-ne ist immer identisch mit einer Netzebene des Kristalls. Ein gleichzeitiges Vorrücken aller Atome der einen gegen die andere Kristallhälfte um jeweils einen Atomabstand würde erfordern, daß durch die äußere Scherspannung alle Bindungen gleichzeitig gebrochen werden müßten (um sich danach in neuer Zuordnung wieder zu schließen). Dafür jedoch wäre vorübergehend eine außergewöhnlich große Scherspannung erforderlich, im Gegensatz zur täglichen Erfahrung: Beobachtet wird nämlich immer wieder, daß pla-stisches Fließen schon bei relativ kleinen Scherspannungen einsetzt. Die grundsätzliche Frage ist also, wie man ein plastisches Fließen und Abgleiten entlang einer Netzebene bei den vergleichsweise kleinen Scherspannungen verstehen kann.

Die Lösung des Problems ist in Bild 6.9 angedeutet. Ähnlich wie ein Tausendfüßler zur Krafteinsparung jeweils nur einen Teil seines Körpers vom Boden hebt und bewegt, während die davor- oder dahinterliegende Teil des Körpers zunächst am Boden haften bleiben, so bewegt sich auch beim Abgleiten einer Kristallhälfte gegenüber der anderen zunächst nur ein gestörter Bereich, der in Bild 6.9 mit $\perp$ bezeichnet ist, in dem sich oben ein Atom zu viel befindet und den man eine *Versetzung* nennt. Beim Abgleiten der oberen Kristallhälfte gegenüber der unteren um einen Atomabstand nach rechts läuft diese Versetzung durch den gesamten Kristall von rechts nach links. Hierfür sind nur relativ kleine Kräfte zu überwinden. Die leichte plastische Verformbarkeit ist daher nur möglich durch die Existenz und leichte Beweglichkeit von Versetzungen. Folglich sind in der Regel gute Einkristalle, in denen Versetzungen ungehindert laufen können, plastisch leichter zu deformieren als polykristalline oder kaltverformte, d.h. durch vorherige übermäßige Verformung stark gestörte Materialien.

Das Abgleiten entlang der Gleitebenen erfolgt durch das Wandern von Versetzungen. Auf diese Weise werden am Ende alle Bindungen in der Gleitebene gebrochen, aber mit minimalem Aufwand.

Gute Einkristalle sind meist duktil, d.h. sie sind leicht plastisch deformierbar.

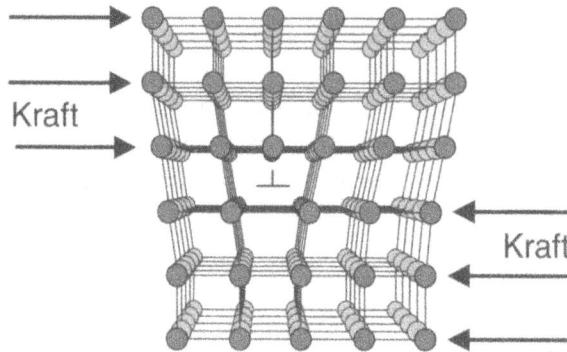

Bild 6.9: Unter dem Einfluß einer Scherkraft wandert die obere Kristallhälfte gegenüber der unteren nach rechts dadurch, daß eine *Versetzung* nach links durch den Kristall läuft. In dem durch ein ⊥ bezeichneten Bereich der *Versetzung* stehen sich oben mehr Atome gegenüber als unten. Zur Bewegung einer Versetzung sind erheblich kleinere Kräfte erforderlich als zum Gleiten in der Abwesenheit von Versetzungen.

Eine besonders eindrucksvolle, ganz andere reversible Art der plastischen Verformung tritt bei den sog. *Gedächtnis-Legierungen*[5] (engl: *shape memory alloys*) auf, die sich auch nach starker plastischer Deformation wieder genau an ihre frühere Gestalt erinnern und diese nach kurzem Erwärmen wieder annehmen, wie das in Bild 6.10 etwas humorvoll übertrieben dargestellt ist.

Bei der plastischen Deformation von Gedächtnis-Legierungen wandern keine Versetzungen und es werden auch keine Bindungen gebrochen.

Materialien aus diesen Legierungen sind charakterisiert durch einen Phasenübergang bei einer bestimmten kritischen Temperatur, die man durch die Komposition der Legierung in weiten Grenzen wählen kann. Oberhalb der kritischen Temperatur sind die Atome der sog. austenitischen Struktur geordnet, die sich durch kurze interatomare Bindungen auszeichnet. Unterhalb der kritischen Temperatur bildet sich dagegen eine Phase mit längeren interatomaren Bindungen aus, die sog. martensitische Phase, die eine gefaltete Zwillingsstruktur darstellt und die man wegen der Faltung viel leichter plastisch deformieren kann, ohne dabei Bindungen zwischen Nachbaratomen zu brechen und ohne das oben beschriebene Wandern von Versetzungen. Erwärmt man eine in dieser Weise stark plastisch deformierte martensiti-

---

[5] Es handelt sich vor allem um Ni-Ti-Legierungen bestimmter Komposition. Diese Legierungen, deren Atome normalerweise in der sog. austenitischen Phase geordnet sind, gehen beim Abkühlen unter eine kritische Temperatur, die von der Komposition der Legierung abhängt, in eine viel leichter plastisch deformierbare martensitische Zwillingsstruktur über. Bei der plastischen Deformation der martensitischen Zwillingsstruktur sind stabile Deformation bis zu 8 % möglich, ohne dabei Bindungen zwischen Nachbaratomen zu brechen. Erwärmt man nach der Deformation die Probe wieder über die kritische Temperatur, so geht die Probe wieder in die feste austenitische Phase mit den kontrahierten Bindungen über, wodurch die frühere Gestalt wieder hergestellt wird, da ja bei der martensitischen plastischen Deformation keine Bindungen gebrochen wurden. Die Gedächtnis-Legierungen wurden 1956 von E. Hornbogen und E. Wassermann entdeckt. Für weitere Informationen siehe Literatur am Kapitelende.

sche Probe wieder über die kritische Temperatur der Legierung, so geht ihre Struktur von der relativ lockeren martensitischen wieder in die austenitische Phase mit den kürzeren Bindungen über. Da während der vorherigen Deformation keine Bindungen gebrochen worden sind, nimmt die Probe in der austenitischen Phase auch wieder genau die frühere Gestalt vor der Deformation an, wie das in Bild 6.10 in sehr schematischer Weise für ein Auto,

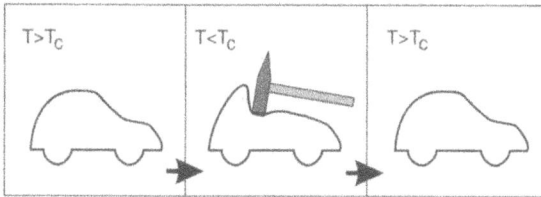

Bild 6.10: Schematische Darstellung der Wirkungsweise einer Gedächtnis-Legierung. Das abgebildete perfekte Fahrzeug ist aus einer Ni-Ti-Gedächtnislegierung (mit einer kritischen Temperatur T_c von 40 °C) gefertigt. Bei 20 °C erleidet es einen ernsthaften Schaden. Zur Behebung des Schadens genügt es, das Fahrzeug vorübergehend auf eine Temperatur oberhalb von 30 °C zu erwärmen.

das aus einer Gedächtnis-Legierung hergestellt wurde, angedeutet ist: Es genügt, das Fahrzeug nach dem Karosserieschaden zur Aufwärmung kurz in die Sonne zu stellen, und der Schaden ist behoben. Es gibt viele sehr realistische Anwendungen von Gedächtnislegierungen, z.B. in der Raumfahrt zur Entfaltung von Antennen bei Sonneneinstrahlung und in der Medizin zur automatischen Verankerung von Implantaten, zur festen Halterung von Zahnspangen und von gebrochenen Knochen mit festem Anpreßdruck jeweils ausgelöst durch die Körpertemperatur des Patienten.

6.4 Keramische Werkstoffe

Keramik ist einer der ältesten Werkstoffe der Menschheit. Hierzu zählen alle aus gebranntem Ton hergestellten Gefäße und Ziegel. Viele Entdeckungen der Archäologie wären ohne die speziellen widerstandsfähigen und dauerhaften Eigenschaften dieser bei hohen Temperaturen gebrannten Materialien nie möglich gewesen. So wurde z.B. die metallische Totenmaske des Königs Tutanchamun 1350 v. Chr. mit speziellen Oxiden beschichtet und bei einer so hohen Temperatur gebrannt, daß eine innige Verbindung mit der Metalloberfläche erfolgte, wodurch das Metall besonders effektiv vor Korrosion geschützt wurde. Auch die Festigkeit gebrannter Ziegelsteine ist seit Jahrtausenden geschätzt. Während die ältere Keramik hauptsächlich aus Silikaten bestand, sind in der stürmischen Entwicklung der letzten Jahrzehnte auch andere Oxide und Nichtoxide zu besonders leistungsfähigen keramischen Hochtemperaturwerkstoffen entwickelt worden.

Bemerkenswert sind die hohen Schmelzpunkte einiger der sehr fest gebundenen oxidischen Materialien, die zur Herstellung von Keramiken genutzt werden. Während SiO_2 bei 1723 °C schmilzt, TiO_2 bei 1870 °C, schmelzen einige andere Oxide erst oberhalb von 2000 °C, z.B. Al_2O_3 bei 2050 °C, CaO bei 2560 °C, BeO bei 2585 °C, ZrO_2 bei 2690 °C, MgO bei 2800 °C und das Thoriumoxid ThO_2 sogar erst bei 3300 °C!

Neben den Oxiden zeigen auch die Karbide (z.B. Siliziumkarbid SiC) und Nitride (z.B. Bornitrid und Siliziumnitrid (Si_3N_4)) außergewöhnliche thermische Beständigkeit verbunden mit einer großen Härte. Die Metalle Wolfram, Titan, Zirkonium, Tantal und Hafnium bilden besonders harte hochschmelzende Karbide.

Keramische Werkstoffe aus hochschmelzenden Oxiden, Karbiden oder Nitriden werden meist durch Sintern von gepreßten Pulverproben in ihre hochtemperaturfeste endgültige Form gebracht.

Noch ein kurzes Wort zur Herstellungstechnik keramischer Bauteile. Die pulverförmige Keramikmasse wird zunächst – oft feucht – in die gewünschte Form gepreßt, getrocknet und anschließend bei hohen Temperaturen[6] gesintert. Dadurch wird nicht nur das restliche Wasser aus der Probe entfernt, sondern es kommt auch unter der Bildung von Glasphasen zur Verschmelzung und Verdichtung der Keramikmasse, wobei meist eine gewisse Schrumpfung des Sinterkörpers auftritt.

Was die elastischen Eigenschaften betrifft, so zeigen keramische Materialien aufgrund der starken intermolekularen Kräfte bis zu hohen Temperaturen, im Gegensatz zu den meisten Metallen, kein plastisches Fließverhalten. Daher eignen sie sich hervorragend in Verbrennungsmotoren und Triebwerken zum Einsatz bei höheren Temperaturen, als das mit Metallbauteilen möglich ist. Mit den nur so erreichbaren höheren Arbeitstemperaturen von Turbinen und anderen Wärmekraftmaschinen lassen sich auch höhere Wirkungsgrade erreichen, wie wir weiter unten, im Wärmeteil dieses Bandes, sehen werden.

Außerdem besitzen diese thermisch stabilen Verbindungen auch nur eine geringe thermische Ausdehnung. Durch Beimischung von Keramikkomponenten mit negativer thermischer Ausdehnung ist es gelungen, Keramik[7] zu entwickeln, die keine meßbare thermische Ausdehnung mehr besitzt. Dieses Material wird für viele Präzisionsanwendungen, u.a. in der Astronomie, verwendet. Für die sehr zahlreichen weiteren technischen Anwendungen der Keramik sei auf die Literatur am Ende dieses Kapitels hingewiesen.

---

[6] etwa 1000 °C für viele keramische Materialien

[7] Zum Beispiel das „Zerodur" der Fa. Schott

6.5 Materie im Kleinen: Tasten und bearbeiten

Die Entwicklung der modernen Mikrotechnologie und Mikroelektronik macht es zunehmend erforderlich, Material in immer kleineren Dimensionen zu erkennen und gezielt „mechanisch" zu bearbeiten. Heute ist es – wie wir sehen werden – möglich geworden, Oberflächen von fester Materie auf atomarer Skala zu verändern und zu manipulieren. Dadurch ist auch eine neue Brücke von der Physik zur makromolekularen Chemie bis hin zur Biologie entstanden. Mit den Methoden der Kraftmikroskopie lassen sich heutzutage die mechanischen Kräfte an einzelnen Aktin- und Myosin-Molekülen, den kleinsten Bausteinen unserer Muskelzellen, messen. Die Umsetzung chemischer Energie in Arbeit in diesen „Motorproteinen" oder krafterzeugenden Molekülen ist trotz ihrer großen Bedeutung für die Bewegung in der Natur erst teilweise verstanden. Nach der Meinung des bekannten theoretischen Physikers Richard Feynman stellt die Physik und Technologie der kleinen Dimension, auch oft *Nanotechnologie* (vom griechischen $\nu\alpha\nu o\varsigma$ = Zwerg) genannt, eine der besonderen Herausforderungen unserer Gegenwart dar.

Mit lithographischen Verfahren, bei denen mit Masken kleine Muster aufbelichtet und anschließend mit gezielten Ätzverfahren bearbeitet werden, lassen sich in der Forschung mittlerweile bis zu etwa 0,2 μm schmale Strukturen reproduzierbar erzeugen. Bild 6.11a zeigt im Vergleich mit einem menschlichen Haar die Größe der Strukturen, die mit der lithographischen Methode hergestellt wurden. Ohne diese Verfahren, über die in der Literatur am Kapitelende genauer berichtet wird, ist die moderne Mikroelektronik nicht mehr denkbar.

Nach der Entdeckung des Rastertunnelmikroskops durch G. Binnig und H. Rohrer ist es im Jahre 1986 G. Binnig, C.F. Quate und C. Gerber gelungen, die Oberfläche eines Kristalls mit einer feinen Spitze auf einem Federbalken abzutasten und dabei aus der Durchbiegung des Federbalkens die Kristalloberfläche mit atomarer Auflösung abzubilden. Das war die Geburtsstunde des *Rasterkraftmikroskops* (engl.: *Atomic Force Microscope AFM*). Der winzige Federbalken – meist mit integrierter Spitze – wird heutzutage mit lithographischen Methoden (in der Regel aus dem harten Si_3N_4) hergestellt, wobei der Krümmungsradius der Spitze nur einige 100 Å beträgt. Wie in Bild 6.11b dargestellt, kann die Durchbiegung des Federbalkens unter dem Einfluß der Kräfte von der Oberfläche durch die Ablenkung eines Lichtstrahls gemessen werden. Auslenkungen der Spitze von 0,1 Å können auf diese Weise noch nachgewiesen werden. Bild 6.12 zeigt die entsprechende kraftmikroskopische Abbildung der Oberfläche eines Siliziumkristalls. Die einzelnen Atome sind deutlich sichtbar.

Die präzise mechanische Manövrierfähigkeit der kraftmikroskopischen Spit-

1986 Nobelpreis an G. Binnig und H. Rohrer für die Entdeckung des Rastertunnelmikroskops und an E. Ruska für das Elektronenmikroskop

1986 erste Operation eines Kraftmikroskops mit atomarer Auflösung durch G. Binnig, C.F. Quate und C. Gerber

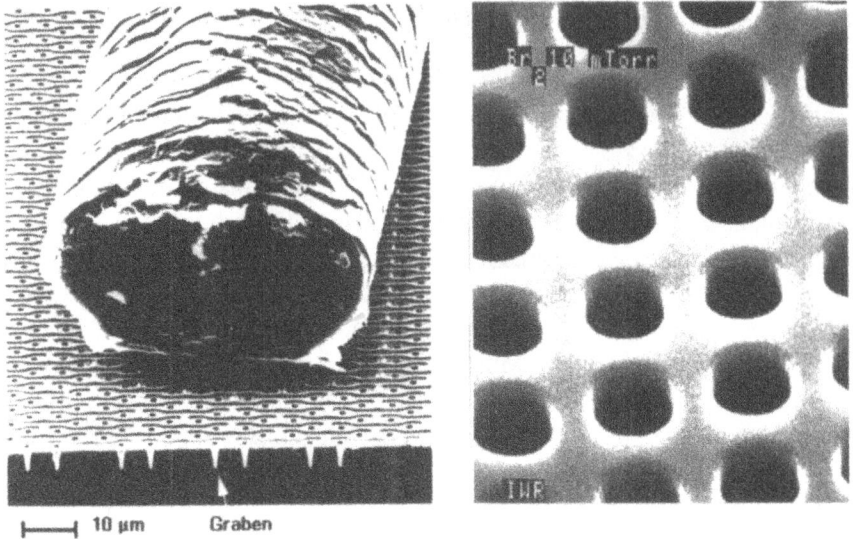

├──────┤ 10 μm   Graben

Bild 6.11a: Links: Ein menschliches Haar auf dem Zellenfeld eines lithographisch struktu-
rierten 4-MB DRAM Speichers nach Ätzprozeß und Entfernung der Maske. Die Breite der
geätzten Gräben sind kleiner als 1 μm.
Rechts: Bildausschnitt aus einer 15 cm breiten, aber nur 2 μm dicken Siliziummembran,
in welche kleine Löcher von 0,5 μm Durchmesser lithographisch geätzt wurden. (Diese Si-
Membran wurde als Ionenprojektionsmaske hergestellt im Institut für Technische Physik der
Universität Kassel. Beide rasterelektronische Bilder wurden freundlicherweise von Prof. Dr.
R. Kassing zur Verfügung gestellt.)

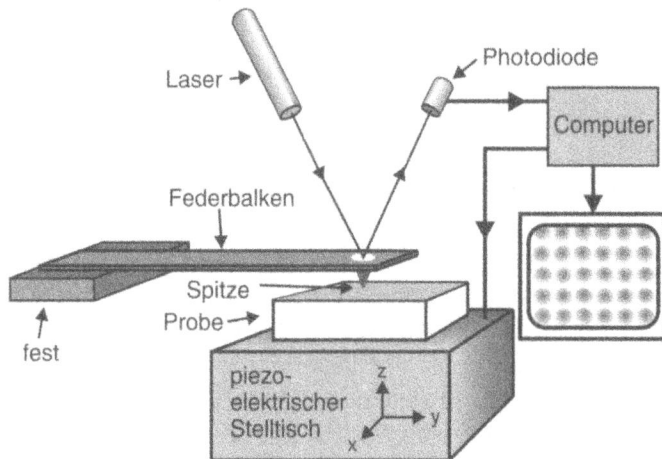

Bild 6.11b: Das Rasterkraftmikroskop: Durch die definierte Verschiebung des Stelltisches
mit Probe relativ zur festen Spitze wird die Oberfläche abgerastert. Die Durchbiegung des
Federbalkens wird durch die Ablenkung des Laserstrahls gemessen und ergibt – aufgezeichnet als Funktion des Ortes – ein Bild der Oberflächen-Topographie mit atomarer Auflösung.

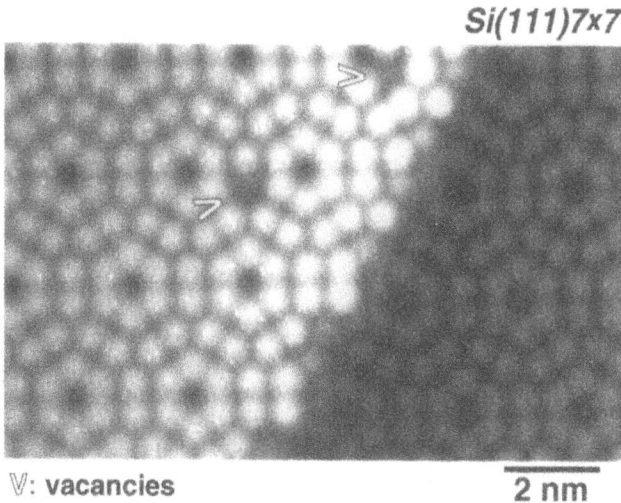

Bild 6.12: Abbildung einer Siliziumoberfläche mit Hilfe der dynamischen Kraftmikroskopie, bei der ein schwingender Balken mit feiner Spitze dicht über die Oberfläche geführt wird ohne sie zu berühren. An den hellen Stellen erfährt die Spitze eine stärkere Anziehung als an den dunklen. Quer durch das Bild läuft die Stufe einer Terrasse: Die dunkle Region liegt daher um eine atomare Lage tiefer als die helle. Dennoch ist auf beiden Seiten der Stufe jedes einzelne Atom sichtbar, einschließlich der beiden fehlenden Atome (markiert). Die interessante ringförmige Anordnung der Si-Atome ist charakteristisch für bestimmte Flächen des Si-Kristalls und wird später im Rahmen der Oberflächenphysik besprochen. (Bild freundlicherweise überlassen von R. Lühti, M. Bammerlin und E. Meyer, siehe auch Literatur am Kapitelende)

ze geht aber weit über die Abbildung der atomaren Topographie hinaus. So ist es auch möglich, die Spitze mit bestimmten immunologisch aktiven Antigen-Molekülen zu bedecken und dann mit dieser so präparierten Sonde, nach den entsprechenden dazu passenden Antikörper-Molekülen auf der Oberfläche zu suchen. Hier geht es nicht nur um die Abbildung der Topographie, sondern um das mikroskopische Erkennen einzelner Moleküle mit Hilfe mechanischer Kraftwirkungen[8].

Schließlich sei noch die Möglichkeit erwähnt, einzelne Atome mit Hilfe einer Spitze von einem Ort an einen wohldefinierten anderen Platz auf der Oberfläche zu verschieben. Bild 6.13 zeigt als besonders schönes Beispiel einen Kranz von 48 Eisenatomen auf der Oberfläche eines Kupfereinkristalls. Jedes der 48 Eisenatome wurden mit Hilfe einer Spitze an seinen Platz gezogen oder geschoben[9]. Die Fähigkeit des Menschen, Materie im kleinen zu bearbeiten, kann kaum eindrucksvoller demonstriert werden.

---

[8] Siehe z.B.: V. T. Moy, E.-L. Florin und E. Gaub, Science, **264**, 415 und **265**, 257 (1994)
[9] Siehe z.B.: M.F. Crommmie, C.P. Lutz and D.M. Eigler, Science, **262**, 218 (1993)

Bild 6.13: Der Ring von 48 Eisenatomen auf einer einkristallinen Kupferoberfläche wurde durch Verschieben jedes einzelnen Eisenatoms mit Hilfe einer feinen Spitze hergestellt. Die Abbildung erfolgte mit dem Rastertunnelmikroskop, wobei die Höhenunterschiede und seitlichen Abständen nicht maßstabsgetreu sind. (Mit freundlicher Genehmigung von Dr. D.M. Eigler, IBM Research Division, Almaden Research Center, San Jose, Kalifornien)

6.6 Warum ist Gummi so dehnbar?

Ohne die Entdeckung der Gummielestizität wäre der heutige Straßenverkehr nicht mehr denkbar

Wie berichtet wird, war schon Columbus erstaunt, als er während seiner zweiten Amerikareise vor etwa 500 Jahren die Indios mit Gummibällen spielen sah, die wieder so hoch vom Boden sprangen „als seien sie lebendig". Ist nicht auch für uns das ungewöhnliche elastische Verhalten von Gummi im hohen Maße immer wieder erstaunlich? Während andere feste Stoffe, wie z.B. Metalldrähte und Gläser (siehe Tab. 6.1), schon bei Dehnungen von etwa 1 % reißen oder brechen, können wir ein Gummiband mit weit geringeren Kräften um ein Vielfaches seiner ursprünglichen Länge strecken, ohne daß es reißt. Lassen wir ein gestrecktes Gummiband los, so zieht es sich fast ganz wieder auf seine ursprüngliche kleine Länge zusammen. Reversible Dehnungen dieser Art bis um den Faktor 7 (d.h. 700 % Dehnung), wie in Bild 6.14 gezeigt, sind für Gummi nicht ungewöhnlich! Gummi ist damit fast 1000 mal dehnbarer als die meisten anderen Festkörper!

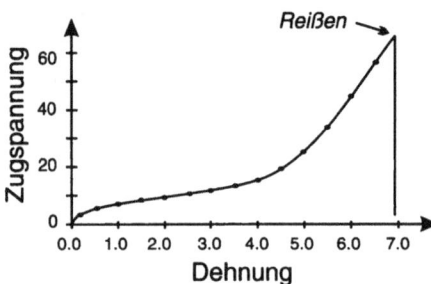

Bild 6.14: Die Zugspannung als Funktion der Dehnung für Gummi, wenn man ein Gummiband auf das 7-fache seiner ursprünglichen Länge auszieht.

Der gummielastische Zustand wird nur beobachtet bei amorphen polymeren Festkörpern. Er ist also eine Eigenschaft von ungeordneten Kettenmolekülen. Außerdem tritt er nur bei bestimmten Temperaturen auf. Bei hinreichend tiefen Temperaturen werden nämlich alle polymeren Kunststoffe hart und spröde wie normales Glas mit einem E-Modul um einige GPa. Erwärmt man sie jedoch langsam, so fällt plötzlich bei einer bestimmten Temperatur (der sog. Glastemperatur) der E-Modul von den „normalen" Werten um mehr als drei Größenordnungen. Wie man in Bild 6.15 an den Beispielen von Kautschuk und Polystyrol erkennt, erfolgt dieser Abfall in einem sehr kleinen Temperaturintervall von weniger als 30 °C. Offenbar werden die Polymerketten – obwohl noch an einigen Punkten verknotet oder auch chemisch vernetzt – oberhalb von T_G doch über größere Längen hinweg plötzlich beweglich. Diese Beweglichkeit relativ langer Kettensegmente zeichnet den gummielastischen Zustand oberhalb der Glastemperatur aus.

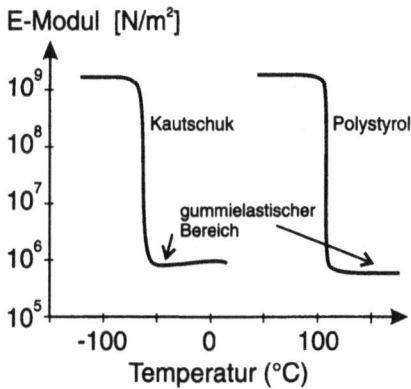

E-Modul [N/m^2]

10^9

10^8 Kautschuk   Polystyrol

10^7 gummielastischer

10^6 Bereich

10^5

-100   0   100

Temperatur (°C)

Bild 6.15: Der E-Modul fällt beim Erwärmen plötzlich von dem hohen Wert eines harten Glases um mehr als drei Größenordnungen in den gummielastischen Zustand. Der Glas → Gummiübergang erfolgt bei der sog. Glastemperatur T_G, und der gummielastische Zustand erstreckt sich von T_G bis zum Schmelzpunkt des Polymers (hier nicht gezeigt).

Welches aber ist die Ursache der rücktreibenden Kräfte bei der Dehnung eines Gummibandes? Wie in Bild 6.16 angedeutet, werden durch eine Dehnung die Vernetzungsstellen zwischen den sonst fast frei beweglichen Kettensegmenten auseinander gezogen. In Analogie zu einem schwingenden Seil erzeugt die thermische Schwingungsbewegung (gestrichelt gezeichnet) eine rücktreibende Kraft, die umso größer wird, je höher die Amplitude der thermischen Bewegung ist. Daß diese Deutung wohl qualitativ richtig ist, wird deutlich aus dem thermischen Verhalten, das in Bild 6.17 wiedergegeben ist: Oberhalb der Glastemperatur, d.h. im gummielastischen Zustand, steigt nämlich überraschenderweise die rücktreibende Kraft mit wachsender Temperatur. Unterhalb von T_G ist das dagegen – wie bei den meisten Festkörpern – umgekehrt: Sie werden elastisch weicher beim Erwärmen. Auf der Tatsache, daß die rücktreibende Kraft mit der Erwärmung ansteigt, beruht auch die in Bild 6.18 dargestellte „gummielastische Wärmekraftmaschine".

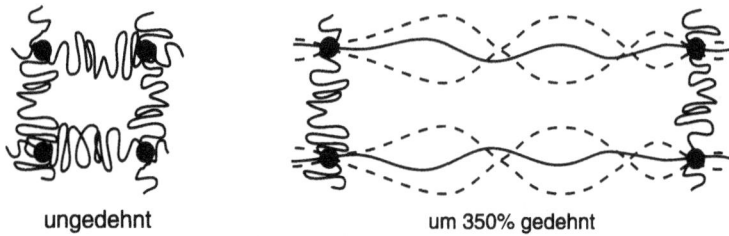

ungedehnt   um 350% gedehnt

Bild 6.16: Bei der hier schematisch dargestellten Dehnung eines schwach vernetzten Gummibandes werden die Vernetzungspunkte zwischen den fast frei beweglichen Ketten weit auseinander gezogen. Die rücktreibende Kraft entsteht durch die thermische Bewegung der freien Kettensegmente.

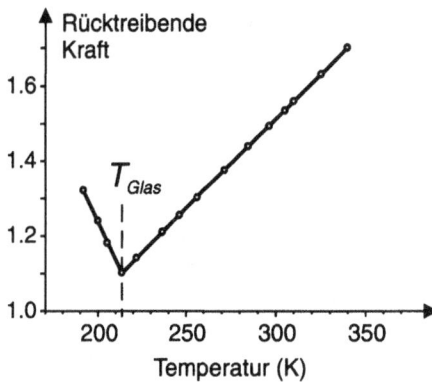

Bild 6.17: Ein Gummiband wurde um den Faktor 3,5 gedehnt. Die Abbildung zeigt die Temperaturabhängigkeit der rücktreibenden elastischen Kraft. Oberhalb der Glastemperatur von T_G, im gummielastischen Zustand, wächst die rücktreibende Kraft mit der Temperatur.

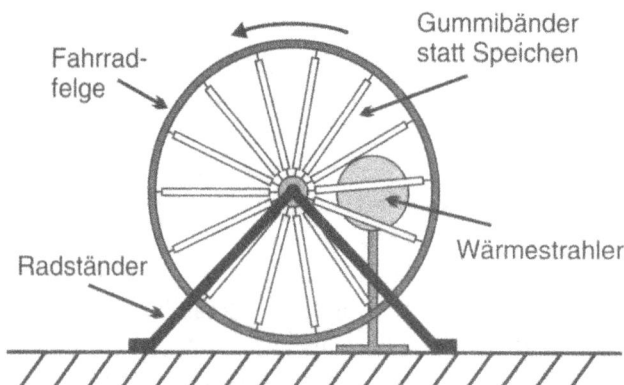

Bild 6.18: Gummielastischer Motor. Die Speichen des abgebildeten Rades bestehen aus gespannten Gummibändern. Auf der rechten Seite werden die Gummibänder durch einen Wärmestrahler erhitzt, so daß sie sich dort – wegen der erhöhten Rückstellkraft – mehr zusammenziehen. Auf diese Weise verlagert sich die Radachse nach rechts aus dem Schwerpunkt der Felge, und das Rad dreht sich unter dem Einfluß der Schwerkraft wie angezeigt.

Die Länge der freien Polymerketten zwischen den Vernetzungspunkten, wie in Bild 6.16 dargestellt, ist von Bedeutung für die Weichheit des Gummis. Je mehr Vernetzungsstellen der Gummi besitzt, was sich durch den Einbau von Schwefelbrücken beim Prozeß des Vulkanisierens (thermische Behandlung mit Schwefel) erreichen läßt, desto härter wird der Gummi. Wenn schließlich alles vernetzt ist, hört mit der Beweglichkeit der Ketten auch die Gummielastizität auf. Umgekehrt ist chemisch kaum vernetzter Gummi besonders weich, läßt sich wie „Knetgummi" plastisch deformieren und fängt bei langanhaltender Kraft sogar an zu fließen. Lassen wir jedoch einen Ball aus diesem „Knetgummi" auf den Boden fallen, so springt er überraschenderweise wieder fast zur ursprünglichen Höhe herauf: Offenbar erzeugt die vorübergehende Verschlaufung und Verknotung der Polymerketten im Knetgummi bei nur sehr kurzer Krafteinwirkung (wie z.B. während des Aufpralls und der Deformation am Boden) volle gummielastische Rückstellkräfte.

6.7 Zwischen fest und flüssig

Bevor wir uns im nächsten Kapitel den normalen, auf molekularer Skala völlig ungeordneten, Flüssigkeiten zuwenden, sei noch auf *flüssige Kristalle*, *Kolloide* und *Gele* hingewiesen. Diese Stoffe besitzen wie Flüssigkeiten fast keine Gestaltelastizität, und man kann sie meist wie eine Flüssigkeit in ein Gefäß gießen. Aber dennoch zeigen sie ein hohes Maß von Ordnung und eine gewisse Ähnlichkeit mit Festkörpern.

An erster Stelle betrachten wir die sog. *flüssigen Kristalle*: Dies sind Flüssigkeiten, die aus länglichen, z.B. stäbchenförmigen Molekülen bestehen. Sie zeigen bezüglich des Fließverhaltens und der räumlichen Anordnung der Moleküle ein Verhalten wie normale Flüssigkeiten, aber die *Orientierung* der stäbchenförmigen Moleküle ist über große Bereiche (von einigen Millimetern) *parallel* und zeigt damit eine quasikristalline Ordnung. Nur über größere Strecken hinweg ändert sich langsam die Richtung der parallelen Orientierung. Daher nennt man solche Flüssigkeiten *flüssige Kristalle*.

Aufgrund der von Ort zu Ort sich langsam ändernden molekularen Ausrichtung sind flüssige Kristalle meist nicht klar durchsichtig, sondern haben stattdessen ein schillerndes optisches Aussehen, das sich auch beim Fließen zeitlich ändert, wie das beim Ausgießen einer Shampoo-Lösung sofort auffällt. Da überdies die Ausrichtung der parallel orientierten molekularen Bereiche (und damit auch deren Brechungsindex) leicht durch elektrische Felder verändert werden kann, haben diese Materialien als elektrisch geschaltete *Flüssigkristallanzeigen* (im Englischen: liquid crystal display = LCD) vielfältige Anwendungsgebiete gefunden, u.a. in der Uhrenindustrie.

Entsprechend der Symmetrie der geordneten Moleküle unterscheidet man verschiedene Gruppen von Flüssigkristallen, auf die hier nicht im einzelnen eingegangen werden soll (Literaturzitate dazu finden sich am Kapitelende). Von besonderem technischen Interesse sind die sog. *ferroelektrischen flüssigen Kristalle*, die sich aufgrund der schnellen Schaltgeschwindigkeit auch gut eignen zur Darstellung rasch veränderlicher großer Fernsehbilder in Flachbildschirmen. Da sich der Ordnungsgrad und damit die optischen Eigenschaften mancher flüssiger Kristalle stark mit der Temperatur ändern, werden flüssig-kristalline Schichten auch in der Medizin eingesetzt zur Abbildung der Temperaturverteilung auf der Haut (z.B. in der Mammographie).

Einen anderen Zwischenbereich zwischen dem festen und flüssigen Zustand bilden die inhomogenen Flüssigkeiten, bei denen ein Stoff A sehr fein dispergiert in einer Flüssigkeit B gelöst ist. Systeme dieser Art nennt man *Kolloide*. Die Teilchengröße der dispersen Phase liegt in der Regel zwischen 1 und 100 nm, so daß die Teilchen mikroskopisch nicht mehr sichtbar sind. In der Regel sind die Teilchen gegenüber dem Lösungsmittel auch elektrisch aufgeladen, so daß sie sich gegenseitig abstoßen, daher nicht koagulieren und als größere Flocken aussedimentieren. Bekannt sind z.B. stabile kolloidale Goldlösungen in Wasser wegen der charakteristischen Färbung, welche die Goldteilchen dem Wasser verleihen. Auch die Färbung alter Kirchenfenster geht oft auf in der Glasschmelze gelöste Metallkolloide zurück. Die dispergierten Teilchen können aber auch Halbleiterteilchen sein oder Proteine, Vesikel oder Fett-Tröpfchen (wie in der Milch). Polymerdispersionen, Lacke, Druckfarben und Medikamente sind einige praktische Beispiele von kolloidalen Systemen.

Schließlich seien noch die sog. *Gele* erwähnt. Hier handelt es sich um Flüssigkeiten, die von molekularen Netzwerken durchzogen sind. Gelatine ist ein Eiweiß-Netzwerk, mit dem viele „Gelees" in der Küche aber auch die Gele auf Photoplatten hergestellt werden. Bei Wasserentzug schrumpfen die Gele und schwellen wieder in feuchter Umgebung. Das molekulare Netzwerk führt zu einer deutlichen aber schwachen Gestaltelastizität. In Schwingungen um die Gleichgewichtslage liegen die Schwingungsfrequenzen sehr niedrig, da die Rückstellkräfte klein, die Masse des mitschwingenden Wassers aber groß ist (Wackelpudding, Brummgele).

Mit diesen Beispielen aus dem interessanten Bereich zwischen dem festen und flüssigen Zustand wollen wir den Überblick über die feste Materie abschließen. Näheres findet der Leser in der am Kapitelende zitierten Literatur. Wir wenden uns nun den homogenen Flüssigkeiten zu.

Literaturhinweise zu Kapitel 6

Allgemeine Lehrbücher:

Bergmann, L. und Schaefer, C. (bearb. von H. Gobrecht): Lehrbuch der Experimentalphysik, Bd. 1 (Mechanik, Akustik, Wärme), Kap. 5: Elastizität der festen Körper, Walter de Gruyter Verlag (1998)

Zur Natur chemischer Bindung in Festkörpern:

Beiser, A.: Atome, Moleküle, Festkörper, Kap. 15, S. 182 (Bindung in Festkörpern), Vieweg Verlag (1983)

Zu den Fullerenen:

Huffmann, D.R.: Solid C_{60}, Physics Today, S. 22, Nov. (1991)

Krätschmer, W. et al.: Solid C_{60}, a new form of carbon, Nature, **347**, 354 (1990)

Eickenbusch, H. et al.: Fullerene, Technologieanalyse, VDI-Studie NT2051B (1993)

Zu den Gedächtnis-Legierungen:

Funakubo, H. (ed.): Shape memory alloys, Gordon-Breach-Science-Publisher (1987)

Stöckel, D., Hornbogen, E.: Legierungen mit Formgedächtnis, Expert-Verlag, Ehingen (1988)

Duering, T.W. et al. (eds.): Engineering aspects of shape memory alloys, Butterworth-Heinemann (1990)

Brinson, L.C. und Moran, B.: Mechanics of phase transformations and shape memory alloys, American Society of Mechanical Engineers (1994)

Zu den keramischen Werkstoffen:

Salmang, H.: Die physikalischen und chemischen Grundlagen der Keramik, Springer (1982)

Bergmann, W.: Werkstoff-Technik, Hauser-Verlag (1984)

Shigeyuki, S.: Advance in technical ceramics, Academic Press (1989)

Tien, J.K. et al.: Superalloys, supercomposites and superceramics, Academic Press (1989)

Zur Lithographie:

Sze, S.M. (ed.): VLSI Technology, McGraw-Hill (1988)

Heuberger, A.: Mikromechanik, Springer (1994)

Ehrlich, D.J. et al. (eds.): Laser microfabrication, Academic Press (1989)

Valiev, K.A.: The Physics of submicron lithography, Plenum Press (1992)

Chang, C.Y. und Sze, S.M. (eds.): ULSI Technology, McGraw-Hill (1996)

Zur Rasterkraftmikroskopie:

Sarid, D.: Scanning force microscopy, Oxford University Press (1991)

Meyer, E. und Heinzelmann, H.: Scanning Force Microscopy in: SCANNING TUNNELING MICROSCOPY I (R. Wiesendanger and H.J- Güntherodt, eds.), Springer (1992)

Wiesendanger, R.: Scanning Probe Microscopy and Spectroscopy, Cambridge University Press (1994)

Lüthi, R., Bammerlin, M. und Meyer, E.: Atomare Auflösung mittels Rasterkraftmikroskopie, Physikalische Blätter, Bd. 53, S. 435 (1997)

Zu polymeren Werkstoffen und zur Gummielastizität:

Mandelkern, L.: An Introduction to macromolecules, Springer (1983)

Elias, H.: Makromoleküle, Hüthig-Wepf (1990)

Schwarzl, F.R.: Polymer-Mechanik, Springer (1990)

Sperling, L.H.: Introduction to physical polymer science, John Wiley (1992)

Treloar, L.G.: The Physics of rubber elasticity, Clarendon Press Oxford (1975)

Giersch, U. and Kubisch, U.: Gummi, die elastische Faszination, Nicolai Verlag (1996)

Zu flüssigen Kristallen:

Chandrasekhar, S.: Liquid crystals, Cambridge University Press (1992)

Koswig, H.D.: Flüssige Kristalle, Aulis-Verlag (1985)

Flüssige Kristalle: Siehe Spektrum der Wissenschaft, Spezial-Ausgaben: August 1990 und Mai 1993

Zu Kolloiden und Gelen:

Brezesinski, G. und Mögel, H.J.: Grenzflächen und Kolloide, Spektrum Akademischer Verlag (1993)

Scholze, H.: Glasses and glass ceramics from gels, Journ. of Non-Cryt. Solids, **63**, 1 – 299 (1983)

Zrinyi, M. (ed.): Gels, Steinkopf (1996)

7 Flüssigkeiten und ihre Bewegung

Die Bewegung von Gasen und Flüssigkeiten zeigt einen großen Reichtum von Erscheinungen. Die oft erstaunlich regelmäßigen und schönen Wolkenbilder, die Sanddünen mit ihren charakteristischen Riffelmustern, die fast geordnete Granulation der Sonnenoberfläche, die mächtige kontinentale Driftbewegung und plötzlich einsetzende Turbulenzen demonstrieren uns anschaulich die Vielgestaltigkeit und Komplexität der hydrodynamischen Bewegungsgesetze, von denen wir hier einige wichtige Aspekte näher betrachten wollen. Weiterführende Literatur finden Sie am Ende des Kapitels.

Flüssigkeiten bilden sich aus Atomen oder Molekülen wegen der anziehenden Kräfte zwischen den Atomen oder Molekülen

Der flüssige Aggregatzustand der Materie ist weit verbreitet: Flüssigkeiten können aus Atomen (z.B. flüssiges Helium) oder Molekülen (z.B. Wasser) oder Makromolekülen (z.B. Polymerschmelzen) bestehen. Bei kleineren gestreckten Molekülen kann auch im flüssigen Zustand eine kurzreichweitige kristallähnliche Ordnung bestehen: die der *flüssigen Kristalle*, die wir schon am Schluß des letzten Kapitels besprochen haben.

Der Temperaturbereich des flüssigen Zustandes ist breit: Nach oben ist er nur begrenzt durch die einsetzende Verdampfung der Flüssigkeit oder die chemische Zersetzung der Moleküle. Beim Abkühlen unter die Schmelztemperatur verfestigen sich alle *klassischen Flüssigkeiten*; entweder sie bilden Kristalle oder erstarren – bei sehr rascher Abkühlung – zu amorphen Festkörpern (z.B. Glas).

Flüssiges Helium zeigt jedoch ein ganz anderes Verhalten beim Abkühlen (unter atmosphärischem Druck): Es bleibt flüssig bis zum absoluten Nullpunkt! Dieses ungewöhnliche Verhalten kann man nur aus dem Wellencharakter und der Quantennatur der Materie verstehen. Man nennt flüssiges Helium daher eine *Quantenflüssigkeit*. (In Quantenflüssigkeiten ist der Abstand der Teilchen untereinander nicht mehr groß, sondern vergleichbar mit ihrer *Materiewellenlänge*.) Auch Elektronen im Metall, sowie Nukleonen im Atomkern und – auf ganz anderer Skala – im Neutronenstern bilden echte Quantenflüssigkeiten.

Bei normalen Flüssigkeiten ist die Materie-Wellenlänge viel kleiner als der Abstand zwischen den Molekülen. Das gilt nicht mehr bei den Quantenflüssigkeiten aus sehr leichten Atomen

Flüssigkeiten besitzen grundsätzlich keine Gestaltelastizität wie feste

Körper, vielmehr kann man ihre äußere Form ohne großen Widerstand verändern, sofern die Dichte der Flüssigkeit konstant bleibt. Widerstand gegen eine schnelle Formveränderung ergibt sich – neben der Trägheit – nur aus der inneren Reibung oder sog. Viskosität der Flüssigkeit, welche durch die Wechselwirkung der Moleküle untereinander hervorgerufen wird, und von Flüssigkeit zu Flüssigkeit sehr verschieden sein kann. So verschwindet z.B. die Viskosität von superfluidem Helium ganz; d.h. eine einmal angeworfene Ringströmung erleidet keine Reibungsverluste und kommt nicht mehr zum Stillstand! Andererseits sind auch die Gläser Flüssigkeiten, allerdings mit einer außerordentlich hohen Viskosität. Mehr über Viskosität, ihre Definition, Messung und Entstehung, wollen wir weiter unten in diesem Kapitel besprechen.

7.1 Hydrostatische Kräfte

7.1.1 Die Auftriebskraft

Wenn man in eine ruhende Flüssigkeit, z.B. in Wasser, einen schweren Körper ganz eintaucht, so führt die Wasserverdrängung zum *Auftrieb*, d.h. zur Verringerung seines Gewichts. Betrachten wir z.B. einen Zylinder (siehe Bild 7.1), der nur an einem Draht hängend ganz ins Wasser eintaucht. Die Kräfte auf seine Seitenflächen heben sich aus Symmetriegründen alle auf.

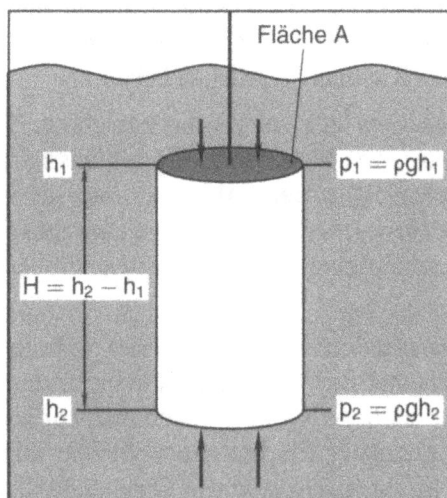

Bild 7.1: Zur Berechnung der nach oben gerichteten Auftriebskraft, die auf einen in Wasser untergetauchten schweren Zylinder wirkt. Der Druck p_2 auf die untere Fläche A ist um den Betrag $\varrho g H$ größer als der Druck auf die obere Fläche. Daraus ergibt sich die Auftriebskraft $F = -AH\varrho g$ = Gewicht der verdrängten Wassermenge. (H =Höhe, ϱ =Dichte des Wassers, g =Gravitätsbeschleunigung)

Aber auf die obere Fläche wirkt ein kleinerer Druck als auf die untere, und so ergibt sich eine resultierende Autriebskraft von

$$F_{\text{Auftrieb}} = -AH\varrho g \qquad (7.1)$$

um die sich das Gewicht des eingetauchten Körpers verringert. Dies entspricht gerade dem Gewicht der verdrängten Wassermenge. Die hier für einen Zylinder gegebene Ableitung läßt sich leicht auf beliebig geformte Körper verallgemeinern.

Falls der Körper unter seinem eigenen Gewicht nur *teilweise* in die Flüssigkeit eintaucht und auf dieser schwimmt, z.B. ein Schiff, so wirken auf den schwimmenden Körper zwei Kräfte: Einmal die nach unten wirkende Schwerkraft, die im Schwerpunkt des Körpers ansetzt, und andererseits die Auftriebskraft, welche auf den Schwerpunkt der verdrängten Wassermenge wirkt und daher an einem anderen Punkt ansetzt. Beide Kräfte können ein Drehmoment erzeugen. Die Schwimmlage eines Schiffes ist nur stabil, wenn das Drehmoment, das sich bei kleinen Auslenkungen aus der Ruhelage bildet, das Schiff wieder in die stabile Schwimmlage zurückdreht, was nur der Fall ist, wenn der Schwerpunkt des Schiffes unter dem des verdrängten Wassers liegt.

Stabiles Schwimmen eines Schiffes ist nur möglich, wenn die Auftriebskraft beim Kippen aus der Gleichgewichtslage wieder ein aufrichtendes Moment erzeugt.

Übungsfrage: Welches ist die stabile Schwimmlage eines rechteckigen Holzquaders mit den Kantenlängen 10, 20 und 30 cm, oder eines Holzzylinders (Länge 50 cm, Durchmesser 20 cm)?

Wir halten fest: *Die Auftriebskraft ist dem Betrag nach gleich dem Gewicht der verdrängten Flüssigkeit.* Das gleiche Gesetz gilt auch für einen Fesselballon: Die Auftriebskraft ist gleich dem Gewicht der verdrängten (kalten) Luft, und da diese schwerer ist als die normalerweise benutzte Füllung mit Wasserstoff, Helium oder Heißluft, kann der Ballon steigen.

7.1.2 Oberflächen von Flüssigkeiten

Beim Erwärmen einer offenen Flüssigkeit treten mehr und mehr Flüssigkeitsmoleküle in die Dampf- bzw. Gasphase über, bis schließlich (bei der sog. *kritischen Temperatur,* die wir im Wärmeteil dieses Bandes genauer kennenlernen werden) kein Dichteunterschied mehr zwischen der flüssigen und gasförmigen Phase besteht. Wir wollen uns jedoch in diesem Kapitel auf hinreichend tiefe Temperaturen beschränken (z.B. für Wasser auf Zimmertemperaturen), bei denen die Dichte in der Gasphase fast vernachlässigbar klein ist im Vergleich mit der Dichte der Flüssigkeit.

In diesem normalen Fall zeigt die Oberfläche von Flüssigkeiten interessante Erscheinungen, die ihre tiefere Ursache darin haben, daß ein Flüssigkeitsmolekül im Innern einer Flüssigkeit, wo es allseitig im Kontakt mit anderen

Molekülen ist, fester gebunden ist als an der Oberfläche. Die Flüssigkeit versucht daher, ihre Oberfläche zu verkleinern und nimmt in der Abwesenheit von anderen Grenzflächen eine Kugelgestalt an. Eine Vergrößerung der Oberfläche über diese minimale Oberfläche hinaus ist nur unter der Leistung von Arbeit möglich, die zu der Flächenvergrößerung direkt proportional ist. Die verrichtete Arbeit pro Einheitsfläche (von 1 m^2) wird Oberflächenspannung genannt.

Tensidlösungen in Wasser erniedrigen die Oberflächenspannung. Sie sind nämlich teilweise hydrophob. Durch sie wird eine Vergrößerung der Oberfläche begünstigt (Schaumbildung)

Wenn man versucht mit einem benetzten Drahtbügel (z.B. aus einer Seifenlösung) eine ebene Flüssigkeitslamelle aus dem Flüssigkeitsbad herauszuziehen, so leistet die Flüssigkeit mit einer meßbaren Kraft Widerstand gegen diese Oberflächenvergrößerung, und aus der so gemessenen Kraft kann im Prinzip für jede Flüssigkeit die Oberflächenspannung bestimmt werden. Einige Beispiele für die gemessene Oberflächenspannung σ zeigt die folgende Tabelle.

Tabelle 7.1: Die Oberflächenspannung einiger Flüssigkeiten

Flüssigkeit (bei 20°C)	σ (in 10^{-3} N/m)
Flüssiges Quecksilber	923
Reines Wasser	72
Verdünnte wässerige Seifenlösung	30

Auffallend ist die Erniedrigung der Oberflächenspannung von reinem Wasser durch die relativ wenigen Fettsäuremoleküle der verdünnten Seifenlösung: Hier ist Arbeit erforderlich, um die hydrophoben Fettsäuremoleküle von der Oberfläche ins Innere des Wassers zu bringen. Daher ist es in wässerigen Lösungen von Seife oder von anderen „Tensiden" so leicht möglich, die Oberfläche zu vergrößern und z.B. Schaum zu bilden. Auch makroskopische, nicht benetzende, hydrophobe Körper können nur unter Arbeitsleistung durch die Oberfläche ins Wasserinnere eindringen. Daher wird eine eingefettete Nähnadel von der Wasseroberfläche getragen, ebenso wie manche Insekten, die mit ihren hydrophoben Füßen auf der Wasseroberfläche laufen können.

Infolge der Oberflächenspannung entsteht im Innern eines jeden kugelförmigen Flüssigkeitstropfen auch ein statischer Überdruck, den man auf verschiedene Weise aus der Oberflächenspannung σ ableiten kann. Wir benutzen dazu das Energieprinzip: Die Oberflächenenergie ϵ eines Tropfens mit Radius r ist gleich der Oberflächenspannung σ mal der Kugeloberfläche:

$$\epsilon = \sigma \cdot 4\pi r^2 \tag{7.2}$$

Der durch die Oberflächenspannung zusätzlich im Tropfen erzeugte Innendruck P_i läßt sich ableiten aus der notwendigen Arbeitsleistung $P_i \cdot dV$, wenn man gegen die Oberflächenspannung das Tropfenvolumen um dV und den Radius um dr vergrößern will.

$$P_i \cdot dV = P_i \, 4\pi r^2 \, dr = (d\epsilon/dr) \cdot dr \qquad (7.3)$$

In sehr kleinen Nebeltropfen herrscht ein hoher hydrostatischer Druck, der auch den Gefrierpunkt erniedrigt.

Aus Gl. (7.2) und (7.3) ergibt sich der Binnendruck zu

$$\boxed{P_i = \frac{2\sigma}{r}} \qquad (7.4)$$

In einem Wassertropfen mit einem Radius von 100 nm ergibt sich daraus mit der Oberflächenspannung von Wasser (aus Tabelle 7.1) der sehr beachtliche Druck von $2 \cdot 72 \cdot 10^{-3}/10^{-7} = 14,2 \cdot 10^5$ Pa, was etwa 14 atm entspricht.

In der meist viel größeren Seifenblase ist der Druck entsprechend kleiner. Hierbei ist darauf zu achten, daß eine Seifenblase immer *zwei* Oberflächen besitzt, eine innere und eine äußere. Daher ist der Druck doppelt so hoch, wie in Gl. (7.4) für *eine* Oberfläche angegeben. Der Druck in einer Seifenblase ist besonders gut meßbar. Interessant ist es auch, über einen Strohhalm eine große und eine kleine Seifenblase miteinander zu verbinden: Die kleine erzeugt den höheren Druck und bläst ihren Luftvorrat in die große Blase. Nach dem Motto: Die Großen fressen die Kleinen.

7.1.3 Die Benetzung von festen Oberflächen

Wenn eine Flüssigkeit an einen festen Körper angrenzt, z.B. an eine Glaswand, ist es wichtig, ob die Flüssigkeitsmoleküle in der Grenzschicht mehr von der festen Wand oder mehr von den anderen Flüssigkeitsmolekülen angezogen werden. Im ersteren Fall benetzt die Flüssigkeit die feste Oberfläche und die Flüssigkeitsoberfläche wird wie in Bild 7.2a dargestellt an der Wand hochgezogen, obwohl damit die Oberfläche der Flüssigkeit zum Gasraum sogar noch vergrößert wird. Ähnlich wie die oben eingeführte Oberflächenspannung σ zu einer Minimalisierung der Flüssigkeitsoberfläche führt, so versucht andererseits die *Grenzflächenspannung* σ_g, die wir hiermit einführen, die Grenzfläche zwischen Flüssigkeit und fester Wand – wie in Bild 7.2a dargestellt – *zu vergrößern*. Während σ positiv ist, hat im Fall der Benetzung fester Wände σ_g einen negativen Wert! Quantitativ ergibt sich das in Bild 7.2a dargestellte Gleichgewicht zwischen der Vertikalkomponente von σ und der Grenzflächenspannung, d.h. $\sigma \cdot \cos\varphi = \sigma_g$, oder

Bei benetzenden Flüssigkeiten stellt sich ein Gleichgewicht ein zwischen der Tendenz, die Grenzfläche zu vergrößern, die Oberfläche jedoch möglichst klein zu halten

$$\boxed{\cos\varphi = \frac{-\sigma_g}{\sigma}}. \qquad (7.5)$$

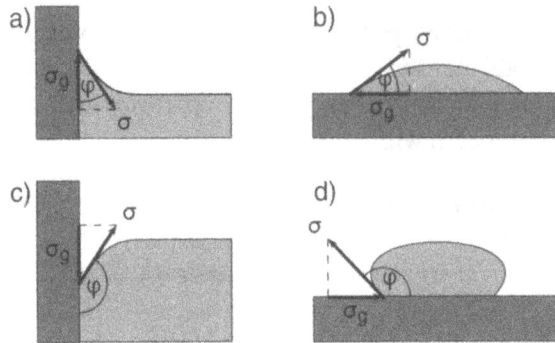

Bild 7.2: Das Gleichgewicht zwischen der Oberflächenspannung σ und der Grenzflächenspannung σ_g im Fall der Anziehung der Flüssigkeitsmoleküle an die Wand (Fall a und b) sowie im Fall der Abstoßung (Fall c und d). Die feste Grenzfläche kann vertikal (in a und c) oder horizontal (in b und d) orientiert sein.

Diese Definition des *Grenzwinkels* φ hängt nicht von der Schwerkraft ab und gilt daher auch für einen Flüssigkeitstropfen auf einer *horizontalen* Glasplatte (siehe Bild 7.2b).

Wichtig ist jedoch bei dieser Definition, daß der Betrag von σ_g stets kleiner bleibt als der von σ. Falls nämlich $|\sigma_g|$ größer wird als $|\sigma|$, entsteht vollständige Benetzung (in Bild 7.2b wird $\varphi = 0$), und es bildet sich kein Tropfen mehr. Wenn umgekehrt zwischen der festen Wand und den Flüssigkeitsmolekülen repulsive Kräfte bestehen, versucht die Grenzflächenspannung σ_g – nunmehr mit umgekehrten (positiven) Vorzeichen – die flüssig-feste Grenzfläche zu verkleinern mit dem in Bild 7.2c-d dargestellen Resultat. Gl. (7.5) bleibt gültig, aber wegen des geänderten Vorzeichnes von σ_g wird nunmehr der Winkel φ sehr groß.

Die Wechselwirkung der Flüssigkeit mit einer festen Wand läßt sich besonders schön demonstrieren, wenn man eine feine Glaskapillare (Innenradius r) in ein Glas Wasser stellt. Eine saubere fettfreie Glaskapillare wird von Wasser vollständig benetzt: Der Wasserfilm bedeckt die ganze innere Rohroberfläche (auch die äußere, was uns hier weniger interessiert) bis zum oberen Rand, wie in Bild 7.3 gezeichnet. Die Oberflächenspannung versucht nun das Wasser in der Kapillare anzuheben, um die Wasseroberfläche innerhalb der Kapillaren zu verkleinern, bis folgendes Gleichgewicht erreicht ist zwischen der hebenden Kraft des Wasserfilms

$$F = 2r\pi \cdot \sigma$$

und dem Gewicht des gehobenen Wassers

$$G = r^2 \pi h \varrho g .$$

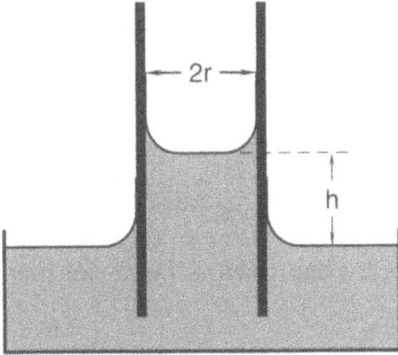

Bild 7.3: In einer gut benetzten Glaskapillare, die im Wasserbad steht, steigt im Innern die Wassersäule bis zur Höhe $h = 2\sigma/r\varrho g$, wobei ϱ die Dichte des Wassers und g die Erdbeschleunigung ist.

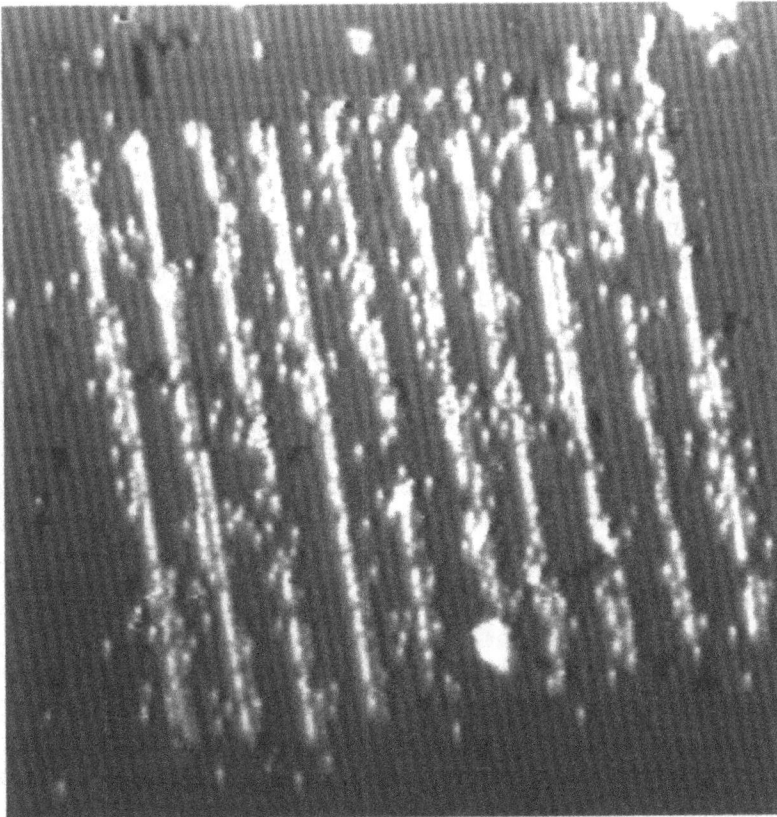

Bild 7.4: Beispiel für mikroskopische Benetzungsstrukturen: Auf der dunkel erscheinenden mit Wasserstoff passivierten Siliziumoberfläche sind mit dem Tunnelmikroskop 10 helle Striche (Strichbreite 1 nm, Strichabstand 3 nm) „geschrieben" worden. Im Bereich der hellen Striche wurde der Wasserstoff entfernt durch Spannungspulse am Tunnelmikroskop und durch Sauerstoff aus der Atmoshäre ersetzt, so daß nur dieser Bereich hydrophil ist. Der Rest der Oberfläche (dunkel) ist noch hydrophob. Breite des Bildes 40 nm. (Bildquelle und Literatur: J.W. Lyding et al., Appl. Phys. Lett. **64**, 2010 (1994)

Aus $F = G$ ergibt sich die Steighöhe

$$\boxed{h = \frac{2\sigma}{\varrho r g}} \, . \tag{7.6a}$$

Bei einer Kapillare von nur 1 μm Innendurchmesser in Wasser ergibt sich
eine Steighöhe von mehr als 10 m und dies erklärt teilweise die gute Was-
serversorgung hoher Bäume. Man kann Gl. (7.6a) auch in Druckeinheiten
schreiben:

$$\boxed{P = h\varrho g = \frac{2\sigma}{r}} \tag{7.6b}$$

Diesen Druck müßte man anwenden, um ohne die Sogwirkung der Oberflächenspannung die Wassersäule bis zur Höhe h zu treiben. (Gl. (7.6b) ist
identisch mit der früheren Gl. (7.3) für den Binnendruck in einem Flüssigkeitstropfen.)

Da die Oberflächenspannung mit wachsender Temperatur abnimmt und –
aus den anfangs besprochenen Gründen – an der kritischen Temperatur ganz
verschwindet, nehmen auch die abgeleiteten Erscheinungen wie Steighöhe
in Kapillaren und der Binnendruck mit wachsender Temperatur ab.

Je nachdem, ob Wasser eine feste Oberfläche gut oder schlecht benetzt,
nennt man die Oberfläche *hydrophyl* oder *hydrophob*. Die Benetzbarkeit
hängt naturgemäß von der chemischen Zusammensetzung der Oberfläche
ab. Polare Substanzen sind in der Regel hydrophyl und die unpolaren
organischen meist hydrophob. Die Benetzbarkeit einer Oberfläche kann auch
mikroskopisch verändert werden durch lokale molekulare Veränderung. Eine
solche mikroskopische strukturierte Benetzbarkeit wird z.B. bei modernen
Druckplatten durch Beleuchtung und anschließende chemische Behandlung
erzielt.

Eine noch feinere Strukturierung der Benetzbarkeit zeigt die tunnelmikro-
skopische Aufnahme 7.4 für eine kristalline Siliziumoberfläche. Die dunklen
Zonen sind mit Wasserstoff bedecktes Silizium, während die hellen Striche,
die nur 1 nm breit sind, die Bereiche des oxidierten Si darstellen. Da was-
serstoffbedecktes Si hydrophob, oxidiertes Si aber hydrophil ist, variiert also
die Benetzbarkeit in Bild 7.4 im Nanometer-Bereich.

7.2 Kräfte in strömenden Flüssigkeiten

7.2.1 Trägheitskräfte in stationären Strömungen

Nach diesen Bemerkungen über ruhende Flüssigkeiten wollen wir uns jetzt *strömenden Flüssigkeiten* zuwenden. Die Strömung von Flüssigkeiten (und Gasen) vollständig zu beschreiben, ist bis heute noch nicht gelungen. Die von Navier-Stokes aufgestellten Bewegungsgleichungen für fluide Medien sind leider nichtlinear, und so kann man nur für Spezialfälle Lösungen analytisch angeben. Dennoch gibt es einige grundlegende Gesetzmäßigkeiten, die man auch ohne vollständige Lösung der Navier-Stokes-Gleichungen gut verstehen kann und die wir hier besprechen wollen.

Zunächst wollen wir einen grundlegenden, auch technisch besonders wichtigen Aspekt der Hydrodynamik betrachten, nämlich das *Prinzip der Energieerhaltung* bei der Strömung von Flüssigkeiten. Zur Vereinfachung sei zunächst angenommen, daß die Flüssigkeit *inkompressibel* ist und *keine innere Reibung* besitzt.

Betrachten wir z.B. ein Rohr, dessen Querschnitt von links nach rechts abnimmt (links im Bild 7.5 ist die Querschnittsfläche A_1 und rechts nur A_2).

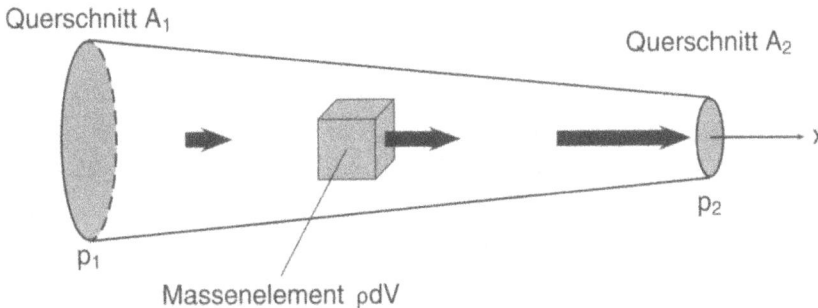

Bild 7.5: Strömung in einem Rohr mit unterschiedlichem Querschnitt. Die Strömungsgeschwindigkeit v_x (axiale Pfeile) nimmt von links nach rechts zu.

Nun lassen wir eine Flüssigkeit *stationär* durch das Rohr nach rechts strömen, so daß die *Strömungsgeschwindigkeit an jedem Ort einen zeitlich konstanten Wert annimmt*, wie durch die Länge der Geschwindigkeitsvektoren in Bild 7.5 angedeutet.

Da nach unserer Annahme die Flüssigkeit inkompressibel ist und überall die gleiche Dichte besitzt, muß offenbar durch die eine Fläche A_1 pro Sekunde genau so viel Masse einströmen, wie aus der anderen Fläche A_2 wieder ausströmt:

$$v_1 \cdot A_1 = v_2 \cdot A_2 \qquad \textbf{Kontinuitätsgleichung} \qquad (7.7)$$

Jedes mitgeführte Volumenelement wird also in der Strömung von links nach rechts von der Anfangsgeschwindigkeit v_1 auf die Endgeschwindigkeit v_2 beschleunigt. Nach der Newtonschen Bewegungsgleichung setzt aber jede Beschleunigung eine Kraft voraus. Auf das in Bild 7.5 eingezeichnete Volumenelement muß also eine nach rechts gerichtete Kraft einwirken, die es nach rechts beschleunigt.

Welches ist nun die hier wirkende Kraft? Sie muß davon herrühren, daß auf das in Bild 7.6 vergrößert dargestellte Volumenelement auf seiner linken Seite ein größerer Druck $p(x)$ existiert als auf seiner rechten Seite, wo der Druck $p(x + dx)$ herrscht. Mit anderen Worten: Die Beschleunigung des Volumenelements weist hin auf die Existenz eines Druckgefälles oder Druckgradienten, der allein zu der resultierenden beobachteten Kraft F_x führen kann:

$$F_x = -A \cdot (dp/dx) \cdot dx = -(dp/dx) \cdot dV$$

(Das Minuszeichen bringt zum Ausdruck, daß die resultierende Kraft zum kleineren Druck hin gerichtet ist.)

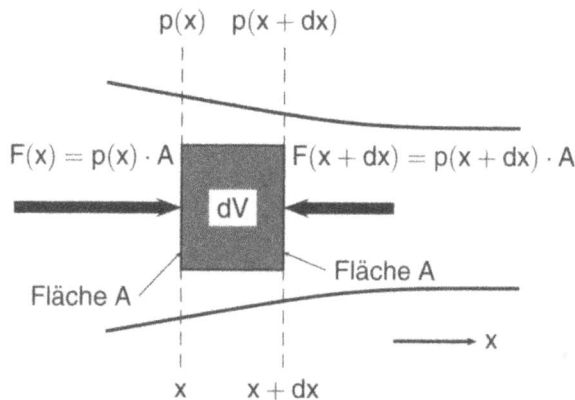

Bild 7.6: Da in der Strömung der hydrostatische Druck nicht konstant ist, wirkt auf das Volumenelement dV eine resultierende Kraft $F(x + dx) - F(x)$.

Andere Kraftkomponenten können hier aus Symmetriegründen nicht auftreten. Wir haben übrigens die Kraft durch Differenzieren der skalaren Größe $p(x)$ gefunden, ähnlich wie wir sie früher aus der potentiellen Energie gewonnen hatten. In der Tat besitzt p auch die Dimension einer Energie pro Volumeneinheit.

Damit können wir auf das *mitgeführte Massenelement* (das wir z.B. sichtbar machen könnten durch einen Tropfen Tinte) die Newtonsche Bewegungsgleichung anwenden:

$$m\frac{\mathrm{d}v}{\mathrm{d}t} = F_{\mathrm{x}}$$

$$\varrho\mathrm{d}V\,\frac{\mathrm{d}v}{\mathrm{d}t} = -\frac{\mathrm{d}p}{\mathrm{d}x}\,\mathrm{d}V$$

oder

$$\boxed{\varrho\,\frac{\mathrm{d}v}{\mathrm{d}t} + \frac{\mathrm{d}p}{\mathrm{d}x} = 0}\qquad \textbf{Pascals Gesetz}[1]\tag{7.8}$$

Das Pascalsche Gesetz für Flüssigkeiten entspricht dem Newtonschen Gesetz für massive Körper

Während das Massenelement $\mathrm{d}m = \varrho\mathrm{d}V$ sich von x_1 nach x_2 bewegt, leistet die Kraft F_{x} an ihm die Arbeit

$$\int\limits_{x_1}^{x_2} F_{\mathrm{x}}\,\mathrm{d}x = -\mathrm{d}V\int\limits_{x_1}^{x_2}\frac{\mathrm{d}p}{\mathrm{d}x}\,\mathrm{d}x = (p_1 - p_2)\mathrm{d}V\,.$$

Dabei erhöht sich die Strömungsgeschwindigkeit von v_1 auf v_2. Nach dem Prinzip der Energieerhaltung vermehrt diese Arbeitsleistung die kinetische Energie von $\varrho\mathrm{d}V(v_1^2/2)$ auf $\varrho\mathrm{d}V(v_2^2/2)$. Daraus folgt ein wichtiger Zusammenhang zwischen dem hydrostatischen Druck p und der Geschwindigkeit v in jeder stationären Strömung:

$$\frac{1}{2}\varrho(v_2^2 - v_1^2) = p_1 - p_2$$

Bernoulli-Gesetz: Je höher die Strömungsgeschwindigkeit, desto niedriger der hydrostatische Druck

oder

$$\boxed{\frac{1}{2}\varrho v_1^2 + p_1 = \frac{1}{2}\varrho v_2^2 + p_2}\qquad \textbf{Bernoullis Gesetz}[2]\tag{7.9}$$

Nach diesem Gesetz sind in jeder stationären Strömung die Orte erhöhter Strömungsgeschwindigkeit zugleich Orte verminderten statischen Druckes und umgekehrt.

Als eine der vielen Anwendungen des Bernoulli-Gesetzes sei die Venturi-Düse zur Messung der Strömungsgeschwindigkeit von Gasen und Flüssigkeiten durch Rohrleitungen erwähnt. Die Venturi-Düse besteht (siehe Bild 7.7) im wesentlichen nur aus einer Verengung des normalen Rohrquerschnitts A_1 auf den kleineren Querschnitt A_2. Während an der weiten

---

[1] Blaise Pascal, 1623 – 1662, französischer Mathematiker und Philosoph
[2] Daniel Bernoulli, geboren 1700 in Groningen und gestorben 1782 in Basel

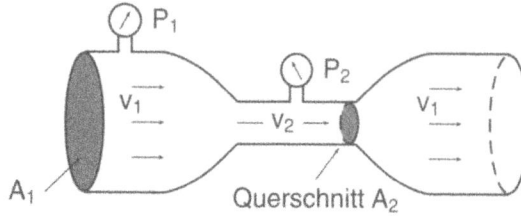

Bild 7.7: Venturi-Düse zur Messung der Strömungsgeschwindigkeiten von Fluiden in Rohrleitungen

Rohrstelle der Druck p_1 gemessen wird, beträgt er an der Verengung nur p_2. Aus der Bernoulli-Gleichung (7.9)

$$p_1 + \frac{1}{2}\varrho v_1^2 = p_2 + \frac{1}{2}\varrho v_2^2$$

zusammen mit der Kontinuitätsgleichung (7.7)

$$A_1 \cdot v_1 = A_2 \cdot v_2$$

ergibt sich aus den beiden Druckmessungen die gesuchte Strömungsgeschwindigkeit

$$v_1 = \sqrt{2(p_2 - p_1)/\varrho \cdot (1 - (A_1/A_2)^2)}\,.$$

7.2.2 Viskosität und Reibungskräfte

Das *Auftreten von Reibungskräften* haben wir in diesem Kapitel noch nicht berücksichtigt. Sie treten immer dann auf, wenn sich benachbarte Flüssigkeitselemente mit unterschiedlicher Geschwindigkeit bewegen. Dies ist im einfachsten Fall (siehe Bild 7.8) realisiert, wenn zwei parallele Platten der Fläche A in einer Flüssigkeit durch eine oben angreifende Kraft F seitlich gegeneinander bewegt werden.

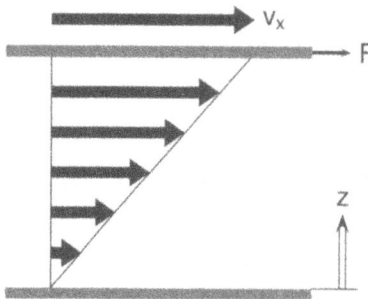

Bild 7.8: Zwei feste Platten (grau) in einer Flüssigkeit. Die obere Platte (Fläche A) bewegt sich mit der Geschwindigkeit v_x nach rechts, während die untere in Ruhe bleibt. Durch Mitnahme entsteht in der Flüssigkeit ein lineares Geschwindigkeitsprofil mit konstantem Geschwindigkeitsgradienten $(\mathrm{d}v_x/\mathrm{d}z)$.

Die Reibungskraft, die dieser Bewegung Widerstand entgegensetzt, ist $F = \eta \cdot A \cdot (dv_x/dz)$. Die Proportionalitätskonstante η heißt *Viskosität* und besitzt die Einheit von $[\mathrm{N \cdot s \cdot m^{-2}}]$. Unter Berücksichtigung der Einheiten der Kraft $(\mathrm{N = m \cdot kg \cdot s^{-2}})$ wird die Viskosität meist in $[\mathrm{m^{-1} \cdot kg \cdot s^{-1}}]$ angegeben. Diese Einheit nennt man *Pascalsekunde*, abgekürzt $[\mathrm{Pa \cdot s}]$. (Früher wurde die Viskosität auch in [Poise] gemessen: $1\,[\mathrm{Pa \cdot s}] = 10$ [Poise].) Die folgende Tabelle zeigt als Beispiel die Viskosität η von Wasser und Luft bei einigen Temperaturen.

Tabelle 7.2: Viskosität η von Wasser und Luft

Flüssigkeiten	η [in Pa · s]	Gase	η [in Pa · s]
Wasser (0°C)	$1{,}5 \cdot 10^{-3}$	Luft (0°C)	$1{,}7 \cdot 10^{-5}$
Wasser (20°C)	$1{,}0 \cdot 10^{-3}$	Luft (20°C)	$1{,}8 \cdot 10^{-5}$
Wasser (40°C)	$0{,}6 \cdot 10^{-3}$	Luft (40°C)	$1{,}9 \cdot 10^{-5}$

Wie schon am Beispiel des Wassers ersichtlich ist, nimmt auch die Viskosität von fast allen klassischen Flüssigkeiten mit steigender Temperatur rasch ab, da die Moleküle bei höheren Temperaturen leichter die Energiebarrieren überwinden können, die sie an der Bewegung hindern. In Gasen dagegen (siehe das Beispiel der Luft) nimmt die Zähigkeit mit wachsender Temperatur zu, da bei hohen Temperaturen die Gasatome einen größeren Impuls besitzen und somit beim Stoß übertragen können. Daher strömen beim gleichen Druck kalte Gase schneller durch ein Rohr als heiße Gase.

Die Viskosität beherrscht auch das räumliche Fließverfahren einer Flüssigkeit durch ein zylindrisches Rohr, wie in Bild 7.9 dargestellt: Der Überdruck $\Delta P = P_1 - P_2$ auf der linken Seite des Rohres übt auf jedes Flüssigkeitselement der gleichen Querschnittsfläche die gleiche Kraft aus, und dies führt unter dem Einfluß der Viskosität zu einem parabolischen Geschwindigkeitsverlauf, wie in Bild 7.9 dargestellt.

Übungsfrage: Zeigen Sie, warum das Geschwindigkeitsprofil parabolisch ist und warum das Flüssigkeitsvolumen V, welches unter dem Überdruck

Messung der Viskosität bei Durchflußmessungen durch ein Rohr (Hagen-Poiseuille) oder durch die Messung der Fallgeschwindigkeit einer Kugel in einer Flüssigkeit (Stokes)

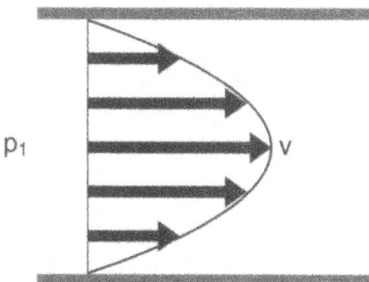

Bild 7.9: Der parabolische Geschwindigkeitsverlauf bei der laminaren Strömung einer Flüssigkeit durch ein Rohr: An der Rohrwandung verschwindet die Geschwindigkeit und erreicht ihren Maximalwert in der Mitte.

ΔP pro Sekunde durch das Rohr fließt, mit der vierten Potenz des Radius ansteigt. (Nach dem sog. *Hagen-Poiseuille*-Gesetz gilt: $V = \Delta P \cdot \pi R^4/8 \cdot \eta \cdot L$.)

Auch wenn man einen festen Gegenstand durch eine viskose Flüssigkeit bewegt, entsteht erfahrungsgemäß ein Reibungswiderstand. Für den besonders wichtigen Fall einer bewegten Kugel beschreibt das *Stokessche Gesetz*, welches wir hier nicht ableiten wollen, daß die Reibungskraft F_R linear mit der Viskosität η der Flüssigkeit, dem Radius R der Kugel und der Geschwindigkeit v der Bewegung wie folgt zunimmt:

$$\boxed{F_R = 6\pi\eta R \cdot v} \qquad \textbf{Stokessches Gesetz} \qquad\qquad (7.10)$$

Das Stokessche Gesetz beschreibt allerdings nur für *kleine Geschwindigkeiten* die an einer Kugel wirkende Bremskraft richtig.

Übungsfrage: Wie würden Sie aus der Sinkgeschwindigkeit einer Kugel in einer Flüssigkeit (oder in der Luft) die Viskosität des Mediums ermitteln?

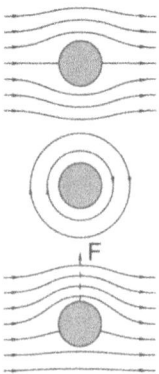

Interessant ist noch der auf der Seite abgebildete Spezialfall, daß die Kugel (oder ein Zylinder) während der Bewegung durch die Flüssigkeit rotiert. Oben sind die Stromlinien dargestellt ohne Rotation der Kugel für die symmetrische laminare Strömung der Flüssigkeit um die Kugel. Bei der Rotation wird durch die Mitnahme der oberflächennahen Flüssigkeitsschichten eine Zirkulationsströmung um die Kugel (oder den Zylinder) erzeugt (mittleres Bild). Das untere Bild zeigt die Überlagerung beider Strömungen, der laminaren Strömung ohne Rotation und der Zirkulationsströmung durch die Rotation allein: Offensichtlich liegen oberhalb der Kugel die Stromlinien viel dichter zusammen als darunter wegen der oben deutlich erhöhten Strömungsgeschwindigkeit. Nach dem Bernoulli-Gesetz ergibt sich daraus eine nach oben gerichtete Auftriebskraft F. Dies ist der sog. *Magnuseffekt*, durch den Boote mit rotierenden und senkrecht ins Wasser eingetauchten Zylindern seitlich zur Strömung abgelenkt werden.

7.2.3 Strömung bei großen Geschwindigkeiten

Die oben dargestellten Gesetze der laminaren Strömung durch Rohre (nach Hagen-Poisseuille) oder um Kugeln (nach Stokes) gelten nur bei hinreichend kleiner Strömungsgeschwindigkeit. Bewegt man dagegen einen festen Körper, z.B. eine Kugel, mit großer Geschwindigkeit durch eine Flüssigkeit oder ein Gas, so bilden sich Wirbel und Bewegungsenergie geht zusätzlich zur Reibung dadurch verloren, daß der Flugkörper eine turbulente Wirbelzone hoher kinetischer Energie erzeugt und hinter sich zurückläßt. Nach dem Prinzip der Energieerhaltung muß die Erzeugung der Wirbel zu einer zusätzlichen Widerstandskraft entgegen der Bewegungsrichtung führen.

Bild 7.10: Wirbelstraße hinter einem umströmten Zylinder (entnommen: O. Tietjens, Strömungslehre, Springer, Berlin, 1960).

Bild 7.10 zeigt als Beispiel die Strömungsverhältnisse hinter einem schnell umströmten Zylinder. Deutlich ist zu erkennen, daß sich abwechselnd von der oberen und der unteren Hälfte des Zylinders Wirbel mit entgegengesetztem Umlaufsinn ablösen und so hinter dem Zylinder eine regelmäßige *Wirbelstraße* bilden. Das Flattern von Fahnen im Wind und das Surren von gespannten Drähten im Sturm sind weitere Zeichen der periodischen Wirbelablösung hinter dem Fahnenmast oder dem Draht.

Für die Widerstandskraft W, die eine Flüssigkeit der Dichte ϱ einem mit der Geschwindigkeit v bewegten Körper infolge von Wirbelbildung entgegensetzt, gilt

$$W = \frac{1}{2}\, cA\varrho v^2\,, \tag{7.11}$$

wobei A die Fläche des Körpers senkrecht zur Bewegungsrichtung und c eine dimensionslose Konstante, die sog. *Widerstandszahl*, ist. Dieses Ergebnis kann man sich in einfacher Weise plausibel machen: Pro Zeiteinheit muß der Körper eine Flüssigkeitsmasse $\varrho A v$ aus dem Weg räumen und erteilt dabei jedem Flüssigkeitselement eine wirbelnde Geschwindigkeit, die seiner Strömungsgeschwindigkeit proportional gesetzt werden kann. Dann gilt für die Bremskraft $W = \mathrm{d}p/\mathrm{d}t \sim (\mathrm{d}m/\mathrm{d}t)v = \varrho Av^2$. Wegen der Abhängigkeit von ϱ und von der Beschleunigung wird diese Widerstandskraft auch als *Trägheitswiderstand* bezeichnet. Die Widerstandszahl c hängt stark von der Form des Körpers ab. Sie beträgt für einen langen Zylinder (Umströmung senkrecht zur Zylinderachse) etwa 1 und vermindert sich für *Stromlinienkörper* auf Werte unter 0,1.

Es sind Trägheitskräfte, die zum Umspringen der laminaren in die turbulente Strömung führen.

Da der Reibungswiderstand F_R nur linear mit der Geschwindigkeit v wächst, der Trägheitswiderstand nach Gl. (7.11) aber quadratisch mit v ansteigt, dominiert bei hinreichend hohen Geschwindigkeiten immer der Trägheitswiderstand, und eine wirbelfreie rein laminare Strömung tritt daher in der Regel nur im Grenzfall kleiner Geschwindigkeiten auf.

Nach diesen allgemeinen Bemerkungen wollen wir konkret für die Bewegung einer Kugel durch eine Flüssigkeit abschätzen, wie groß der Trägheitswiderstand W relativ zur Reibungskraft F_R ist. Es gilt nach Gl. (7.10) und nach Gl. (7.11) mit $c_{Kugel} = 0,5$

$$\frac{W}{F_R} = \frac{(1/2)cA\varrho v^2}{6\pi\eta Rv} = 0,04\frac{R\varrho v}{\eta}. \tag{7.12}$$

Bedeutung der Reynoldsschen Zahl für alle praktischen Versuche im Windkanal

Das Verhältnis W/F_R wird also durch die dimensionslose Größe $Re = R\varrho v/\eta$, der *Reynoldsschen Zahl Re*, bestimmt. Ist die Reynoldssche Zahl klein, $Re < 1$ (z.B. bei kleinen Geschwindigkeiten), so überwiegen die viskosen Reibungskräfte, und das Stokessche Gesetz ist anwendbar; für $Re \gg 1$ dagegen wird die Strömung turbulent.

Wie O. Reynolds als erster aus den Navier-Stokes-Gleichungen abgeleitet hat, entsprechen sich die Strömungsverhältnisse in geometrisch ähnlichen Situationen, sofern nur die Reynoldsschen Zahlen gleich sind. So erfolgt z.B. der Umschlag von laminarer Strömung zur Turbulenz bei unterschiedlich großen umströmten Objekten (Skalenfaktor R in Gl. (7.12)) zwar nicht bei gleichen Geschwindigkeiten, wohl aber bei der gleichen Reynoldsschen Zahl. Daher ist es möglich, die aerodynamischen Eigenschaften von z.B. Rennwagen oder Flugzeugen am verkleinerten Modell mit wesentlich geringerem experimentellen Aufwand zu studieren.

Das Auftreten der Turbulenz in einer strömenden Flüssigkeit kann (bei nicht zu hohen Geschwindigkeiten) interessanterweise sehr effektiv unterdrückt werden durch geringe Zusätze makromolekularer Substanzen. Diese wenigen gelösten Polymerketten erschweren die Bildung der Turbulenz und ermöglichen daher in der Praxis, bei gleichem Wasserdruck etwa die doppelte Wassermenge durch einen Feuerwehrschlauch strömen zu lassen. (Siehe z.B.: Drag Reduction in Turbulent Flows by Polymers; J. K. Bhattacharjee and D. Thirumalai, Phys. Rev. Lett. Vol. 67, 196 (1991)).

7.2.4 Vom Fliegen

Um das Entstehen der Auftriebskraft beim Fliegen besser zu verstehen, ist es nützlich, die Umströmung der Tragflächen von Flugzeugen (oder der Flügel von segelnden Vögeln) genauer zu betrachten. Was passiert, wenn ein Luftstrom unter einem gewissen Anstellwinkel α auf eine Tragfläche trifft? Wenn die Luft keine innere Reibung hätte, würde sich die in Bild 7.11 oben dargestellte zirkulationsfreie Potentialströmung mit den beiden Staupunkten S_1 und S_2 ausbilden, ganz ohne Erzeugung eines Auftriebs. Bei der Berücksichtigung der endlichen Viskosität der Luft und der Kopplung benachbarter fluider Elemente durch Reibungskräfte entsteht spontan das im

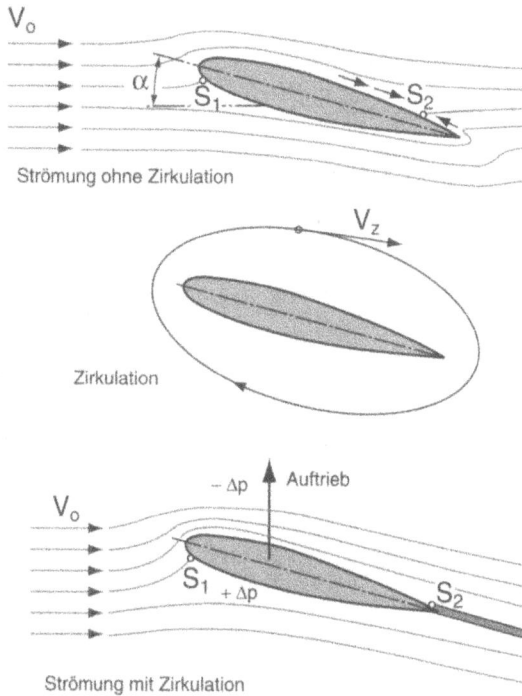

Bild 7.11: Die Umströmung einer Tragfläche unter einem gewissen Anstellwinkel α.
Das obere Bild zeigt den Verlauf einer zirkulationsfreien Potentialströmung für den idealisierten Fall, daß der Flügel von einem vollkommen reibungsfreien Gas umströmt wird. Dabei entsteht kein Auftrieb. **Das untere Bild** dagegen zeigt den Strömungsverlauf, wenn der gleiche Flügel von einem *realen Gas mit innerer Reibung* umströmt wird: Das Strömungsbild zeigt jetzt eine einfachere laminare Strömung, weil der Staupunkt S_2 ganz nach rechts bis an das spitze Flügelende verschoben ist. Dies wird bewirkt durch eine sich spontan einstellende zusätzliche Zirkulationsströmung V_z, die – wie im **mittleren Bild** gezeigt – den Flügel im Uhrzeigersinn umkreist. Durch diese Zirkulation wird die Luftgeschwindigkeit auf der Flügeloberseite erhöht und auf der Unterseite erniedrigt, was (wegen Bernoullis Gesetz, s. Gl. (7.9)) zu einem Unterdruck über dem Flügel und zu einem Überdruck darunter führt. So entsteht der Auftrieb durch die Zirkulationsströmung. (Abbildung von C.A. Marchaj: Aerodynamik und Hydrodynamk des Segels (dort Abb. 2.12), s. Literaturhinweise)

Bild 7.11 unten dargestellte Strömungsprofil. Dieses enthält – zusätzlich zu der primären horizontalen Strömung (von links nach rechts) – eine Zirkulationsströmung, welche das Tragflächenprofil im Uhrzeigersinn umkreist.

Durch die Zirkulationsströmung wird die Geschwindigkeit v_{oben} oberhalb der Tragfläche erhöht und unterhalb auf v_{unten} erniedrigt. Dies führt wegen Bernoullis Gesetz (s. Gl. (7.9)) zu einer Druckerniedrigung oberhalb des Flügels und einer Druckerhöhung unterhalb desselben. Die resultierende Auftriebskraft F auf die Fläche A berechnet sich aus Gl. (7.9) zu

$$F = A \cdot \frac{1}{2} \cdot \varrho(v_{oben}^2 - v_{unten}^2)$$

oder

$$F = A \cdot \frac{1}{2} \cdot \varrho(v_{\text{oben}} + v_{\text{unten}})(v_{\text{oben}} - v_{\text{unten}}).$$

Da nun $\frac{1}{2}(v_{\text{oben}} + v_{\text{unten}})$ gerade die Reisegeschwindigkeit des Flugzeugs ist, ergibt sich als tragende Auftriebskraft das einfachere Gesetz

$$\boxed{F = A \cdot \varrho \cdot v \cdot (v_{\text{oben}} - v_{\text{unten}})}. \qquad \begin{array}{l}\textbf{Gesetz von}\\ \textbf{Kutta-Joukowski}\end{array} \qquad (7.13a)$$

Wenn man die *Profillänge* (gemessen von der Flügelvorderkante bis zur Hinterkante, manchmal auch Flügeltiefe genannt) mit L bezeichnet, ergibt sich für die Zirkulation $\Gamma = L(v_{\text{oben}} - v_{\text{unten}})$, und man kann den gleichen Auftrieb dann alternativ auch als Funktion der Zirkulation Γ darstellen:

$$\boxed{F = \frac{A}{L} \cdot \varrho \cdot v \cdot \Gamma} \qquad (7.13b)$$

Da die Zirkulation Γ die wesentliche Voraussetzung für den Auftrieb ist, wollen wir sie auch noch aus größerer Entfernung vom Flügel betrachten. Dabei werden sich noch andere neue Aspekte des Auftriebs ergeben. Die Zirkulation (näheres darüber lernen wir erst später in der Strömungsdynamik kennen)

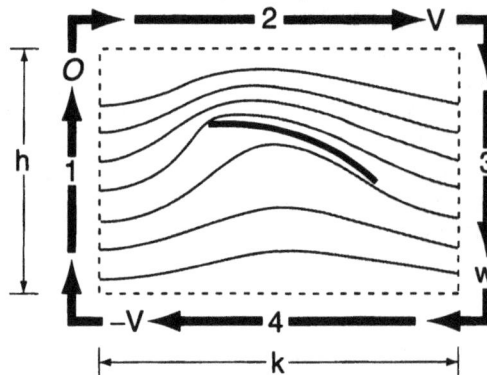

Zirkulation = $0 \cdot h + k \cdot V + h \cdot w - k \cdot V$

Bild 7.12: Die Zirkulation um die Tragfläche, berechnet auf einem rechteckigen Weg, der die Tragfläche (schematisch in der Mitte angedeutet) umschließt. Die Höhe h des Rechtecks ist so groß gewählt, daß an seinem oberen wie auch am unteren Rand die Strömungsgeschwindigkeit v den ungestörten Wert der Reisegeschwindigkeit V erreicht. Das Rechteck habe die Breite k. Zur Berechnung der Zirkulation beginnen wir in der Ecke links unten und folgen dem rechteckigen geschlossenen Integrationsweg im Uhrzeigersinn. Der Wert des Linienintegrals auf diese geschlossene Kurve, d.h. die Größe der Zirkulation, ist $h \cdot w$. Dabei ist w die abwärts gerichtete Luftgeschwindigkeit hinter dem Flügel im Bereich h. Sie ist also verantwortlich für die Zirkulation und die Auftriebskraft.

ist definiert als Linienintegral $\Gamma = \oint_K \vec{v} \cdot \mathrm{d}\vec{s}$ über die Geschwindigkeit auf einem beliebigen geschlossenen Weg K, der den Flügel umschließt. In Bild 7.12 haben wir einen rechteckigen Integrationsweg mit vier Teilstrecken gewählt, der schematisch den Flügel in größerem Abstand umschließt. Zur Berechnung des Linienintegrals entlang der vier Wegstrecken des Rechtecks beginnen wir in der Ecke links unten bis links oben (Weg „1"). Da hier die horizontale Luftgeschwindigkeit senkrecht auf dem vertikalen Linienelement „1" steht, verschwindet der Beitrag. Auf dem nächsten horizontalen Wegelement „2" entlang des obenen Rechteckrands ergibt sich der Beitrag $+kV$, aber dieser wird gerade aufgehoben durch den Beitrag $-kV$ auf dem späteren Weg „4" (entlang der unteren Rechtecksberandung). Als einziger von null verschiedner Beitrag zum ganzen Linienintegral bleibt der Beitrag $h \cdot w$ auf dem abwärtsgerichteten Wegelement „3" (von rechts oben nach rechts unten), und wir erhalten daher für die Zirkulation:

$$\Gamma = \oint_K \vec{v} \cdot \mathrm{d}\vec{s} = h \cdot w \qquad (7.14)$$

Dabei ist h der Höhenbereich, in dem die ursprünglich einströmende Luft (Luftgeschwindigkeit v) durch die Tragfläche nach unten umgelenkt wird und dabei die zusätzliche Abwärtsgeschwindigkeit w erhält.

Unsere Frage lautet jetzt: Welche Kraft übt die Tragfläche bei dem Prozeß der Umlenkung auf die vorbeiströmende Luft aus? Die pro Sekunde (in dem Querschnitt $\frac{A}{L} \cdot h$) einströmende Luftmasse $\frac{\mathrm{d}m}{\mathrm{d}t} = \frac{A}{L} \cdot h \cdot v \cdot \varrho$ wird durch den Flügel nach unten abgelenkt und dabei auf die Geschwindigkeit w beschleunigt. Zur Erzielung dieser Impulsänderung übt der Flügel nach dem 2. Newtonschen Gesetz (s. Gl. (3.5)) auf die umströmende Luft eine nach unten gerichtete Kraft $F = \frac{\mathrm{d}m}{\mathrm{d}t} \cdot w$ aus. Umgekehrt wirkt – nach dem 3. Newtonschen Gesetz (*actio = reactio*) – die gleich große aber nach oben gerichtete Kraft auf den Flügel. Das ist gerade die gesuchte Auftriebskraft:

$$F = \frac{\mathrm{d}m}{\mathrm{d}t} \cdot w = \left(\frac{A}{L} \cdot h \cdot v \cdot \varrho \right) \cdot w \qquad (7.15)$$

oder unter Benutzung von Gl. (7.14) erhalten wir wiederum den gleichen Zusammenhang zwischen Auftriebskraft und Zirkulationsströmung,

$$F = \frac{A}{L} \cdot \varrho \cdot v \cdot \Gamma,$$

den wir schon von Gl. (7.13b) kennen und dort mit Hilfe des Bernoulli-

Gesetzes abgeleitet hatten. Die jetzige alternative Erklärung des Auftriebs mit Hilfe der nach unten umgeleiteten Luft ist besonders anschaulich und erlaubt – wie wir sehen werden – die direkte Beantwortung einiger flugtechnischer Fragen.

Als Beispiele wollen wir kurz die folgenden Fragen diskutieren: Wie funktioniert der Auftrieb beim Fliegen unter größerem Anstellwinkel α der Tragfläche (Zur Definition von α siehe Bild 7.11 oben), bei höherer Fluggeschwindigkeit oder beim Flug in großen Höhen?

Zum Anstellwinkel: Je größer der Anstellwinkel, um so stärker wird die Luft nach unten umgelenkt. Daher steigt der Auftrieb mit wachsendem Anstellwinkel stetig an bis zu einem kritischen Anstellwinkel, der meist im Bereich von etwa 10 – 20 Grad liegt. Beim Überschreiten des kritischen Anstellwinkels bilden sich an der Oberseite des Flügels plötzlich Wirbel, und die laminare Strömung reißt ab, was zu einem Sinken des Auftriebs und zugleich einem Anstieg des Luftwiderstands führt.

Zu erhöhter Fluggeschwindigkeit: Bei einer Verdopplung der Fluggeschwindigkeit verdoppeln sich in Gl. (7.15) zwei Faktoren: Erstens die pro Zeiteinheit umgelenkte Luftmasse $(\mathrm{d}m/\mathrm{d}t)$ und zweitens auch die Vertikalkomponente der Strömungsgeschwindigkeit w. Der Auftrieb vervierfacht sich daher bei einer Verdopplung der Reisegeschwindigkeit und zeigt eine quadratische Abhängigkeit von der Fluggeschwindigkeit.

Zum Fliegen in großer Höhe: In einer Höhe von 12 km beträgt die Dichte der Luft nur noch etwa ein Viertel der normalen Dichte auf Meeresniveau. Das würde bei gleicher Fluggeschwindigkeit nach Gl. (7.15) zu einem entsprechenden Verlust des Auftriebs um den Faktor vier führen. Da aber auch der Luftwiderstand in größeren Höhen in gleicher Weise abnimmt, kann der Verlust an Auftriebskraft – mit gleicher Schubkraft der Triebwerke – durch eine erhöhte Reisegeschwindigkeit mehr als ausgeglichen werden.

Zum Fliegen in V-Formation: Jedes Flugzeug erzeugt hinter sich zwei gegenläufige Wirbel, die – wie in Bild 7.13 gezeigt – um die beiden Flügelspitzen zentriert sind und oft als *Wirbelschleppe* bezeichnet werden. Die Hauptkomponenten des Geschwindigkeitsfeldes in der Zeichenebene hinter dem Flugzeug ist die schon besprochene Abwärtsbewegung der Luft. Aber Bild 7.13 läßt auch ganz links und rechts eine schwächere *Aufwärtsbewegung der Luft* erkennen, welche die Zugvögel zu nutzen wissen, indem sie auf langen Strecken bekanntlich oft in V- oder Keil-Formation fliegen. In dieser Flugformation ist die zum Fliegen erforderliche Arbeitsleistung nur für das Leittier an der Spitze normal, aber für alle ihm folgenden Vögel reduziert. Dadurch kommt eine besonders für die Langstreckenflüge der Zugvögel entscheidende Energieeinsparung zustande. Die Leitvögel scheinen in dieser kräftezehrenden Funktion häufig zu wechseln.

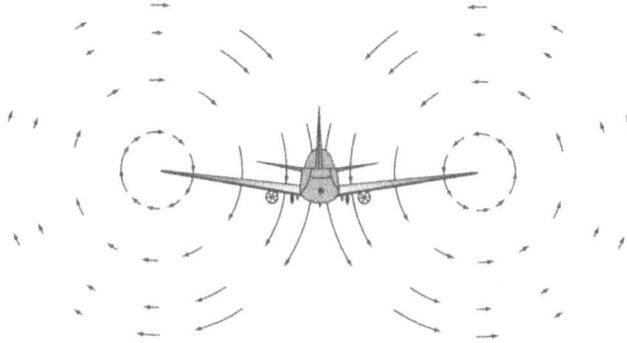

Bild 7.13: Blick von hinten auf ein Flugzeug. Die Wirbelbewegung der Luft hinter dem Flugzeug ist mit Pfeilen gekennzeichnet.
(Abbildung von K. Weltner, siehe Literaturverzeichnis)

Literaturhinweise zu Kapitel 7

Bergmann-Schaefer: Lehrbuch der Experimentalphysik, Bd. 1, de Gruyter Verlag (1998), insbesondere zu den Themen Auftrieb, Hagen-Poiseuille-Strömung, Tragflügel, Turbulenz, Oberflächenspannung und Kapillarität.

Tritton, D.J.: Physical Fluid Dynamics, Clarendon Press, Oxford (1988).

Lighthill, L.: An Informal Introduction to Theoretical Fluid Mechanics, Clarendon Press, Oxford (1990).

Feynman: Vorlesungen über Physik, Band 2, R. Oldenbourg Verlag, München (2000), siehe Kapitel 40 und 41.

Pohl, R.W.: Einführung in die Physik, Band I, Springer (1974), siehe Kapitel 10.

Prandtl, L. et al.: Führer durch die Strömungslehre, Vieweg Verlag (1984).

Faber, T.E. : Fluid Dynamics for Physicists, Cambridge Univ. Press (1995).

Massey, B.S.: Mechanics of Fluids, Van Nostrand Reinhold Publ. (1983), mit technischen Anwendungen.

Großmann, S., Eckhardt, B. und Lohse, D.: Hundert Jahre Grenzschichtphysik, Physik Journal, Okt. 2004, Seite 32.

Marchaj, C.A.: Aerodynamik und Hydrodynamik des Segelns, Delius Klasing Verlag (1991).

Weltner, K.: Flugphysik, Aulis Verlag Deubner (2005).

8 Schwingungen

Die Mehrheit der Historiker neigt zu der Ansicht, daß sich geschichtliche Ereignisse nicht wiederholen. In der Physik dagegen ist die immer wiederkehrende Bewegung vielleicht sogar die wichtigste Bewegungsform überhaupt. Schwingungen treten beispielsweise in der Natur immer dann auf, wenn Massen aneinander gebunden sind, angefangen von den Schwingungen der Nukleonen im Atomkern bis zur pulsierenden Schwingung ganzer Sterne (z.B. der Cephëiden, von denen wir in Kap. 2 sprachen).

8.1 Freie ungedämpfte Schwingungen

Im 3. Kapitel haben wir ausführlich die periodische Bewegung einer Masse m beschrieben, welche durch elastische Kräfte an eine Ruhelage ($z = 0$) gebunden ist. Die Bewegungsgleichung für die Masse lautete:

$$\boxed{m \, \frac{\mathrm{d}^2 z}{\mathrm{d}t^2} + c \cdot z = 0} \qquad \textbf{Bewegungsgleichung des} \atop \textbf{harmonischen Oszillators} \qquad (8.1)$$

Wird die Masse aus der Ruhelage $z = 0$ ausgelenkt und dann losgelassen, so schwingt sie – wie wir bereits früher gesehen haben – mit der Kreisfrequenz

$$\boxed{\omega_0^2 = c/m} \qquad\qquad (8.2)$$

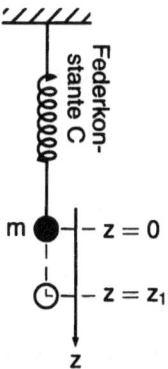

Bild 8.1: Der ungedämpfte harmonische Oszillator

um die Ruhelage. Der genaue zeitliche Verlauf $z(t)$ wird dabei aber nicht nur durch die Bewegungsgleichung (8.1) festgelegt, sondern auch durch die sog. *Anfangsbedingungen*.

Man kann sich nämlich überzeugen, daß der allgemeine Ausdruck

$$\boxed{z(t) = A\cos(\omega_0 t + \varphi)}$$ **Allgemeine Lösung**   (8.3)
$$\qquad\qquad\qquad\qquad\quad \text{der Bewegungsgleichung}$$

mit ganz beliebiger *Amplitude* A und beliebigem *Phasenwinkel* φ die Oszillatorgleichung erfüllt. Die Anfangsbedingungen zur Zeit des Loslassens, $t = 0$, schreiben zusätzlich noch spezieller vor:

$$z(t = 0) = +z_1 \quad \text{und} \quad \frac{\mathrm{d}z(t = 0)}{\mathrm{d}t} = 0 \tag{8.4}$$

Dies ergibt nach Gl. (8.3):

$$A \cdot \cos\varphi = +z_1 \quad \text{und} \quad \omega_0 \cdot A \cdot \sin\varphi = 0$$

Erst aus diesen beiden Anfangsbedingungen ergeben sich die speziellen Werte ($A = +z_1, \varphi = 0$).

Wir halten fest: Jede Masse, deren Bewegungsgleichung wie die des harmonischen Oszillators (8.1) aussieht, kann mit der Kreisfrequenz $\omega_0 = \sqrt{c/m}$ um die Ruhelage schwingen. (Amplitude und Phasenwinkel hängen von den Anfangsbedingungen ab.)

Weitere Beispiele für harmonische Oszillatoren:

1. In Kap. 3 hatten wir bereits das *Fadenpendel* besprochen. Seine Bewegungsgleichung lautet für $\varphi \ll 1$:

$$\frac{\mathrm{d}^2\varphi}{\mathrm{d}t^2} + \frac{g}{r}\varphi = 0\,, \qquad (r = \text{Fadenlänge})$$

und seine Kreisfrequenz ist $\omega_0 = \sqrt{g/r}$.

Bei jeder Schwingung oszilliert die Energie von einer Energieform in eine andere, z.B. von der potentiellen in die kinetische und zurück.

2. Ebenfalls bereits erwähnt hatten wir in Kap. 5 das *Torsionspendel*. Seine Bewegungsgleichung

$$I \cdot \frac{\mathrm{d}^2\varphi}{\mathrm{d}t^2} + D \cdot \varphi = 0 \qquad (I = \text{Trägheitsmoment}, \quad D = \text{Torsionskonstante})$$

beschreibt Drehschwingungen mit der Kreisfrequenz $\omega_0 = \sqrt{D/I}$.

Da die potentielle Energie V durch die Torsionskonstante bestimmt wird (siehe Gl. (5.43))

$$V = \frac{1}{2} D \varphi^2 , \tag{5.43}$$

läßt sich D durch die zweite Ableitung von V

$$D = \frac{d^2 V}{d\varphi^2}$$

ersetzen, so daß die Kreisfrequenz auch durch

$$\omega_0^2 = \frac{1}{I} \cdot \frac{d^2 V}{d\varphi^2} \tag{8.5}$$

definiert werden kann. Analoge Ausdrücke gelten für alle Schwingungsformen.

8.2 Freie gedämpfte Schwingungen

Bei der Aufstellung der Bewegungsgleichung des harmonischen Oszillators (8.1) war die Reibung zunächst noch vernachlässigt. Jedoch schon in Kap. 3.3.2 und 3.3.3 hatten wir die Reibungskräfte und ihre Wirkung kennengelernt. Die Reibungskraft hatten wir in Gl. (3.11) wie folgt definiert:

$$\vec{F} = -2m\beta \cdot \frac{dz}{dt} = -\gamma_R \cdot \vec{V} , \quad \text{(mit } \gamma_R = \text{Reibungskoeffizient)} \tag{8.6a}$$

Sie wirkt – wie wir gesehen hatten – immer der Geschwindigkeit entgegen, daher das Minuszeichen. Bei langsamer Bewegung ist sie proportional zur Geschwindigkeit und führt bei Schwingungen zum exponentiellen Abklingen der Schwingungsamplitude, wie bereits in Bild 3.11 dargestellt.

Mit Berücksichtigung der Reibungskraft nach Gl. (8.6a) wird aus Gl. (8.1)

$$m\frac{d^2 z}{dt^2} + 2m\beta \cdot \frac{dz}{dt} + m\omega_0^2 z = 0 , \qquad \text{oder}$$

die **Bewegungsgleichung des gedämpften harmonischen Oszillators**

$$\boxed{\frac{d^2 z}{dt^2} + 2\beta \cdot \frac{dz}{dt} + \omega_0^2 z = 0} , \tag{8.6b}$$

die wir schon als Gl. (3.10) in Kap. 3.3.2 in fast identischer Form abgeleitet
hatten. Nur ist jetzt wie im Kapitel 8.1:

$$\omega_0^2 = \frac{c}{m}$$

Wir hatten bereits früher in Kap. 3.3.2 demonstriert, daß Gleichung (8.6b)
durch den Ansatz

$$\boxed{z(t) = z_1 e^{-\beta t} \cdot \cos \omega_0 t}$$ **Freie gedämpfte Schwingung**   (8.7)

mit $\beta = \gamma / 2m$

gemäß Gl. (8.6a) gelöst wird, sofern die Reibungskraft nicht zu stark wird,
d.h. solange $\beta \ll \omega_0$ bleibt.

Der zeitliche Verlauf von $z(t)$ wurde im Bild 3.11 (s. Seite 84) bereits
skizziert. Wie man dort sieht, klingt die Amplitude der Schwingung exponentiell mit der Zeit ab und *fällt nach der Zeit $(1/\beta)$ auf den e-ten Teil der
Anfangsamplitude ab*. Bei kleiner Reibung ($\beta \ll \omega_0$) ist diese Abklingzeit
wesentlich größer als die Schwingungsperiode $2\pi/\omega_0$.

8.2.1 Abklingzeiten für Amplitude und Energie

Jeder Oszillator wandelt während der Schwingung periodisch eine Energieform in eine andere um, zum Beispiel potentielle in kinetische Energie, wie
wir in Kap. 4 besprochen haben. Dabei bleibt die Gesamtenergie

$$E = T + V = \frac{1}{2} c \cdot z_1^2 = \frac{1}{2} \cdot c \cdot (\text{Amplitude})^2$$

*Infolge von
Reibungsverlusten
klingen Amplitude
und Energie einer
Schwingung
langsam ab*

konstant für eine ungedämpfte Schwingung, da die Amplitude sich hier nicht
ändert. Bei einer *gedämpften Schwingung dagegen sinkt* die Amplitude und
damit auch die Gesamtenergie zeitlich entsprechend Gl. (8.7) ab:

$$E = \frac{1}{2} \cdot c z_1^2 \cdot e^{-2\beta t} \quad \text{oder} \quad \boxed{E = E(t=0) \, e^{-t/\tau}}$$ (8.8)

*Die Gesamtenergie fällt also nach der Zeit $t = 1/(2\beta) = \tau$ auf den e-ten
Teil.*

Streng genommen fällt die Summe aus potentieller und kinetischer Energie
nicht genau exponentiell mit der Zeit ab wie in Gl. (8.8) beschrieben. Da
z.B. bei einem Pendel die Reibungskraft der Geschwindigkeit proportional
ist, wird dem System *zeitlich pulsierend* Energie entzogen. Bild 8.2 gibt nur
den über einige Perioden gemittelten Verlauf der Gesamtenergie wieder.

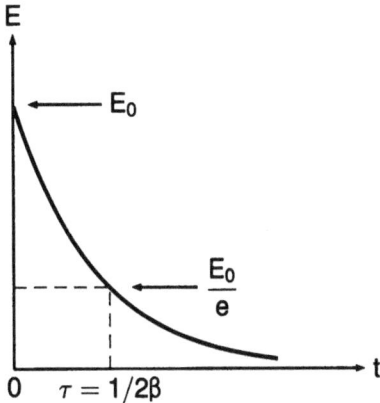

Bild 8.2: Gesamtenergie des gedämpften freien Oszillators als Funktion der Zeit. Die Gesamtenergie fällt innerhalb der Zeit $\tau = 1/2\beta$ auf den e-ten Teil ab.

8.2.2 Der Gütefaktor

In technischen und besonders in elektrotechnischen Anwendungen spricht man oft vom *Gütefaktor* oder kurz von der *Güte Q* eines Oszillators (engl. quality factor):

Der Gütefaktor gibt das Verhältnis von gespeicherter Energie zu der während des Zeitintervalls $1/\omega$ nach außen abgegebenen Energie eines Oszillators an.

Da nach Gl. (8.8) $-(\mathrm{d}E/\mathrm{d}t)/E = 1/\tau$ gilt, ist der Gütefaktor eines gedämpften harmonischen Oszillators

$$\boxed{Q = \omega_0\tau} \tag{8.9}$$

für den Fall kleiner Dämpfung, d.h. für $\omega_0\tau \gg 1$.

8.3 Erzwungene Schwingungen

Als nächstes wollen wir uns fragen, welche Bewegung die Masse eines Oszillators ausführen wird, wenn eine zeitlich periodische *äußere* Kraft

$$F = F_0 \cdot \sin\omega t \tag{8.10}$$

noch zusätzlich wirkt.

Wir haben in Bild 8.3 angedeutet, daß diese Kraft zum Beispiel elektrischer Art sein kann: Wenn nämlich der Massenpunkt m negativ geladen ist und sich zwischen zwei mit Wechselspannung gespeisten Kondensatorplatten P befindet, von denen abwechselnd die obere und später die untere positiv geladen ist, so wird der Massenpunkt abwechselnd (im Takt der Wechselspannung) nach oben und unten gezogen mit gerade dieser Kraft F.

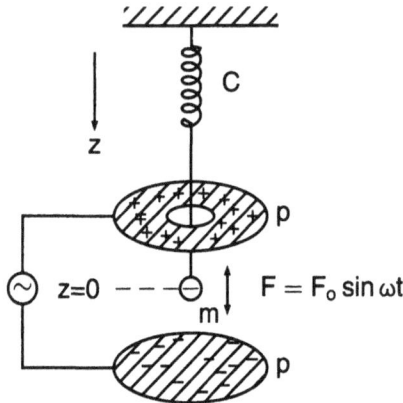

Bild 8.3: Versuch: Erzwungene Schwingung eines Massenpunktes m. Die negativ geladene Masse wird im Takt der Wechselspannung, die an die Kondensatorplatten P angelegt ist, abwechselnd nach oben und unten gezogen.

In diesem Fall ist die Gesamtkraft, welche auf m wirkt,

$$m\frac{\mathrm{d}^2 z}{\mathrm{d}t^2} = F_{\text{Gesamt}} = -\gamma \cdot \frac{\mathrm{d}z}{\mathrm{d}t} - m\omega_0^2 \cdot z + F_0 \cdot \sin\omega t\,.$$

Mit $\dfrac{F_0}{m} = \alpha_0$ und $\dfrac{\gamma}{m} = \dfrac{1}{\tau}$ folgt die Gleichung:

$$\boxed{\frac{\mathrm{d}^2 z}{\mathrm{d}t^2} + \frac{1}{\tau} \cdot \frac{\mathrm{d}z}{\mathrm{d}t} + \omega_0^2 z = \alpha_0 \cdot \sin\omega t} \tag{8.11}$$

Bewegungsgleichung einer erzwungenen Schwingung

ω ist dabei unabhängig von ω_0.

Man beobachtet nun, daß der Massenpunkt nach einer gewissen Einschwingzeit mit der gleichen Frequenz oszilliert wie die äußere Kraft. Die Amplitude z_0 dieser *erzwungenen Schwingung* ist zeitlich konstant. Es besteht jedoch eine Phasenverschiebung φ zwischen der äußeren Kraft $F(t)$ und der Auslenkung $z(t)$, wie in Bild 8.4 angedeutet ist. Wir wollen deshalb folgenden Lösungsansatz verwenden:

$$\boxed{z = z_0 \sin(\omega t + \varphi)} \tag{8.12}$$

Unbekannt und noch zu bestimmen ist neben der Amplitude z_0 auch der (negative) Phasenwinkel φ. Dazu bilden wir die erste und zweite Ableitung von $z(t)$:

$$\frac{\mathrm{d}z}{\mathrm{d}t} = \omega z_0 \cos(\omega t + \varphi) \quad \text{und} \quad \frac{\mathrm{d}^2 z}{\mathrm{d}t^2} = -\omega^2 z_0 \sin(\omega t + \varphi)$$

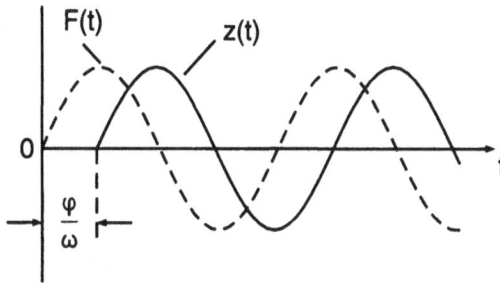

Bild 8.4: Äußere Kraft und Auslenkung als Funktion der Zeit: Die Auslenkung ist gegenüber der äußeren Kraft verzögert.

Setzt man dies in die Bewegungsgleichung (8.11) ein, so ergibt sich:

$$(\omega_0^2 - \omega^2)z_0 \cdot \sin(\omega t + \varphi) + \frac{\omega}{\tau}z_0 \cos(\omega t + \varphi) = \alpha_0 \sin \omega t$$

Zur Vereinfachung der weiteren Rechnung verschieben wir den Zeitnullpunkt $t' = t + (\varphi/\omega)$ und erhalten:

$$(\omega_0^2 - \omega^2)z_0 \cdot \sin(\omega t') + \frac{\omega}{\tau}z_0 \cos(\omega t') = \alpha_0 \sin(\omega t' - \varphi) \qquad (8.13)$$

Wendet man nun das trigonometrische Additionsgesetz

$$\sin(\alpha + \beta) = \sin\alpha \cdot \cos\beta + \cos\alpha \cdot \sin\beta$$

auf die rechte Seite von Gl. (8.13) an, so folgt:

$$(\omega_0^2 - \omega^2)z_0 \sin(\omega t') + \frac{\omega}{\tau} z_0 \cos(\omega t')$$
$$= \alpha_0(\sin \omega t' \cdot \cos\varphi - \cos\omega t' \cdot \sin\varphi) \qquad (8.14)$$

Dies ist für alle Zeiten t' erfüllt, wenn die Koeffizienten von $\cos\omega t'$ und $\sin\omega t'$ auf beiden Seiten gleich groß sind, d.h. wenn

$$(\omega_0^2 - \omega^2)z_0 = \alpha_0 \cdot \cos\varphi \quad \text{und} \quad \frac{\omega}{\tau} z_0 = -\alpha_0 \sin\varphi . \qquad (8.14a)$$

Die Division beider Gleichungen führt zur Bestimmungsgleichung für φ

$$\boxed{\tan\varphi = \frac{-\omega/\tau}{\omega_0^2 - \omega^2}} . \qquad \textbf{Phasenverschiebung} \qquad (8.15)$$

Quadrieren wir beide Gleichungen und addieren Sie anschließend, so erhalten wir eine neue Gleichung

$$(\omega_0^2 - \omega^2)^2 z_0^2 + (\omega/\tau)^2 z_0^2 = \alpha_0^2, \tag{8.16}$$

die nur noch die Amplitude z_0 enthält. Daraus folgt:

$$z_0 = \frac{\alpha_0}{\sqrt{(\omega_0^2 - \omega^2)^2 + \omega^2/\tau^2}} \qquad \textbf{Amplitude} \tag{8.17}$$

Wir fassen diese Rechnung zusammen: Wenn φ und z_0 die Werte von Gl. (8.15) und Gl. (8.17) annehmen, erfüllt der Lösungsansatz (8.12) tatsächlich die Bewegungsgleichung (8.11).

Die erzwungene Schwingung hat also die gleiche Frequenz wie die äußere Kraft und eine konstante Amplitude; äußere Kraft und Auslenkung sind jedoch gegeneinander phasenverschoben.

Als nächstes wollen wir uns anhand einiger Kurven die Bedeutung dieser Lösung veranschaulichen.

Zur Phasenverschiebung:

Bei der Resonanzfrequenz besteht zwischen Kraft und Auslenkung ein Phasenwinkel von 90°

Aus der Gleichung (8.15) ergibt sich nebenstehender Verlauf des Phasenwinkels φ in Abhängigkeit von ω: Er ist immer negativ, d.h. die Auslenkung z hinkt hinter der Kraft F her, wie in Bild 8.5 angedeutet. Diese Phasenverschiebung ist bei niedrigen Frequenzen ($\omega \ll \omega_0$) gering, beträgt $-90°$ für

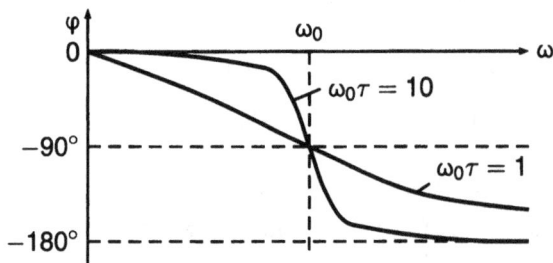

Bild 8.5: Phasenverschiebung einer erzwungenen Schwingung als Funktion der Kreisfrequenz ω

$\omega = \omega_0$ und bei sehr hohen Frequenzen sogar fast $-180°$, d.h. die Bewegung erfolgt entgegen der wirkenden Kraft.

Zur Amplitude:

Der Frequenzgang der Amplitude z_0, so wie er sich aus Gl. (8.17) ergibt, ist in Bild 8.6 dargestellt. Im Grenzfall sehr kleiner Frequenzen ($\omega \ll \omega_0$) ergibt

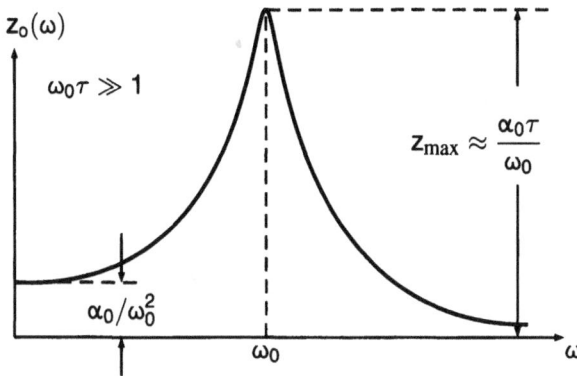

Bild 8.6: Amplitude einer erzwungenen Schwingung als Funktion der Kreisfrequenz ω

sich eine frequenzunabhängige Auslenkung:

$$z_0(\omega = 0) = \frac{\alpha_0}{\omega_0^2} = \frac{F_0}{m\omega_0^2} = \frac{F_0}{\text{Federkonstante}}$$

Dies ist das bekannte Hookesche Gesetz. Die Amplitude wächst dann mit größer werdender Frequenz an und erreicht für $\omega_r = \sqrt{\omega_0^2 - 1/(2\tau^2)}$ ein Maximum. Hat die erzwungene Schwingung einen großen Gütefaktor $Q = \omega_0\tau \gg 1$, was häufig der Fall ist, so gilt näherungsweise $\omega_r \approx \omega_0$, und die Resonanzüberhöhung ergibt sich nach Gl. (8.17) zu

$$\frac{z_0(\omega_r)}{z_0(\omega = 0)} \approx \frac{z_0(\omega_0)}{z_0(\omega = 0)} = \frac{\alpha_0\tau/\omega_0}{\alpha_0/\omega_0^2} = \omega_0\tau = Q. \qquad (8.18)$$

Die Amplitude der Auslenkung wird bei der Resonanzfrequenz maximal, mit einer Resonanzüberhöhung, die gleich dem Gütefaktor Q ist.

Der in Gl. (8.9) eingeführte *Gütefaktor Q bestimmt also die maximal erzielbare Resonanzüberhöhung.*

Bei sehr hohen Frequenzen ($\omega \gg \omega_0$) fällt die Amplitude wieder auf Null.

Zur absorbierten Leistung:

Sehr häufig sind die schwingenden Teilchen so klein (z.B. Atome, Kerne, Elektronen), daß wir ihre Auslenkung nicht ohne weiteres beobachten können. In diesem Fall ist vielmehr die von der periodischen Kraft pro Zeiteinheit am Oszillator geleistete Arbeit beobachtbar.

Diese von der äußeren Kraft F vollbrachte und vom Oszillator absorbierte Leistung wollen wir daher noch ermitteln: Die Momentanleistung ist gleich der pro Zeiteinheit geleisteten Arbeit:

$$P(t, \omega) = F(t) \cdot \frac{\mathrm{d}z}{\mathrm{d}t} = F_0 \cdot \sin\omega t \cdot z_0 \cdot \omega \cdot \cos(\omega t + \varphi) \qquad (8.19)$$

oder wegen $\cos(\omega t + \varphi) = \cos \omega t \cdot \cos \varphi - \sin \omega t \cdot \sin \varphi$:

$$P(t,\omega) = F_0 z_0 \omega [\cos\varphi \underbrace{(\sin \omega t \cos \omega t)}_{\frac{1}{2}\sin 2\omega t} - \sin\varphi \underbrace{\sin^2 \omega t}_{\frac{1}{2}-\frac{1}{2}\cos 2\omega t}]$$

oder nach weiteren trigonometrischen Umformungen:

$$P(t,\omega) = F_0 z_0 \omega \left[\frac{\cos\varphi}{2}\sin 2\omega t + \frac{\sin\varphi}{2}\cos 2\omega t \right]$$
$$- F_0 z_0 \omega \frac{\sin\varphi}{2} \tag{8.20}$$

Nun wollen wir über eine Periode oder ein Vielfaches davon die zeitlich gemittelte Leistung angeben:

$$\overline{P(\omega)} = \lim_{t\to\infty} \frac{1}{t} \int_0^t P(t',\omega)\,dt' \tag{8.21}$$

Da der erste Term in den eckigen Klammern von Gl. (8.20) (wegen $\sin 2\omega t$ und $\cos 2\omega t$) gleich häufig positiv und negativ wird, verschwindet er bei der Mittelwertbildung. Nur das letzte Glied gibt einen Beitrag:

$$\overline{P(\omega)} = -F_0 z_0 \omega \frac{\sin\varphi}{2}$$

oder wegen Gl. (8.16) und Gl. (8.17):

$$\boxed{\overline{P(\omega)} = \frac{1}{2}m\alpha_0^2\tau \cdot \frac{\omega^2/\tau}{(\omega_0^2 - \omega^2)^2 + \omega^2/\tau^2}} \tag{8.22}$$

Absorbierte mittlere Leistung

Wir stellen fest: Die absorbierte Leistung zeigt ebenfalls ein ausgeprägtes Maximum bei der Resonanzfrequenz ω_0 und fällt beiderseitig (bei hohen und tiefen Frequenzen) auf Null (Bild 8.7).

Übungsfrage: Welches sind die Unterschiede in den beiden Resonanzkurven in Bild 8.6 bzw. 8.7?

Ein weiteres wichtiges Kennzeichen der Resonanzkurve für die absorbierte Leistung in Bild 8.7 ist die *Schärfe des Resonanzmaximums*. Beschränken wir uns auf den Fall großer Gütefaktoren $Q = \omega_0\tau \gg 1$, so sinkt nach Gl. (8.22) die absorbierte Leistung vom Maximalwert $P_{\max}$ auf die Hälfte,

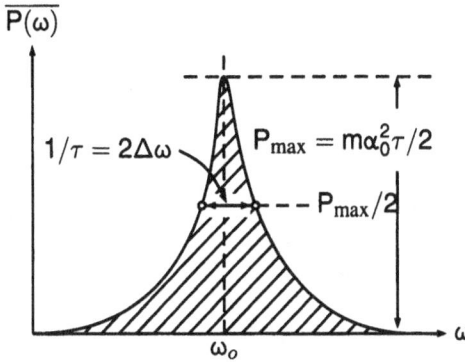

Bild 8.7: Die absorbierte mittlere Leistung für eine erzwungene Schwingung als Funktion der Kreisfrequenz ω

sobald ω um $\Delta\omega = 1/2\tau$ von der Resonanzfrequenz ω_0 abweicht. Die in Bild 8.7 dargestellte *Linienbreite*

$$\boxed{2\Delta\omega = \frac{1}{\tau}} \qquad \textbf{Linienbreite} \qquad (8.23)$$

Die relative Linienbreite ist durch den reziproken Gütefaktor (Q^{-1}) bestimmt.

definiert die *Schärfe des Resonanzmaximums*:

$$\boxed{\frac{2\Delta\omega}{\omega_0} = \frac{1}{\omega_0\tau} = \frac{1}{Q}} \qquad (8.24)$$

Übungsfrage: Auf welchen Wert sinkt die Amplitude der erzwungenen Schwingung innerhalb der Linienbreite?

Integriert man die Absorption über alle Frequenzen, so erhält man die Fläche unter der Absorptionskurve in Bild 8.7. Diese Fläche ist plausiblerweise proportional zu $(P_{\text{max}} \cdot 2\Delta\omega) = (1/2)m_0^2\tau \cdot 1/\tau$:

$$\text{Schraffierte Fläche} = \int_{\omega=0}^{\infty} \overline{P(\omega)}\, d\omega \sim P_{\text{max}} \cdot \Delta\omega = \frac{m}{2}\alpha_0^2 = \frac{F_0^2}{2m} \qquad (8.25)$$

Die Fläche unter der Absorptionskurve ist unabhängig von τ und ω_0 und hängt nur von $F_0^2/2m$ (Oszillatorenstärke) ab.

Beispiel 1: Infrarotabsorption in NaCl-Kristallen

Ein Kochsalz-Kristall ist aus positiven Na^+-Ionen und negativen Cl^--Ionen aufgebaut, die elastisch um ihre Ruhelagen gegeneinander schwingen können. Da diese Ionen geladen sind, kann man ihre Schwingung durch eine

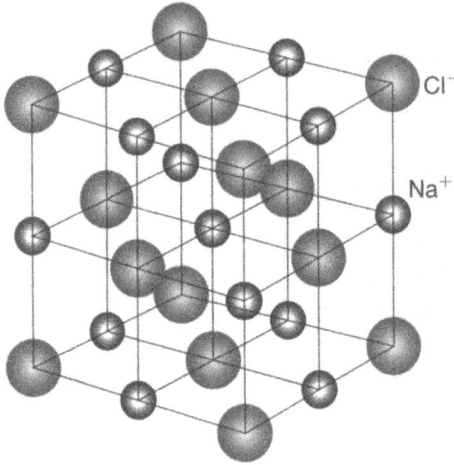

Bild 8.8: Kubische Struktur eines Koch-salz-Kristalls: bei Einstrahlung einer elektromagnetischen Welle werden die positiven Na^+-Ionen und negativen Cl^--Ionen durch das elektrische Feld gegeneinander ausgelenkt und schwingen damit im Takt des elektrischen Feldes. (Bildquelle: C. Kittel: Einführung in die Festkörperphysik, R. Oldenbourg Verlag, 1998)

oszillierende elektrische Kraft anregen, wie sie z.B. in jeder elektromagnetischen Welle existiert. (Mehr darüber in Band II.) Durchstrahlt man daher ein nur etwa 0,1 μm dünnes NaCl-Plättchen mit einer (infraroten) elektromagnetischen Welle variabler Frequenz, so zeigt die durchgelassene Intensität (gestrichelte obere Kurve in Bild 8.9) ein deutliches Minimum infolge einer Resonanzabsorption in der Probe. Die entsprechende absorbierte Intensität ist ebenfalls – als volle Kurve – miteingezeichnet. Die Resonanzfrequenz beträgt – wie man sieht – $\omega_0 = 3 \cdot 10^{13}$ Hz, die Linienbreite $2\Delta\omega = 1/\tau = 0,3 \cdot 10^{13}$ Hz und daher der Gütefaktor dieses Resonators $Q = \omega_0\tau = 10$. Das heißt, diese Schwingung ist relativ stark gedämpft: Bei einer *freien* Schwingung würde die Amplitude schon nach etwa drei Perioden auf den e-ten Teil abklingen.

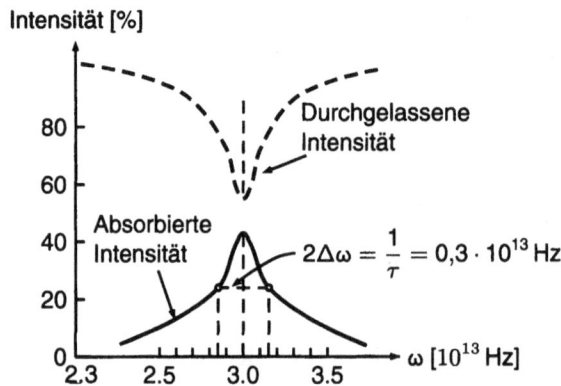

Bild 8.9: Absorption und Transmission von infrarotem Licht variabler Frequenz in einem dünnen NaCl-Plättchen: Die geringe Schärfe des Resonanzmaximums ist auf die starke Kopplung von Schwingungen im Kristall zurückzuführen.

Beispiel 2: γ-Resonanzabsorption (Mößbauer-Effekt) – Bild 8.10

Durchstrahlt man eine Folie aus ^{57}Fe, die einige Zehntel μm dick ist, mit elektromagnetischen Wellen sehr viel höherer, aber variabler Frequenz (γ-Strahlen), so werden bei einer Kreisfrequenz $\omega_0 = 2{,}2 \cdot 10^{19}$ Hz die positiven Ladungen im ^{57}Fe-Kern zu Resonanzschwingungen angeregt. Dies führt zu einem deutlichen Absinken der Transmission bei ω_0 (gestrichelt).

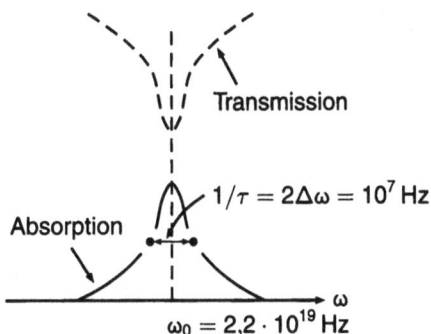

Bild 8.10: Absorption von γ-Strahlen in einer dünnen ^{57}Fe-Folie (Mößbauer-Effekt): die Schärfe des Resonanzmaximums ist außerordentlich groß. Schon kleine Bewegungen von einigen cm/s der γ-Quelle gegenüber dem Absorber genügen, um die Frequenz der γ-Strahlen durch den Doppler-Effekt so zu verstimmen, daß keine Absorption mehr auftritt.

Die Absorptionskurve (voll gezeichnet) *ist außerordentlich scharf.* Die Linienbreite beträgt nur $2\Delta\omega = 10^7$ Hz. Der Gütefaktor dieser Kernschwingung beträgt somit $Q = \omega_0\tau = 2{,}2 \cdot 10^{19} \cdot 10^{-7} = 2 \cdot 10^{12}$. Wie Mößbauer die Messung so scharfer Absorptionslinien gelang, darauf werden wir später ausführlich zurückkommen.

Bei so hohen Frequenzen ist es übrigens nicht mehr üblich, die Kreisfrequenz ω anzugeben; vielmehr multipliziert man ω mit $\hbar$ und erhält so einen charakteristischen Energiebetrag, der in der Kernphysik meist in Einheiten von Elektronenvolt (1 eV $= 1{,}6 \cdot 10^{-19}$ J) gemessen wird. (Zur Bedeutung von $\hbar$ siehe Kap. 5!)

Beispiel 3: Kurzlebige kombinierte Kerne und Elementarteilchen

Schießt man Neutronen auf Iridiumkerne oder π^+-Mesonen auf Protonen, so entstehen für sehr kurze Zeiten schwingungsfähige Kombinationsteilchen, sog. Resonanzen. Darauf jedenfalls deutet die typische Resonanzabsorption von Neutronen in Iridium (vgl. Bild 8.11) bzw. von π^+-Mesonen in Wasserstoff hin, die in Bild 8.12 wiedergegeben ist.

Aus der Breite der Resonanzabsorption, welche gleich $\hbar/\tau$ ist, liest man die Lebensdauer τ des schwingungsfähigen Kombinationsteilchens ab. Der angeregte Ir-Kern „lebt" für $6 \cdot 10^{-15}$ s und das Δ-Teilchen sogar nur für etwa $3 \cdot 10^{-24}$ s. Letztere Zeit ist von der gleichen Länge, die Licht benötigt, um einen Kerndurchmesser zu durchlaufen. So kurze Lebensdauern instabiler Teilchen sind mit Blasenkammeraufnahmen kaum mehr sichtbar zu machen.

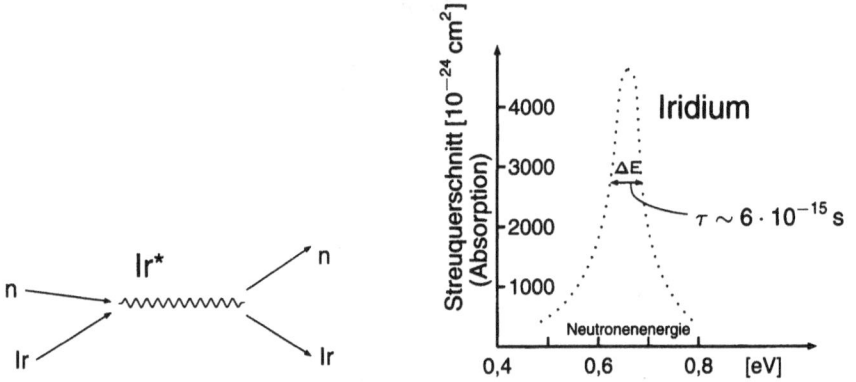

Bild 8.11: Resonanzabsorption bei Beschuß von Ir-Kernen mit Neutronen: das Absorptionsmaximum für eine Neutronenenergie von etwa 0,65 eV deutet daraufhin, daß ein Kombinationsteilchen Ir* gebildet worden ist. Aus der Resonanzschärfe kann man die Lebensdauer des angeregten Ir*-Kerns ablesen.

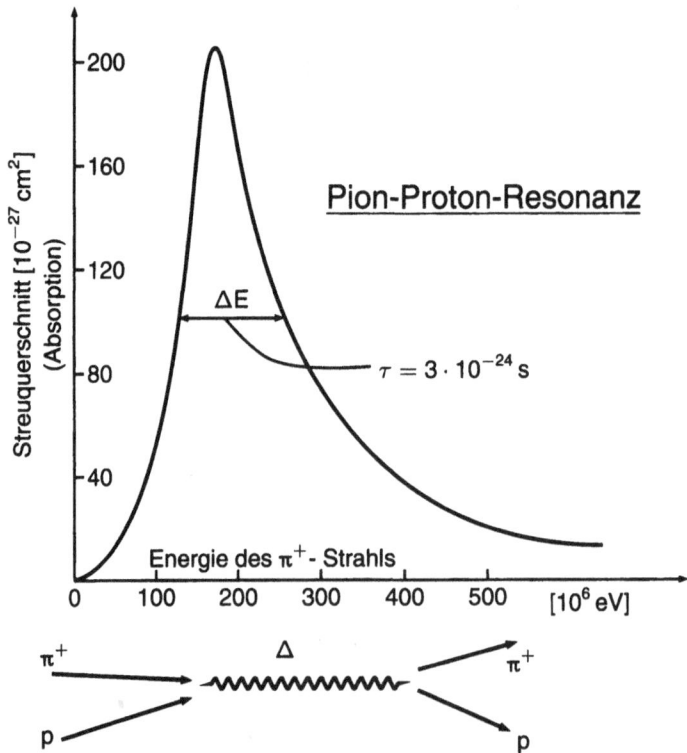

Bild 8.12: Pion-Proton-Resonanz: Zur Bildung der Δ-Resonanz im Proton durch π^+-Mesonen-Absorption. Die Resonanzbreite entspricht einer Lebensdauer von $3 \cdot 10^{-24}$ s.

Wir wollen mit diesen wenigen Beispielen zeigen, daß gedämpfte und erzwungene Schwingungen nicht nur in der Astronomie und Technik, sondern auch in der Kern- und Hochenergiephysik von großer Bedeutung sind.

8.4 Gekoppelte Schwingungen

Sehr häufig treten in der Natur, z.B. in Kristallen oder Molekülen, ähnliche oder gleiche Oszillatoren nahe beieinander auf, so daß sie miteinander gekoppelt sind. Bild 8.13 zeigt z.B. zwei identische Fadenpendel, die mit

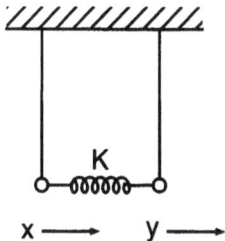

Bild 8.13: Der gekoppelte Oszillator: Zwei identische Fadenpendel sind durch eine Feder gekoppelt.

einer Feder (Federkonstante K) gekoppelt sind. Die Bewegungsgleichungen beider Pendel lauten:

$$\boxed{\begin{aligned} \frac{\mathrm{d}^2 x}{\mathrm{d}t^2} + \omega_0^2 x + \frac{K}{m}(x - y) &= 0\,, \\ \frac{\mathrm{d}^2 y}{\mathrm{d}t^2} + \omega_0^2 y + \frac{K}{m}(y - x) &= 0 \end{aligned}}$$

(8.26)

Als Lösungsansatz wollen wir versuchen:

$$\begin{aligned} x &= x_0 \sin \omega t\,, \\ y &= y_0 \sin \omega t\,, \end{aligned}$$

(8.27)

In Gl. (8.26) eingesetzt ergibt sich:

$$\begin{aligned} -\omega^2 x_0 + \omega_0^2 x_0 + \frac{K}{m} x_0 &= \frac{K}{m} y_0\,, \\ -\omega^2 y_0 + \omega_0^2 y_0 + \frac{K}{m} y_0 &= \frac{K}{m} x_0 \end{aligned}$$

(8.28)

Multipliziert man beide Gleichungen miteinander, so erhält man:

$$\left(-\omega^2 + \omega_0^2 + \frac{K}{m}\right)^2 = \left(\frac{K}{m}\right)^2$$

oder

$$\omega_0^2 - \omega^2 + \frac{K}{m} = \pm\frac{K}{m}$$

Es ergeben sich also *zwei* Lösungen:

$$\boxed{\omega = \omega_0} \quad \text{und} \quad \boxed{\omega^2 = \omega_0^2 + 2\frac{K}{m}} \tag{8.29}$$

1. Lösung: $\omega = \omega_0$

   Setzt man $\omega = \omega_0$ in Gl. (8.28) ein, so ergibt sich $x_0 = +y_0$. *Beide Pendel schwingen in gleicher Phase*, die Kopplungsfeder wird nicht gespannt.

Bei gekoppelten Oszillatoren wandert die Energie periodisch zwischen beiden Oszillatoren hin und her, und zwar umso schneller, je größer der Kopplungsfaktor ist

2. Lösung: $\omega^2 = \omega_0^2 + 2K/m$

   Setzt man $\omega^2 = \omega_0^2 + 2K/m$ in Gl. (8.28) ein, so folgt $x_0 = -y_0$. Beide Pendel schwingen im Gegentakt oder in Gegenphase. Dabei wird die Kopplungsfeder maximal belastet, was zur Erhöhung von ω über ω_0 führt.

Ein gekoppeltes Pendel kann also gleichphasig ($\omega = \omega_0$) oder gegenphasig ($\omega^2 = \omega_0^2 + 2K/m$) schwingen. *Andere Schwingungsfrequenzen können*

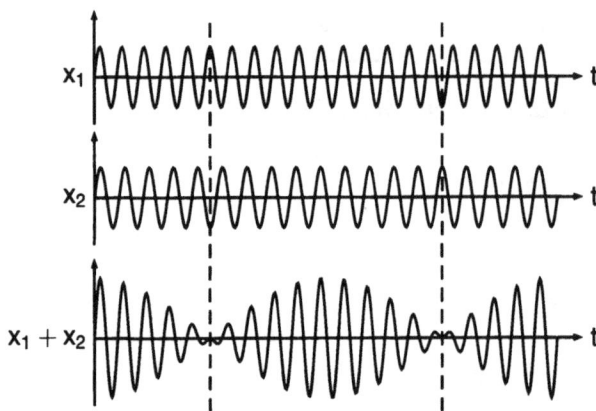

Bild 8.14: Schwingungsformen eines gekoppelten Oszillators:
x_1: Auslenkung des linken Pendels bei rein gegenphasiger Schwingung als Funktion der Zeit.
x_2: Auslenkung des linken Pendels bei rein gleichphasiger Schwingung: (die Schwingungsfrequenz ist in diesem Fall etwas geringer).
$x_1 + x_2$: Überlagerung der beiden Bewegungen: das linke Pendel kommt in regelmäßigen Zeitabständen ganz zur Ruhe, das rechte Pendel schwingt dann maximal.

nicht auftreten. Jedoch ist es möglich, daß beide Schwingungstypen gleichzeitig existieren.

So zeigt Bild 8.14 den zeitlichen Verlauf der Bewegung des linken Pendels bei rein gegenphasiger Schwingung x_1, bei nur gleichphasiger Oszillation x_2 und die Überlagerung beider Bewegungen. Wie man sieht, kommt das linke Pendel regelmäßig ganz zur Ruhe. Zu diesem Zeitpunkt erfordert die Energieerhaltung, daß das rechte Pendel maximal schwingt. *Die Energie wandert also periodisch zwischen beiden Pendeln hin und her*, und zwar umso öfter, je größer die Kopplung (K/m) ist.

Übungsfrage: Wie groß ist die Periode dieser Schwebung?

Die hier beschriebene Aufspaltung der Schwingungsfrequenzen von identischen Oszillatoren durch eine Kopplung zwischen ihnen ist von großer Bedeutung in der Festkörper- und Molekülphysik.

8.5 Parametrisch verstärkte Schwingungen

Zum Schluß dieses Kapitels wollen wir noch eine neue Art der Schwingungsanregung kennenlernen, die besondere Bedeutung auch für elektrische und optische Schwingungen erlangt hat, deren Funktionsweise aber am Beispiel mechanischer Schwingungen besonders gut verständlich ist und daher hier erläutert werden soll.

Bild 8.15 zeigt schematisch die Bewegung einer normalen Kinderschaukel, die man als Fadenpendel der Länge r betrachten kann. Auf dem Schaukelbrett steht ein Kind, das sich am Seil weiter oben festhält und durch periodisches Kniebeugen und Wiederaufrichten den Schwerpunkt (nur der Schwerpunkt des Kindes und seine Bahn ist gezeichnet) des Körpers hebt und senkt, wie durch die Pfeile angedeutet. So wird der Schwerpunkt des schaukelnden Kindes während des Durchgangs der Schaukel durch ihre tiefste Lage (A) gehoben und in den Bereichen der maximalen Schaukel-

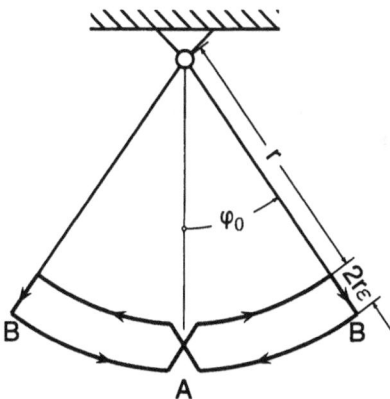

Bild 8.15: Die abgebildete Schaukel stellt in guter Näherung ein Fadenpendel dar, bei dem sich jedoch die effektive Fadenlänge r zeitlich periodisch ändert. Sie ändert sich – wie aus der Skizze ersichtlich – mit der doppelten Schaukelfrequenz. Die Fadenlänge wird mit der doppelten Schaukelfrequenz moduliert. Die Fadenlänge ändert sich in A und in B jeweils nur um das kleine Stück $2r\epsilon$ (mit $\epsilon \ll 1$).

ausschläge (bei B) wieder gesenkt. Dabei ändert sich die effektive Länge des Fadenpendels, wie in Bild 8.15 gezeigt.

Welche Arbeit leistet das schaukelnde Kind während einer Schaukelperiode? Durch das Heben seines Körpers im Punkt A leistet das Kind eine größere Arbeit, als es im Umkehrpunkt B durch das Absenken des Körpers um die gleiche Strecke wieder zurückerhält. Während nämlich das Aufrichten des Körpers im Punkt A genau gegen die Gravitationskraft erfolgt, geschieht das Absenken in B zwar um die gleiche Strecke, die jedoch jetzt um den Winkel φ_0 gegen die Gravitationskraft geneigt ist. Besonders deutlich wird der Unterschied der in A und B geleisteten Arbeiten, wenn wir eine große Schwingung der Schaukel mit der Amplitude $\varphi_0 = 90°$ betrachten: Jetzt wird nur noch Arbeit in A geleistet, aber keine mehr in B zurückgewonnen. Wohin aber geht die fortlaufend geleistete Arbeit? Offenbar in die Anregung der Schaukelschwingung zu größeren Amplituden, wie das jedes schaukelnde Kind ohne mathematische Analyse weiß.

Aus diesem praktischen Beispiel wird deutlich, daß durch die periodische Modulation der Länge eines Fadenpendels mit der doppelten Schwingungsfrequenz eine Arbeit geleistet wird, die zur Verstärkung der Schaukelamplitude führen muß. Andere Möglichkeiten der Energiespeicherung existieren in diesem Beispiel nicht. Voraussetzung für die Verstärkung ist allerdings schon eine endliche Schaukelamplitude ($\varphi > 0$). Wenn dagegen die Schaukel in Ruhestellung ist ($\varphi = 0$), führt keine noch so starke Modulation der Fadenlänge zu einer Erregung der Schwingung, und in diesem Fall wird über einen vollständigen Hebe- und Senkungszyklus auch keine Arbeit geleistet.

Wir wollen jetzt den Mechanismus der Schwingungsverstärkung durch die zeitlich periodische Modulation eines Schwingungsparameters, wie z.B. der Länge des Fadens beim Fadenpendel, etwas allgemeiner betrachten. Die Bewegungsgleichung des in Bild 8.15 dargestellten Fadenpendels lautete (siehe Kap. 3:

$$\frac{\mathrm{d}^2\varphi}{\mathrm{d}t^2} + \omega_0^2 \cdot \varphi = 0 \quad \text{mit} \quad \omega_0^2 = \frac{g}{r} \tag{8.30}$$

Eine Lösung war: $\varphi = \varphi_0 \cdot \sin \omega_0 t$. Die in Bild 8.15 dargestellte Modulation der Fadenlänge um das kleine Stück $2r\epsilon$, mit $\epsilon \ll 1$, können wir ausdrücken durch

$$r(t) = r(1 - \epsilon \sin 2\omega_0 t) \,.$$

Damit wird die Schwingungsgleichung (8.30) zu:

$$\frac{d^2\varphi}{dt^2} + \omega_0^2(1 + \epsilon\sin 2\omega_0 t)\cdot\varphi = 0 \qquad (8.31)$$

Gleichung (8.31) unterscheidet sich von der normalen Schwingungsgleichung (8.31) nur dadurch, daß der *Parameter* ω_0^2 moduliert ist. Man nennt die dadurch bewirkte Verstärkung daher *parametrische Schwingungsverstärkung.*

Eine ähnliche Schwingungsverstärkung kann man für ein Fadenpendel auch erzielen, wenn man (bei konstanter Fadenlänge) den oberen Aufhängepunkt des Pendels mit der Frequenz $2\omega_0$ auf und ab bewegt. In diesem Fall ändert sich die effektive Gravitationsbeschleunigung, was wiederum (trotz konstanter Fadenlänge) zur *Modulation des Parameters* ω_0^2 in Gl. (8.31) führt.

Weitere Beispiele betreffen den elektrischen parametrischen Verstärker, in dem die Resonanzfrequenz eines elektrischen Schwingungskreises mit $2\omega_0$ moduliert wird. (Das kann, wie in Band II gezeigt, durch Modulation der Kapazität oder der Induktivität des elektrischen Schwingungskreises geschehen.) Elektrische parametrische Verstärker zeichnen sich durch besondere Rauscharmut aus und werden daher u.a. in der Radioastronomie verwendet.

Schließlich sei auch der *optische parametrische Verstärker* oder der optische parametrische Oszillator erwähnt, bei dem die Resonanzfrequenz ω_0 eines optischen Oszillators durch den Brechungsindex des Mediums zeitlich moduliert wird. Parametrische optische Verstärker sind in der Lage auch hochintensive Laserpulse zu verstärken, wie in Band III (im Kapitel über nicht-lineare Optik) besprochen wird.

Die parametrische Schwingungsverstärkung gewinnt mehr und mehr Bedeutung auch außerhalb der Mechanik

Mit diesem kurzen Ausblick von den parametrisch angeregten mechanischen Schwingungen auf die elektrischen und optischen Oszillatoren wollen wir das Kapitel über Schwingungen abschließen. Es war nicht unsere Absicht, eine vollständige und formal elegante Beschreibung von Schwingungen vorzuführen, sondern zu zeigen, wie sehr verschiedene Systeme in unserer Natur gleicher periodischer Bewegungsformen fähig sind.

Im nächsten Kapitel werden wir – nach der Behandlung der Wellenlehre – durch Einführung der Fourieranalyse unsere Betrachtung über Schwingungen auch in mathematischer Hinsicht vervollständigen.

Literaturhinweise zu Kapitel 8

Magnus, K.; Popp, K.: Schwingungen, Teubner (2005)

Pippard, A.B.: The Physics of Vibrations, Cambridge University Press (1978)

French, A.P.: Vibration and Waves, Nelson, London (1971): ausführliches Lehrbuch, viele Experimente und Beispiele aus fast allen Gebieten der Physik, ausgezeichnete mathematische Beschreibung der Phänomene, auch als Vorbereitung auf die theoretische Physik zu empfehlen.

Feynman, R.: Vorlesungen über Physik, Band I, Kapitel 23 und 24, R. Oldenbourg Verlag, München (2001).

Berkeley Physics Course Vol. I, Chap. 10: The Harmonic Oscillator, McGraw-Hill (1965)

Hill, R.D.: Resonance Particles, Scientific American **208**, Jan (1963).

9   Wellen

Wirft man einen Stein in ein ruhiges Gewässer, so ist uns allen bekannt, wie sich um die Einwurfstelle auf der *Wasseroberfläche* ein System von konzentrischen Ringen bildet, welche mit konstanter Geschwindigkeit über große Entfernungen wachsen. Dieses schöne Schauspiel ist so leicht mit dem bloßen Auge zu verfolgen, da sich diese Wellen nur relativ langsam ausbreiten: es wird Bewegungsenergie mit endlicher Geschwindigkeit über Entfernungen übertragen, die viel größer sind als die Bewegung einzelner Wassermoleküle. Die wellenförmige Energieübertragung ist also nur möglich durch das kollektive Zusammenwirken sehr vieler Moleküle.

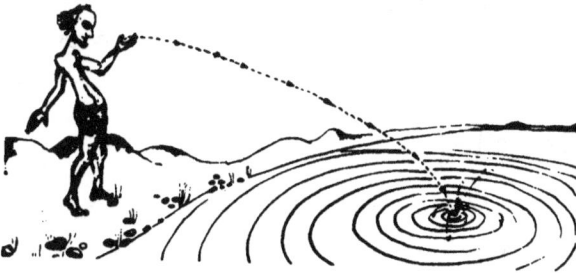

Bild 9.1:

In ähnlicher Weise – wenn auch schneller – pflanzen sich *Schallwellen* durch jeden mit Luft erfüllten Raum fort und ermöglichen erst so unsere Diskussion. Auch die noch schnelleren *Lichtwellen* und *Radiowellen* unterliegen ganz ähnlichen Gesetzmäßigkeiten. Nach den Erkenntnissen der Wellenmechanik entspricht jeder Massenbewegung eine sich ausbreitende *Materiewelle*, ohne die – insbesondere im Mikroskopischen – keine Bewegung richtig beschrieben oder verstanden werden kann. Wir haben bereits darauf hingewiesen, daß sich selbst die *Gravitationswechselwirkung* wohl als Welle fortpflanzt. Kurz gesagt: Wir sind überall von Wellen umgeben!

Wir wollen in diesem Kapitel zunächst anhand von *mechanischen* Wellen (z.B. Schallwellen) einige allgemeine Gesetzmäßigkeiten von Wellen beschreiben. In Band II werden wir uns ausführlicher auch mit *elektromagnetischen* Wellen beschäftigen.

9.1   Ein erstes Beispiel: Die Seilwelle

9.1.1   Eine Störung breitet sich aus

Spannt man ein längeres Seil horizontal wie in Bild 9.2 gezeigt, so breitet sich erfahrungsgemäß jede beliebige, links erzeugte vertikale Störung mit endlicher Geschwindigkeit c nach rechts aus, wobei die *räumliche Form der Störung für einen mitbewegten Beobachter* erhalten bleibt.

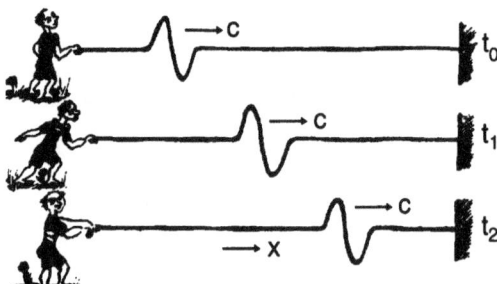

Bild 9.2:

Wie können wir nun diese Beobachtung mathematisch beschreiben? Wenn die Funktion $F(x')$ die Störung im mitbewegten System S' beschreibt, welche in diesem System zeitlich konstant ist, so beschreibt (siehe Bild 9.3)

$$y = F(x - ct) \tag{9.1}$$

die gleiche *nach rechts* laufende Störung im Ruhesystem S. Eine nach *links* laufende Störung würde in analoger Weise durch $F(x + ct)$ ausgedrückt.

Ausbreitung einer beliebigen nicht-sinusförmigen Störung mit der Geschwindigkeit c

Übungsfrage: Bitte versuchen Sie zu zeigen, daß eine nach rechts (in der positiven x-Richtung) laufende Störung ebenso durch

$$y = f(ct - x) \qquad \text{oder} \qquad y = f\left(t - \frac{x}{c}\right) \tag{9.2}$$

dargestellt werden kann.

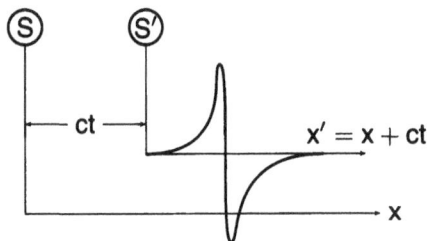

Bild 9.3: In einem System S' ist die Störung $F(x')$ zeitlich konstant. Dieses System bewegt sich gegenüber dem Laborsystem mit der Ausbreitungsgeschwindigkeit c der Störung auf dem Seil.

9.1.2 Ableitung der Wellengleichung und ihre Lösungen

Um die Ausbreitung von Störungen dieser Art auf dem Seil mit konstanter Ausbreitungsgeschwindigkeit besser zu verstehen, wollen wir nun anhand von Bild 9.4 die Newtonsche Bewegungsgleichung für das Seil, welches unter der (tangentialen) Zugspannung τ steht, ableiten. Greifen wir einen bestimmten Zeitpunkt heraus, so wirkt an der Stelle x bei einer kleinen Auslenkung $y(x)$ aufgrund der Zugspannung τ eine rücktreibende Kraft in Richtung der negativen y-Achse:

$$F_y = A \cdot \tau \sin \alpha .$$

Da für kleine Auslenkungen $\sin \alpha \approx \tan \alpha = \dfrac{\partial y}{\partial x}$ ist, gilt näherungsweise:

$$F_y = A \cdot \tau \cdot \frac{\partial y}{\partial x} . \tag{9.3}$$

Auf das Massenelement $M = \varrho \cdot A \cdot \mathrm{d}x$ wirkt somit die Kraft

$$F_y(x + \mathrm{d}x) - F_y(x) = \frac{\partial F_y}{\partial x}\mathrm{d}x = A \cdot \tau \cdot \frac{\partial^2 y}{\partial x^2}\mathrm{d}x ,$$

wobei wir $\dfrac{\partial F_y}{\partial x}$ mit Hilfe von Gl. (9.3) bestimmt haben.

Somit ergibt die Anwendung der Newtonschen Bewegungsgleichung:

$$M \cdot \frac{\partial^2 y}{\partial t^2} = \varrho \cdot A \cdot \mathrm{d}x \cdot \frac{\partial^2 y}{\partial t^2} = A \cdot \tau \cdot \frac{\partial^2 y}{\partial x^2} \, \mathrm{d}x$$

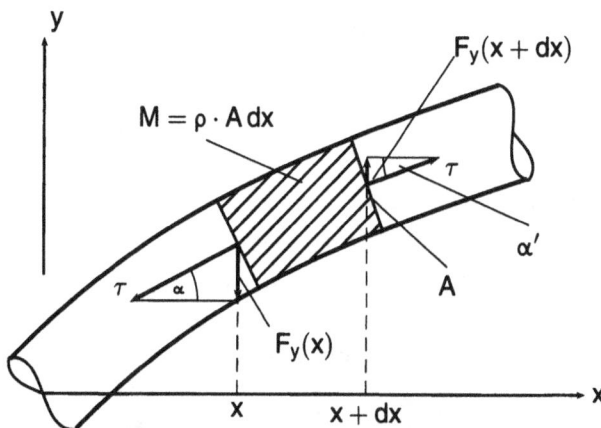

Bild 9.4: Ausgelenktes Seil unter der Zugspannung τ: Auf das Massenelement M wirkt eine vertikale rücktreibende Kraft $F_y(x + \mathrm{d}x) - F_y(x)$.

*Diese wichtige
Form der
Wellengleichung
werden wir in
vielen Bereichen
der Physik
wiederfinden*

oder

$$\boxed{\frac{\partial^2 y}{\partial t^2} = \frac{\tau}{\varrho} \cdot \frac{\partial^2 y}{\partial x^2}} \qquad \textbf{Wellengleichung} \qquad (9.4)$$

(Die hier neu eingeführte Schreibweise $\partial y/\partial t$ (statt dy/dt) und $\partial y/\partial x$ (statt dy/dx) bedeutet lediglich, daß die Differentiation nur nach t (mit $x = $ const) bzw. nur nach x (mit $t = $ const) ausgeführt werden soll). Eine Differentialgleichung der Form von Gl. (9.4), in der die zweite zeitliche Ableitung proportional ist zur zweiten räumlichen Ableitung, nennt man eine *Wellengleichung*. Sie wird nämlich gelöst durch die in Gl. (9.1) und Gl. (9.2) beschriebenen laufenden Wellen

$$y = F(x \mp ct) \qquad c = \text{Geschwindigkeit der Welle}$$
$$- \text{Vorzeichen: Welle läuft in Richtung } +x$$
$$+ \text{Vorzeichen: Welle läuft in Richtung } -x$$

wie wir jetzt zeigen wollen. Wir benutzen dabei die Abkürzung $x \mp ct = a$. Um diesen Lösungsansatz in die Wellengleichung (9.4) einsetzen zu können, benötigen wir noch die zweite zeitliche und räumliche Ableitung von y:

$$\frac{\partial^2 y}{\partial t^2} = \frac{\partial^2 F}{\partial a^2} \left(\frac{\partial a}{\partial t}\right)^2 + \frac{\partial F}{\partial a} \cdot \frac{\partial^2 a}{\partial t^2} = \frac{\partial^2 F}{\partial a^2} \cdot c^2,$$

$$\frac{\partial^2 y}{\partial x^2} = \frac{\partial^2 F}{\partial a^2} \left(\frac{\partial a}{\partial x}\right)^2 + \frac{\partial F}{\partial a} \cdot \frac{\partial^2 a}{\partial x^2} = \frac{\partial^2 F}{\partial a^2} \cdot 1$$

Setzt man dies in die Wellengleichung (9.4) ein, so ergibt sich eine Bestimmungsgleichung für die Ausbreitungsgeschwindigkeit c:

$$\boxed{c^2 = \frac{\tau}{\varrho}} \qquad (9.5)$$

Alle Wellen $F(x \mp ct)$, die mit der Geschwindigkeit c nach rechts oder links laufen, sind also Lösungen der Wellengleichung.

Wir haben bisher zunächst nur von *Seilwellen* gesprochen, wollen aber schon hier den verallgemeinernden Schluß ziehen, daß die Ausbreitung von Wellen $F(x \mp ct)$ auch in allen anderen Medien möglich ist, für die eine Wellengleichung der Form von Gl. (9.4) existiert – wenn auch mit einem anderen für Medium und Wellentyp charakteristischen Wert der Ausbreitungsgeschwindigkeit c.

9.1.3 Reflexion von Seilwellen am festen Ende

Was passiert aber, wenn eine pulsförmige Störung $F(x-ct)$ (oder $F(x+ct)$) auf das fest eingespannte Ende des Seils trifft? Betrachten wir dazu Bild 9.5:

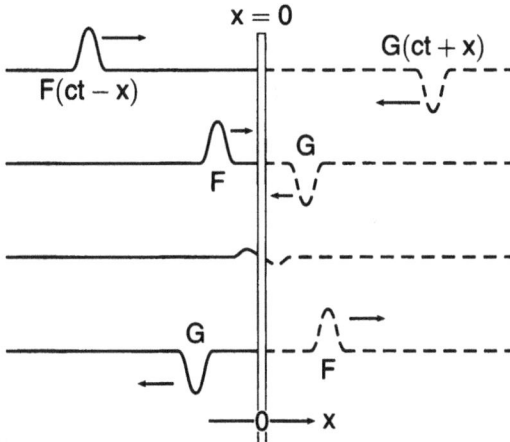

Bild 9.5: Seil, das an einem Ende fest eingespannt ist: Eine pulsförmige Störung wird am festen Ende so reflektiert, daß $F(x=0) = 0$ immer erfüllt ist.

Da das Seil an der Stelle $x = 0$ fest eingespannt wird, muß offensichtlich jede Auslenkung dort verschwinden, d.h.

$$y(x=0) = 0. \qquad \textbf{Grenzbedingung} \qquad (9.6)$$

Wie Bild 9.5 zeigt, könnte man auch ohne Halterung bei $x = 0$ (also ohne es dort einzuklemmen) das Verschwinden der Auslenkung y durch Überlagerung des nach rechts wandernden Pulses F mit einem zweiten gleich großen negativen Puls G, der in umgekehrter Richtung läuft, erzielen. Die Überlagerung der beiden Lösungen F und G

$$y = F(ct - x) + G(ct + x) \qquad \text{mit} \qquad |F| = -|G| \qquad (9.7)$$

würde an der Stelle $x = 0$ zu allen Zeiten $y = 0$ ergeben.

Wenn aber das Seil an der Stelle $x = 0$ festgehalten wird, übt die Halterung beim Eintreffen des Pulses F gerade eine solche Kraft auf das Seil aus, daß dort ein gleich großer aber negativer Puls G erzeugt wird, der nur nach links fortlaufen kann. Wir wollen uns merken: *Die Grenzbedingung $y = 0$ am festen Ende führt dazu, daß eine dort eintreffende Störung mit umgekehrtem Vorzeichen reflektiert wird.*

9.1.4 Sinusförmige (harmonische) Wellen

Als nächstes wollen wir eine sinusförmige sich nach rechts ausbreitende Störung betrachten, welche durch die Funktion

$$y = y_0 \sin \left[\frac{2\pi}{\lambda} (ct - x) \right] \qquad (9.8)$$

beschrieben wird. Hierin besitzt λ die Dimension einer Länge und ist konstant. Gl. (9.8) beschreibt eine sinusförmige Störung mit der Amplitude y_0, die sich nach rechts mit der Geschwindigkeit c verschiebt. Bild 9.6 zeigt eine Momentaufnahme von y als Funktion von x. Der Abstand zweier Wellentäler (oder analoger Punkte der Welle) heißt *Wellenlänge* λ. Die Größe $(2\pi/\lambda)$ wollen wir mit k abkürzen:

$$\boxed{k = 2\pi/\lambda} \qquad (9.9)$$

Die Größe $k/2\pi = 1/\lambda$ ist die *Wellenzahl* und gibt gerade die Zahl der Wellentäler (oder Wellenberge) pro Längeneinheit an.

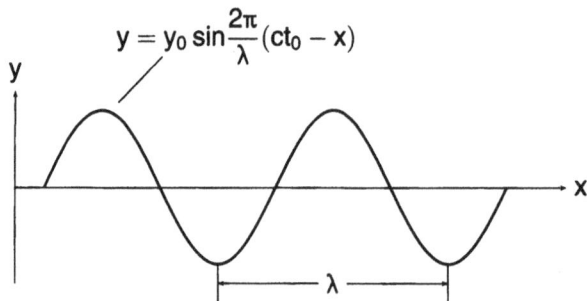

$$y = y_0 \sin \frac{2\pi}{\lambda}(ct_0 - x)$$

Bild 9.6: Harmonische Welle (Momentanaufnahme)

Wie viele Wellentäler werden pro Sekunde am ruhenden Beobachter vorbeilaufen? Da jede Phase der Welle (z.B. ein Wellental) in der Sekunde c Meter zurücklegt, werden $c/\lambda = f$ Wellentäler pro Sekunde am ruhenden Beobachter vorbeilaufen. Man nennt c *die Phasengeschwindigkeit*, f *die Frequenz* und $\omega = 2\pi f$ die Kreisfrequenz der Welle.

Phasengeschwin-digkeit

$$\boxed{f = \frac{c}{\lambda}} \qquad (9.10)$$

Daraus folgt eine entsprechende Beziehung für ω:

$$\boxed{\omega = c \cdot k} \qquad (9.10a)$$

Damit können wir die Welle (Gl. (9.8)) auch anders ausdrücken:

$$y = y_0 \sin\left(2\pi f t - \frac{2\pi}{\lambda} \cdot x\right)$$

oder

$$\boxed{y = y_0 \sin(\omega t - kx)} \qquad \textbf{Harmonische Welle} \qquad (9.11)$$

Entsprechend den Überlegungen zu Gl. (9.1) läuft die Welle in der positiven x-Richtung.

Noch eine Bemerkung zur Phasengeschwindigkeit, mit der sich harmonische Wellen auf einem Seil ausbreiten. Sie hängt nach Gl. (9.5) nur von der Zugspannung des Seils und seiner Massendichte ab, dagegen *nicht von der Frequenz oder Wellenlänge* der sich ausbreitenden harmonischen Welle. Diese Frequenzunabhängigkeit der Phasengeschwindigkeit ist eine Eigenschaft sehr vieler Wellen in der Physik, z.B. der akustischen und optischen Wellen. In diesen Fällen zeigt die Ausbreitungsgeschwindigkeit – wie man sagt – keine *Dispersion*.

Wenn dagegen die Phasengeschwindigkeit nicht konstant ist, sondern von der Frequenz oder Wellenlänge abhängt, spricht man von einer *Phasengeschwindigkeit mit Dispersion*. Typische Beispiele hierfür sind die Wellen auf Wasseroberflächen, die wir weiter unten besprechen werden und bei denen die Phasengeschwindigkeit stark von Wellenlänge und Frequenz abhängt. Streng genommen ist auch die Phasengeschwindigkeit einer Seilwelle, die wir oben für sehr lange Wellenlängen abgeleitet haben, nicht mehr konstant bei extrem hohen Frequenzen, bei denen die Wellenlänge vergleichbar wird mit der Dicke des Seils.

9.1.5 Reflexion harmonischer Wellen: Stehende Wellen und Schwingungen

Wie aber verhält es sich bei der Reflexion *sinusförmiger harmonischer* Seilwellen am festen Ende? Wie wir sehen werden, ergeben sich dabei neue Erscheinungen: Die Reflexion am festen Ende führt zur Erzeugung sog. *stehender Wellen*, d.h. von Wellen, die sich scheinbar nicht ausbreiten.

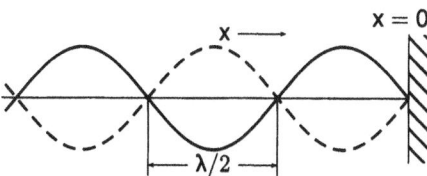

Bild 9.7: Stehende Welle bei Reflexion einer harmonischen Welle am fest eingespannten Ende eines Seils: In Abständen $n \cdot \lambda/2$ ($n = 0, 1, 2, \ldots$) vom festen Ende befinden sich Schwingungsknoten.

Betrachten wir z.B. eine von links einfallende harmonische Seilwelle

$$y = y_0 \sin(\omega t - kx)\,.$$

Sie wird beim Auftreffen auf die feste Halterung bei $x = 0$ – wie wir gesehen haben – mit negativer Amplitude reflektiert. Die Gesamtauslenkung des Seils ergibt sich aus der Summe von einfallender und reflektierter Komponente:

$$y = \underbrace{y_0 \sin(\omega t - kx)}_{\text{einfallende Welle}} - \underbrace{y_0 \sin(\omega t + kx)}_{\text{reflektierte Welle}}$$

$$= y_0(\sin \omega t \cos kx - \cos \omega t \sin kx)$$

$$-y_0(\sin \omega t \cos kx + \cos \omega t \sin kx)$$

Eine „stehende" Welle hat an räumlich festen Orten „Knoten" und „Bäuche" der Amplituden

$$\boxed{y = -2y_0 \cdot \cos \omega t \cdot \sin kx} \qquad \textbf{Stehende Welle} \qquad (9.12)$$

Dies ist keine normale laufende Welle mehr: Es gibt nämlich Zeiten ($\cos \omega t = 0$), an denen die Welle überall verschwindet, und es gibt Schwingungsknoten ($\sin kx = 0$), an denen die Auslenkung immer verschwindet. Da die Schwingungsknoten eine feste Lage im Raum haben, spricht man von einer *stehenden Welle*.

9.1.6 Eigenfrequenzen einer schwingenden Saite

Hält man das Seil auch noch im Abstand L fest, so können Wellen nur noch existieren (siehe Bild 9.8), wenn

$$\boxed{L = n \cdot \frac{\lambda}{2}} \qquad n = 1, 2, 3, \ldots \qquad (9.13)$$

d.h. nur noch für bestimmte Wellenlängen oder Frequenzen, nämlich:

$$\boxed{f = n \cdot \frac{c}{2L} = n \cdot \frac{\sqrt{\tau/\varrho}}{2L}} \qquad (9.14)$$

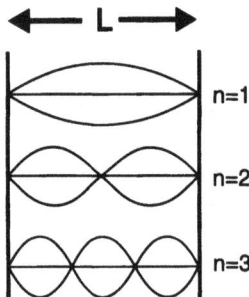

Bild 9.8: Stehende Wellen auf einer Geigensaite

Die Grundfrequenz f, z.B. einer Geigensaite, kann durch die Spannung τ abgestimmt werden und durch Abgreifen am Griffbrett erhöht werden (Verkleinerung von L).

9.1.7 Von schwingenden Saiten zur Musik

Einer Halbierung von L, d.h. einer Frequenzverdopplung, entspricht der gleiche Ton in der nächst höheren *Oktave*. Aber nicht nur Töne, deren Frequenzen sich wie 1 : 2 verhalten, empfinden wir als gut zueinander passend, als konsonant. Auch andere Töne klingen gut zusammen, sofern ihre Frequenzen im Verhältnis kleiner ganzer Zahlen zueinander stehen. Das haben schon die Pythagoräer um 500 v. Chr. bei ihren ersten quantitativen Experimenten mit schwingenden Saiten herausgefunden. Ein typisches Beispiel ist der C-Dur-Dreiklang „c e g", bei dem die drei Frequenzen im Verhältnis $1 : \frac{5}{4} : \frac{3}{2}$ zueinander stehen. Im Fall größerer rationaler Zahlen wird zunehmend auch die Gewöhnung mit verantwortlich dafür, welche gleichzeitig gespielten Töne wir noch als konsonant oder schon als dissonant einstufen, so daß es sich hier nicht nur um ein physikalisches Problem handelt, sondern auch um eine Frage der Psychologie und des Lernens.

Noch ein paar Worte über Tonleitern. Die ideale harmonisch gestimmte C-Dur-Tonleiter setzte sich zunächst nur aus miteinander konsonanten Tönen zusammen, d.h. die Tonfrequenzen f standen im Verhältnis kleiner ganzer

Die konsonante und die gleichmäßig temperierte Tonleiter unterscheiden sich nur sehr wenig in ihren Frequenzen

Tabelle 9.1: Die Frequenzen f der klassischen Tonleiter bezogen auf den Grundton c in der harmonischen Stimmung (links) und die chromatische Tonleiter mit allen zwölf Halbtönen in der temperierten Stimmung (rechts).

Ideale konsonante Tonleiter (Harmonische Stimmung)			Gleichmäßig temperierte chromatische Tonleiter		
Ton	Tonabstand	$f : f_c$	Ton	$f : f_c$ (Halbton)	n
c		$1 = 1{,}000$	$1{,}000$		
	Ganzton			$(1{,}059)$	1
d		$9/8 = 1{,}125$	$1{,}122$		2
	Ganzton			$(1{,}189)$	3
e		$5/4 = 1{,}250$	$1{,}260$		4
	Halbton				
f		$4/3 = 1{,}333$	$1{,}335$		5
	Ganzton			$(1{,}414)$	6
g		$3/2 = 1{,}500$	$1{,}498$		7
	Ganzton			$(1{,}587)$	8
a		$5/3 = 1{,}667$	$1{,}682$		9
	Ganzton			$(1{,}782)$	10
h		$15/8 = 1{,}875$	$1{,}887$		11
	Halbton				
c′		$2 = 2{,}000$	$2{,}000$		12

Zahlen zueinander, wie in Spalte 3 im linken Teil von Tab. 9.1 dargestellt. Dies führte einerseits wie erwähnt zu besonders schönen Klangharmonien. Andererseits waren jedoch in diesem System die Frequenzverhältnisse zwischen benachbarten Tönen nicht gleich, so daß ein *Transponieren*, d.h. ein Wechsel der Tonart nicht möglich war, ohne die Musikinstrumente neu zu stimmen. Um dieses Problem zu umgehen, führte Johann Sebastian Bach (1685–1750) die *temperierte Tonleiter* ein, in der die Frequenzen der einzelnen Töne der rein harmonischen Stimmung so verschoben wurden, daß nunmehr alle zwölf Halbtonschritte einer Oktave auf einer logarithmischen Frequenzachse äquidistant liegen. Das neue feste Frequenzverhältnis x aller benachbarten Halbtöne ergibt sich nunmehr aus der Beziehung $x^{12} = 2$ zu $x = \sqrt[12]{2} = 1,059$. Auf der rechten Seite von Tab. 9.1 sind die so berechneten Frequenzverhältnisse x^n für alle zwölf Halbtöne (n von $1-12$) eingetragen. Diese temperierte Stimmung hat sich gegenüber der harmonischen seit langem durchgesetzt, einerseits weil – wie man aus Tab. 9.1 sieht – die notwendigen Frequenzverschiebungen nur gering sind und andererseits weil dadurch die vorher bestehenden Probleme beim Transponieren eines Musikstücks in eine andere Tonart nunmehr behoben sind.

Die Klangfarbe eines Musikinstruments ist allein durch den Gehalt an Oberwellen bestimmt

Was gibt jedem Musikinstrument seinen charakteristischen Klang, seine *Klangfarbe*? Betrachten wir einige Saiteninstrumente wie z.B. die Geige, die Gitarre oder das Klavier. Auf der Geige wird die Saite mit einem Bogen angestrichen, an dem die Saite periodisch im richtigen Moment „kleben" bleibt, dabei die Saite auslenkt und dann abrutscht. (Das glückt nur, wenn der Bogen vorher mit einem passenden Harz eingerieben wird.) Durch dieses perodisch abwechselnde Kleben und Rutschen wird die Schwingung der Saite angefacht. Bei der Gitarre wird die Saite bekanntlich gezupft und beim Klavier „angeschlagen". Durch diese verschiedenen Mechanismen der Anregung entsteht ein sehr unterschiedlicher *Gehalt an Oberwellen*, d.h. an Tönen der doppelten, vierfachen, sechsfachen usw. Frequenzen, deren Anwesenheit dem Ton eines Instruments erst seine charakteristische Klangfarbe verleihen. Interessanterweise kann das Ohr Phasenunterschiede zwischen Grund- und Oberwellen nicht unterscheiden.

9.1.8 Bemerkungen zur Polarisation von Wellen

In der oben beschriebenen Seilwelle bewegen sich alle Atome des Seils nur in der y-Richtung, also *senkrecht* zur x-Achse, in der die Ausbreitung erfolgt. Man spricht daher bei der Seilwelle von einer *transversalen Polarisation*.

Dichteschwankungen treten nur bei den longitudinal polarisierten Schallwellen auf

Bei dem nächsten Wellentyp, den wir jetzt besprechen werden – der Schallwelle in Gasen oder Flüssigkeiten –, schwingen alle Atome des Mediums (siehe Bild 9.9) parallel zur Ausbreitungsrichtung. Schallwellen sind daher *longitudinal polarisiert*.

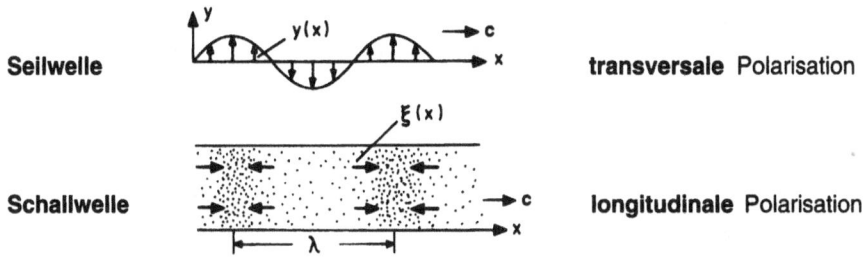

Bild 9.9: Transversale und longitudinale Polarisation:
Bei einer Seilwelle schwingen die Massenelemente senkrecht zur Ausbreitungsrichtung. Bei einer Schallwelle dagegen oszillieren die Atome parallel zur Ausbreitungsrichtung, was zu Dichteschwankungen in der Welle führt.

In Bild 9.9 ist ebenfalls angedeutet, daß die longitudinale Polarisation einer Schallwelle notwendigerweise zu einer räumlich-zeitlichen Variation der Dichte führt. *Longitudinale Schallwellen in Gasen und Flüssigkeiten sind daher auch immer Dichtewellen.*

9.2 Schallwellen

9.2.1 Vorbemerkungen

Longitudinale Schallwellen, die zugleich Dichtewellen sind, können sich in allen Gasen und Flüssigkeiten ausbreiten. Darüber hinaus gibt es in festen Medien wegen ihrer Schersteifigkeit auch *transversale Wellen* oder *Scherwellen*, die nicht mit Dichteschwankungen verbunden sind.

Neben den Lichtwellen üben die Schallwellen in Luft den wohl größten Einfluß auf den Menschen aus. Die sprachliche zwischenmenschliche Kommunikation und die Weiterentwicklung unseres Gehirns und Bewußtseins im Laufe der Evolution wurden erst möglich durch den Schall. Erstaunlich ist die sprachliche Ausdrucksfähigkeit unserer Stimmbänder als Schallquelle und unseres Gehörs, über dessen Wirkungsweise wir weiter unten sprechen wollen.

Die tiefste Frequenz, die wir noch wahrnehmen können, liegt bei etwa 16 Hz. Alle noch tieferen Frequenzen nennen wir *Infraschall*. Hierzu gehören beispielsweise die Druckschwankungen der Lufthülle und die langwelligen Schallwellen, die nach Erdbeben die Erde durchqueren und uns Auskunft über das Erdinnere geben können. Die obere Frequenzgrenze des für uns wahrnehmbaren Schalls liegt bei etwa 20 kHz und nimmt im Alter ab. Manche Tiere, wie z.B. Fledermäuse, können noch Schallwellen bis zu 100 kHz erzeugen und hören. Wir nennen Schallwellen oberhalb unserer Hörgrenze von 20 kHz *Ultraschall*. Die oberste Frequenzgrenze von Schall ist natur-

*Auch die
ungeordneten
Wärmebewegungen
der Atome im
Kristall werden
hervorgerufen
durch
hochfrequente
Schallwellen*

gemäß durch den Abstand a der Atome im schallübertragenden Medium gegeben. Es kann keine Dichteschwankungen oder Schallwellen mit noch kürzeren Wellenlängen als a geben. Daraus ergibt sich für feste Medien (Schallgeschwindigkeit c von etwa 3000 m/s und Atomabstand $a = 0{,}3$ nm) eine maximale Schallfrequenz von $(c/a) = 10^{13}$ Hz. So hochfrequente Schallwellen in festen Körpern nennt man auch *Phononen*. Sie sind – besonders in Isolatoren – die wesentlichen Träger des *Wärmetransports* vom heißen zum kalten Ende eines festen Gegenstandes.

9.2.2 Longitudinale Schallwellen in Gasen und Flüssigkeiten

Wie kommt es zur Schallausbreitung in Gasen und Flüssigkeiten? (Feste Medien behandeln wir weiter unten.) Bild 9.10 zeigt einen Ausschnitt aus einem Gas, durch welches sich gerade eine ebene Schallwelle in der x-Richtung ausbreitet. Die momentanen Auslenkungen ξ der Atome aus ihrer Ruhelage sollen nur von der Koordinate x abhängen. Betrachten wir das schraffierte Volumen der ursprünglichen Breite dx: Nach der ortsabhängigen akustischen Auslenkung, die durch ξ_1 und ξ_2 definiert ist, wird es nach rechts *verschoben*, aber gleichzeitig dabei *gedehnt* (expandiert). Diese Dehnung ist nach Bild 9.10

$$\frac{L' - L}{L} = \frac{\partial L}{\partial x} = \frac{\xi_2 - \xi_1}{\partial x} = \frac{\partial \xi}{\partial x}$$

und führt zu einer entsprechenden Abnahme der Dichte ϱ:

$$-\frac{\varrho' - \varrho}{\varrho} = \frac{\partial L}{L} = \frac{\partial \xi}{\partial x}$$

Wenn nicht alle Volumina die gleiche Dehnung erfahren, ist auch die Dichte nicht räumlich konstant. Bei einer räumlichen Variation der Dehnung ent-

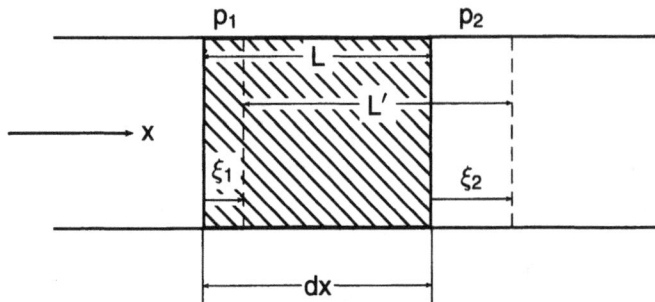

Bild 9.10: Schallwelle in einem Gas oder einer Flüssigkeit: Ein Volumenelement (schraffiert) wird nach rechts verschoben und gleichzeitig gedehnt. Dabei sinkt seine Dichte.

steht vielmehr ein Dichtegradient

$$\frac{\partial \varrho}{\partial x} = -\varrho \cdot \frac{\partial^2 \xi}{\partial x^2} \qquad (9.15)$$

und ebenso ein Druckgradient, da ja jede Dichteänderung auch zu einer Druckänderung führt. Für kleine Dichteänderungen $\Delta \varrho$ gilt näherungsweise:

$$\Delta p = \left(\frac{dp}{d\varrho}\right) \Delta \varrho \qquad (9.16)$$

Dabei ist $(dp/d\varrho)$ eine Materialkonstante, die angibt, um wieviel der Druck sich bei einer Dichtezunahme erhöht. Ihr Kehrwert ist proportional zur Kompressibilität des Mediums $K = (1/\varrho)(d\varrho/dp)$. Der Druckgradient ist damit nach Gl. (9.15) und (9.16):

$$\frac{\partial p}{\partial x} = \left(\frac{dp}{d\varrho}\right) \cdot \frac{\partial \varrho}{\partial x} = -\left(\frac{dp}{d\varrho}\right) \cdot \varrho \cdot \frac{\partial^2 \xi}{\partial x^2} \qquad (9.17)$$

Der Druckgradient führt zu einer Kraft auf das Volumenelement innerhalb von dx (Bild 9.10) und somit – nach der Newtonschen Bewegungsgleichung – zu einer Beschleunigung

$$\varrho \cdot dx \cdot \frac{\partial^2 \xi}{\partial t^2} = -(p_2 - p_1) = -\frac{\partial p}{\partial x} \, dx \, . \qquad (9.18)$$

(Das Minuszeichen steht auf der rechten Seite, weil die Beschleunigung in Richtung des kleineren Druckes erfolgt.) Zieht man die beiden letzten Gleichungen zusammmen, so erhält man wieder eine *Wellengleichung*:

$$\boxed{\frac{\partial^2 \xi}{\partial t^2} = \left(\frac{dp}{d\varrho}\right) \cdot \frac{\partial^2 \xi}{\partial x^2} \, ,} \qquad \begin{array}{l} \textbf{Wellengleichung} \\ \textbf{einer Schallwelle} \end{array} \qquad (9.19)$$

die der früher für eine Seilwelle abgeleiteten Gl. (9.4) sehr ähnlich ist. Die Lösung dieser Wellengleichung, beispielsweise durch eine sinusförmige Welle

$$\xi = \xi_0 \cdot \sin(\omega t - kx) \, , \qquad (9.20)$$

ist ebenfalls ähnlich wie bei der Seilwelle.

Die neue Wellengleichung unterscheidet sich von der früheren für eine Seilwelle abgeleiteten Gleichung (9.4) nur durch den Faktor auf der rechten Seite, der das Quadrat der Ausbreitungsgeschwindigkeit definiert. Während wir für die Seilwelle $c^2 = (\tau/\varrho)$ gefunden haben, ist das Quadrat der Ausbreitungsgeschwindigkeit für longitudinale Schallwellen nach Gl. (9.19) nunmehr

Allgemeiner Ausdruck für die Schallgeschwindigkeit in allen Medien

$$\boxed{c^2 = \frac{\mathrm{d}p}{\mathrm{d}\varrho}} \qquad\qquad (9.21\text{a})$$

und somit allein durch die Materialkonstante $(\mathrm{d}p/\mathrm{d}\varrho)$ bestimmt. Da diese Materialkonstante proportional zum Kehrwert der Kompressibilität des Mediums $K = (1/V)(\mathrm{d}V/\mathrm{d}p) = (1/\varrho)(\mathrm{d}\varrho/\mathrm{d}p)$ ist, kann man Gl. (9.21a) auch wie folgt durch die Dichte und Kompressibilität K ausdrücken:

$$\boxed{c^2 = \frac{1}{\varrho K}} \qquad\qquad (9.21\text{b})$$

Wie groß ist nun konkret die Ausbreitungsgeschwindigkeit longitudinaler Schallwellen in Gasen, Flüssigkeiten oder in festen Körpern? Zur Beantwortung der Frage müssen wir die Zustandsgleichung des Materials, d.h. p als Funktion von ϱ, bzw. die Kompressibilität kennen. Betrachten wir zunächst die Schallausbreitung in Gasen.

1. Fall: Die Schallgewindigkeit in Gasen

In Gasen treten bei der schnellen Kompression und Dilatation innerhalb der Schallwelle erhebliche Temperaturschwankungen auf, und der Wärmetransport reicht nicht aus, um diese Temperaturschwankungen auszugleichen. Daher muß man die sog. *adiabatische* Zustandsgleichung der Gase

$$\left(\frac{\mathrm{d}p}{\mathrm{d}\varrho}\right)_{\text{adiabatisch}} = \frac{c_\mathrm{p}}{c_\mathrm{v}} \cdot \frac{kT}{m}$$

benutzen, die wir weiter unten im Wärmeteil dieses Buches genau ableiten werden. Hier wollen wir aber schon die Bedeutung der Zustandsgleichung für die Schallgeschwindigkeit in Gasen erläutern: Das Verhältnis $(c_\mathrm{p}/c_\mathrm{v})$ ist das Verhältnis der spezifischen Wärmen bei konstantem Druck und konstantem Volumen, und der Wert dieses Verhältnisses ist z.B. (5/3) für einatomige Gase. k ist die sog. *Boltzmann-Konstante* ($k = 1{,}38 \cdot 10^{-23}$ J/K), T die Temperatur (in Kelvin) und m die Molekülmasse in kg.

Somit erhalten wir für die Schallgeschwindigkeit in Gasen

$$\boxed{c^2 = \frac{c_\mathrm{p}}{c_\mathrm{v}} \cdot \frac{kT}{m}}. \qquad \textbf{Schallgeschwindigkeit in Gasen} \qquad (9.22)$$

Die Schallgeschwindigkeit hängt also *nicht vom Gasdruck*, sondern nur von *Temperatur* und *Molekülmasse* ab. Der Gasdruck muß allerdings hoch genug sein, damit der interatomare Abstand klein gegenüber der akustischen Wellenlänge bleibt. Tab. 9.2 gibt die Schallgeschwindigkeit von drei Ga-

Moleküle und Schallwellen bewegen sich in Gasen mit etwa gleicher Geschwindigkeit: schnell in heißen Gasen und langsam bei tiefen Temperaturen

Tabelle 9.2: Die Schallgeschwindigkeit in drei
Gasen bei $0\,^{\circ}$C $= 273{,}15$ K (in m/s)

H_2-Gas	He-Gas	Luft
1284	965	331

sen unterschiedlicher Molekülmasse wieder für die gleiche Temperatur. Die starke Abhängigkeit der Schallgeschwindigkeit von der Atom- bzw. Molekülmasse ist deutlich sichtbar. Bei ein und demselben Gas nimmt die Schallgeschwindigkeit genau mit $\sqrt{T}$ (T in Kelvin!) zu, so daß die Schallgeschwindigkeit zur Temperaturmessung von Gasen verwendet werden kann.

Für die Schallausbreitung in Gasen gibt es noch einen allgemeinen Zusammenhang, auf den hier besonders hingewiesen sei: Der Ausdruck (kT/m) in Gl. (9.22) entspricht – wie wir einige Seiten weiter unten im Wärmeteil genauer begründen werden – etwa dem Quadrat der mittleren thermischen Geschwindigkeit der Gasmoleküle. Daher ist *nach Gl. (9.22) die Schallgeschwindigkeit in Gasen immer von der gleichen Größenordnung wie die mittlere thermische Geschwindigkeit der einzelnen Gasmoleküle.* Ein interessanter Zusammenhang.

2. Fall: Die Schallgeschwindigkeit in Flüssigkeiten

Die Schallgeschwindigkeit in Flüssigkeiten ist ohne großen Fehler direkt aus den isothermen Werten von $(\mathrm{d}p/\mathrm{d}\varrho)$ in Gl. (9.21a) oder der Kompressibilität in Gl. (9.21b) bestimmbar. Zwar tritt auch in Flüssigkeiten eine gewisse Temperaturveränderung in der Schallwelle auf, die aber wegen der im Vergleich zu Gasen kleineren thermischen Expansion nur gering ist und vernachlässigt werden kann. Tab. 9.3 gibt die in einigen Flüssigkeiten gemessenen Schallgeschwindigkeiten wieder:

Tabelle 9.3: Schallgeschwindigkeit in einigen
Flüssigkeiten bei $25\,^{\circ}$C (in m/s)

Azeton	Quecksilber	Wasser
1378	1451	1497

3. Fall: Die Geschwindigkeit longitudinaler Schallwellen in festen Körpern

Auch die Schallgeschwindigkeit in festen Medien ermittelt sich aus Gl. (9.21a). Als Zustandsgleichung, welche die Abhängigkeit des Drucks vom Volumen beschreibt, nehmen wir hier das uns bereits von Kap. 3 und 6 bekannte Hookesche Gesetz:

$$dp = E \cdot (dl/l) = E \cdot (d\varrho/\varrho)$$

Geschwindigkeit longitudinaler Schallwellen in langen dünnen Stäben

E ist der Elastizitätsmodul (oder kurz E-Modul). Eingesetzt in Gl. (9.21a) finden wir für die longitudinalen Schallwellen

$$c_{\text{long}}^2 = \frac{E}{\varrho}. \tag{9.23}$$

Diese etwas qualitative Abschätzung stimmt genau überein mit der Geschwindigkeit von longitudinalen Schallwellen, die sich entlang fester dünner Stäbe (deren Durchmesser klein gegen die Wellenlänge ist) ausbreiten. Im unendlich ausgedehnten Medium führt das Ausbleiben der *Querkontraktion* zu etwas höheren Ausbreitungsgeschwindigkeiten, dem wir hier nicht weiter nachgehen wollen.

4. Fall: Die Geschwindigkeit transversaler Schallwellen in festen Körpern

Neben den oben beschriebenen longitudinalen Schallwellen, die sich prinzipiell in allen Medien ausbreiten können, gibt es nur in festen Körpern zusätzlich auch *transversale* Scherwellen. Hierbei erfolgt die Auslenkung *senkrecht zur Fortpflanzungsrichtung*, wie in Bild 9.11 angedeutet. Die

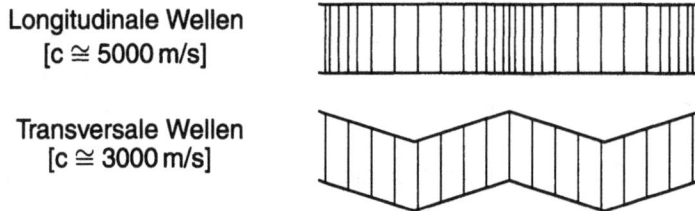

Bild 9.11: Elastische Wellen verschiedener Polarisation in Festkörpern

rücktreibenden Kräfte bei diesen Wellen ergeben sich allein aus der periodischen Scherdeformation des Mediums. Dichteschwankungen treten bei transversalen Wellen grundsätzlich nicht auf. Ihre Ausbreitungsgeschwindigkeit ist in großer Ähnlichkeit zum obigen Ausdruck (9.23):

Transversale Schallwellen gibt es nur in festen Materialien

$$c_{\text{trans}}^2 = \frac{G}{\varrho}, \tag{9.24}$$

wobei G der in Kap. 6 (s. Gl. (6.2)) besprochene Scher- oder Torsionsmodul des Materials ist.

9.2.3 Das Schallfeld und seine Größen

Der Wellenvektor und die Ausbreitungsrichtung

Bei den gerade beschriebenen Schallwellen hing die Amplitude

$$\xi = \xi_0 \cdot \sin(\omega t - kx) \quad \text{mit} \quad k = \frac{2\pi}{\lambda} \tag{9.25}$$

nur von einer, nämlich der x-Koordinate, ab. Das heißt, alle Punkte mit gleicher Auslenkung oder Phase lagen auf Ebenen senkrecht zur x-Achse. Man nennt daher eine solche durch Gl. (9.25) und Bild 9.12a dargestellte Welle eine *ebene Welle*.

Wie aber beschreibt man eine ebene Welle, die sich *nicht* parallel zur x-Achse, sondern in einer beliebigen Richtung ausbreitet? Bild 9.12b zeigt einen solchen Fall. Zur Beschreibung der Ausbreitungsrichtung führen wir als neue Größe den sog. *Wellenvektor* $\vec{k}$ ein: Er hat die Richtung der Wellen-Normalen und den Betrag $2\pi/\lambda$.

Der Wellenvektor

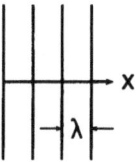

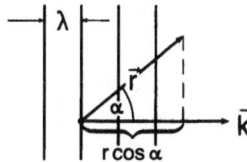

Bild 9.12a: Wellenfront einer ebenen Welle (Ausbreitung parallel zur x-Achse)

Bild 9.12b: Wellenfront einer ebenen Welle (Ausbreitung in beliebiger Richtung parallel zu $\vec{k}$)

Mit Hilfe dieses Wellenvektors ist es leicht möglich, ebene Wellen zu beschreiben, die sich nicht parallel zur x-Achse ausbreiten: Für die Phase der Welle in irgendeinem Punkt mit dem Ortsvektor $\vec{r}$ ist nur die Länge der Projektion von $\vec{r}$ auf die $\vec{k}$-Achse maßgeblich, so daß man nun das Produkt kx in Gl. (9.25) durch das Skalarprodukt $k \cdot r \cdot \cos\alpha = \vec{k} \cdot \vec{r}$ ersetzt:

$$\boxed{\vec{\xi} = \vec{\xi_0} \sin(\omega t - \vec{k} \cdot \vec{r})} \qquad \textbf{Harmonische ebene Welle} \tag{9.26}$$

(Für eine longitudinale Schallwelle sind die Vektoren $\vec{\xi}$ und $\vec{\xi_0}$ parallel zum Wellenvektor $\vec{k}$.) *Dies ist die allgemeine Beschreibung einer (harmonischen) ebenen Welle, die sich in der durch den Wellenvektor $\vec{k}$ definierten Richtung ausbreitet.*

Neben den *ebenen* Wellen treten in der Physik zuweilen auch Wellen mit *gekrümmten* Flächen gleicher Phase auf, wie zum Beispiel Zylinder- oder Kugelwellen.

Übungsfrage: In Tabelle 2.5 sind die charakteristischen Frequenzen für Schwingungen der Atome im Molekül und einer Lautsprechermembran angegeben. Welche Größenordnung haben die dazugehörigen Wellenlängen bzw. Wellenvektoren? Warum kann man keine Schallwellen mit der gleichen Frequenz wie Lichtwellen (10^{15} Hz) erzeugen? Hinweis: Schätzen Sie die dazu notwendige Wellenlänge in Festkörpern ab.

Schallschnelle und Strahlungsdruck

Die Geschwindigkeit, mit der sich die Atome oder Moleküle im Schallfeld bewegen, nennt man *Schallschnelle v*. Sie ergibt sich direkt aus der Schallamplitude

$$\xi = \xi_0 \cdot \sin(\omega t - kx)$$

und ist

$$v = (\mathrm{d}\xi/\mathrm{d}t) = \omega\xi_0 \cdot \cos(\omega t - kx) = v_0 \cdot \cos(\omega t - kx)\,.$$

$\omega\xi_0 = v_0$ wird auch als Geschwindigkeitsamplitude bezeichnet, die meist viel langsamer ist als die Schallgeschwindigkeit $c = (w/k)$. Quantitativ ergibt sich für das Verhältnis $(v_0/c = k\xi_0 = 2\pi(\xi_0/\lambda)$. Da die Amplitude ξ_0 meist wesentlich kleiner als die Schallwellenlänge λ bleibt, bewegen sich auch die Atome im Schallfeld nur mit Geschwindigkeitsamplituden v_0 weit unterhalb der Schallgeschwindigkeit.

(v/c) ist bei Schallwellen immer genauso groß wie (ξ/λ)

Für einen *seitlich begrenzten Schallstrahl in einem ausgedehnten fluiden Medium* müssen wir noch die Kräfte berücksichtigen, mit denen nach dem Bernoulli-Gesetz aus der ruhenden Flüssigkeit seitlich des Schallstrahls Atome in den Schallstrahl gesaugt werden, wodurch sich der statische Druck im Innern des Schallstrahls gegenüber der ruhenden äußeren Flüssigkeit um den sog. *Schallstrahlungsdruck* erhöht. Nach dem Bernoulli-Gesetz (siehe Kap. 7) ist dieser Überdruck $\overline{P}$ im Schallstrahl:

$$\boxed{\overline{P} = \frac{1}{2} \cdot \varrho v^2} \qquad \textbf{Schallstrahlungsdruck} \qquad (9.27)$$

Die genaue theoretische Ableitung dieses Druckes ist komplexer[1], dennoch läßt sich seine Existenz experimentell gut demonstrieren: Richtet man z.B.

---

[1] Für eine Diskussion der theoretischen Zusammenhänge sei auf das ausgezeichnete Buch von L. Bergmann: Der Ultraschall, Hirzel Verlag, verwiesen

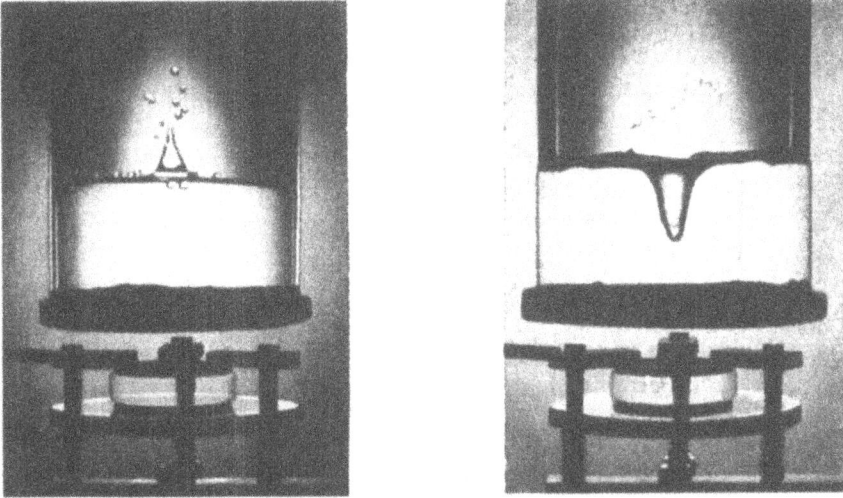

Bild 9.13: Ein Ultraschallstrahl durchquert zwei übereinander geschichtete Flüssigkeiten.
Links: Wasser über Tetrachlorkohlenstoff ($v_{\text{Wasser}} = 1497$ m/s $> v_{\text{Tetra}} = 938$ m/s)
Rechts: Wasser über Anilin ($v_{\text{Wasser}} < v_{\text{Anilin}} = 1656$ m/s)
Die Flüssigkeit mit der kleineren Schallgeschwindigkeit und höheren Energiedichte erzeugt
den größeren Schallstrahlungsdruck. Unter dem Gefäß sieht man den Schwingquarz.
(Bildquelle: L. Bergmann: Der Ultraschall, S. Hirzel-Verlag, Zürich (1954))

einen Ultraschallstrahl aus dem Inneren einer Flüssigkeit gegen die Flüssigkeitsoberfläche, so erzeugt der Schallstrahlungsdruck einen bis zu mehreren
cm hohen Flüssigkeitssprudel oberhalb der Flüssigkeitsoberfläche. Seine
Höhe läßt sich nach Gl. (9.27) abschätzen.

Auch beim fast reflexionsfreien Durchgang eines Schallstrahls durch die
Grenzfläche zwischen zwei übereinander geschichteten verschiedenen Flüssigkeiten (siehe Bild 9.13) entsteht aus den gleichen Gründen eine Kraft auf
die Grenzfläche. Die Richtung dieser Kraft ist interessanterweise nicht korreliert mit der Richtung der Schallausbreitung, sondern die Flüssigkeit mit der
kleineren Schallgeschwindigkeit und daher mit der höheren Energiedichte
verdrängt jeweils die andere Flüssigkeit, sei es vorwärts in der Ausbreitungsrichtung des Schalls (linkes Bild) oder rückwärts (rechtes Bild).

*Schallstrahlungs-
druck und
Energiedichte*

Gl. (9.27) beschreibt genau die *Energiedichte des Schallfeldes*. Multipliziert
man diesen Ausdruck noch mit der Schallgeschwindigkeit c, so erhält man
daraus die *Schallintensität* (in W/m^2).

Wie hoch ist die *Wechseldruckamplitude* p_0 in einem Schallfeld? Zu ihrer
Abschätzung gehen wir zurück zu Gl. (9.18)

$$\varrho \frac{\partial^2 \xi}{\partial t^2} = -\frac{\partial p}{\partial x}$$

und erhalten daraus durch Einsetzen und Differenzieren für die Amplituden
von Druck und Schallschnelle

$$\boxed{p_0 = \frac{\varrho\omega}{k} \cdot v = \varrho c \cdot v_0}. \quad \textbf{Schallwechseldruck}$$

Das Produkt (ϱc) nennt man die *akustische Impedanz des Mediums*. Diese
hat eine ähnliche Bedeutung wie der Brechungsindex in der Optik, z.B. für
die Reflexion des Schallstrahls beim Auftreffen auf ein anderes Medium.

Der akustische Doppler-Effekt

Wir haben alle schon einmal einen Unfallwagen mit laut tönender Hupe
gehört, der uns gerade mit großer Geschwindigkeit überholt: Der Dauerton
der Hupe erklingt dabei – ständig lauter werdend – in gleicher Tonhöhe,
wenn der Wagen sich uns nähert, fällt aber plötzlich in der Tonhöhe,
sobald der Wagen an uns vorbeigefahren ist. *Warum hängt die von uns
wahrgenommene Frequenz in dieser Weise von der Geschwindigkeit des
Schallgebers relativ zu uns ab?*

Bild 9.14 stellt den Unfallwagen (schwarzer Pfeil) für verschiedene Fahrtge-
schwindigkeiten u dar. Im linken Bild steht er ($u = 0$) noch geparkt, hat aber
die Hupe schon eingeschaltet. Die Druckmaxima des Schallfeldes, die auch
eingezeichnet sind, umgeben den Wagen als konzentrische Kreise, und man
hört die Frequenz $f_0 = c/\lambda_0$.

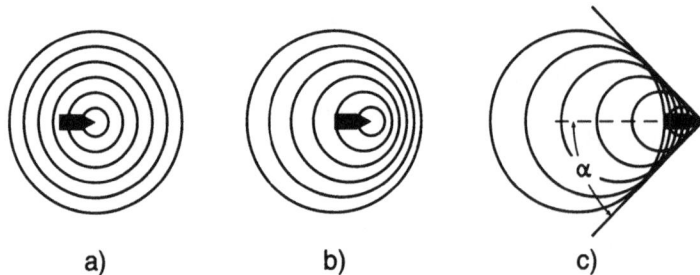

a)   b)   c)

Bild 9.14: Wellenfronten einer Schallwelle
a) Schallquelle in Ruhe
b) Quelle bewegt sich mit der Geschwindigkeit $u < c$
c) Quelle bewegt sich mit der Geschwindigkeit $u > c$

Im mittleren Bild hat der Wagen eine Geschwindigkeit u nach rechts relativ
zur ruhenden Luft erreicht. Dadurch verkürzt sich die Wellenlänge vor
dem Fahrzeug um die in einer Periode gefahrene Strecke: $\lambda = \lambda_0 - u/f_0$.

Entsprechend erhöht sich die vor dem Wagen gehörte Frequenz:

$$f = \frac{c}{\lambda} = \frac{c}{\lambda_0 - (u/f_0)}$$

oder

$$\boxed{f = \frac{1}{1 - (u/c)} \cdot f_0}$$ **Doppler-Effekt für bewegte Quelle** (9.28a)

Bewegt sich nun aber der Beobachter mit einer Geschwindigkeit u auf die relativ zur Luft ruhende Schallquelle zu, so nimmt er eine größere Schallgeschwindigkeit $u+c$ und damit eine höhere Frequenz $f = (u+c)/\lambda_0$ wahr. Daraus folgt:

$$\boxed{f = \left(1 + \frac{u}{c}\right) \cdot f_0}$$ **Doppler-Effekt für bewegten Empfänger** (9.28b)

Die Frequenzänderungen nach Gl. (9.28a) und Gl. (9.28b) sind für gleiche Relativgeschwindigkeiten u zwischen Quelle und Empfänger nicht gleich groß. Dies ist nicht überraschend, da durch das Schallmedium das Bezugssystem festgelegt ist und daher beide Fälle physikalisch verschieden sind. Nur für sehr kleine Geschwindigkeiten u ergeben beide Gleichungen dieselbe Frequenzverschiebung.

Für kleine Relativgeschwindigkeiten ergibt der Doppler-Effekt die Frequenzverschiebung $\Delta f / f = u/c$

Im Gegensatz zu akustischen Wellen können sich elektromagnetische Wellen ohne ein Medium ausbreiten, so daß eine Fallunterscheidung entsprechend Gl. (9.28a) oder Gl. (9.28b) entfällt. Wie wir in Band II sehen werden, gilt hier für den linearen Doppler-Effekt Gl. (9.28b), wobei u die Relativgeschwindigkeit zwischen Quelle und Beobachter ist und c für die Lichtgeschwindigkeit steht.

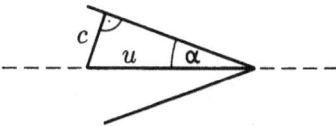

Bild 9.15: Machscher Kegel

Eine weitere interessante Situation ergibt sich, wenn eine Schallquelle so schnell durch ein Medium bewegt wird, daß seine Geschwindigkeit u die Schallgeschwindigkeit c des Mediums übertrifft ($u > c$). Bild 9.15 und Bild 9.16 zeigen den Fall eines Geschosses, welches mit Überschallgeschwindigkeit fliegt und daher sein Schallfeld teilweise hinter sich zurückläßt. *Mach* hat als erster darauf hingewiesen, daß ein so schnelles

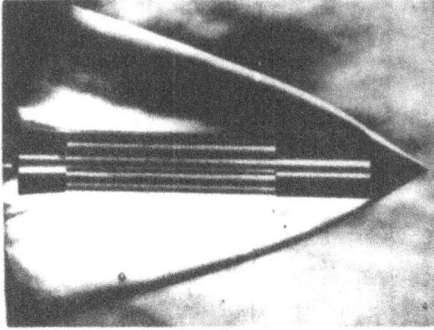

Bild 9.16: Machscher Kegel eines Geschosses, das sich mit Überschallgeschwindigkeit bewegt. (Bildquelle: Feynman, Vorlesungen über Physik, R. Oldenbourg, 1997).

Objekt Schall nur in einem Konus mit dem Öffnungswinkel α abstrahlen kann. Wie man aus Bild 9.15 ersieht, ergibt sich der Öffnungswinkel aus der Fluggeschwindigkeit zu

$$\boxed{\sin \alpha = \frac{c}{u}}.$$
(9.29)

Die sog. *Machzahl* $(1/\sin \alpha)$ gibt an, um wieviel mal schneller ein Objekt fliegt als die Schallgeschwindigkeit c.

Übungsfrage: Wie rasch fliegt das in Bild 9.16 abgebildete Geschoß?

Schockwellen

Innerhalb einer Schallwelle erfolgt – wie bereits erwähnt – die Kompression des Gases adiabatisch, d.h. ohne Wärmeaustauch mit der Umgebung. Hierüber werden wir im Wärmeteil dieses Buches weiter unten noch ausführlicher sprechen. Hier genügt es festzustellen, daß die bei der Kompression geleistete Arbeit wegen der Wärmeisolation zu einer Temperaturerhöhung in den Maxima der Dichte führt:

$$\frac{\Delta T}{T} \propto \frac{\Delta \varrho}{\varrho}$$

Bei kleinen Schallamplituden $(\Delta \varrho / \varrho)$ sind die Abweichungen von der Gleichgewichtstemperatur ebenfalls klein. Bei großen Amplituden dagegen werden die räumlichen Temperaturschwankungen innerhalb des Schallfeldes so groß, daß auch die Schallgeschwindigkeit, die ja von der Temperatur abhängt (siehe Gl. (9.22)), entsprechend

$$c \propto \sqrt{T}$$

nicht mehr als räumlich konstant angesehen werden kann. Daher laufen in einer Schallwelle großer Amplitude die Dichtemaxima schneller als die Minima, was zu der in Bild 9.17 dargestellten Verformung der Schallwelle führt. Besonders charakteristisch ist die Ausbildung von stabilen *Schockfronten*, innerhalb derer Druck, Dichte und Temperatur plötzlich (in einigen mittleren freien Weglängen) stark abfallen.

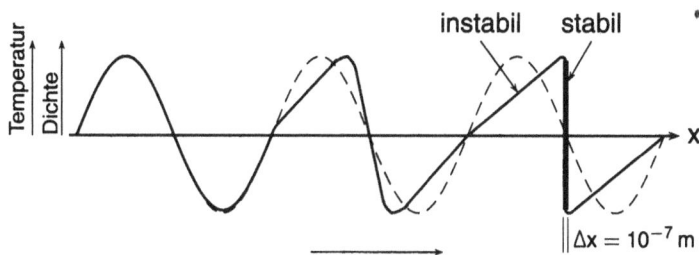

Bild 9.17: Bildung einer stabilen Schockfront in einer Schallwelle großer Amplitude. Die Ausdehnung der Schockfront (Δx) beträgt nur 10^{-7} m.

Schockfronten, d.h. große Sprünge, zum Beispiel in der Dichte, bilden sich immer dort, wo ein Gegenstand schneller als die Schallgeschwindigkeit durch ein Gas bewegt wird, da ja das Gas in diesem Fall nicht mehr hydrodynamisch ausweichen kann und sich daher vor dem Flugkörper in einer Dichtestufe aufstaut. Diese Dichtestufe ist gut sichtbar auf der „Schlierenfotografie" Bild 9.16.

Mit einem großen Dichtesprung ist auch eine erhebliche Temperaturerhöhung verbunden, die sehr groß werden kann und oft starke chemische Veränderungen im Gas hervorruft. Zum Beispiel ein Flugkörper, der in einer Höhe von 16 km mit der neunfachen Schallgeschwindigkeit fliegt, erzeugt in seiner Schockfront eine Temperatur von 5000 K, in der mit hohem Wirkungsgrad N_2 und O_2 zu Stickoxid umgesetzt werden.

Schockwellen: In Gasen erzeugen sie besonders hohe Temperaturen und in kondensierter Materie vor allem hohe Drücke

Schockwellen bieten auch im Laboratorium die Möglichkeit, größere Gasmengen sehr rasch und homogen auf hohe Temperaturen (bis 20 000 K) zu erhitzen. Dazu bedient man sich eines *Schockrohrs*, dessen beide Hälften durch ein Diaphragma voneinander getrennt sind. In die linke Hälfte (siehe Bild 9.18) füllt man H_2 (etwa unter 40 bar Druck) und in die rechte Hälfte unter niederem Druck ein anderes Gas. Bricht man nun zur Zeit $t = t_0$ das Diaphragma, so breitet sich eine Schockwelle in die rechte Kammer aus. Nach der Zeit $t = t_1$ ist das schraffierte Gasvolumen auf 20 000 K homogen erhitzt. Diese Methode ermöglicht die schnellste und homogenste Erhitzung größerer Gasmengen z.B. für reaktionskinetische Studien.

Schließlich sei kurz noch hingewiesen auf die *Ausbreitung von Schockwellen in festen und flüssigen Stoffen:* In diesen weniger kompressiblen Medien gelingt es mittels Schockwellen, vorübergehend hohe Drücke bis zu 50 kbar zu erzeugen.

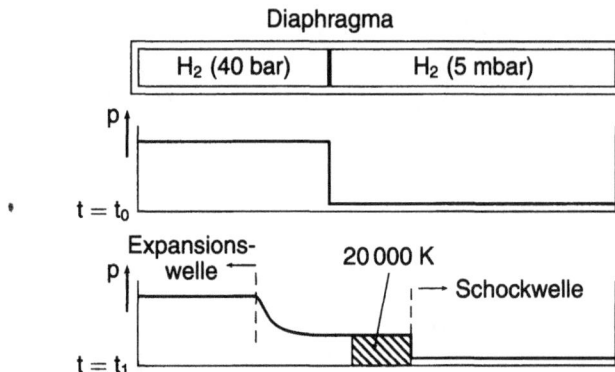

Bild 9.18: Schockrohr: eine Gaskammer hohen Drucks und eine geringen Drucks sind durch ein Diaphragma getrennt, das plötzlich auseinandergebrochen wird. Im Rohr breitet sich eine Schockwelle nach rechts aus, in der sich Temperaturen von etwa 20 000 K ausbilden.

Der Druck im Zentrum der Erde beträgt zum Vergleich schätzungsweise 3,65 Mbar (365 GPa). Seit 1986 kann man übrigens auch im Labor mit sog. *Diamantstempelzellen* (siehe R. Jeanloz et al., Das Innere der Erde, Spektrum der Wissenschaft, Juli 1993, S. 50) statische Drücke von dieser Größe erzeugen und das Verhalten der Materie in diesem Druckbereich erkunden.

Auf moderne Anwendungen von Schockwellen in der Medizin kommen wir weiter unten zu sprechen.

9.2.4 Schallwellen in der Natur und Technik

Nach der systematischen Behandlung von Schall wollen wir in diesem Abschnitt einige praktische Beispiele besprechen. Wir fangen an mit den Erdbebenwellen, die frequenzmäßig zum Infraschall gehören, diskutieren dann die Wirkungsweise unseres Gehörs zwischen 15 und 20 kHz und schließen das Kapitel ab mit einer kurzen Übersicht über moderne Anwendungen des Ultraschalls im Frequenzbereich oberhalb von 20 kHz, einschließlich der Schockwellen.

Akustische Wellen in der Geophysik

Wir hatten bereits in Kap. 2 auf die akustischen Schwingungen spezieller Sterne, der sog. Cephëiden, hingewiesen, die man an ihrer pulsierenden Lichtintensität erkennt. Die akustischen Schwingungen der Cephëiden sind zu einem äußerst wichtigen Hilfsmittel der Größenbestimmung dieser Sterne und damit zur astronomischen Entfernungsmessung geworden.

In den letzten Jahren hat man anhand des optischen Doppler-Effekts auch akustische Wellen an der Oberfläche unserer Sonne entdeckt, die ins Innere der Sonne abtauchen, wieder zur Sonnenoberfläche zurückkehren und aus

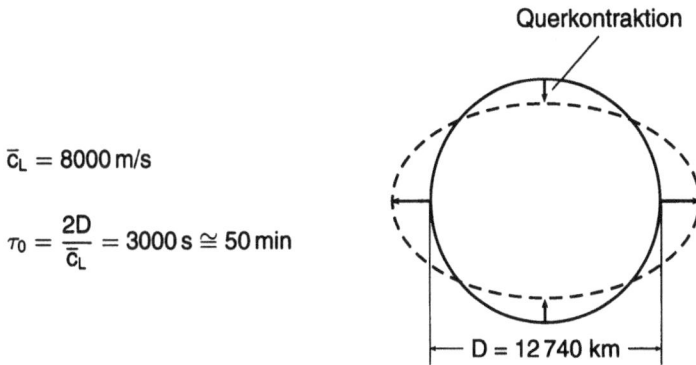

Querkontraktion

$\bar{c}_L = 8000\,\text{m/s}$

$\tau_0 = \dfrac{2D}{\bar{c}_L} = 3000\,\text{s} \cong 50\,\text{min}$

D = 12 740 km

Bild 9.19: Eigenschwingung der Erde (Grundschwingung): Die Periode τ_0 der Grundschwingung beträgt etwa 50 Minuten bei einer mittleren longitudinalen Schallgeschwindigkeit von 8000 m/s.

deren Beobachtung an der Sonnenoberfläche wir wertvolle Information über das uns verborgene Innere der Sonne erhalten können[2].

Auch die Erde kann zu akustischen Eigenschwingungen angeregt werden, insbesondere durch Erdbeben. Die Grundschwingungsperiode beträgt rund 50 Minuten, was der Laufzeit eines akustischen Pulses durch die Erde, hin und zurück, entspricht. Bild 9.19 zeigt die entsprechende Deformation der Erde (nicht maßstabsgetreu) bei einer solchen Schwingung zur Zeit $t = 0$ und 25 Minuten später.

Akustische Wellen sind aber auch ein leistungsfähiges Hilfsmittel zur detaillierten Untersuchung des *Erdinnern*. Man spricht auch von *seismischer Tomographie*, und unsere Kenntnis vom Erdinnern verdanken wir weitgehend diesen seismischen Beobachtungen. Wie in Bild 9.20 gezeigt, kann man aus der Reisezeit und Reiseroute von Erdbebenwellen den radialen Verlauf der Schallgeschwindigkeit im Erdinnern bestimmen. Bild 9.21 zeigt die longitudinale und transversale Schallgeschwindigkeit im Erdinnern. Deutlich sichtbar ist das Nullwerden der transversalen Geschwindigkeit und damit der Schersteifigkeit im äußeren Kern, welches auf den flüssigen Zustand des *äußeren* Kerns hinweist. Der *innere* Kern dagegen ist wieder fest, wie man an der endlichen Transversalgeschwindigkeit in Bild 9.21 erkennt[3].

Seismologie: Die Erkundung der Erde durch akustische Erdbebenwellen

Die akustische Information zeigt aber nicht nur die Existenz und Abmessung des flüssigen Erdkerns, sondern darüber hinaus auch weitere Unstetigkeiten zwischen der äußeren etwa 30 km dicken Kruste, dem quasi-festen Mantel und dem äußeren flüssigen Kern. Der Mantel ist nur fest in dem Sinne, daß er

Der äußere Teil des Erdkerns muß flüssig sein, denn transversale Wellen können ihn nicht durchqueren

---

[2] Siehe J.W. Leibacher: Helioseismology, Scientific American, Sep. 1985, p. 34
[3] Die moderne Forschung zeigt, daß der innere Kern der Erde vermutlich aus einer Eisenlegierung besteht und fest ist. (Siehe: R. Jeanloz et al.: The core-mantle boundary, Scientific American, May 1993, p. 26)

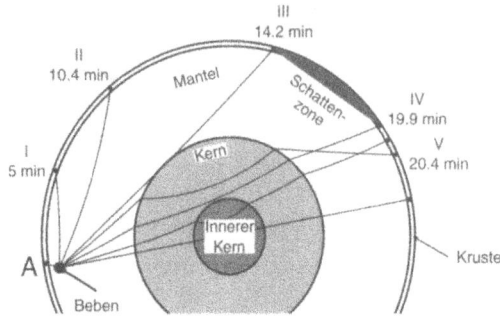

Bild 9.20: Reiserouten von Erdbebenwellen vom Erdbebenzentrum zu den verschiedenen Beobachtungsstationen (entnommen aus G. Gamow, J.M. Cleveland, Physik in unserer Welt, Aries Verlag, München (1963))

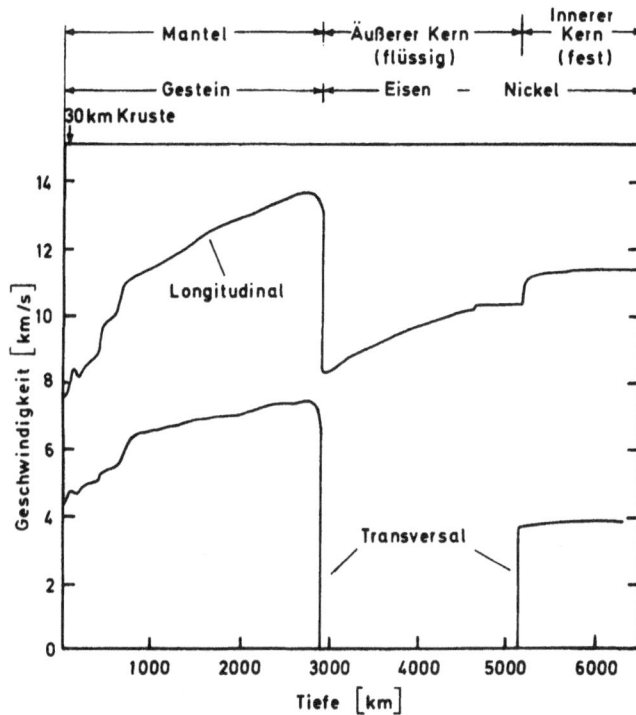

Bild 9.21: Geschwindigkeiten longitudinaler und transversaler elastischer Wellen im Innern der Erde: Die Diskontinuitäten werden durch Änderung der chemischen Zusammensetzung bzw. durch Phasenänderungen verursacht. So wird die Mohorovicic-Diskontinuität, die Kruste und Mantel trennt, Modifikationen des Gesteins zugeschrieben. Der Übergang vom Mantel zum Kern wird durch den Phasenübergang fest – flüssig charakterisiert. Während sich im äußeren Kern keine Transversalwellen ausbreiten können, zeigen neuere Untersuchungen, daß dies im inneren Kern möglich ist: die Diskontinuität zwischen äußerem und innerem Kern deutet also auf einen Phasenübergang flüssig – fest hin (entnommen: B. Gutenberg, Physics of the Earth Interior, in International Geophysics Series, Vol. I, Academic Press, New York, 1959; B. A. Bolt, The Fine Structure of the Earth, Sci. Am. 228, March 1973).

die Ausbreitung transversaler akustischer Wellen erlaubt. Dennoch zeigt er über lange erdgeschichtliche Zeiten eher ein plastisches Verhalten, das zu der bekannten langsamen tektonischen Verschiebung ganzer Kontinentalplatten geführt hat (siehe Literaturhinweise am Kapitelende).

Wie hören wir?

Diese Frage ist von allgemeinem Interesse, nicht nur für die Hersteller von Hörgeräten[4]. Die Leistungsfähigkeit unseres Gehörs – wie es sich im Laufe der Evolution entwickelt hat – ist beachtlich aus folgenden Gründen:

- Unser Ohr besitzt erstens eine erstaunlich hohe *Empfindlichkeit*: Bei etwa 2000 Hz ist sie am größten. Bei dieser Frequenz sind wir in der Lage, noch Schallwellen wahrzunehmen, deren Intensität nur 10^{-16} W/cm^2 beträgt. In einem Schallfeld so geringer Intensität schwingen die Luftmoleküle nur noch mit einer Amplitude von 10^{-10} m um ihre Ruhelage. Das ist weniger als der Durchmesser eines Luftmoleküls!

- Trotz dieser extremen Empfindlichkeit bis herab zu 10^{-16} W/cm^2 kann das Ohr aber auch sehr hohe Schallintensitäten bis 10^{-2} W/cm^2 (der Schmerzgrenze) noch verarbeiten. Das ergibt eine *dynamische Spanne* von 14 Größenordnungen!

- Der Frequenzbereich unserer akustischen Wahrnehmungen erstreckt sich von ca. 16 Hz bis zu etwa 16 kHz, so lange wir jung sind. Trotz der Empfindlichkeit über ein so breites Frequenzspektrum sind wir in der Lage, benachbarte Töne, deren Frequenzen um weniger als einen halben Ton differieren, noch gut zu unterscheiden.

- Bekanntlich können wir auch aus der zeitlichen Verzögerung, mit der ein akustisches Signal unsere beiden Ohren trifft, die Richtung ermitteln, aus welcher die Schallwellen kommen. Wenn z.B. die Schallwellen von links kommen, erreichen sie naturgemäß das rechte Ohr etwas später als das linke. Auch sehr kleine Zeitverzögerungen von nur 30 μs (das entspricht der Laufzeit des Schalls von nur 1 cm) können wir noch feststellen. So schnell werden offenbar die von beiden Ohren kommenden elektrischen Signale in dem nachgeschalteten neuronalen System verarbeitet.

H. von Helmholtz hat schon 1863 eine erste Resonanz-Theorie des Hörens vorgeschlagen: Er nahm an, daß es zu jeder Schallfrequenz einen Resonator gibt, dessen Anregung durch einen Nerv registriert wird, so daß unser Gehirn das ganze Frequenzspektrum des einfallenden Schallsignals erkennt. Der Grundgedanke dieser Resonanztheorie ist auch heute noch richtig. Die Natur

H. von Helmholtz (1863): Das Ohr enthält viele Resonatoren, mit denen wir die verschiedenen Frequenzen unterscheiden

---

[4] Hierzu gehört übrigens auch Albert Einstein, der in Berlin für eine befreundete schwerhörige Opernsängerin ein Hörgerät bauen wollte und 1934 ein entsprechendes Patent erhielt.

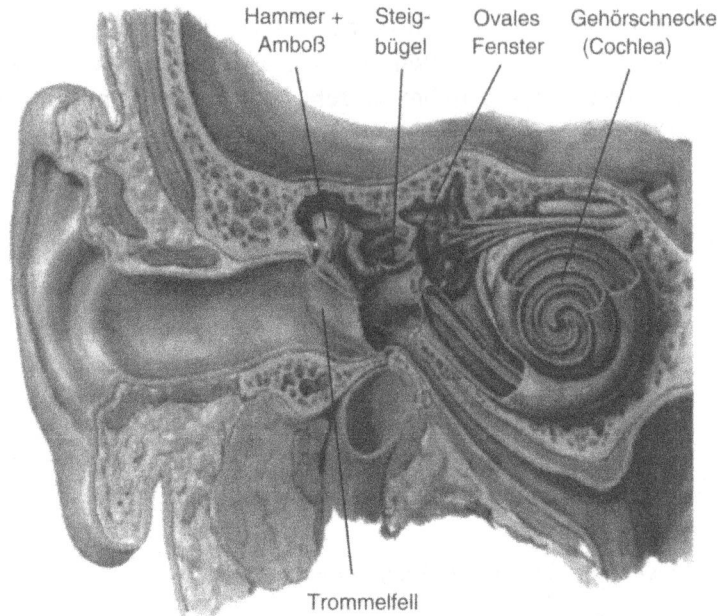

Bild 9.22: Querschnitt durch das menschliche Ohr. Man erkennt neben dem äußeren Ohr das Mittelohr mit den Gehörknöchelchen und das Innenohr mit der Cochlea. Die nicht zum Gehör notwendigen Teile des Innenohrs sind hier nicht gezeigt. (Bildquelle: Prof. Brigitte Rockstroh, Universität Konstanz)

der Resonatoren konnte aber erst in der Mitte dieses Jahrhunderts aufgeklärt werden.

Was wissen wir heute über die Struktur und Funktion des menschlichen Ohres? Bild 9.22 zeigt uns einen Querschnitt durch das menschliche Gehör mit dem *Mittelohr*, zu dem das Trommelfell und die Gehörknöchelchen gehören, und dem Innenohr mit der Gehörschnecke (Cochlea) und ihren etwa $2\frac{1}{2}$ Windungen, die mit Flüssigkeit gefüllt ist.

Beim Auftreffen von Schall auf das Trommelfell wird die Kraft durch die Kette der angrenzenden Gehörknöchelchen (Hammer, Amboß und Steigbügel), die als Hebel wirken, auf das ovale Fenster der Cochlea übertragen. Dabei entsteht – wegen der kleinen Größe des ovalen Fensters – dort ein über 20mal höherer Wechseldruck als am Trommelfell. Die Gehörknöchelchen koppeln auf diese Weise optimal die aus der Luft empfangene Schallwelle in die mit Flüssigkeit gefüllte Cochlea ein.

Die Cochlea ist über die ganze Länge von 32 mm durch eine biegsame *Basilarmembran* in zwei parallele zylindrische Kammern geteilt. Diese elastisch biegsame Basilarmembran ist schematisch in Bild 9.23 – von der oberen der beiden Kammern aus gesehen – als weißes Band mit Querstreifen dargestellt. Der dunkelgraue Teil der Kammerwand ist dagegen hart und nicht

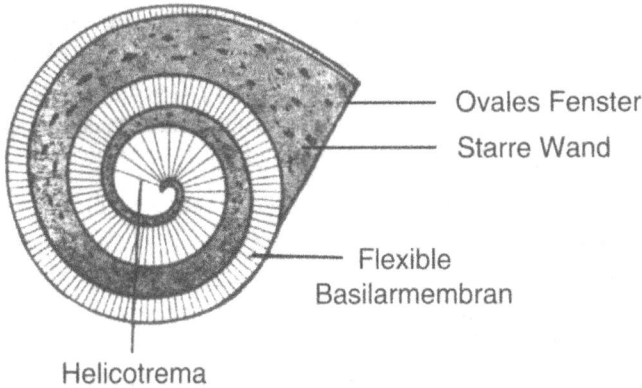

Bild 9.23: Schematische Darstellung der elastisch dehnbaren und schwingungsfähigen Basilarmembran (weiß gestreift) und der festen inelastischen Wand (grau) in der Cochlea. Wenn hohe Schallfrequenzen ins ovale Fenster eingekoppelt werden, schwingt nur die schmale Basilarmembran in der Nähe des ovalen Fensters. Tiefe Schallfrequenzen regen andererseits nur Schwingungen der breiteren Membran nahe am Helicotrema an (Bild nach: A. Trautwein, U. Kreibig und E. Oberhausen: Physik für Mediziner, Walter de Gruyter, Berlin (1978))

flexibel. Die Basilarmembran enthält über ihre ganze Länge etwa 5000 elastische Querfasern unterschiedlicher Länge, welche die Resonanzfrequenz für die Biegeschwingung der Basilarmembran von Ort zu Ort verändern. So ist die Basilarmembran im Zentrum der Cochlea etwa 10mal breiter als am ovalen Fenster. Die lokale Resonanzfrequenz der Membranschwingung ergibt sich aus der elastischen Membranspannung und der mitbewegten Masse am jeweiligen Ort. Wenn man hochfrequente Schallwellen in das ovale Fenster einkoppelt, schwingt nur die Region der Basilarmembran in der Nähe des ovalen Fensters mit. Bei niederfrequentem Schall dagegen wird nur die Basilarmembran in der Nähe des Zentrums der Cochlea (Helicotrema) zu Schwingungen angeregt. So gehört zu jeder Schallfrequenz ein damit resonantes Stück der Basilarmembran. Diese Resonanzvorstellung, die schon früh durch Experimente qualitativ bestätigt wurde, geht auf den Nobelpreisträger Georg von Békésy[5] zurück. Vor einigen Jahren ist es gelungen, durch Mößbaueruntersuchungen (siehe Physik IV) die sehr kleine Schwingungsamplitude der Basilarmembran bei gerade noch hörbarem Schall experimentell zu bestimmen: Sie beträgt nur 0,35 nm!

Die Auslenkung der Basilarmembran wird im *Cortischen Organ*, welches am Rand der Basilarmembran liegt, mit atomarer Genauigkeit von den *inneren Haarzellen* (etwa 4000 in jedem Ohr) gemessen. Von den inneren

---

[5] G. von Békésy (1948): Die Basilarmembran schwingt bei unterschiedlichen Schallfrequenzen in verschiedenen Bereichen, was eine grobe Erkennung der Schallfrequenz ermöglicht. (G. von Békésy: Experiments in hearing, McGraw-Hill, New York 1960)

Haarzellen werden die elektrischen Signale dann über den *Hörnerv* an
das zentrale Nervensystem weitergeleitet. Das Cortische Organ ist aber
zugleich auch der Sitz der sog. *äußeren Haarzellen* (etwa 12 000), deren
hochinteressante aktive Funktion beim Hören zunächst unklar blieb und auf
die wir weiter unten zu sprechen kommen werden.

In diesem Stadium der Erkenntnis erschien die Wahrnehmung von Schall
als ein rein passiver Prozeß: Die Schallwelle bewegt zunächst die Basilarmembran und dadurch auch die dort lokalisierten inneren Haarzellen, die
ihrerseits ein elektrisches neuronales Signal erzeugen zur Weiterleitung an
den Hörnerv. Mit diesem zunächst plausiblen passiven Modell ergab sich
jedoch bald eine ernste Schwierigkeit. Da nämlich die Schwingung der Basilarmembran durch die Viskosität der umgebenden Flüssigkeit stark gedämpft
ist und ein gedämpfter Oszillator immer eine beträchtliche Frequenzbrei-
te besitzt, blieb die hohe Frequenzschärfe, mit der wir Töne unterscheiden
können, nach diesem passiven Modell unverständlich, vielleicht genau so
unverstanden wie die gerade erwähnte Funktion der äußeren Haarzellen.
Könnte vielleicht die Frequenzschärfe unseres Hörens der Wirkung der
äußeren Haarzellen zu verdanken sein?

Die äußeren Haarzellen sind, wie wir heute wissen, nicht (wie die inneren
Haarzellen) passive Schalldetektoren, sondern elektromechanische Wandler
mit aktiven Motoreigenschaften, die sich unter elektrischer Stimulation mechanisch deformieren, z.B. ihre Länge um bis zu 10% verändern, und daher
auch selbst Schall erzeugen können. Daß das Ohr nicht nur ein Empfänger
für Schall ist, sondern überraschenderweise auch selbst Schall emittieren
kann (sog. otoakustische Emission), wurde 1978 von D.T. Kemp entdeckt.
Wenn man, so fand er, dem Ohr als Reiz einen kurzen akustischen Puls an-
bietet, einen „Klick", so emittiert das Ohr selbst einen zweiten Klick, ein
sog. cochleares Echo, etwa 5 – 60 ms nach dem primären Klick. Hier handelt es sich um eine sehr zeitverzögerte Schallemission, die man nicht durch
Reflexion von Schallwellen im Ohr erklären kann. Wie wir heute wissen,
hat jeder gesunde Mensch die Fähigkeit zu dieser evozierten Schallemission.
Zum Nachweis muß man nur ein Mikrophon im Ohr anbringen.

Diese zeitverzögerte Schallemission ist aber für den Hörprozeß nicht die
wichtigste Wirkung der äußeren Haarzellen. Nach den heutigen Vorstellungen[6] wird vielmehr ihre mechanische Auslenkung ständig gesteuert von den
elektrischen Signalen, die sie von den passiv wirkenden inneren Haarzellen erhalten, sobald eine Schallwelle eintrifft. Durch diese rückkoppelnde
Wirkung der äußeren Haarzellen wird die Bewegung der Basilarmembran
verstärkt und damit die mechanische Dämpfung des Schwingungssystems

---

[6] H.P. Zenner und A.H. Gitter, Die Schallverarbeitung des Ohres, Physik in unserer Zeit, 97,
Bd. 18 (1987)

reduziert. Erst durch diesen aktiven Beitrag der äußeren Haarzellen wird die hohe Empfindlichkeit, aber auch die große Frequenzschärfe unseres akustischen Wahrnehmungsvermögens verständlich.

Man nimmt an, daß sich bei sehr hohen Schalleistungen die äußeren Haarzellen in Gegenphase zur periodischen Auslenkung der Basilarmembran bewegen und so nicht eine rückkoppelnde, sondern gegenkoppelnde Wirkung ausüben, welche die Bewegung der Basilarmembran zusätzlich dämpft. So kann man den erstaunlich großen dynamischen Arbeitsbereich des Ohres (wir können Schallintensitäten über 14 Größenordnungen hinweg wahrnehmen) besser verstehen.

Wir fassen zusammen: Das Ohr ist nicht nur ein passives System, sondern das zentrale Nervensystem ist mit Hilfe der äußeren Haarzellen an den Regelprozessen des Hörens aktiv beteiligt: rückkoppelnd und verstärkend bei schwachen Intensitäten, jedoch gegenkoppelnd und dämpfend bei hohen Schalleistungen.

Ultraschall

Unter Ultraschall versteht man Schallwellen oberhalb der Hörgrenze des menschlichen Ohres, d.h. oberhalb von etwa 20 kHz. Die obere Frequenzgrenze ist durch den Atomabstand in der kondensierten Materie gegeben, welche die kleinstmögliche Wellenlänge definiert, und beträgt demnach (Schallgeschwindigkeit/Atomabstand) $\sim (3 \cdot 10^3/0,3 \cdot 10^{-9}) \sim 10^{13}$ Hz. Der Frequenzbereich des Ultraschalls umfaßt daher 9 Größenordnungen.

Viele Tiere haben die Fähigkeit, für uns nicht mehr hörbare Ultraschallwellen mit ihren Stimmorganen zu erzeugen und auch mit ihrem Gehör noch wahrzunehmen. Ein besonders interessantes Beispiel dafür sind die *Fledermäuse*, die sich allein mit Hilfe von Ultraschall beim nächtlichen Fliegen und beim Beutefang orientieren. Selbst wenn man Fledermäusen die Augen verbindet, können sie ohne Kollisionen fliegen und ihre Beute (meist Nachtfalter) finden. Fledermäuse senden in jeder Sekunde etwa $3 - 10$ kurze Ultraschallpulse aus, deren Frequenz je nach der Tierart zwischen 60 und 100 kHz liegt. Die Pulsdauer beträgt etwa 2 ms. Fledermäuse haben zugleich die Fähigkeit an kleinsten Hindernissen (z.B. an Drähten) reflektierte Ultraschallpulse wahrzunehmen. Aus der Zeitverzögerung zwischen dem primären Schallpuls und dem reflektierten Echo ermitteln sie genau die Entfernung des Hindernisses. Darüber hinaus können sie aus der Dopplerverschiebung des reflektierten Echos ermitteln, mit welcher Geschwindigkeit das Streuzentrum, z.B. ein Nachtfalter, sich auf sie zu oder von ihnen weg bewegt. Beim Flug können sie auf diese Weise den Bereich etwa $3 - 5$ m vor sich akustisch „überblicken". Wahrscheinlich entsteht in ihrem Gehirn ein akustisches Bild ihrer Umgebung wie auf einem Bildschirm. Ein besonderes

Die erstaunliche Leistung der Fledermäuse: Navigation ohne Licht, allein mit Ultraschall

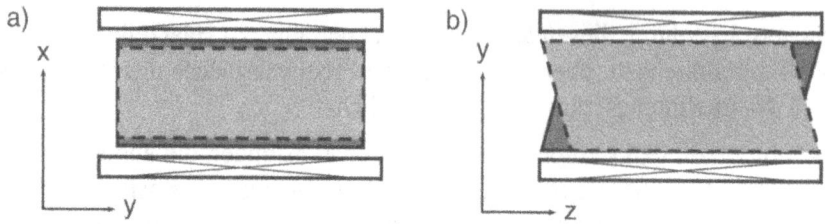

Bild 9.24: (a) Elektrisch angeregte Dickenschwingung eines senkrecht zur x-Achse geschnittenen Quarzkristallplättchens der Dicke d zur Erzeugung von longitudinalen Ultraschallwellen. Die Resonanzfrequenz ist $f_L = 285\,000/d$ [cm] Hz.
(b) Mit einem senkrecht zur y-Achse geschnittenen Plättchen kann man in gleicher Weise transversale Ultraschallwellen anregen.

Kunststück dieser Tiere ist auch die Landeoperation allein unter akustischer „Radarkontrolle".

Erzeugung und Nachweis von Ultraschall

Neben den *longitudinal* polarisierten Schallwellen, die sich in Luft und Flüssigkeiten ausbreiten, können Ultraschallwellen in festen Körpern auch *transversal* polarisiert sein. Zur Erzeugung von Ultraschallwellen in ausgedehnten festen Körpern benutzt man heutzutage meist die zeitlich wechselnde Deformation von *piezoelektrischen Materialien*, z.B. Quarzkristallen, in einem elektrischen Wechselfeld. Bild 9.24 zeigt als Beispiele Momentaufnahmen der Schwingung dünner Quarzplättchen, die in bestimmter Orientierung aus einem Quarzkristall geschnitten sind, unter dem Einfluß eines elektrischen Wechselfeldes. Für eine Schwingungsfrequenz von 10 MHz ist ein nur 0,28 mm dickes Quarzplättchen (x-Schnitt) erforderlich. Zur Erzeugung von Ultraschallwellen wesentlich höherer Frequenz ist es einfacher, dünne piezoelektrische Filme (z.B. aus ZnO oder aus polymerem Polyvinylidenfluorid) zu benutzen. Auf diese Weise kann man Ultraschallfrequenzen bis zu 10^{10} Hz erzeugen.

Schallwellen so hoher Frequenz besitzen akustische Wellenlängen von gleicher Größenordnung wie die Wellenlänge des Lichtes. Daher gibt es starke Wechselwirkungen (Bragg-Streuung) zwischen Licht und diesen Schallwellen.

Zum Nachweis von Ultraschall kann man den inversen piezolektrischen Effekt verwenden: Ultraschallwellen, die auf ein piezoelektrisches Plättchen treffen, erzeugen an den Oberflächen eine Wechselspannung, die man leicht mit Elektroden abgreifen, verstärken und registrieren kann.

Elastische Oberflächenwellen (Rayleigh-Wellen)

Zum Ultraschall zählt man in der Regel auch die *elastischen Oberflächenwellen*, die nach ihrem Entdecker Lord Rayleigh auch *Rayleigh-Wellen* genannt werden. Dies sind die langsamsten elastischen Wellen: Sie breiten sich parallel zur Oberfläche fester Körper mit einer Geschwindigkeit knapp unter der Scherwellengeschwindigkeit aus. Diese Verlangsamung unter die

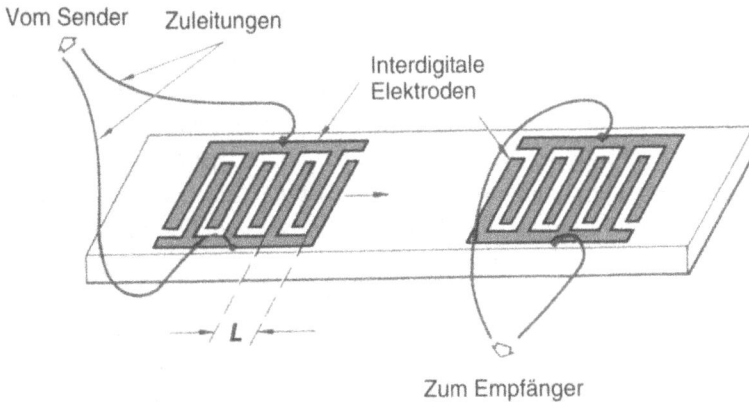

Vom Sender Zuleitungen

Interdigitale
Elektroden

L

Zum Empfänger

Bild 9.25: Anordnung zur Anregung und zum Empfang von Rayleigh-Wellen (Oberflächenwellen) auf einer piezoelektrischen Quarzoberfläche mit Hilfe von interdigitalen Elektroden.
Erzeugt und empfangen werden nur Rayleigh-Wellen, deren Frequenz mit der Periodizität
L der interdigitalen Metallelektroden übereinstimmt. (Bild nach: W.R. Smith: Transducers
for Surface Wave Acoustics, in: Physical Acoustics, Bd. XV, W.P. Mason and R.N. Thurston
(eds.), Academic Press 1981)

Scherwellengeschwindigkeit ist eine Folge der an der Oberfläche wirkenden
Querkontraktion. Bild 9.25 zeigt eine typische Anordnung von interdigita-
len Elektroden zur Anregung und zum Empfang von Oberflächenwellen.
Oberflächenwellen werden nur bei einer Frequenz angeregt, für welche die
Wellenlänge der Rayleigh-Wellen übereinstimmt mit der räumlichen Pe-
riodizität L der interdigitalen Elektroden. Rayleigh-Wellen-Anordnungen,
ähnlich wie in Bild 9.25 gezeigt, werden daher heute auch als robuste
Hochfrequenzfilter in fast allen Fernsehgeräten eingesetzt. Die atomare
Bewegung und der Energietransport erfolgen bei Rayleigh-Wellen nur unmittelbar unter der Oberfläche wie bei Wasserwellen. Aber damit endet
auch die Ähnlichkeit: Die Natur der rücktreibenden Kräfte sind im Fall der
Rayleigh-Wellen *elastischer* Art und daher viel größer als bei Wasserwellen,
die wir weiter unten behandeln werden und bei denen nur die relativ kleinere
Schwerkraft und Oberflächenspannung wirksam sind.

Ein wesentlicher Vorteil von Ultraschallwellen ist die Möglichkeit, sehr
kurze Schallpulse herzustellen und zu empfangen. Daraus ergibt sich die
Möglichkeit, aus der Laufzeit von *Ultraschallechos* die Entfernung zwischen
Sender und Reflektor zu ermitteln. Beispiele hierfür sind – neben der
schon erwähnten akustischen Navigation der Fledermäuse – Blindenleitge-
räte, Entfernungsmeßgeräte für die Photographie und die Bestimmung der
Meerestiefe durch *Echolotung* vom Schiff aus. Mit Ultraschallechos können
auf hoher See auch Fischschwärme und Eisberge geortet werden. In der
Materialforschung und Materialprüfung werden Ultraschallechos benutzt,

*Ultraschallpulse in
Technik, Material-
forschung und
Medizin*

um Auskunft über die Schallabsorption und die Existenz von feinen inneren Rissen zu erhalten.

Die Doppler-Sonographie in der Kardiologie

In der Medizin schließlich werden Ultraschallechos im MHz-Bereich in vielfältiger Weise zur pränatalen Diagnostik des ungeborenen Kindes und allgemein zur Abbildung fast aller innerer Organe eingesetzt. In der Kardiologie ist besonders bemerkenswert die *Doppler-Sonographie*, mit der die Strömungsgeschwindigkeit des Blutes in den verschiedenen Herzkammern sowie in den Arterien und Venen gemessen und dargestellt werden. Seit kurzem werden dazu sehr kleine Luftbläschen (Durchmesser etwa 1 μm) in den Blutstrom gebracht. So kleine Bläschen sind ungefährlich, denn sie passieren die Lungenschranke und lösen sich nach maximal einer Stunde wieder auf. Während ihrer Existenz bilden sie jedoch ausgezeichnete Reflektoren für Ultraschallwellen in der Doppler-Sonographie.

Nierenstein-Zertrümmerung mit akustischen Stoßwellen

Akustische Schockwellen sind auch sehr hilfreich in der *Therapie*, z.B. zum Aufbrechen und damit zur Beseitigung von Nieren- oder Gallensteinen ohne Operation. Seit der Einführung dieser nicht-invasiven extrakorporalen Stoßwellen-*Lithotripsie* vor etwas über 10 Jahren wurden mehr als eine Million Patienten auf diese Weise von ihrem Nierenstein-Leiden befreit. Die Stoß- oder Schockwellen werden dabei (siehe Bild 9.26) durch einen Unterwasserfunken im einen Brennpunkt eines elliptischen Spiegels erzeugt, während der Nierenstein des Patienten genau im anderen Brennpunkt der Ellipse zu liegen kommt. Schockwellen für die Lithotripsie lassen sich aber (nach W. Eisenmenger, siehe Literatur am Kapitelende) auch elektrodynamisch erzeugen und dabei in ihrer Amplitude noch genauer kontrollieren. Damit wollen

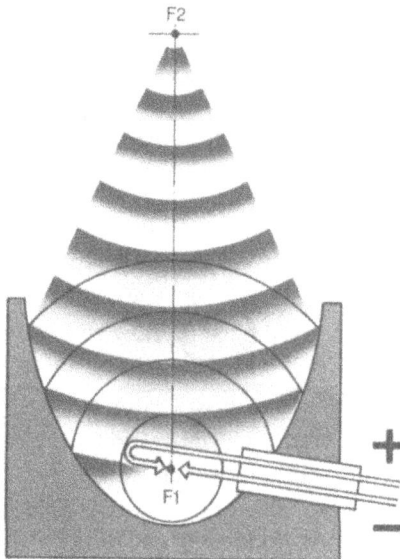

Bild 9.26: Erzeugung von Stoßwellen durch Unterwasserfunken in einem Brennpunkt eines Rotationsellipsoids. Der Nierenstein wird unter Röntgenkontrolle genau in den zweiten Brennpunkt positioniert. (Bildquelle: F. Eisenberger und K. Miller: Urologische Steintherapie, G. Thieme Verlag, Stuttgart, 1987)

wir den kurzen Überblick über einige Anwendungen des Ultraschalls abschließen.

9.2.5 Wellen auf Flüssigkeitsoberflächen

Jeder von uns kennt schon seit der frühen Kindheit die Wellen, die sich
auf Wasseroberflächen ausbreiten, sei es auf dem Ozean bei einem Sturm
oder in der Kakaotasse. Zunächst scheint das Studium dieser Wellen viel
einfacher zu sein als die oben beschriebenen Schallwellen, da sie sich
erfahrungsgemäß so langsam ausbreiten, daß wir ihnen gut mit dem Auge
folgen können. Es ist immer wieder faszinierend, aus größerer Entfernung
die komplexen Wellenformen zu beobachten, welche ein Schiff auf der
Wasseroberfläche hinterläßt. Ein anderes Schauspiel sind die besonderen
Wellenformen an der Küste, die zum Surfriding benutzt werden und die
schließlich in den hohen Brechern enden, die wir alle vom Schwimmen an
der Küste kennen.

Physikalisch betrachtet sind jedoch Wellen auf Wasseroberflächen nicht so
einfach zu verstehen wie normale Schallwellen. Deshalb behandeln wir diese
Wellen auch erst jetzt. Zu ihrem wesentlichen Verständnis benutzen wir nur
einige Erfahrungstatsachen und den Satz von der Erhaltung der Energie. Auf
eine strenge Ableitung der Bewegungsgleichungen dagegen verzichten wir
hier.

Betrachten wir große, z.B. 50 Meter lange, Wellen auf dem Meer. Wir
wollen annehmen, daß die Tiefe des Meeres wesentlich größer ist als die
Wellenlänge λ. Zunächst betrachten wir die Meerestiefe der Einfachheit
halber als unendlich. Diese Annahme erscheint auch deshalb berechtigt, weil
ja – wie man von U-Bootfahrten weiß – in großen Tiefen ($h > \lambda$) das Wasser
beim Sturm in Ruhe bleibt und an der Wellenbewegung der Oberfläche kaum
teilnimmt. (Die Wellenausbreitung bei kleiner Meerestiefe behandeln wir am
Ende.)

Wie bewegen sich die Wassermoleküle an der Wasseroberfläche und knapp
darunter, wenn sich eine Welle auf dem Wasser ausbreitet. Das kann man
besonders gut beobachten durch seitliche Glasfenster in einem großen Aquarium, wenn sich einige Schwebeteilchen im Wasser befinden, die bei einer
Wellenbewegung vom Wasser mitgenommen werden. Was man beobachtet
ist, daß sich die Schwebeteilchen nahezu auf Kreisbahnen (mit dem Radius
$r \ll \lambda$) bewegen. Die Bewegungsamplitude, d.h. der Kreisradius r, ist direkt
an der Oberfläche am größten und nimmt mit der Tiefe deutlich ab. Die Bewegungsamplitude beträgt zum Beispiel in einer Tiefe von einem Viertel der
Wellenlänge nur noch etwa die Hälfte wie an der Wasseroberfläche. Soweit
unsere qualitativen Beobachtungn im Aquarium, die in Bild 9.27 schematisch wiedergegeben sind.

Tiefe Wasserschichten nehmen nicht teil an der Wellenbewegung von Wasserwellen auf der Oberfläche

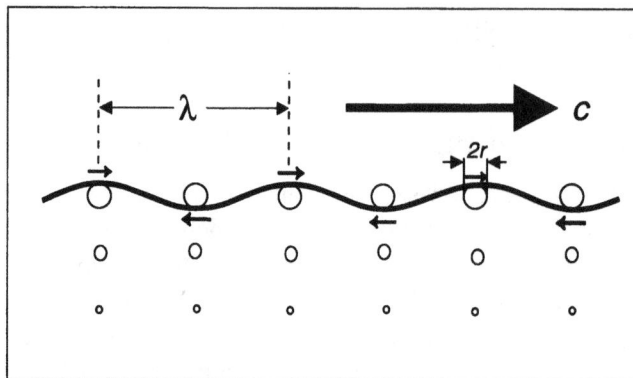

Bild 9.27: Eine sinusförmige Welle der Wellenlänge λ breitet sich auf einer Flüssigkeitsoberfläche mit der Geschwindigkeit c nach rechts aus. Die Teilchen der Flüssigkeit bewegen
sich dabei erfahrungsgemäß nahezu auf Kreisbahnen (Radius r). An der Oberfläche ist die
Amplitude r maximal. Mit zunehmender Tiefe nimmt r jedoch rasch ab und schon in einer
Tiefe von λ gibt es nur noch wenig Bewegung. Für eine nach rechts laufende Welle werden
alle Kreisbahnen im Uhrzeigersinn umfahren.

Wie bei der Seilwelle und den anderen bisher besprochenen Wellen besteht
auch für Wasserwellen zwischen der Frequenz f, der Wellenlänge λ und der
Ausbreitungsgeschwindigkeit c weiterhin die allgemeine früher abgeleitete
Definition der Pha-   Beziehung (9.10):
sengeschwindigkeit

$$\boxed{c = f\lambda} \tag{9.10}$$

Sie besagt, daß die von der Welle pro Sekunde zurückgelegte Strecke (c)
auch hier der Zahl der an einem Beobachter pro Sekunde vorbeilaufenden
Wellenberge (das ist die Frequenz f) mal dem Abstand zwischen zwei
Wellenbergen (Wellenlänge λ) ist.

Was ist die Natur der rücktreibenden Kräfte im Fall der Wasserwellen?
Setzen doch mechanische Wellen immer die Existenz von rücktreibenden
Kräften voraus. Während bei den Schallwellen die Elastizität des Mediums

Tabelle 9.4: Natur der rücktreibenden Kräfte bei Wasserwellen

Wellentyp	Rücktreibende Kraft	Wellenlängen
Schwerewellen	Gravitation	$\lambda > 1{,}6\,\text{cm}$
Kapillarwellen	Oberflächenspannung	$\lambda < 1{,}6\,\text{cm}$

(z.B. das Hookesche Gesetz) für die Entstehung der rücktreibenden Kräfte
verantwortlich war, wirken bei den Wasserwellen, um die es hier geht, zwei
ganz andere Kräfte: Einerseits versucht die *Schwerkraft*, die Wellen einzueb-

nen, um die potentielle Gravitationsenergie zu vermindern, und gleichzeitig ist auch die *Oberflächenspannung* bestrebt, die Wellen zu glätten, um die vergrößerte Oberfläche und damit erhöhte Oberflächenenergie einer Wasserwelle zu verkleinern. Überwiegt die Schwerkraft, spricht man von *Schwerewellen*. Falls die Oberflächenspannung, d.h. die Kapillarität, dominiert, nennt man die Wellen *Kapillarwellen*. Wir werden beide Wellentypen besprechen und zeigen, daß langwellige Wasserwellen primär Schwerewellen sind, während kurzwellige Wasserwellen mehr den Charakter von Kapillarwellen haben. Der Übergang liegt bei einer Wellenlänge von etwa 1,6 cm.

Je nach Wellentyp ist die potentielle Energie der Welle hauptsächlich Gravitationsenergie oder Oberflächenenergie. Im folgenden wollen wir für beide Wellentypen nach der Größe der *potentiellen und der kinetischen Energie* bei der Wellenausbreitung fragen. Wie bei anderen mechanischen Wellen findet auch bei den Schwerewellen und Kapillarwellen ständig eine Umwandlung zwischen der potentiellen und kinetischen Energie statt. Die Berücksichtigung dieser Tatsache allein, die in Bild 9.28 für eine stehende Wasserwelle anschaulich dargestellt ist, wird uns (ohne Lösung der Bewegungsgleichungen) die Ausbreitungsgeschwindigkeit der Wellen liefern.

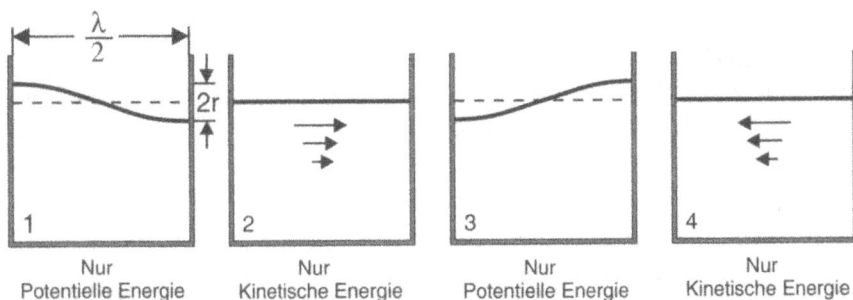

Bild 9.28: Momentaufnahmen einer stehenden Wasserwelle in einem Trog der Breite $\lambda/2$ im zeitlichen Abstand von jeweils einer viertel Periode. Die Aufnahmen zeigen die Topographie der Oberfläche mit den Wellenbergen (Höhe r) und den mit der Tiefe abklingenden Geschwindigkeiten des Wassers (siehe Pfeile). Die zirkulare Bahn der Wassermoleküle bei einer laufenden Welle (siehe Bild 9.27) wird hier bei der stehenden Welle zu einer linearen Bewegung: vertikal an den Trogwänden und horizontal in der Mitte. Deutlich zu sehen ist die ständige Umwandlung von potentieller Energie in kinetische und umgekehrt.

Unsere erste Frage: Wie groß ist die kinetische Energie einer Wasserwelle für eine bestimmte Wasserfläche A (die groß ist gegen λ^2)? Sie ergibt sich aus der Masse M des bewegten Wassers mal dem Quadrat der Wassergeschwindigkeit v. Die Bewegungsamplitude r klingt mit der Tiefe ab, nach unserer Beobachtung etwa auf die Hälfte in einer Tiefe von $\lambda/4$. Daher ist die pro Fläche A mitbewegte Wassermenge: $M = \varrho A \frac{\lambda}{4}$. Die Geschwindigkeitsamplitude v ergibt sich durch zeitliche Differentiation der Amplitude r, die mit der Kreisfrequenz $2\pi f$ der Wasserwelle oszilliert, zu: $v = 2\pi f r$. Damit liefert unsere Abschätzung für die kinetische Energie einer Wasserwelle pro Fläche A:

$$E_{\text{kin}} = \frac{1}{2} \cdot M \cdot v^2 = \frac{1}{2} \cdot \varrho A \frac{\lambda}{4} \cdot ((2\pi)^2 f^2 \cdot r^2) \tag{9.30a}$$

Erweitern wir noch oben und unten mit λ, so erhalten wir unter Benutzung der Abkürzung $(f \cdot \lambda) = c$ (s. Gl. (9.10)) folgende Beziehung zwischen der kinetischen Energie, der Wellenlänge λ, der Dichte ϱ, der Ausbreitungsgeschwindigkeit c und der Amplitude r:

$$\boxed{E_{\text{kin}} = \frac{(2\pi)^2}{8\,\lambda} \varrho A \cdot c^2 \cdot r^2} \quad \textbf{Kinetische Energie der Welle} \tag{9.30b}$$

Dieser Ausdruck gilt sowohl für Schwerewellen wie auch für Kapillarwellen.

Im folgenden wollen wir auch die *potentiellen* Energien abschätzen, zunächst für die Schwerewellen und dann für die Kapillarwellen.

Schwerewellen

Die *potentielle* Energie pro Fläche A ergibt sich aus der Masse des Wassers M_{T}, welches aus den Wellentälern um die Strecke $2r$ gegen die Gravitationskraft $M_{\text{T}} \cdot g$ in die Wellenberge gehoben worden ist. Somit ist die potentielle Energie

$$E_{\text{pot}} = M_{\text{T}} \cdot g \cdot 2r.$$

Schätzen wir die Masse der Wellentäler als $M_{\text{T}} = \frac{1}{2} \cdot \varrho A r$ ab, so finden wir schließlich für die potentielle Energie einer Schwerewelle der Dichte ϱ und Amplitude r pro Fläche A:

$$\boxed{E_{\text{pot}} = A\varrho g r^2} \quad (\text{mit } g = 9,8 \text{ m/s}^2) \tag{9.31}$$

Da bei der Wellenausbreitung – wie erwähnt – eine ständige Umwandlung in kinetische Energie und umgekehrt stattfindet, muß $E_{\text{kin}} = E_{\text{pot}}$ sein, d.h. die Ausdrücke (9.30b) und (9.31) müssen gleich sein. Aus der Gleichsetzung ergibt sich:

$$\frac{(2\pi)^2}{8\,\lambda} \varrho A \cdot c^2 \cdot r^2 = A\varrho g r^2$$

Nach einfachem Umformen finden wir aus unserer Abschätzung folgende Bestimmungsgleichung für die Ausbreitungsgeschwindigkeit c:

$$c^2 = \frac{8}{(2\pi)^2} \cdot \lambda g \tag{9.32a}$$

Die genaue Berechnung durch exakte Lösung der Bewegungsgleichung, die wir umgangen haben, liefert bis auf einen etwas anderen Faktor den gleichen Ausdruck für c:

$$\boxed{c^2 = \frac{\lambda g}{2\pi}} \quad \textbf{Ausbreitungsgeschwindigkeit} \atop \textbf{der Schwerewellen} \tag{9.32b}$$

Interessanterweise hängt die Geschwindigkeit c *nicht von der Dichte ab, wohl aber von der Wellenlänge* λ. *Das heißt, langwellige Schwerewellen laufen schneller als die kurzwelligen!*

Die Geschwindigkeit der Schwerewellen hängt nicht von der Dichte des Mediums ab: Sie ist daher gleich groß für Wellen auf dem Meer wie für gleichlange Wellen auf der Lufthülle der Erde!

Kapillarwellen

Wir wollen nun ähnlich verfahren mit den Kapillarwellen und zunächst ihre potentielle Energie abschätzen. Hier ergibt sich die potentielle Energie aus der Vergrößerung der Oberfläche einer Welle (um $\mathrm{d}A$) relativ zu einer glatten Oberfläche (der Größe A). Eine Welle der Amplitude r und der Wellenlänge λ erzeugt aus geometrischen Gründen infolge ihrer Korrugation eine relative Zunahme der Oberfläche um

$$\frac{\mathrm{d}A}{A} = \frac{(2\pi)^2}{4} \cdot \frac{r^2}{\lambda^2} . \tag{9.33}$$

Diese Flächenzunahme ergibt sich aus der genauen Integration der Wellenoberfläche. (Schon durch einfache Abschätzung mit Dreiecken und Anwendung des Pythagoras erhält man ein sehr ähnliches Resultat.) Infolge der Oberflächenspannung σ ergibt sich aus der Oberflächenvergrößerung $\mathrm{d}A$ von Gl. (9.33) auch eine Zunahme der potentiellen Energie um:

$$\boxed{E_{\text{pot}} = \mathrm{d}A \cdot \sigma = \frac{(2\pi)^2}{4} A\sigma \frac{r^2}{\lambda^2}} \tag{9.34}$$

Aus der Gleichsetzung der kinetischen (Gl. (9.31)) und der potentiellen Energien (Gl. (9.34)) gewinnen wir auch in diesem Fall der Kapillarwellen unmittelbar Auskunft über ihre Ausbreitungsgeschwindigkeit c:

$$\frac{(2\pi)^2}{8\lambda} \varrho A \cdot c^2 \cdot r^2 = \frac{(2\pi)^2}{4} A\sigma \frac{r^2}{\lambda^2}$$

oder kürzer

$$c^2 = 2 \cdot \frac{\sigma}{\varrho\lambda}$$
(9.35a)

Die exakte Rechnung liefert bis auf den zusätzlichen Faktor π das gleiche Resultat:

$$\boxed{c^2 = 2\pi \cdot \frac{\sigma}{\varrho\lambda}}$$ **Ausbreitungsgeschwindigkeit der Kapillarwellen**
(9.35b)

Die Ausbreitungsgeschwindigkeit von Kapillarwellen zeigt wieder eine Abhängigkeit von λ, aber eine andere als die der Schwerewellen: Im Unterschied zu den Schwerewellen, bei denen die langwelligsten auch die schnellsten sind, *breiten sich bei den Kapillarwellen gerade die kurzwelligen am schnellsten aus.*

Streng genommen gibt es keine reinen Schwerewellen und keine reinen Kapillarwellen, sondern es wirken immer gleichzeitig Gravitationskraft und Oberflächenspannung, so daß generell für Wellen auf Flüssigkeitsoberflächen (mit unendlicher Tiefe) gilt:

$$\boxed{c^2 = \frac{\lambda g}{2\pi} + 2\pi \frac{\sigma}{\varrho\lambda}}$$ **Ausbreitungsgeschwindigkeit von Wasserwellen (allgemein)**
(9.36)

Je nach der Größe von λ überwiegt entweder der erste oder der zweite Term: Bei großen Wellenlängen ($\lambda > 1{,}6$ cm) dominiert der erste mit der Gravitationsbeschleunigung und bei kleinen Wellenlängen ($\lambda < 1{,}6$ cm) der zweite Summand mit der Oberflächenspannung. Bild 9.29 illustriert den Verlauf der Ausbreitungsgeschwindigkeit für Wasserwellen: links für Kapillarwellen und rechts für Schwerewellen.

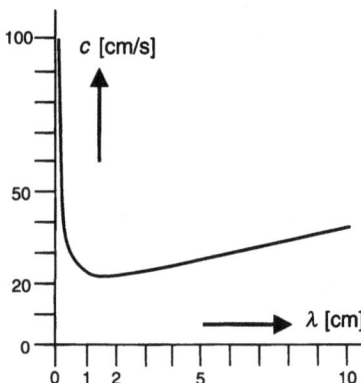

Bild 9.29: Der Verlauf der Ausbreitungsgeschwindigkeit für Kapillarwellen (links für $\lambda < 1{,}6$ cm) und für Schwerewellen (rechts für $\lambda > 1{,}6$ cm). Die minimale Geschwindigkeit beträgt etwa 20 cm/s.

Schließlich sei noch auf ein schönes Experiment zur Anregung von sehr hochfrequenten Kapillarwellen hingewiesen: Da auch Kapillarwellen noch einen – wenn auch kleinen – Gravitationsbeitrag zu ihrer potentiellen Energie besitzen, kann man hochfrequente Kapillarwellen im MHz-Frequenzbereich auch parametrisch[7] mit Ultraschall anregen, wie W. Eisenmenger kürzlich beschrieben hat (W. Eisenmenger, Phys. Blätter, 655, Bd. 51 (1995)). Bild 9.30 zeigt schematisch die Versuchsanordnung: Ein

Parametrische Anregung von Kapillarwellen durch Ultraschall

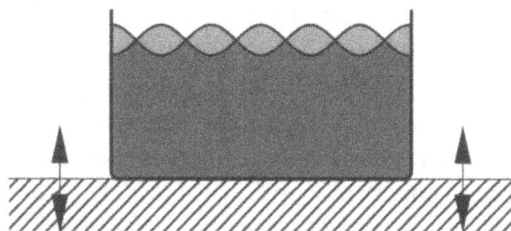

Bild 9.30: Parametrische Anregung von Kapillarwellen der Frequenz f durch periodische Vertikalbewegung (Pfeile) der Flüssigkeitsoberfläche mit der Frequenz $2f$. Ab einer kritischen Anregungsamplitude treten stehende Oberflächenwellen der Frequenz f auf. (Bildquelle: W. Eisenmenger, Phys. Blätter, 655, Bd. 51 (1996))

kleiner mit Wasser gefüllter Trog wird mit einer Frequenz von 2 MHz auf und ab bewegt. Durch die dabei auftretende Modulation der Gravitationsbeschleunigung werden stehende Wasserwellen bei der halben „Pumpfrequenz" (d.h. bei 1 MHz) parametrisch angeregt. Bei intensiver Anregung erreichen die erzeugten Kapillarwellen eine so hohe Amplitude, daß sich Tröpfchen von der Oberfläche abschnüren und intensive Zerstäubung mit Nebelbildung einsetzt.

Die Brandung

Bisher hatten wir nur den Fall großer Wassertiefe ($h > \lambda$) behandelt. Schwerewellen auf hoher See sind ein typisches Beispiel, das wir oben behandelt haben. Anders liegen die Verhältnisse jedoch in Küstennähe: Hier ist sehr oft die *Wassertiefe kleiner als die Wellenlänge*. Wie wirkt sich eine geringe Wassertiefe auf die Ausbreitung von Schwerewellen aus?

Wir wollen zunächst annehmen, daß die Wassertiefe zwar kleiner als die Wellenlänge λ ist, aber noch größer als die Tiefe der Wellentäler r. In diesem Fall hat die endliche Wassertiefe keinen Einfluß auf die *potentielle* Energie der Welle: Gl. (9.31) bleibt daher nach wie vor gültig. Zu der *kinetischen* Energie trägt jedoch auch die Wasserbewegung eine halbe Wellenlänge unter der Oberfläche noch entscheidend bei. Daher muß für $h < \lambda$ eine geringe

---

[7] Die parametrischen Prozesse der Schwingungsverstärkung wurden in Kap. 8 beschrieben.

Wassertiefe bei der Abschätzung der kinetischen Energie berücksichtigt werden. Hier zunächst nochmal die alte Definition (Gl. (9.30a)):

$$E_{\text{kin}} = \frac{1}{2} \cdot M \cdot v^2$$

Bei geringer Wassertiefe ($h < \lambda$) ist die mitschwingende Wassermasse um den Faktor h/λ vermindert. Andererseits ist aber die Geschwindigkeit v bei geringer Wassertiefe um den Faktor λ/h erhöht, da dieselbe Wassermenge in jeder Periode nunmehr durch einen engeren Querschnitt fließen muß. Das ergibt für v^2 einen Faktor von $(\lambda/h)^2$ und somit für E_{kin} insgesamt den Korrekturfaktor von λ/h, mit dem bei kleiner Wassertiefe der alte Ausdruck von Gl. (9.30b) multipliziert werden muß. Aus der Gleichsetzung der so korrigierten kinetischen Energie mit der potentiellen Energie (Gl. (9.31)) ergibt sich, daß nunmehr c^2 proportional sein muß zu $g \cdot h$. Die genaue Rechnung liefert für die Ausbreitungsgeschwindigkeit den Wert:

$$\boxed{c^2 = g \cdot h}$$ **Ausbreitungsgeschwindigkeit bei geringer Wassertiefe** (9.37)

Bei geringer Wassertiefe breiten sich somit die Wellen unabhängig von der Wellenlänge mit konstanter Geschwindigkeit aus, die nur von der Wassertiefe h abhängt und die bei 1 m Wassertiefe etwa 3 m/s beträgt.

Aus Gl. (9.37) folgt aber auch, daß für Wellen hoher Amplitude, wenn nämlich die Höhe der „Wasserberge" vergleichbar mit der Wassertiefe wird, die Wasserberge wegen $c = \sqrt{g \cdot h}$ deutlich schneller laufen als die Wassertäler. Infolgedessen kommt es zu einer starken Verformung der Wellenform, die der in Bild 9.17 dargestellten Bildung einer Schockwellenfront sehr gleicht und die uns als *Brandung* bekannt ist.

Auch die sehr langwelligen Wasserwellen, die sog. „Tsunamis", welche nur bei unterseeischen Erdbeben erzeugt werden, breiten sich mit der Geschwindigkeit $c = \sqrt{g \cdot h}$ aus, die bei einer Tiefe des Ozeanbodens von 9 km z.B. 1000 km/h beträgt. Das Einlaufen von Tsunamis in küstennahe Flachwasserregionen führt zu Brandungsfronten von etwa 30 Metern Höhe, die insbesondere im Indischen Ozean und Pazifik immer wieder zu Überschwemmungskatastrophen führen[8]. Die bei dem Seebeben vor Sumatra am 26. Dez. 2004 erzeugte Tsunami-Flutwelle gehört zu den schlimmsten Naturkatastrophen der modernen Geschichte.

---

[8] Näheres hierzu in: B.I. Silkins: Tsunamis, Ursache von Überschwemmungskatastrophen an den Meeresküsten, Umschau 7, 340 (1971) sowie in N.F. Barber: Water Waves, The Wykeham Series Bd. 5, London (1969). Eine ausführliche Beschreibung von Ursachen und Wirkungen des schweren Seebebens vom Dez. 2004 im Indischen Ozean findet sich im Internet unter http://de.wikipedia.org/wiki/Erdbeben_im_Indischen_Ozean_2004.

9.2.6 Frequenzspektrum, Dispersion und Energietransport

Die Fourier-Analyse

Bisher haben wir oft unterschieden zwischen sinusförmigen und nicht sinusförmigen Wellen. Wir wollen hier darauf hinweisen, daß diese Unterscheidung künstlich ist und nicht auf einer grundsätzlichen Verschiedenheit beruht.

Es läßt sich nämlich zeigen[9], *daß sich jede beliebige (räumlich oder zeitlich) periodische Funktion als Summe von rein sinusförmigen Funktionen darstellen läßt*:

$$\boxed{F(x) = a_0 + \sum_{n=1}^{\infty} a_n \sin(nk_0 x + \varphi_n)} \quad \text{\textbf{Fourierreihe räumlich}} \quad (9.38)$$

oder

$$\boxed{F(t) = b_0 + \sum_{n=1}^{\infty} b_n \sin(n\omega_0 t + \psi_n)} \quad \text{\textbf{Fourierreihe zeitlich}}$$

Dieser Sachverhalt ist in Bild 9.31 auch graphisch für eine beliebig gewählte, räumlich periodische Funktion $F(x)$ dargestellt. Ihre räumliche Periode beträgt $\lambda_0 = 2\pi/k_0$, und sie entsteht durch Überlagerung der darunter gezeichneten reinen Sinusfunktionen

$$a_1 \sin(k_0 x + \varphi_1),$$
$$a_2 \sin(2k_0 x + \varphi_2),$$
$$a_3 \sin(3k_0 x + \varphi_3)$$

mit den Perioden $\left(\dfrac{2\pi}{k_0}\right), \dfrac{1}{2}\left(\dfrac{2\pi}{k_0}\right), \dfrac{1}{3}\left(\dfrac{2\pi}{k_0}\right)\ldots$

Jede dieser *Fourierkomponenten*, aus denen $F(x)$ sich aufbaut, ist eindeutig festgelegt durch die Fourierkoeffizienten a_n (Amplitude) und φ_n (Phase). Wir können daher sagen, daß sich für jede beliebige periodische Funktion $F(x)$ ein Satz von Fourierkoeffizienten a_n, φ_n angeben läßt. (Wie man diese Fourierkoeffizienten praktisch findet, ist ein mathematisches Problem.)[10]

---

[9] siehe z.B. R. Courant: Vorlesungen über Differential- und Integralrechnung Bd. 1, Kap. 9, Springer, Berlin (1969).

[10] Siehe hierzu z.B.: I.N. Bronstein; K.A. Semendjajew (Hrsg. E. Zeidler): Taschenbuch der Mathematik, Band I, Teubner Verlag, Stuttgart-Leipzig (1996).

F(x)

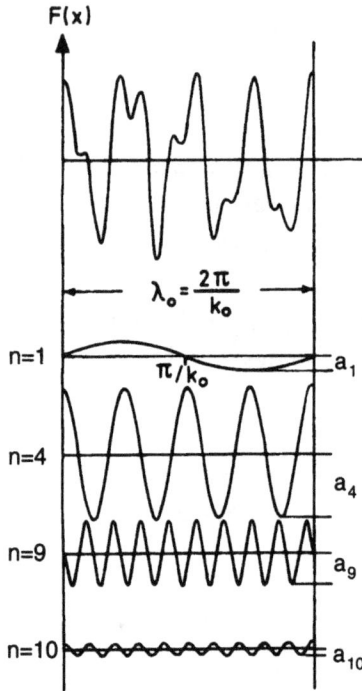

$$\lambda_o = \frac{2\pi}{k_o}$$

n=1 π/k_o a_1

n=4 a_4

n=9 a_9

n=10 a_{10}

Bild 9.31: Fourierzerlegung einer willkürlichen periodischen Funktion $F(x)$ in die ersten Fourier-Komponenten. Die Fourier-Koeffizienten erhält man durch ein numerisches Rechenverfahren (harmonische Analyse).

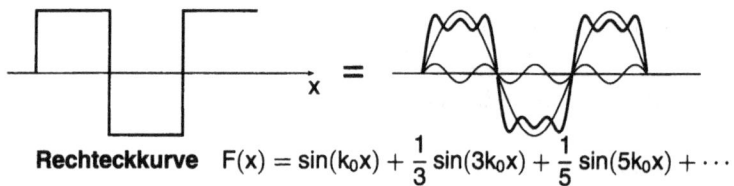

Rechteckkurve $F(x) = \sin(k_0 x) + \frac{1}{3}\sin(3k_0 x) + \frac{1}{5}\sin(5k_0 x) + \cdots$

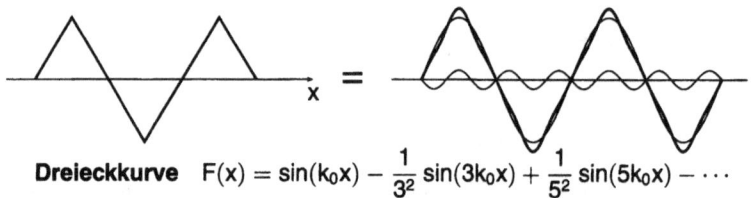

Dreieckkurve $F(x) = \sin(k_0 x) - \frac{1}{3^2}\sin(3k_0 x) + \frac{1}{5^2}\sin(5k_0 x) - \cdots$

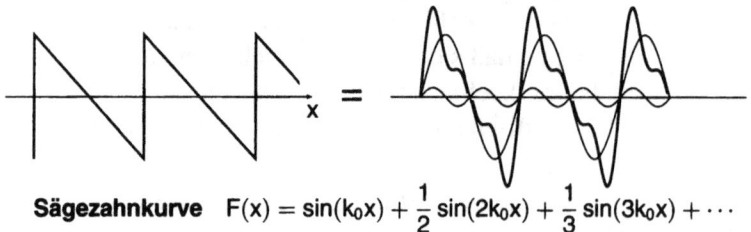

Sägezahnkurve $F(x) = \sin(k_0 x) + \frac{1}{2}\sin(2k_0 x) + \frac{1}{3}\sin(3k_0 x) + \cdots$

Bild 9.32: Fourierreihen einiger einfacher Funktionen: infolge der hohen Symmetrie der Kurven sind viele Fourier-Koeffizienten Null.

Wir wollen hier als spezielle Beispiele nur die Fourierreihen für die in
Bild 9.32 dargestellten Funktionen angeben, nämlich für die Rechtecks-,
Dreiecks- und Sägezahnkurven. Diese drei Funktionen sind zwar aus Sinusfunktionen der gleichen Periode aufgebaut, unterscheiden sich aber durch
ihre Fourierkoeffizienten.

Für die Physik besonders wichtig ist schließlich noch die Übertragung
der Fourieranalyse auch auf *nicht-periodische Vorgänge*. Betrachten wir
zunächst nochmal eine periodische Folge von äquidistanten Pulsen in einem gegenseitigen räumlichen Abstand von $\lambda_0 = 2\pi/k_0$ (Bild 9.33). Die
Fourierkomponenten, aus denen diese Pulsfolge aufgebaut ist, besitzt Wellenvektoren $(k_0, 2k_0, 3k_0, 4k_0, \ldots)$, *die umso dichter beieinander liegen*, je
kleiner k_0, d.h. je größer der Abstand zwischen zwei Impulsen wird.

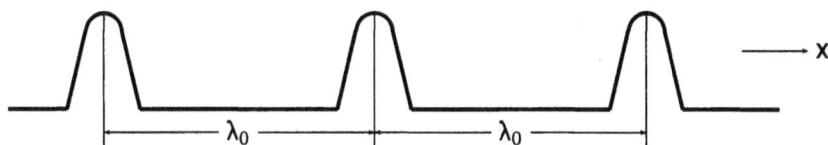

Bild 9.33: Periodische Folge von äquidistanten Pulsen

Geht man schließlich über zum Grenzfall unendlich großer Abstände, so
wird aus der periodischen Folge von Pulsen ein einzelner Puls und aus
der Fourierreihe Gl. (9.38) ein *Fourierintegral* ($k_0 \to 0$). Während sich
die periodische Pulsfolge aufbaut aus Sinusfunktionen mit den diskreten
Wellenvektoren nk_0, wird ein einzelner (nicht periodischer) Puls durch ein
kontinuierliches Spektrum von Wellenvektoren beschrieben.

Betrachten wir z.B. den in Bild 9.34 dargestellten Wellenzug endlicher Länge, der an der Stelle x_1 beginnt, bei x_2 endet und sich weder vorher noch
nachher wiederholt. (Dies nennt man oft ein *Wellenpaket*.)

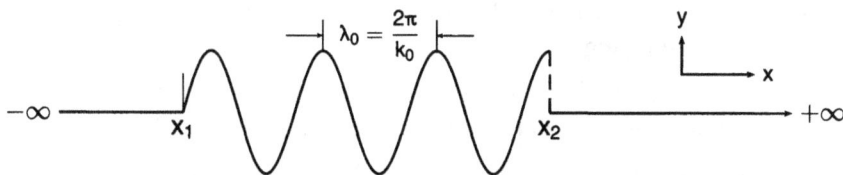

Bild 9.34: Wellenpaket

Dieser begrenzte Wellenzug wird nun nicht allein durch *eine* Sinusfunktion
mit dem Wellenvektor k_0 dargestellt (denn dies würde eine unendlich aus-
gedehnte Welle ergeben), sondern durch ein kontinuierliches Spektrum von
k-Vektoren: zu jedem Wert von k gehört eine Amplitude $A(k)$, die – ohne
Herleitung – in Bild 9.35 dargestellt ist. Die Amplitude erreicht ihren Maxi-

$$A(k) = c \cdot \Delta x \left(\frac{\sin \frac{1}{2}(k - k_0)\Delta x}{\frac{1}{2}(k - k_0)\Delta x} \right)$$

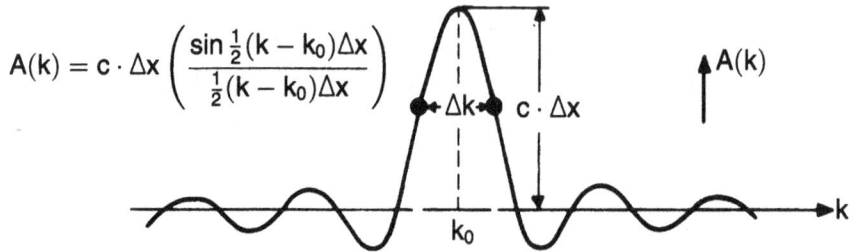

Bild 9.35: Fourier-Transformation des Wellenpaketes: Einem räumlich begrenzten Wellen-zug entspricht ein kontinuierliches Spektrum von k-Vektoren mit der Amplitudenfunktion $A(k)$.

malwert bei k_0 (da $\sin \varphi / \varphi \to 1$ für $\varphi \to 0$) und sinkt zum ersten Mal auf Null, wenn

$$\frac{1}{2} \cdot (k - k_0) \cdot \Delta x = \pi \,. \tag{9.39}$$

Die Amplitude ist also nur beträchtlich (etwa größer als die Hälfte der Maximalamplitude) in dem k-Intervall um k_0, welches gegeben ist durch

$$\boxed{\Delta k \cdot \Delta x \approx 2\pi} \,. \tag{9.40}$$

Die gleiche Überlegung läßt sich auf das Frequenzspektrum einer *zeitlich* begrenzten Schwingung der Frequenz ω_0 anwenden, welche zur Zeit t_1 beginnt und zur Zeit $t_2 = t_1 + \Delta t$ endet. Auch hier ergeben sich nur große Amplituden für Fourierkomponenten in einem engen Frequenzintervall $\Delta \omega$ um ω herum:

$$\boxed{\Delta \omega \cdot \Delta t \approx 2\pi} \tag{9.41}$$

Je kürzer also die Schwingung dauert, desto breiter wird das Frequenzspektrum dieser Schwingung.

Übungsfrage: Wie breit ist etwa das Frequenzspektrum der in Kap. 8 erwähnten freien Gitterschwingungen in einem NaCl-Kristall?

Die Diskussion der Fourieranalyse hat die Bedeutung rein sinusförmiger Schwingungen und Wellen unterstrichen, da wir alle anderen periodischen und nicht periodischen Vorgänge durch Überlagerung von Sinusfunktionen rekonstruieren können.

Phasen- und Gruppengeschwindigkeit

Wir wollen nun zwei Wellen y_1 und y_2 von etwas verschiedener Frequenz und etwas unterschiedlichem Wellenvektor ($\omega_1 - \omega_2 \ll \omega$ und $k_1 - k_2 \ll k$)

überlagern. *Dabei wollen wir erstmalig zulassen, daß die Phasengeschwindigkeit von der Frequenz abhängt ($c_1 \neq c_2$).*

Addiert man das Momentanbild beider Wellen graphisch, so erhält man den in Bild 9.36 unten dargestellten Amplitudenverlauf. Eine solche in ihrer Amplitude modulierte Welle nennt man eine *Wellengruppe*.

Die rechnerische Addition der beiden Teilwellen $y_1 + y_2$ ergibt unter Benutzung des Additionstheorems

$$\sin \alpha + \sin \beta = 2 \sin \left(\frac{\alpha + \beta}{2} \right) \cdot \cos \left(\frac{\alpha - \beta}{2} \right) :$$

$$y_1 + y_2 = \sin(\omega_1 t - k_1 x) + \sin(\omega_2 t - k_2 x)$$

$$= 2 \sin \left[\frac{\omega_1 + \omega_2}{2} \cdot t - \frac{k_1 + k_2}{2} \cdot x \right]$$

$$\cdot \cos \left[\frac{\omega_1 - \omega_2}{2} \cdot t - \frac{k_1 - k_2}{2} \cdot x \right] ;$$

$$\boxed{y_1 + y_2 = 2 \sin(\omega t - kx) \cdot \cos \left[\frac{1}{2} (\Delta \omega \cdot t - \Delta k \cdot x) \right].} \qquad (9.42)$$

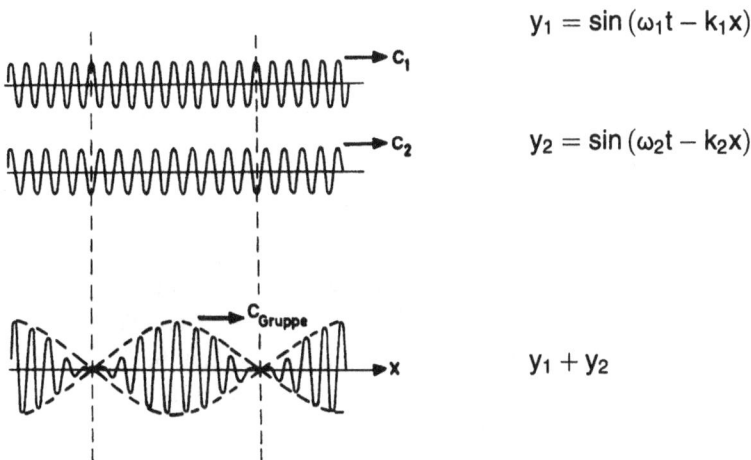

$$y_1 = \sin(\omega_1 t - k_1 x)$$

$$y_2 = \sin(\omega_2 t - k_2 x)$$

$$y_1 + y_2$$

Bild 9.36: Wellengruppe:
a) Momentanbild einer Welle mit der Kreisfrequenz ω_1, dem Wellenvektor k_1 und der Geschwindigkeit $c_1 = \omega_1 / k_1$
b) Momentanbild einer Welle mit einem etwas kleineren Wellenvektor k_2 und einer Geschwindigkeit c_2
c) die Überlagerung der beiden ergibt eine Wellengruppe (Momentanbild) mit der Ausbreitungsgeschwindigkeit c_{Gruppe}.

Der erste Faktor $2\sin(\omega t - kx)$ stellt eine normale laufende Welle dar mit der Wellenlänge $\lambda = 2\pi/k$, Frequenz $\omega/2\pi$ und der sog. *Phasengeschwindigkeit* $c_{\text{Phase}} = \omega/k$.

Der zweite Faktor $\cos[(1/2)(\Delta\omega t - \Delta k x)]$ ist dagegen verantwortlich für die in Bild 9.36 dargestellte langwellige Modulation der Wellenamplitude. Auch diese Modulation oder Wellengruppe breitet sich mit einer charakteristischen Geschwindigkeit aus, der sog. *Gruppengeschwindigkeit*, die sich aus der Konstanz von

$$\frac{1}{2}(\Delta\omega \cdot t - \Delta k \cdot x) = \text{const}$$

ergibt zu

Die Energie einer Welle wird immer mit der Gruppengeschwindigkeit transportiert

$$\boxed{c_{\text{Gruppe}} = \left(\frac{dx}{dt}\right)_{\text{Gruppe}} = \frac{d\omega}{dk}} \qquad \textbf{Gruppengeschwindigkeit} \quad (9.43)$$

Übungsaufgabe: Versuchen Sie bitte zu zeigen, daß wegen $c_{\text{Phase}} = \lambda f$ die Gruppengeschwindigkeit auch folgendermaßen definiert werden kann:

$$\boxed{c_{\text{Gruppe}} = c_{\text{Phase}} - \lambda \cdot \frac{dc_{\text{Phase}}}{d\lambda}} \qquad (9.44)$$

Wenn c_{Phase} nicht von der Wellenlänge abhängt, bleibt die Gestalt jeder Störung bei der Ausbreitung erhalten, da alle Fourierkomponenten gleich schnell laufen und somit die Phasenlage zwischen allen Komponenten erhalten bleibt. Für diesen sog. *dispersionslosen* Fall sind Gruppen- und Phasengeschwindigkeit nach Gl. (9.44) offenbar identisch.

Nur in Medien ohne Dispersion sind Gruppen- und Phasengeschwindigkeit identisch

Wenn sich jedoch die Phasengeschwindigkeit mit der Wellenlänge ändert, laufen die kurzwelligen und die langwelligen Fourierkomponenten ungleich schnell, ändern also laufend ihre Phasenlage zueinander. Die Folge davon ist, daß ein Signal seine Form während der Ausbreitung nicht beibehält, sondern eine Deformation oder Dispersion erleidet. $dc/d\lambda \neq 0$ führt also einerseits zur Dispersion von Signalen und andererseits *sind in diesem Fall nach Gl. (9.44) Gruppen- und Phasengeschwindigkeit nicht mehr identisch*.

Übungsfrage: Zeigen Seilwellen bzw. Schallwellen, so wie sie oben in Kap. 9 abgeleitet wurden, Dispersion?

Für dispergierende Medien gibt es viele bekannte Beispiele: Wir wollen als erstes Wasserwellen anführen: Sie besitzen eine Phasengeschwindigkeit

$$c_{\text{Phase}} = \sqrt{\lambda g/2\pi}, \qquad \textbf{(Schwerewellen in tiefem Wasser)} \quad (9.45)$$

die oberhalb von $\lambda = 1,6$ cm mit der Wurzel von λ zunimmt (s. Gl. (9.32)). (Hierbei war g die Gravitationsbeschleunigung.)

Betrachten wir daher eine lokale Störung der Wasseroberfläche, hervorgebracht durch einen hineingeworfenen Stein (vgl. Bild 9.37). Nach der Fourieranalyse besteht diese lokale Störung aus einem ganzen Spektrum von Sinuswellen, von denen nach Gl. (9.45) die langwelligsten am schnellsten laufen und die kurzwelligsten weiter zurückbleiben. Die Folge davon ist ein Auseinanderlaufen der ursprünglich pulsförmigen Störung in Partialwellen mit kurzer und langer Wellenlänge, die sich mit unterschiedlichen Geschwindigkeiten fortpflanzen. Von dem ursprünglichen Signal ist infolge der Dispersion nach einiger Zeit nichts mehr sichtbar (Bild 9.37).

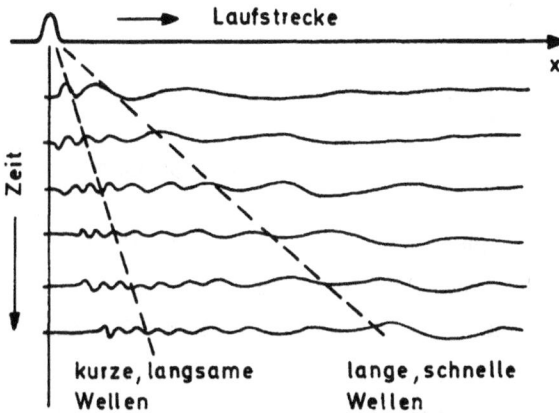

Bild 9.37: Ausbreitung einer lokalen Störung auf einer Wasseroberfläche: die langwelligen Anteile der Störung breiten sich schneller aus als die kurzwelligen Anteile.

Auch für *Kapillarwellen* besteht Dispersion. Denn ihre Phasengeschwindigkeit ist für $\lambda < 1,6$ cm

$$c_{\text{Phase}} = \sqrt{2\pi\sigma/\varrho\lambda} \qquad \textbf{(Kapillarwellen)}$$

und hängt damit ebenfalls von der Wellenlänge λ ab (s. Gl. (9.35)).

Auch *Schallwellen in Kristallen* zeigen eine starke Dispersion, sobald die Wellenlänge vergleichbar mit dem interatomaren Abstand wird. *Elektrische Kabel* besitzen Dispersion u.a. dann, wenn die Wellenlänge sich den Querschnittsdimensionen des Kabels nähert, was in der Nachrichtentechnik zu sehr unerwünschten Signalfälschungen führt. Auch in modernen *optischen Glasleitern* tritt Dispersion in der spektralen Nähe optischer Absorptionswellenlängen auf, so daß sich in diesem Fall auch optische Lichtpulse in Glasfäden nicht unverfälscht ausbreiten können.

Literaturhinweise zu Kapitel 9

Allgemeine Literatur über Wellen:

French, A.P.: Vibrations und Waves, Nelson, London (1969)

Hinweise auf andere Lehrbücher am Ende von Kapitel 2

Einführung in die Akustik:

Meyer, E. und Neumann, E.G.: Physikalische und technische Akustik

Borucki, H.: Einführung in die Akustik, BI-Wissenschaftsverlag, Zürich (1989)

Fletcher, N.H. und Rossing, T.D.: The physics of musical instruments, Springer Verlag (1991)

Seismologie und Geophysik:

Angenheister, G.: Die Erforschung der tieferen Erdkruste Erdkruste, Physik in unserer Zeit, **1**, 59 (1970)

Brown, G.C. und Musset, A.E.: The inaccessible earth, G. Allen & Unwin, London (1981)

Special edition on geophysics, Scientific American, S. 30 – 100, Sept. (1983)

Leibacher, J.W.: Helioseismology, Scientific American, S. 34, Sept. (1985)

Press, F. und Siever, R.: Earth, W.H. Freeman and Co, New York (1986)

Allègre, C.: The behavior of the earth, Harvard Univ. Press (1988)

Poirier, J.P.: Introduction to the physics of the earth interior, Cambridge Univ. Press (1991)

Jeanloz, J. et al.: Das Erdinnere, Spektrum der Wissenschaften, S. 50, Juli (1993)

Zur Funktion des Gehörs:

Gulick, W.L., Gescheider; G.A. und Frisina, R.D.: Hearing, Oxford Univ. Press (1989)

Allen, J.B. und Neely, S.T.: Micromechanical models of the cochlea, Physics Today, p.40, (July 1992)

Hudspeth, A.J. und Markin, V.S.: The ears gears, mechanoelectrical transduction by hair cells, Physics Today, p.22, (Feb. 1994)

Popper, A.N. und Fay, R.R.: Hearing by bats, Springer (1995)

Suga, N.: Neuronale Verrechnung: Echoortung bei Fledermäusen, Spektrum der Wissenschaft, S. 98, (Aug. 1990)

Zu Ultraschall- und Schockwellen:

Bergmann, L.: Der Ultraschall, Hirzel Verlag, Zürich (1954)

Lemmons, R.A. und Quate; C.F.: Ultrasonic Microscopy, in „Physical Acoustics" Bd. XIV, Academic Press (1979)

Dransfeld, K. und Salzmann, E.: Excitation, Detection and Attenuation of Elastic Surface Waves, in „Physical Acoustics", Bd. VII, Acad. Press (1970)

Oliner, A.A. (ed.): Acoustic Surface Waves, Topic in Applied Physics, Bd. 24, Springer Verlag (1978)

Eisenmenger, W.: Ultraschall, Stoßwellen und Phononen, Physikal. Blätter, 655, Bd. 51 (1995), dort weitere Literatur

Eisenberger, F. und Miller, K.: Extrakorporale Stoßwellenlithotrypsie, in „Urologische Steintherapie", G. Thieme Verlag, Stuttgart (1987)

Zu Wellen auf Flüssigkeiten:

Feynman, R.: Vorlesungen über Physik, R. Oldenbourg Verlag (2001)

Silkens, B.I.: Tsunamis, Ursache von Überschwemmungskatastrophen an Meeresküsten, Umschau, Bd. 7, 340 (1971)

Barber, N.F.: Water Waves, The Wykeham Series, Bd. 5, (1969)

Massey, B.S.: Mechanics of Fluids, Van Nostrand Reinhold (UK) (1984)

B. GRUNDLAGEN DER THERMISCHEN PHYSIK

10 Die Temperatur und das ideale Gas

10.1 Thermodynamik und statistische Mechanik

Im gasförmigen Zustand ist die Dichte der Materie so gering (etwa tausendmal kleiner als die von Festkörpern, d.h. in der Größenordnung von $1\,kg/m^3$), daß die Bausteinteilchen (Atome oder Moleküle) relativ weit voneinander entfernt sind. Aus vielerlei Beobachtungen, speziell aus der *Brownschen Bewegung*, die wir in Abschnitt 10.5 behandeln, kann geschlossen werden, daß sich die Gasteilchen rasch bewegen und dauernd sowohl untereinander wie auch mit der Gefäßwandung zusammenstoßen. Die Geschwindigkeiten der Teilchen lassen sich mit Laufzeitmessungen bestimmen. Das entsprechende Experiment wird in Physik IV beschrieben. Für die Moleküle der Luft (N_2, O_2) ergibt sich eine mittlere Geschwindigkeit von etwa $500\,m/s$ bei Zimmertemperatur. Als Faustregel kann man benutzen, daß die Teilchengeschwindigkeiten ungefähr der Schallgeschwindigkeit entsprechen. Die Teilchen bewegen sich aber nicht geordnet; der Schwerpunkt der Gasmasse bleibt erhalten, wenn von außen keine Kräfte auf das System wirken. Man spricht von einer rein zufälligen, völlig ungeordneten Bewegung. Infolge des großen Abstandes der Gasteilchen untereinander können wir alle Wechselwirkungen zwischen den Teilchen bis auf Stöße vernachlässigen. Ein derartiges Gas stellt somit eine gute Modellsubstanz dar, um die grundlegenden thermischen Eigenschaften der Materie zu studieren. Man spricht vom *idealen Gas*. Die Beschreibung der physikalischen Gesetzmäßigkeiten der Physik der Wärme erfolgt mit Hilfe zweier Theorien.

Die *Thermodynamik* macht keinen direkten Gebrauch von der atomistischen Struktur der Materie. Die zu beschreibenden Systeme werden als *Materie-Kontinuum* aufgefaßt. Für dieses können makroskopisch die *Zustandsgrößen* angegeben werden. Die Thermodynamik gibt Verknüpfungsgleichungen für diese Zustandsgrößen an, deren Grundlagen empirisch gefunden wurden.

Thermodynamik

Ein Beispiel ist die Zustandsgleichung des idealen Gases:

$$\frac{P \cdot V}{T} = \text{const.},$$

wobei P der Gasdruck, V das Gasvolumen und T die Temperatur ist. Dies werden wir im nächsten Abschnitt genauer besprechen.

Ein Gesetz dieser Art erklärt jedoch nicht, wieso z.B. der Druck überhaupt eine Temperaturabhängigkeit zeigt. Andererseits bereitet bereits der Begriff der Temperatur im atomistischen Bild gewisse Schwierigkeiten. Was bedeutet eigentlich „Temperatur" für das einzelne Teilchen? Kann man jedem Teilchen eines Systems die gleiche Temperatur zuordnen entsprechend der makroskopischen Temperatur T?

Im atomistischen Bild besteht das ideale Gas aus einem System von N unabhängigen Massenpunkten. Im Rahmen der klassischen Mechanik (die allerdings streng genommen auf atomistische Teilchen nicht anwendbar ist) kann jedes Teilchen durch einen Satz von Orts- und Impulskoordinaten beschrieben werden:

$$x_{i,n}(t); p_{i,n}(t),$$

dabei sind $i = x, y, z$ die kartesischen Koordinaten und $n = 1, 2, \ldots, N$ die Teilchennummern. Für N Teilchen in einem abgeschlossenen System sind dies $6N$ Koordinaten, die im allgemeinen zeitabhängig sein werden. Eine exakte atomistische Theorie müßte somit die zeitliche Abhängigkeit dieser $6N$ Koordinaten beschreiben. Da N eine sehr große Zahl ist ($\approx 10^{19}$), ist ein solches Unterfangen praktisch nicht möglich. Man hilft sich *Statistische* hier mit der Theorie der *statistischen Mechanik*. Man geht davon aus, *Mechanik* daß alle Teilchen den Gesetzen der Punktmechanik gehorchen und sich ständig in einer vollkommen ungeordneten Bewegung befinden. Anstatt nun die Zeitabhängigkeit der Koordinaten aller Teilchen zu beschreiben, begnügt man sich damit, Aussagen über den Mittelwert der Koordinaten, die man mit Hilfe der *Wahrscheinlichkeitsrechnung* berechnet, zu machen. Ein solcher Parameter wäre etwa die mittlere Teilchenenergie oder der mittlere Teilchenimpuls. Diese Mittelwerte verknüpft man dann mit den thermodynamischen Zustandsgrößen.

Wie wir sehen werden, läßt sich die Temperatur mit dem Mittelwert der Energie (die für das ideale Gas reine kinetische Energie ist) eines Systems von Teilchen verknüpfen. Der Temperaturbegriff setzt somit das Vorhandensein vieler Teilchen voraus, damit der Energiemittelwert eindeutig definiert ist. Natürlich kann man im Prinzip die Energie eines jeden Teilchens festlegen, sie variiert aber deutlich innerhalb des Systems. Weiter läßt sich aus der statistischen Behandlung das Zustandekommen des Gasdruckes sowie seine Temperaturabhängigkeit verstehen. Er wird durch den Impulsübertrag beim Stoß der Teilchen auf die Gefäßwände erzeugt. Es zeigt sich, daß die mittlere kinetische Energie und damit der Impulsübertrag linear mit der Temperatur zunehmen. Somit ist eine *mikroskopische* (d.h. atomistische) Erklärung für die *makroskopische* Zustandsgröße „Druck" eines idealen Gases gefunden. Diesen Sachverhalt werden wir weiter unten noch genauer diskutieren.

In der folgenden Behandlung der thermischen Physik werden wir uns weitgehend auf die grundlegenden thermodynamischen Beziehungen beschränken und nur gelegentlich auf die dahinter liegende atomistische Beschreibung hinweisen. Genauer behandeln wir die statistische Wärmephysik in Physik IV, wobei wir dann auch gleich die entsprechenden Korrekturen, die auf das Quantenverhalten der Atome und Moleküle zurückzuführen sind, erläutern.

10.2 Die absolute Temperatur und das Gasgesetz

Uns allen ist vom Kfz-Motor bekannt, daß der Druck eines Gases bei festem Volumen anwächst, wenn man die Gastemperatur erhöht. Diesen Druckanstieg bei Erhöhung der Gastemperatur wollen wir genauer mit der in Bild 10.1 gezeigten Apparatur (*Gasthermometer*) untersuchen. Den Gasdruck ermitteln wir mit dem quecksilbergefüllten U-Rohr-Manometer aus dem Höhenunterschied Δh der beiden Quecksilbersäulen: $P = \varrho \cdot g \cdot \Delta h$, wobei ϱ die Dichte des Quecksilbers ist. Durch Erhitzen oder Kühlen des Wasserbades können wir die Gastemperatur verändern.

Das Gasthermometer ist ein absolutes Thermometer

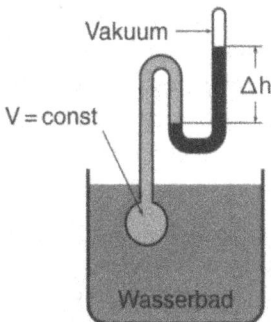

Bild 10.1: Das Gasthermometer: ein mit einem Gas (z.B. Helium) gefüllter Glaskolben ist mit einem Quecksilber-U-Rohr-Manometer verbunden. Höhenstandsänderungen Δh zeigen Änderungen des Gasdruckes und damit Temperaturänderungen des Wasserbades an.

Wie aber sollen wir an dieser Stelle die Temperatur definieren? Aus Sinneswahrnehmungen kennen wir die Begriffe „kalt", „warm", „heiß". Wir sagen nun, je heißer die Materie ist, desto höher ist ihre Temperatur. Die Temperatur dient damit als Maß für das „Warmsein" von Körpern. Darüber hinaus benötigen wir einige Eichpunkte: So schlug *Celsius* vor, die Temperatur des gefrierenden bzw. des kochenden Wassers mit 0° bzw. mit 100° festzulegen. Diese ganz willkürliche Festlegung hat sich bei uns als sog. *Celsius-Skala der Temperatur* im täglichen Leben eingebürgert.

Celsius-Skala

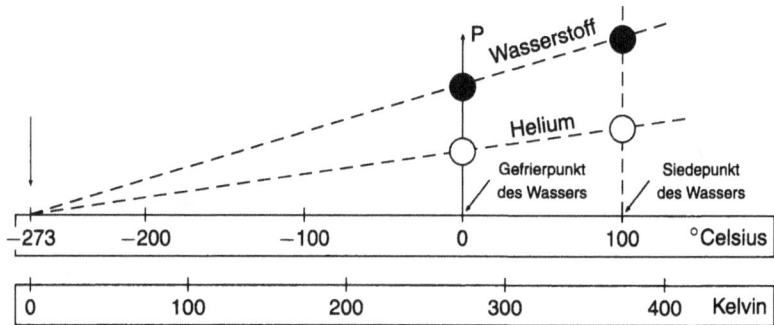

Bild 10.2: Celsius- und absolute Temperaturskala: Durch einen Fixpunkt und den Gasdruck eines Gasthermometers ist die Temperaturskala festgelegt. Der Gefrierpunkt des Wassers liegt in der Celsius-Skala bei 0 °C, in der Kelvin-Skala bei 273,15 K.

Nunmehr wollen wir mit unserem Gasthermometer den Gasdruck bei 0 °C und 100 °C für verschiedene Gase miteinander vergleichen und die Resultate graphisch darstellen (Bild 10.2). Dabei tragen wir den bei 0 °C und 100 °C gemessenen Druck nach oben auf. Auf der horizontalen Temperaturachse sind die beiden Meßtemperaturen 0 °C und 100 °C eingetragen. Wir haben nur die Meßresultate für zwei Gase, Helium und Wasserstoff, willkürlich herausgegriffen. Extrapoliert man nun den Druck linear zu tieferen Temperaturen, so erkennt man, daß der Druck für ganz verschiedene Gase bei ein- und derselben Temperatur von −273,15 °C verschwindet. Es erscheint daher sinnvoll, diese Besonderheit zur vollständigen Festlegung der Temperatur-Skala heranzuziehen. Wir verschieben den Nullpunkt der Temperaturskala von dem willkürlich gewählten Gefrierpunkt des Wassers auf den Punkt −273,15 °C[1]. Die so gewonnene *absolute Temperaturskala* oder *Kelvin–Skala*[2], die wir aus dem beobachteten Verhalten der Gase abgeleitet haben, ist ebenfalls in Bild 10.2 eingetragen. Die übliche Zimmertemperatur

Kelvin-Skala (absoluter Nullpunkt)

---

[1] Genau genommen ist der Fixpunkt der Kelvin-Skala der sogenannte *Tripelpunkt* (siehe Abschnitt 12.5) von H_2O, der präziser zu realisieren ist. Dennoch bestehen auch dort noch gewisse Unsicherheiten (z.B. die Reinheit des Wassers). Zur Zeit wird untersucht, ob eine Definition über die Boltzmann-Konstante k_B (siehe Abschnitt 10.9) möglich ist. Dies würde dann auch erlauben, die Bestimmung der Temperatur auf eine Energiemessung zurückzuführen. Nötig ist eine genaue Bestimmung des Zahlenwertes von k_B.
[2] Die Temperatureinheit ist „ein Kelvin" (1 K) und nicht 1° K, wie manchmal fälschlicherweise geschrieben wird. Das Kelvin gehört zu den sieben Basiseinheiten unseres SI-Systems, wie auf den hinteren Umschlagseiten aufgeführt.

ist $\approx 20\,°C$, und man benutzt deshalb 300 K als die Normaltemperatur unserer Umgebung. Die Temperatur ist eine skalare und in der Kelvin-Skala stets positive Größe.

Als erstes Ergebnis unserer Versuche mit dem Gasthermometer halten wir noch einmal fest:

1. Der Druck wächst linear mit der absoluten Temperatur an.

Zwei weitere Beobachtungen über das Verhalten von Gasen seien in diesem Zusammenhang ebenfalls erwähnt:

2. Sperrt man verschiedenartige Gase in das Volumen des Gasthermometers, so wird immer (bei konstanter Temperatur) der gleiche Druck angezeigt, wenn das Volumen gleich viele Moleküle enthält.

3. Der Druck kann auch durch Verkleinerung des Volumens erhöht werden. Genaue Beobachtungen ergeben, daß hierbei das Produkt (Druck · Volumen) konstant bleibt, so lange wir dafür sorgen, daß sich die Temperatur nicht ändert.

Diese drei Erfahrungstatsachen – gewonnen an ganz verschiedenen Gasen – kann man durch die folgende universelle Beziehung zwischen dem Druck P, der absoluten Temperatur T und dem Volumen V_m eines Mols zusammenfassen[3]:

$$\boxed{P \cdot V_m = R \cdot T}$$ **Gasgesetz.** (10.1)

Für eine beliebige Gasmenge, die ν Mol enthält, gilt entsprechend:

$$\boxed{P \cdot V = \nu \cdot R \cdot T}$$ **Gasgesetz.** (10.2)

Hier ist $R = 8{,}31\,\text{J/(mol·K)}$ die sog. *universelle Gaskonstante*. Das Gasgesetz hat sich als streng gültig erwiesen für alle Gase bei hinreichend hohen Temperaturen. Man kann es deshalb zur Definition des *idealen Gases* benutzen:

Ein Gas, das dem Gesetz (10.2) folgt, ist ein ideales Gas. Man spricht daher auch von der Zustandsgleichung des idealen Gases.

Die Größen P, V, T sind zusammen mit der Molzahl ν (bzw. der Teilchen-   *Zustandsgrößen*

---

[3] Das Mol ist als diejenige Stoffmenge definiert, die gerade L Teilchen (Atome oder Moleküle) enthält, wobei L die Loschmidtzahl ($\approx 6{,}02 \cdot 10^{23}$) ist. Das Mol ist ebenfalls eine Hilfsgröße des SI-Systems.

zahl N) thermodynamische *Zustandsgrößen*. Sie sind für jeden bestimmten Zustand der Materie eindeutig definiert. Neben diesen hier aufgeführten Zustandsgrößen werden wir noch andere kennenlernen, etwa die *innere Energie* U sowie die *Entropie S*.

Im idealen Gas nehmen wir an, daß das Eigenvolumen der Teilchen vernachlässigbar ist, sonst könnten wir ja nicht zu dem Grenzfall $V \to 0$ bei $T \to 0$ gelangen. Ebenso verlangt der Grenzfall $P \to 0$ bei $T \to 0$, wie wir noch sehen werden, daß die Teilchen keine potentielle Energie besitzen, also insbesondere, daß keine Kräfte (anziehend oder abstoßend) zwischen den Teilchen wirken. Dies hatten wir bereits als die typischen Bedingungen für das ideale Gas erwähnt. Die Abweichung realer Gase vom idealen Verhalten werden wir später diskutieren. Wie schon gesagt, ist das ideale Gas und speziell das sogenannte einatomige ideale Gas, also ein Gas, das aus einzelnen Atomen und nicht aus in Molekülen verbundenen mehreren Atomen als Bausteinteilchen aufgebaut ist, eine sehr nützliche Modellsubstanz, um das thermische Verhalten der Materie zu verstehen.

10.3 Der Gleichgewichtszustand und die Relaxation

Kurz noch drei weitere Begriffe der thermischen Physik.

Unter einem *abgeschlossenen System* versteht man ein System von atomistischen Teilchen (z.B. wieder ein ideales Gas), das mit keinem anderen System in Wechselwirkung steht. Erfahrungsgemäß erreicht ein abgeschlossenes System nach hinreichend langer Wartezeit stets einen Zustand, der dadurch gekennzeichnet ist, daß die Zustandsgrößen einen zeitlich konstanten Wert angenommen haben. Dies ist der *Gleichgewichtszustand*.

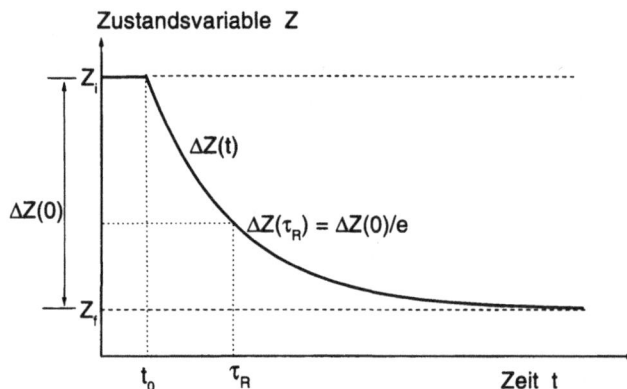

Bild 10.3: Einlaufen eines Systems in das thermische Gleichgewicht (Relaxation).

Nehmen wir an, ein System befinde sich anfänglich im Gleichgewichts-zustand Z_i. Zum Zeitpunkt $t = t_0$ ändern wir eine der Zustandsvariabeln plötzlich. Dann läuft das System mit der Zeit in den neuen Gleichgewichts-zustand Z_f ein, d.h. die Abweichung $\Delta Z = Z_f - Z_i$ vom Endzustand nimmt mit der Zeit ab. Diesen Vorgang bezeichnet man als *thermische Relaxati-on*. Der zeitliche Relaxationsverlauf hängt von Systemeigenschaften ab und kann sehr kompliziert sein. Als praktisch brauchbare Näherung bietet sich ein exponentielles Einlaufen in den Endzustand an:

Exponentielles Einlaufen in den Gleichgewichtszu-stand

$$\boxed{\Delta Z(t) = \Delta Z(0) \, \exp\left(-\frac{t - t_0}{\tau_R}\right)} \qquad (10.3)$$

Dies ist in Bild 10.3 veranschaulicht. Man nennt τ_R die *Relaxationszeit*. Über sie kann *a priori* nichts ausgesagt werden. Je nach Umständen kann sie im ms-Bereich (oder sogar darunter) oder im Stundenbereich (oder sogar darüber) liegen. Man erkennt auch, daß der exponentielle Relaxationsverlauf eine Idealisierung ist, denn streng genommen wird dann Z_f erst nach unendlich langer Zeit erreicht. In der Praxis gilt die Faustregel, daß der Relaxationsvorgang nach $3\tau_R$ bis $6\tau_R$ als beendet angesehen werden kann.

Die Gesetzmäßigkeiten der thermischen Physik, die wir im folgenden diskutieren, beziehen sich fast ausnahmslos auf *Systeme im Gleichgewichts-zustand*. Weiter wird angenommen, wie wir später noch begründen werden, daß alle Systemänderungen (d.h. Änderungen der Zustandsgrößen) über eine Folge von Gleichgewichtszuständen ablaufen. Formal bedeutet dies, daß die Zustandsänderung in *infinitesimal kleinen Schritten beliebig langsam* durch-geführt werden muß. Dies ist in der Praxis nicht realisierbar und das Problem spielt eine große Rolle in der angewandten Thermodynamik, etwa in der Be-handlung des Wirkungsgrades von Wärmekraftmaschinen (siehe Abschnitte 13.6 und 14.4).

10.4 Temperaturmessung

Bringt man zwei Körper mit zunächst ungleichen Temperaturen (etwa das Gasthermometer und das Wärmebad von Bild 10.1) in thermischen Kon-takt (was in der Regel engen mechanischen Kontakt bedeutet), so findet erfahrungsgemäß so lange zwischen ihnen ein Wärmeaustausch statt, bis die Temperaturen der beiden Körper gleich sind[4]. Ist dieser Zustand erreicht so sind beide Körper im thermischen Gleichgewicht. Es folgt:

---

[4] Das ist bereits eine Manifestation des 2. Hauptsatzes der Thermodynamik, den wir in Abschnitt 13.4 besprechen.

*Befinden sich zwei Körper mit einem dritten im thermischen Gleich-
gewicht, so sind sie auch untereinander im Gleichgewicht.*

Dieser Umstand, der gelegentlich auch als der „Nullte Hauptsatz der Thermodynamik" bezeichnet wird, spielt in der Praxis eine wichtige Rolle.

Zur Temperaturmessung kann man im Prinzip jedes physikalische Gesetz
benutzen, das eine eindeutige Temperaturabhängigkeit einer Stoffgröße vor-
hersagt und diese Stoffgröße dann experimentell bestimmen. Dabei strebt
man natürlich möglichst eine lineare Temperaturabhängigkeit an.

Das **Gasthermometer** ist ein uns schon bekanntes Beispiel. Es wird die
Temperaturabhängigkeit des Gasdrucks (bei konstantem Volumen) ausgenutzt. Das Gasthermometer ist ein absolutes Thermometer, streng genommen aber nur, falls es mit einem idealen Gas betrieben wird. Dies ist natürlich
in der Praxis nicht möglich: Man nimmt ein Gas, dessen Verhalten über einen
weiten Temperaturbereich dem idealen Gas möglichst nahe kommt. Die be-
ste Wahl ist Helium (siehe auch Kapitel 12). In den meisten Fällen ist das
Gasthermometer für den einfachen Gebrauch allerdings zu umständlich.

Wir diskutieren kurz einige praktische Thermometer, wobei wir allerdings
auf physikalische Gesetze zurückgreifen müssen, die bisher noch nicht
behandelt wurden:

Flüssigkeitsthermometer Es wird die Volumenänderung einer Flüssigkeit
(z.B. Quecksilber) ausgenutzt. Sie wird gemäß Bild 10.4 als
Steighöhe einer Flüssigkeitssäule angezeigt. Das Volumen
innerhalb der Anzeigesäule muß sehr klein gegen das der
Meßkugel sein. Trotzdem ist ein derartiges Thermometer nur
über einen begrenzten Bereich linear. Quecksilberthermome-
ter sind brauchbar mit einer Genauigkeit von etwa 10^{-2} K
zwischen ca. 250 K und 500 K. Im täglichen Gebrauch wird
für geringe Genauigkeitsansprüche aus Preisgründen meist eine Alkoholfüllung in Flüssigkeitsthermometern benützt.

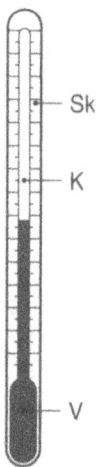

Bild 10.4: Quecksilber-Stabthermometer. K ist eine dickwandige Kapillare, in
die die Skala Sk direkt eingeätzt ist. Das Quecksilbergefäß V muß vollständig
im Gleichgewicht mit der Meßtemperatur T sein.

Bimetall-Thermometer Dieses Thermometer besteht, wie in Bild 10.5
gezeigt, aus zwei Metallstreifen mit stark unterschiedlichen thermischen

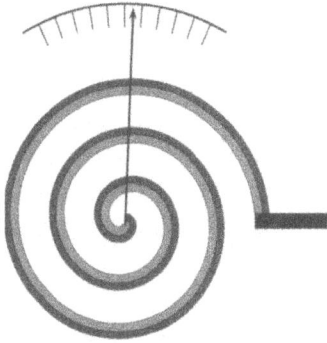

Bild 10.5: Bimetall-Thermometer (Spiralausführung). Das äußere Spiralenende ist fest eingespannt, das innere frei beweglich und mit dem Zeiger verbunden.

Ausdehnungskoeffizienten (siehe Abschnitt 11.3), die miteinander verlötet sind und dann zu einer Spirale gewickelt werden. Bei Temperaturänderungen bewirkt die unterschiedliche Längenausdehnung eine Aufspreizung der Spirale und so eine Zeigerbewegung. Bimetallthermometer haben eine geringe Genauigkeit, sind aber sehr billig und können vor allem große Kräfte direkt übertragen. Sie eignen sich daher gut für einfache Regelungen, da sie z.B. in der Lage sind, ein Ventil als Funktion der Temperatur zu öffnen bzw. zu schließen. Sie werden deshalb in der Technik viel verwendet[5].

Thermopaare Bringt man zwei verschiedene Metalle in elektrischen Kontakt, so bildet sich an der Kontaktstelle eine Berührungsspannung aus, deren Größe von der Temperatur abhängt. Dies ist der thermoelektrische Effekt, der in Physik II behandelt wird. Eine Anordnung zur Temperaturmessung zeigt Bild 10.6. Es ist darauf zu achten, daß das Voltmeter einen hochohmigen

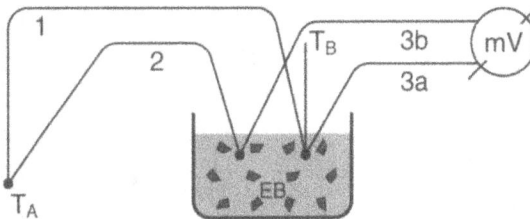

Bild 10.6: Thermopaar zur Temperaturmessung. EB ist das Eisbad, T ist die Temperaturmeßstelle, 1 und 2 sind die Thermopaardrähte, 3a und 3b sind die Zuleitungsdrähte zum Meßinstrument (meist Kupferdrähte). Die dicken Punkte sind Lötstellen bzw. punktgeschweißte Verbindungen.

Eingang ($\geq 1\,\mathrm{M}\Omega$) besitzt. Die angezeigte Spannung ist mit der Temperaturdifferenz zwischen der warmen und der kalten Lötstelle korreliert. Eine Lötstelle liegt auf der Meßtemperatur T, die andere (in Bild 10.6 sind es

---

[5] Ein abgeschlossenes Gasvolumen erfüllt denselben Zweck. Derartige Regelungen finden sich z.B. an den Heizkörpern moderner Zentralheizungen.

zwei, wegen den Zuleitungen zum Meßinstrument) muß auf einer festen Temperatur gehalten werden. Meist wird dazu der Gefrierpunkt des Wassers (273,15 K) benutzt, wie dies auch in Bild 10.6 gezeigt ist. Häufig benutzte Kombinationen sind Kupfer/Konstantan und Pt/(Pt+Rh). Letzteres wird in der Technik vor allem bei Hochtemperaturmessungen (bis etwa 1500 K) verwendet. Es ist zu beachten, daß die Eichkonstante $\Delta U/\Delta T$ selbst eine Funktion der Temperatur ist. Die Eichung erfolgt über Temperaturfixpunkte (Tabelle 10.1). Man ist daher auf Eichtabellen angewiesen.

Widerstandsthermometer Bild 10.7 zeigt zum einen die Temperaturabhängigkeit des elektrischen Widerstandes von sehr reinem Platin. Für Temperaturmessungen wird vor allem Platindraht als Sensor benutzt. Der Widerstand der Pt-Probe wird in der Regel mit der in Bild 10.8 gezeigten Schaltung gemessen. Der Widerstand eines Platinthermometers wird innerhalb des Temperaturbereiches zwischen 20 K und 900 K durch eine Potenzreihenentwicklung gut wiedergegeben:

$$R(T) = R_0(1 + aT + bT^2). \tag{10.4}$$

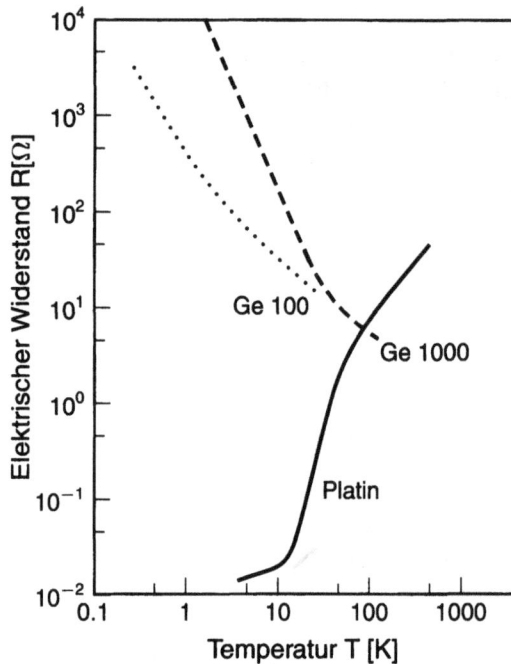

Bild 10.7: Temperaturverlauf des elektrischen Widerstandes von kommerziellen Metall(Pt)- und Halbleiter(Ge)-Thermometer. Die Ge-Thermometer sind unterschiedlich dotierte Germaniumkristalle. Dies bringt den nutzbaren Widerstandsbereich ($\leq 5\,\mathrm{k}\Omega$) in verschiedene Temperaturbereiche. Ge100 eignet sich für den Subkelvin-Bereich, Ge1000 überbrückt den Bereich zwischen Ge100 und Pt.

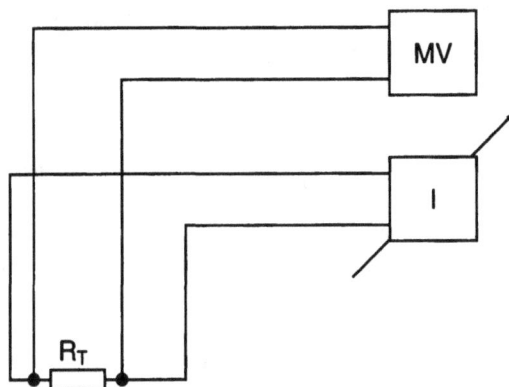

Bild 10.8: Meßanordnungen für Widerstandsthermometer. I ist eine regelbare Konstant-stromquelle, die auf einen festen Stromwert eingestellt wird. Der Spannungsabfall längs des Meßwiderstandes wird mit dem digitalen Millivoltmeter MV gemessen, das direkt in Kelvin geeicht werden kann. Wichtig ist die sog. 4-Draht-Methode, d.h. die Spannung muß direkt am Widerstand abgenommen werden.

Die Konstanten R_0, a und b werden durch Messung des Widerstandes an Temperaturfixpunkten (siehe Tabelle 10.1) festgelegt. Diese Thermometer sind sehr gut reproduzierbar und spielen in der modernen physikalischen Labortechnik eine zentrale Rolle. Bei sehr tiefen Temperaturen ($T \leq 10\,\mathrm{K}$) nimmt der Widerstand eines nicht supraleitenden Metalles einen konstanten Grenzwert an, den sog. *Restwiderstand*. Daher sind metallische Widerstandsthermometer bei sehr tiefen Temperaturen unempfindlich und nicht benutzbar. Man verwendet dann Halbleiter, die gerade bei tiefen Temperaturen eine sehr starke Abhängigkeit der Leitfähigkeit von der Temperatur zeigen[6], die allerdings meist eine logarithmische Form hat. Halbleiter-Thermometer sind stark nicht-linear.

Suszeptibilitätsthermometer Die Temperaturabhängigkeit der Suszeptibilität (siehe Physik II) eines idealen Paramagneten ist durch das Curie-Gesetz gegeben:

$$\chi = \mu_0 \frac{N \cdot p^2}{3k_{\mathrm{B}}T} = \frac{\text{const}}{T}, \tag{10.5}$$

wobei p das magnetische Dipolmoment eines paramagnetischen Ions ist, N die Anzahl der Ionen in der Probe und k_{B} die Boltzmann Konstante (siehe Abschnitt 10.6). Die Messung der Suszeptibilität eines paramagnetischen Salzes erlaubt also die absolute Bestimmung der Temperatur. Als Probe-

---

[6] siehe Kittel, Ch.: Einführung in die Festkörperphysik, Kap. 8, 12. Auflage, R. Oldenbourg Verlag, München 1998.

substanz ist Cer-Magnesium-Nitrat sehr beliebt. Suszeptibilitätsthermometer werden vor allem im Bereich unterhalb 4 K benützt.

Bemerkung:
Wir wollen noch zwei spezielle Thermometer erwähnen, die in der Messung von extrem tiefen Temperaturen (d.h. im Millikelvin-Bereich – man erreicht heute nK) eingesetzt werden. Zum einen ist dies das NMR-Thermometer. Es mißt die Suszeptibilität von einem System magnetischer Kernmomente. Da diese etwa 1000-mal kleiner als die atomaren magnetischen Momente sind, tritt selbst bei ultratiefen Temperaturen keine Sättigung, d.h. keine vollständige Ausrichtung der Momente im externen Magnetfeld auf. Man muß aber zur Messung ein hochempfindliches Resonanzverfahren, die Kernmagnetische Resonanz (engl. Nuclear Magnetic Resonance, abgekürzt NMR) verwenden. Einzelheiten zur NMR finden sich in Physik IV, Abschnitt 8.5. Als Suszeptibilitäts-Thermometer ist das NMR-Thermometer ein absolutes Thermometer. Als Substanz wird gerne das diamagnetische Metall Kupfer verwendet.

Zum anderen ist dies das Kernorientierungs-Thermometer. Es nutzt aus, daß durch die Wechselwirkung mit einem äußeren Magnetfeld bei sehr tiefen Temperaturen die kernmagnetischen Momente räumlich ausgerichtet werden (Kernorientierung). Das hat zur Folge, daß die bei einem Kernzerfall ausgesendete Gamma-Strahlung bezüglich der Richtung des Magnetfelds räumlich anisotrop verteilt ist. Diese Anisotropie ist über den Boltzmann-Faktor temperaturabhängig und somit ist das Kernorientierungs-Thermometer ebenfalls ein absolutes Thermometer. (Details finden sich in den im Literaturverzeichnis nach Abschnitt 14 zitierten Büchern von O.V. Lounasmaa und F. Pobell.) Man benutzt gerne das radioaktive Isotop ^{60}CO, eingelagert in einen Kobalt-Einkristall.

Pyrometer Zur Temperaturmessung glühender Körper können das Plancksche Strahlungsgesetz bzw. die daraus folgenden Gesetze von Wien und Stefan-Boltzmann (siehe Physik III) angewendet werden. Am einfachsten geschieht dies in einem sogenannten Pyrometer. Eine einfache Ausführung zeigt Bild 10.9 a. Sie besteht aus einem Fernrohr, das auf den glühenden Körper gerichtet ist (z.B. durch eine kleine Öffnung auf den Innenraum eines Schmelzofens). In der Zwischenbildebene liegt der Glühfaden einer Wolframlampe. Der Strom durch die Lampe kann mittels eines Widerstandes geregelt werden. Strahler und Glühfaden werden durch einen Rotfilter betrachtet, der eine grobe Monochromatisierung ($\lambda \approx 650\,nm$) des Lichtes bewerkstelligt. Der Lampenstrom wird so eingestellt, daß Leuchtfarbe und Helligkeit des Glühfadens mit der des Körpers übereinstimmt (Bild 10.9 b). Die Anzeige des Ampèremeters kann direkt in Kelvin geeicht werden. Der Vorteil des Pyrometers ist, daß es berührungslos arbeitet und daher oberhalb des Schmelzpunktes von Metallen eingesetzt werden kann.

zu dunkel   richtig   zu hell

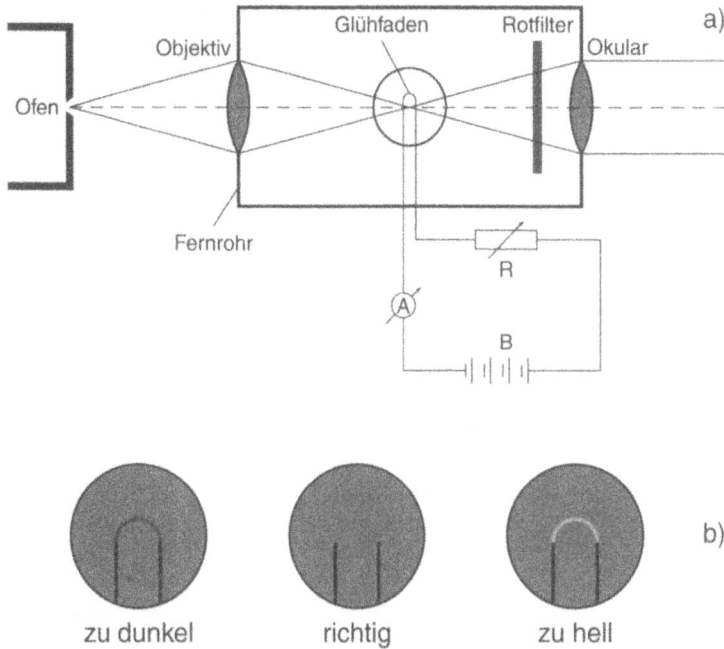

Bild 10.9: a) Aufbau eines einfachen optischen Pyrometers. R = Widerstand zur Regelung des Lampenstromes, A = Ampèremeter, B = Stromversorgung für Lampe.
b) Einstellung des Pyrometers. Der Glühfaden der Lampe darf sich nicht gegen die Untergrundhelligkeit abheben.

Internationale Temperaturskala (ITS) Wie wir gesehen haben, benötigen die meisten praktischen Thermometer sogenannte *Temperaturfixpunkte* zur Eichung. Diese werden in regelmäßigen Abständen von der Generalkonferenz für Maß und Gewicht (CGPM) festgelegt. Zur Zeit ist die Skala ITS90 verbindlich, die von 0,65 K bis 1236 K reicht. Einige Temperaturfixpunkte, wie sie durch ITS90 festgelegt sind, finden sich in Tabelle 10.1. Eine Neufassung steht 2010 an.

Bemerkung:
Abschließend erinnern wir daran, daß hier die Kelvinskala über das Gasgesetz eingeführt wurde. Das ist von einem fundamentalen Gesichtspunkt her unbefriedigend, da dadurch die Temperatur über einen bestimmten Stoff definiert ist, was man nach Möglichkeit für Basiseinheiten vermeidet. Eine stoffunabhängige Definition der Kelvinskala ist möglich. Dies ist die *thermodynamische Temperaturskala*, die wir in Abschnitt 14.1 besprechen. Wie gesagt, die Unterscheidung ist rein formal. Die thermodynamische Skala ist verbindlich im SI-System (und damit auch in ITS90) festgelegt.

Tabelle 10.1: Einige Temperaturfixpunkte der ITS90 bei Normal-Umgebungsdruck (1013,25 hPa).

Gleichgewichtszustand	Stoff	Temperatur (K)
Tripelpunkt	Gleichgewichtswasserstoff[a]	13,8033
Tripelpunkt	Neon (Ne)	24,5561
Tripelpunkt	Sauerstoff (O_2)	54,3584
Tripelpunkt	Argon (Ar)	83,8058
Tripelpunkt	Quecksilber (Hg)	234,3156
Tripelpunkt	Wasser (H_2O)	273,16[b]
Schmelzpunkt	Gallium (Ga)	302,9146
Erstarrungspunkt	Indium (In)	429,7485
Erstarrungspunkt	Zinn (Sn)	505,078
Erstarrungspunkt	Zink (Zn)	692,677
Erstarrungspunkt	Aluminium (Al)	933,473
Erstarrungspunkt	Silber (Ag)	1234,93
Erstarrungspunkt	Gold (Au)	1337,33

[a] Molekularer Wasserstoff (H_2) in der Gleichgewichtskonzentration von Ortho- und Parawasserstoff.
[b] Entspricht 0,01 °C (Verknüpfung zwischen Kelvin- und Celsius-Skala.

10.5 Brownsche Bewegung

Wie zu Anfang des Kapitels angedeutet wurde, geht die statistische Wärmetheorie davon aus, daß sich die Gasteilchen in ungeordneter Bewegung befinden. Direkt kann dies nicht sichtbar gemacht werden, jedoch kann man indirekt im Experiment die Bewegung der Gasteilchen nachweisen.

Dazu beobachtet man etwa mit einem Mikroskop die Bewegung eines sehr leichten und kleinen (jedoch makroskopischen) Teilchens, welches in einem Gas schwebt oder in einer Flüssigkeit suspendiert ist. Ein typisches Beispiel

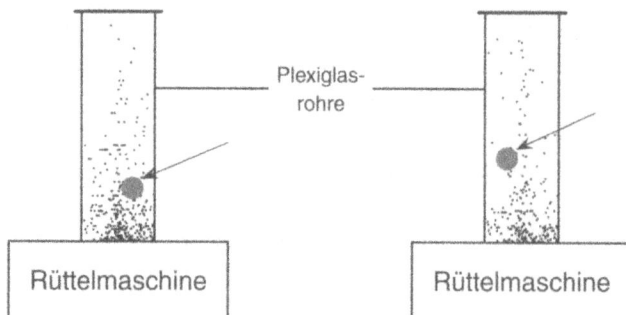

Bild 10.10: Modellversuch zur Brownschen Bewegung eines idealen Gases mit Hilfe von Stahlkugeln. Der Pfeil deutet auf das Brownsche Teilchen (Styropor-Kugel). Das Bild zeigt zwei Momentaufnahmen zu zwei verschiedenen Zeiten.

ist ein Staubpartikel in Luft. Ein solches Teilchen wird laufend von den Gasmolekülen angestoßen. Der dadurch erfolgende Impulsübertrag führt zu einer ungeordneten Bewegung des leichten makroskopischen Teilchens, die man als *Brownsche Bewegung* oder als *Zitterbewegung* bezeichnet. Dieses Phänomen läßt sich gut mittels des Stahlkugelmodells eines Gases und einer größeren Styropor-Kugel als Brownsches Teilchen (Bild 10.10) demonstrieren.

Die Brownsche Bewegung begrenzt auch die Empfindlichkeit mechanischer Meßsysteme wie etwa die eines extrem leicht ausgeführten Galvanometers. In Bild 10.11 wird die prinzipielle Meßanordnung gezeigt. Rechts oben sieht man eine Registrierkurve, die man erhält, ohne daß ein Strom die Galvanometerspule durchfließt. Sie repräsentiert die Schwankungen des Spiegels aufgrund der Brownschen Bewegung. Auch rein elektrische Meßverfahren sind in ihrer Empfindlichkeit begrenzt durch die ungeordnete (thermische) Bewegung der Ladungsträger, also meist der Elektronen (*thermisches Rauschen*), die z.B. zu rein statistischen Spannungsschwankungen an den Zuleitungen eines Widerstandes führen[7].

Mechanische und elektrische Meßsysteme werden von der Brownschen Bewegung beeinflußt

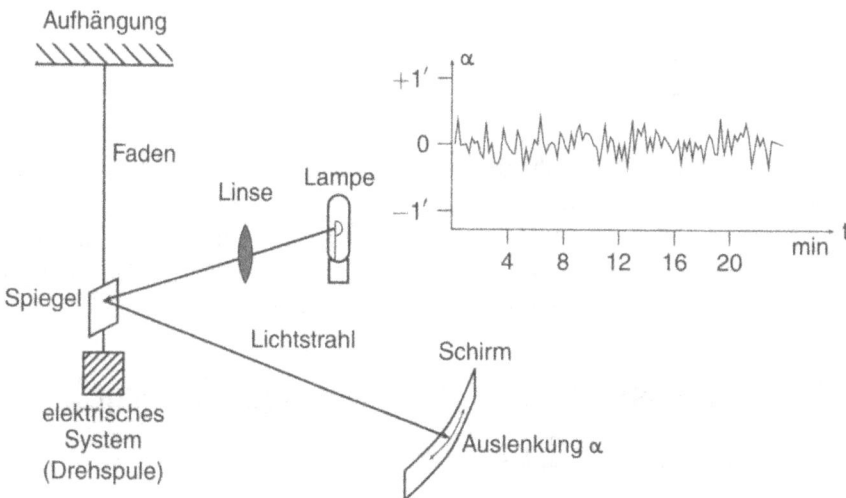

Bild 10.11: Schwankungen des Spiegels eines hochempfindlichen Galvanometers infolge der ungeordneten Bewegung der Luftmoleküle. (Schematische Meßanordnung).
Nach R.W. Pohl: *Einführung in die Physik*, Bd. 1, Springer Verlag, Heidelberg.

Die Zitterbewegung eines Brownschen Teilchens läßt sich beschreiben, indem man den zeitlichen Verlauf des Ortsvektors $\vec{r}(t)$ für das Teilchen von einem beliebig gewählten Koordinatenursprungspunkt O angibt. Beobachtet man mehrere Teilchen, so werden die Ortsvektoren $\vec{r}_n(t)$ der einzelnen

---

[7] Diesen Effekt kann man ebenfalls als Thermometer benutzen (*Rauschthermometer*).

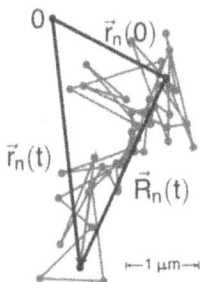

Bild 10.12: Beispiel der ungeordneten Bewegung eines Brownschen Teilchens (zweidimensional).

Teilchen ganz unterschiedliche zeitliche Verläufe zeigen. Es ist deshalb nur sinnvoll, Aussagen über die differentielle Wahrscheinlichkeit $dW(\vec{R}_n, t)$ zu machen. Diese gibt an, wie wahrscheinlich es ist, das Teilchen n zur Zeit t im Abstand zwischen $\vec{R}_n$ und $\vec{R}_n + d\vec{R}_n$ von seiner ursprünglichen Position $\vec{r}_n(0)$ zur Zeit $t = 0$ zu finden (siehe Bild 10.12). Die Werte $\vec{R}_n$ müssen rein statistisch verteilt sein, was experimentell bestätigt ist, falls eine sehr große Zahl von Brownschen Teilchen beobachtet wird. Für den Mittelwert des Quadrates des Abstandes $\vec{R}_n(t)$ der Teilchen von ihrer Position bei $t = 0$ mißt man nach vielen Stößen (d.h für große Werte von t)

$$\overline{R^2}(t) = \sum_{n=1}^{N} \frac{R_n^2(t)}{N} = 6 \cdot D \cdot t. \tag{10.6}$$

Dabei ist N die Gesamtzahl der beobachteten Teilchen. Hier ist D eine Materialkonstante (*Diffusionskonstante*, siehe auch Abschnitt 11.5). Sie ist u.a. abhängig von dem Massenverhältnis zwischen Brownschen Teilchen und den stoßenden Atomen (bzw. Molekülen). Der Ausdruck (10.6) läßt sich nach A. *Einstein* aus der kinetischen Gastheorie ableiten.

10.6 Mikroskopische Analyse des Gasdrucks und innere Energie

Wir hatten gerade beschrieben, daß ein makroskopisches Teilchen in einem Volumen laufend Impulsübertrag erleidet durch Stöße mit den sich wahllos bewegenden Gasteilchen. Wir vermuten, daß der Gasdruck auf ähnliche Weise zustande kommt, nämlich durch den Impulsübertrag beim Stoß der Gasteilchen auf die Gefäßwände. Dies wollen wir nun genauer betrachten.

In Bild 10.13 ist die spiegelnde Reflexion eines Gasteilchens der Masse m an einer Wand W gezeigt. (Dieser ideale Fall der spiegelnden Reflexion tritt allerdings nicht immer auf. Eine strenge Behandlung des realen Falles liefert jedoch das gleiche Resultat, so daß wir uns hier auf den spiegelnden Fall

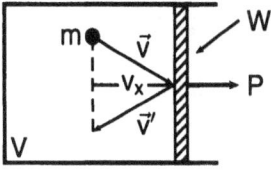

Bild 10.13: Stoß eines Gasteilchens an eine Gefäßwand. Die Impulsänderung eines jeden Teilchens beim Stoß liefert einen Beitrag zum Gasdruck.

beschränken.) Bei der Reflexion erfährt das Teilchen die Impulsänderung $2m \cdot v_x$.

In dem Volumen V des Zylinders seien N Teilchen enthalten. Von diesen besitzen aber nur $dN(v_x)$ eine x-Komponente der Geschwindigkeit v_x und wiederum nur die Hälfte davon ist auf die Kolbenwand zu gerichtet. Insgesamt treffen also pro Sekunde

$$\frac{1}{2}\frac{dN(v_x)}{V} \cdot v_x$$

Teilchen mit der Geschwindigkeitskomponente v_x auf jeden Quadratmeter der Kolbenfläche. Die bei der Reflexion hervorgerufene zeitliche Impulsänderung führt zu einem Druck dP auf diese Einheitsfläche:

$$dP = \frac{1}{2}\frac{dN}{V} \cdot v_x \cdot 2mv_x = mv_x^2 \cdot \frac{dN}{V}$$

oder wenn man über alle v_x integriert:

$$P = \int dP = \int\limits_{v_x=0}^{v_x=+\infty} mv_x^2 \frac{dN}{V} = m\overline{v_x^2} \cdot \frac{N}{V},$$

wobei

$$\overline{v_x^2} = \int\limits_{0}^{+\infty} v_x^2 \frac{dN(v_x)}{N}$$

das *mittlere Geschwindigkeitsquadrat* ist.

Nun gilt offensichtlich wegen $\overline{v_x^2} = \overline{v_y^2} = \overline{v_z^2}$ und $v^2 = v_x^2 + v_y^2 + v_z^2$ auch $\overline{v_x^2} = \overline{v^2}/3$, und wir erhalten somit:

$$P = \frac{2}{3} \cdot \frac{N}{V} \cdot \left(\frac{m\overline{v^2}}{2}\right) = \frac{2}{3} \cdot \frac{N}{V} \cdot \overline{u}, \tag{10.7}$$

wobei $\overline{u}$ die mittlere kinetische Energie $(m/2) \cdot \overline{v^2}$ eines Teilchens ist. Wenn es sich genau um ein Mol des Gases handelt, ist $N = L$ die Loschmidtsche Zahl und $V = V_{\mathrm{m}}$ das Molvolumen. Somit ergibt sich schließlich:

$$P \cdot V_{\mathrm{m}} = \frac{2}{3} \cdot L \cdot \overline{u}. \tag{10.8}$$

Kombiniert man dies mit dem Gasgesetz (10.1), so findet man eine wichtige Bestimmungsgleichung für die *mittlere kinetische Energie* $\overline{u}$ der Teilchen:

$$\overline{u} = \frac{3}{2} \left(\frac{R}{L} \right) T = \frac{3}{2} k_{\mathrm{B}} T \qquad \begin{array}{l} \textbf{Mittlere kinetische Energie} \\ \textbf{eines Gasteilchens} \end{array} \tag{10.9}$$

mit $k_{\mathrm{B}} = R/L = 1{,}38 \cdot 10^{-23}$ J/K.

Das Verhältnis (Gaskonstante/Loschmidtsche Zahl) heißt *Boltzmann-Konstante*. Aus dem Ergebnis der makroskopischen Beobachtung (10.1) und der mikroskopischen Analyse der atomaren Stoßprozesse an der Wand (10.7) haben wir ein wichtiges neues Resultat gewonnen:

> *Die mittlere kinetische Energie eines Teilchens im Gas ist $(3/2)k_{\mathrm{B}}T$, also unabhängig von Masse, Druck und Volumen des Gases, dagegen nur abhängig in linearer Weise von der Temperatur.*

Mit der Einführung der mittleren kinetischen Energie $\overline{u}$ können wir so vorgehen, als ob alle N Teilchen des Systems dieselbe Energie (nämlich $\overline{u}$) besitzen, was dann für die gesamte Energie des Systems liefert:

$$U = N \cdot \overline{u}. \tag{10.10}$$

Die innere Energie ist eine Zustandsgröße

Man bezeichnet U als *innere Energie*, und sie ist, wie schon erwähnt, eine Zustandsgröße. Für das einatomige ideale Gas gilt der Spezialfall, daß die innere Energie rein als kinetische Energie vorliegt. Wir werden später noch andere Formen der inneren Energie kennenlernen.

10.7 Mittlere freie Weglänge und der Streuquerschnitt

Bei ihrer Temperaturbewegung stoßen die Gasteilchen nicht nur an die Gefäßwände, sondern sich auch untereinander. Wir stellen daher die Frage, wie groß der *mittlere Abstand* der Teilchen voneinander ist, und wie weit sie im

Mittel fliegen können, bevor sie auf ein anderes Teilchen treffen, d.h. wie groß ihre *mittlere freie Weglänge* ist?

Um den *mittleren Abstand* zu berechnen, bestimmen wir als erstes die Zahl der im idealen Gas pro Volumeneinheit enthaltenen Teilchen $n = N/V$. Sie läßt sich direkt aus der Gasgleichung $N/V = P/k_{\mathrm{B}}T$ ermitteln und beträgt für $P = 1\,\mathrm{bar}\,(10^5\,\mathrm{Pa})$, $V = 1\,\mathrm{cm}^3$ und $T = 273\,\mathrm{K}$:

$$n = 2,7 \cdot 10^{19}\,\mathrm{cm}^{-3}. \tag{10.11}$$

Bei gleichem Druck und gleicher Temperatur ist die Teilchendichte für alle Gase die gleiche: Dies ist identisch mit der Aussage, daß die Molvolumina aller Gase unter diesen Umständen ebenfalls übereinstimmen. Unter Normalbedingungen ($P = 1\,\mathrm{bar}$, $T = 273\,\mathrm{K}$) ist das Volumen eines Mols eines beliebigen Gases $V_{\mathrm{m}} = 22,4\,\mathrm{l}$.

Normalbedingungen

Um den mittleren Abstand der Moleküle voneinander zu erhalten, unterteilen wir einen Würfel ($1\,\mathrm{cm}^3$), der n Teilchen gemäß (10.11) enthält, in m gleiche Volumina, so daß jedes Teilvolumen mit der Kantenlänge a und dem Volumen a^3 im Mittel gerade ein Teilchen enthält:

$$\frac{1}{a^3} = \frac{n}{1}.$$

Hieraus ergibt sich der mittlere Abstand $\bar{a}$ mit (10.11) zu

$$\bar{a} = n^{-1/3} = 33 \cdot 10^{-8}\,\mathrm{cm} = 33\,\text{Å} = 3,3\,\mathrm{nm}. \tag{10.12}$$

Mittlerer Abstand der Teilchen des idealen Gases

Dies ist zu unterscheiden von der mittleren freien Weglänge, die zwar nicht kürzer, wohl aber wesentlich länger sein kann als $\bar{a}$.

Um die *mittlere freie Weglänge* zu erhalten, betrachten wir ein Teilchen, das in der x-Richtung durch ein Gas fliegt, und fragen nach der Wahrscheinlichkeit, daß es nach dem Durchfliegen der Strecke $\mathrm{d}x$ an einem anderen Teilchen gestreut wird?

Zur Abschätzung dieser Wahrscheinlichkeit projizieren wir die im Volumen $A\,\mathrm{d}x$ enthaltenen $nA\,\mathrm{d}x$ Teilchen auf die Eintrittsfläche wie auf einen Bildschirm. Dabei hinterläßt jedes Teilchen auf der Fläche einen kleinen Schatten der Fläche σ, der aus seinem Volumen folgt. Wenn wir nun einen Parallelstrahl von Teilchen senkrecht auf A einfallen lassen, so gibt das Verhältnis

$$\frac{An\sigma\,\mathrm{d}x}{A} = n\sigma\,\mathrm{d}x$$

offenbar denjenigen Anteil der einfallenden Teilchen an, welche beim Durchqueren der Schicht dx einen Stoß erleiden.

Bemerkung:

Hier haben wir es mit einem kleinen Widerspruch zu tun. Wir benutzen die Zustandsgleichung des idealen Gases, aber eigentlich hatten wir ja angenommen, daß das ideale Gasteilchen kein Eigenvolumen besitzt. Dann können die Gasteilchen aber gar nicht aneinander stoßen. Wir müssen also reale Gase annehmen in der Näherung, daß das Eigenvolumen der Teilchen vernachlässigbar gegen das Gasvolumen ist. In diesem Fall gilt die Zustandsgleichung des idealen Gases.

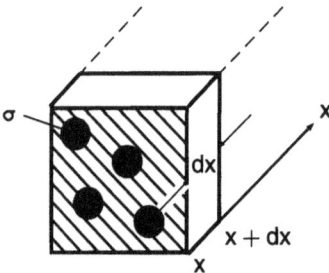

Bild 10.14: Zur Streuwahrscheinlichkeit eines Gasteilchens beim Durchfliegen der Strecke dx. Alle Gasatome im Volumen $A\,\mathrm{d}x$ (A ist die schraffierte Fläche) werden auf die Eintrittsfläche projiziert und hinterlassen einen „Schatten", den atomaren Streuquerschnitt σ.

Die Richtung des Atomstrahls sei x, dann nimmt die Strahlintensität $j(x)$ infolge der Streuung mit wachsendem dx ab gemäß

$$j(x + \mathrm{d}x) - j(x) = -j(x)n\sigma\,\mathrm{d}x.$$

Integration liefert

$$j(x) = j(0)\exp-n\sigma x. \tag{10.13}$$

Die Zahl der noch nicht gestreuten Teilchen im Strahl nimmt also exponentiell mit wachsendem x ab. In einer Entfernung von

$$l = \frac{1}{n\sigma} \tag{10.14}$$

ist nur der e-te Teil der einfallenden Atome noch nicht gestreut. l heißt *mittlere freie Weglänge*, und σ nennt man den *Wirkungsquerschnitt*, hier speziell den *Streuquerschnitt*.

Streuquerschnitt

Entsprechend unserer quasistatischen Ableitung ist der Ausdruck (10.14) für die mittlere freie Weglänge eines Teilchens beim Flug durch ein Gas besonders dann gültig, wenn das stoßende Atom sich viel schneller bewegt als die Zielatome. Wenn jedoch beide Stoßpartner – wie das für ein Gas im thermischen Gleichgewicht immer der Fall ist – die gleiche mittlere

Geschwindigkeit besitzen, verkleinert sich das Volumen, in dem ein Stoß erfolgt, und man erhält eine etwas kleinere mittlere freie Weglänge.

$$l = \frac{1}{\sqrt{2}n\sigma}$$ **Mittlere freie Weglänge für Gasteilchen im thermischen Gleichgewicht** (10.15)

Für Luftmoleküle beträgt die mittlere freie Weglänge unter Normalbedingungen etwa 65 nm, ihr mittlerer Abstand, wie weiter oben gezeigt wurde, nur 3 nm.

Bemerkung:
Der hier eingeführte Begriff des Wirkungsquerschnittes wird in der Physik ganz allgemein gerne benutzt, um die Wahrscheinlichkeit von Wechselwirkungen, speziell natürlich Stößen, von Teilchen zu beschreiben. Wir haben hier stillschweigend angenommen, daß σ der geometrischen Querschnittsfläche der Teilchen entspricht. Für Stöße zwischen klassischen Teilchen ist dies sicher richtig. Wir werden aber in der Quantenmechanik sehen, daß mikroskopische Teilchen, wie Atome, gar nicht so streng lokalisiert werden können. Der Wirkungsquerschnitt kann dann viel größer als der geometrische Querschnitt werden.

10.8 Die barometrische Höhenformel

Beim Bergsteigen bemerkt man, manchmal leidvoll, daß die Dichte der Luft, und deshalb auch die des Sauerstoffs, mit wachsender Höhe abnimmt. Wie läßt sich das beschreiben?

Wir gehen wieder aus von der allgemeinen *Gasgleichung* in der Form

$$P = n \cdot k_B T. \tag{10.16}$$

Zur ersten Abschätzung wollen wir alle vertikalen Temperaturdifferenzen in der Erdatmosphäre vernachlässigen, so daß aus (10.16) folgt:

$$dP = dn \cdot k_B T. \tag{10.17}$$

Die Teilchenzahl ändert sich also linear mit dem Druck. Letzterer ist jedoch durch das Gewicht der Luftsäule, die auf die Einheitsfläche drückt, wie es Bild 10.15 zeigt, bestimmt. Sie nimmt daher mit wachsender Höhe ab:

$$dP = -n \cdot mg \cdot dh. \tag{10.18}$$

Aus (10.17) und (10.18) folgt:

$$\frac{dn}{n} = -\frac{mg \cdot dh}{k_B T}.$$

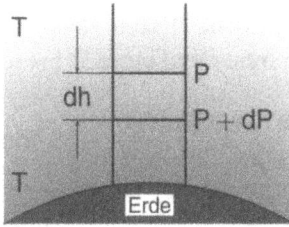

Bild 10.15: Luftsäule in der Erdatmosphäre.

Oder:

$$n(h) = n(0) \exp\left(-\frac{mgh}{k_\mathrm{B}T}\right)$$ (10.19)

bzw.

$$\varrho(h) = \varrho(0) \exp\left(-\frac{mgh}{k_\mathrm{B}T}\right)$$ **Barometrische** (10.20)
Höhenformel

Die barometrische Höhenformel gibt die Abnahme des Gasdrucks in der Erdatmosphäre mit wachsender Höhe über dem Meeresspiegel an. In Tabelle 10.2 sind für einige Höhen h die Druckwerte $P(h) = P(0) \cdot \varrho(h)/\varrho(0)$ angegeben, wie sie sich aus (10.20) unter der Annahme konstanter Temperatur $T = 300\,\mathrm{K}$ und konstanter mittlerer Molekülmassenzahl $M = 29$ ergeben. Zum Vergleich sind in der Tabelle auch die bei Raketenflügen gemessenen Werte angegeben.

Tabelle 10.2: Der atmosphärische Luftdruck in verschiedenen Höhen über dem Meeresspiegel.

h	0	1 km	10 km	100 km	200 km
$p(h)$ berechnet in mbar	1013	900	320	$1 \cdot 10^{-2}$	$1 \cdot 10^{-7}$
$p(h)$ gemessen in mbar	1013	900	280	$6 \cdot 10^{-4}$	$4 \cdot 10^{-7}$

Unterhalb von etwa 100 km fällt der Druck schneller ab als erwartet. Dies ist eine Folge der Abkühlung der Atmosphäre mit zunehmender Höhe. Bei 200 km und darüber ist der Druck jedoch größer als berechnet. Dies hängt im wesentlichen damit zusammen, daß in diesen Höhen die Entmischung der Atmosphäre eine Rolle spielt. Aus (10.20) ist ersichtlich, daß die Teilchendichte eines schweren Gases mit zunehmender Höhe schneller abfällt als die eines leichten Gases. Dies führt dazu, daß die leichten Gase Helium und Wasserstoff, die auf Meereshöhe nur mit einem Volumenanteil von

0,001 % zur Erdatmosphäre beitragen, in Höhen über 200 km dagegen vorherrschen. In Ultrazentrifugen, für die eine ähnliche Beziehung wie (10.19) gilt, wird diese Tatsache zur Trennung von Isotopen oder zur Sedimentation von Makromolekülen technisch genutzt, indem durch Kreisbeschleunigung ein Wert von g erzeugt wird, der groß gegen die Erdbeschleunigung ist. In diesem Fall ist h der Abstand zur Drehachse. Wie man leicht einsieht, ist dann aber g nicht konstant, sondern von h abhängig $(g(h))$.

10.9 Der Boltzmann-Faktor und die thermische Energie

Der in der barometrischen Höhenformel auftretende Exponentialausdruck $\exp(-mgh/k_BT)$ ist nur ein Spezialfall einer viel allgemeineren Gesetzmäßigkeit. Die Größe $m \cdot g \cdot h$ ist die potentielle Energie eines Teilchens im Gravitationsfeld (der Erde). Wir können also auch schreiben $\exp(-E_{pot}/k_BT)$. Folglich ist k_BT ebenfalls eine Energie, die wir als die thermische Energie bezeichnen

$$E_{th} = k_B \cdot T \qquad \textbf{Thermische Energie.} \qquad (10.21)$$

Wir haben damit die Temperatur auf die Energieeinheit zurückgeführt, was ja auch schon $\bar{u} = (3/2)k_BT$ aussagte.

Bemerkung:
Bei $T = 300$ K beträgt die thermische Energie $E_{300K} \approx 4 \cdot 10^{-21}$ J. In der Atomistik benutzt man gerne eine bequemere Energieeinheit, das Elektronenvolt (eV). Eine elektrische Ladung wird beschleunigt, wenn sie ein Spannungsgefälle durchläuft, was einem Zuwachs an kinetischer Energie entspricht. 1 eV ist die gewonnene kinetische Energie einer Elementarladung (e) bei einem Spannungsgefälle von 1 Volt. Es ist 1 eV = $1,602 \cdot 10^{-19}$ J. Die thermische Energie bei Zimmertemperatur ist 25 meV (Millielektronenvolt). Dies ist eine Zahl, die oft sehr nützlich für energetische Abschätzungen ist.

Nach *Boltzmann* gilt nun ganz allgemein für die Zahl der Teilchen $dn(E)$, die im thermischen Gleichgewicht eine Energie zwischen E und $E + dE$ besitzen:

$$\boxed{dn \propto \exp\left(-\frac{E}{k_BT}\right) dE} \qquad \textbf{Boltzmann-Faktor} \qquad (10.22)$$

Den Exponentialausdruck bezeichnet man als den *Boltzmann-Faktor* (nicht verwechseln mit der Boltzmann-Konstante!). Es spielt dabei keine Rolle,

welcher Art die Energie E des Teilchens ist. Es kann sich um eine potentielle oder kinetische Energie handeln. Als Beispiel für letzteres werden
wir in Physik IV noch zeigen, daß für die Zahl der Gasteilchen mit einer
Geschwindigkeit (Betrag) zwischen v und $v + dv$ gilt (Maxwellsche Geschwindigkeitsverteilung)[8]:

$$dn(v) \propto v^2 \cdot \exp\left(-\frac{mv^2}{2k_B T}\right) dv = v^2 \cdot \exp\left(-\frac{E_{kin}}{k_B T}\right) dv. \quad (10.23)$$

*Das besagt: Die Anzahl der Teilchen mit der Energie E in einem System
im thermischen Gleichgewicht hängt allein von dem Verhältnis der Teilchenenergie zur thermischen Energie ab.*

Der Boltzmann-Faktor wird uns noch in vielen physikalischen Phänomenen
begegnen: Immer dann wenn es darauf ankommt, die Zahl der Atome oder
Moleküle innerhalb eines bekannten Energiebereiches zu kennen.

Bemerkung:
Streng genommen gilt der Boltzmann-Faktor in der Form (10.22) nur für klassische
Teilchen. Die quantenphysikalischen Modifikationen besprechen wir in Physik IV.
Die Tatsache, daß nur das Verhältnis der Energie zur thermischen Energie maß-
gebend ist, bleibt jedoch erhalten. Der Ausdruck (10.22) ist aber in vielen Fällen,
speziell für verdünnte Systeme, eine gute Näherung, selbst wenn es sich um Quantenteilchen handelt.

---

[8] Der Vorfaktor v^2 folgt aus der Tatsache, daß die Geschwindigkeit ein Vektor ist, wir
hier aber den Geschwindigkeitsbetrag betrachten und so über alle Raumrichtungen mitteln
müssen. Für eine Geschwindigkeitskomponente gilt direkt

$$dn(v_x) \propto \exp\left(-\frac{mv_x^2}{2k_B T}\right) dv_x.$$

11 Wichtige thermische Eigenschaften der Materie

11.1 Spezifische Wärme

Wenn wir die Temperatur eines Stoffes um ΔT erhöhen wollen, so sagen wir, daß wir dem System eine Wärmemenge, die wir mit ΔQ bezeichnen, zuführen müssen. Dies drücken wir aus durch

$$\Delta Q = c \cdot M \cdot \Delta T, \qquad (11.1)$$

wobei M die Masse des Körpers ist. Die Proportionalitätskonstante c bezeichnet man als *spezifische Wärme*, das Produkt $c \cdot M$ als Wärmekapazität[1]. Meist bezieht man die spezifische Wärme auf ein Mol und spricht von der Molwärme oder der molaren Wärmekapazität C. Die spezifische Wärme ist, wie wir noch sehen werden, keine universelle Stoffkonstante. Sie hängt in vielen Fällen selbst wieder von der Temperatur ab. Wir benötigen deshalb eine differentielle Definition:

Molare Wärmekapazität C

$$\boxed{c = \frac{1}{M}\left(\frac{\mathrm{d}Q}{\mathrm{d}T}\right)} \qquad \textbf{spezifische Wärme} \qquad (11.2)$$

Über die physikalische Natur der Wärmemenge haben wir bisher noch nichts ausgesagt. Aus der täglichen Erfahrung wissen wir zum Beispiel, daß ein sich bewegendes Fahrzeug durch das Einschalten starker Reibung zum Stillstand gebracht werden kann. Dazu preßt man etwa Bremsklötze fest an Scheiben, die jeweils starr mit einem Rad verbunden sind. Das Resultat: das Fahrzeug verliert seine Geschwindigkeit, also seine kinetische Energie, und die Bremsscheibe wird heiß (in der Praxis muß man für gute Kühlung der Bremse sorgen). Temperaturerhöhung bedeutet nach (11.1) Zufuhr von Wärmemenge. Der Energiesatz sagt, daß wir die kinetische Energie als an-

---

[1] Deshalb findet man für c auch die Bezeichnung *spezifische Wärmekapazität*.

dere Energieform wiederfinden müssen. Somit ist die Wärmemenge einfach eine Energieform, d.h.

die Übertragung von Wärme bedeutet Übertragung von Energie.

Wir messen demnach die Wärmemenge in Joule und hätten in (11.1) statt ΔQ auch einfach ΔE schreiben können.[2] Es ist aber üblich, die Wärmemenge (heutzutage auch oft richtigerweise als Wärmeenergie bezeichnet) speziell zu kennzeichnen, denn Wärmeenergie hat besondere Eigenschaften. Es ist zwar möglich jede beliebige Energieform total in Wärme zu überführen, aber der umgekehrte Prozeß ist nicht mit voller Effizienz möglich. Das wird uns noch beschäftigen (2. Hauptsatz)[3].

Ideales Gas   Zurück zur spezifischen Wärme. Wir betrachten zunächst das ideale Gas. Dies hat durchaus praktische Bedeutung. Will man etwa Zimmerluft aufheizen, so muß man selbst bei idealer Wärmeisolation mindestens die Energie aufbringen, die nötig ist, das Gas zu erwärmen. Wie schon gesagt, ist die innere Energie eines einatomigen idealen Gases allein durch die kinetische Energie seiner Teilchen gegeben. Potentielle Energie ist ausgeschlossen, da keine Wechselwirkungskräfte zwischen den Teilchen existieren sollen. Also:

$$U = N \cdot \bar{u} = \frac{3}{2} N k_{\mathrm{B}} T \qquad (11.3)$$

Zugeführte Wärme dQ kann nur die Energie U erhöhen:

$$c = \frac{1}{M} \frac{\mathrm{d}U}{\mathrm{d}T} \qquad (11.4)$$

Läßt man bei der Erwärmung das Volumen konstant, so schreiben wir

$$\boxed{c_{\mathrm{V}} = \frac{1}{M} \left(\frac{\mathrm{d}U}{\mathrm{d}T} \right)_{\mathrm{V}}}. \qquad (11.5)$$

Aus (11.3) folgt dann für die Molwärme mit $k_{\mathrm{B}} = R/L$:

---

[2] Ursprünglich wurde für Wärmemengen eine eigene Einheit, die Kalorie (cal), definiert. Die Wärmemenge von 1 cal vermag 1 g Wasser um 1°C (genauer von 14,5°C auf 15,5°C) zu erhöhen. Das ist eine praktische Einheit, und man findet sie noch gelegentlich im täglichen Gebrauch. Es gilt 1 cal = 4,1855 J.

[3] Deswegen schließt man den Wärmeinhalt eines Systems in der Regel nicht in die Gesamtenergie mit ein. Dies führt zu der Aussage: „Wärme ist Energieform aber nicht Energieanteil". Solche summarischen Aussagen sind jedoch mit Vorsicht zu genießen.

$$\boxed{C_{\mathrm{V}} = \frac{3}{2}R}$$ **Molwärme des idealen einatomigen** (11.6)
Gases bei konstantem Volumen

In diesem Fall ist die spezifische Wärme temperaturunabhängig. Anders sieht die Situation aus, wenn wir den Druck P bei der Erwärmung konstant lassen, d.h. wir bilden

$$\boxed{c_{\mathrm{P}} = \frac{1}{M}\left(\frac{\mathrm{d}U}{\mathrm{d}T}\right)_{\mathrm{P}}}.$$ (11.7)

Nach der Gasgleichung bedeutet Temperaturerhöhung bei konstantem Druck eine Volumenvergrößerung. Bei der Ausdehnung muß das Gas Expansions-

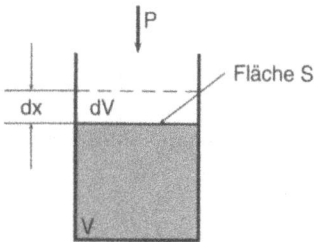

Bild 11.1: Erwärmung eines idealen Gases bei konstantem Druck.

arbeit $\mathrm{d}W$ gegen den konstanten Druck P (etwa den Atmosphärendruck von 10^5 Pa) leisten. Aus der in Bild 11.1 gezeigten Situation entnehmen wir:

$$\mathrm{d}W = F \cdot \mathrm{d}x = \frac{F}{A} \cdot (\mathrm{d}x \cdot A) = P \cdot \mathrm{d}V$$ (11.8)

somit

$$\boxed{\mathrm{d}W = P \cdot \mathrm{d}V}$$ **Ausdehnungsarbeit** (11.9)

und die Energiebilanz lautet:

$$\mathrm{d}U = C_{\mathrm{V}}\mathrm{d}T + P\,\mathrm{d}V$$ (11.10)

Aus der Gasgleichung $(P \cdot V_{\mathrm{m}}/T) = R$ folgt

$$\mathrm{d}U = C_{\mathrm{V}}\,\mathrm{d}T + R\,\mathrm{d}T$$ (11.11)

und schließlich

$$\boxed{C_{\mathrm{P}} = C_{\mathrm{V}} + R}.$$ **Molwärme des einatomigen idealen** (11.12)
Gases bei konstantem Druck

Das Verhältnis $C_P/C_V = c_P/c_V = \kappa$ nennt man, aus Gründen, die wir noch besprechen werden, den *Adiabatenkoeffizienten*. Somit ist

$$\boxed{\kappa = \frac{5}{3}}$$ **Adiabatenkoeffizient des einatomigen idealen Gases** (11.13)

In der Praxis mißt man fast immer C_p, da man gegen den Atmosphärendruck arbeitet. Die interessante Größe ist aber C_V, denn sie gibt Aufschluß über die im Inneren des Materials steckende Energie. Für das ideale Gas ist die Umrechnung von C_p in C_V einfach, bei realen Systemen aber oft recht kompliziert.

Festkörper   Wir wollen noch kurz die spezifische Wärme eines Festkörpers betrachten. Zunächst ist hier im allgemeinen die thermische Ausdehnung klein, so daß wir nähern können

$$C_p \approx C_V = C. \tag{11.14}$$

Es zeigt sich, daß die spezifische Wärme von Festkörpern stark temperaturabhängig ist, wie dies Bild 11.2 illustriert.

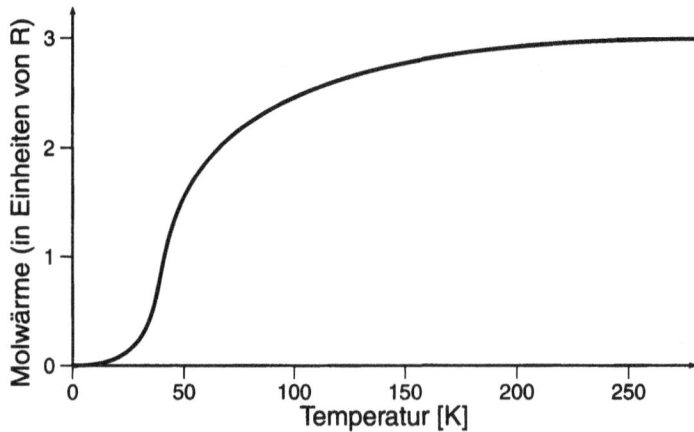

Bild 11.2: Spezifische Wärme (pro Mol) für Silber als Funktion der Temperatur.

Bei hohen Temperaturen strebt die Molwärme für alle festen Körper einem einheitlichen Grenzwert zu:

$$\boxed{C = 3R = 24,943 \frac{J}{mol \cdot K}}$$ **Regel von Dulong und Petit** (11.15)

Dieser Wert ist doppelt so groß wie der eines idealen Gases.

Bei tiefen Temperaturen sinkt C rasch ab und strebt für $T \to 0$ gegen $C = 0$. (Dies gilt übrigens für alle realen Systeme). Das Absinken der spezifischen Wärme ist ein typischer Effekt der Quantenmechanik und wird in der Festkörperphysik ausführlich besprochen[4].

Bemerkung:

Im Festkörper sind die Atome ortsfest auf Gitterplätzen gebunden. Die thermische Energie kann also nicht wie beim Gas in Form kinetischer Energie vorliegen. Die Bindung an den Gitterplatz ist elastisch; die Atome führen harmonische Schwingungen aus. Für atomistische Teilchen ist die Schwingungsenergie gequantelt und kann nur die Werte $E_{\mathrm{osc}} = (\nu + 1/2)\hbar\omega_0$ annehmen (ν ist eine Laufzahl ($\nu = 1, 2, \ldots$), $\hbar$ die Planck-Konstante und ω_0 die Eigenfrequenz). Bei tiefen Temperaturen reicht die thermische Energie nur noch aus, um niederenergetische Schwingungen (kleine ν) anzuregen. Es steht somit pro Temperaturbereich immer weniger Schwingungsenergie zur Verfügung, die Energieänderung pro Temperaturintervall sinkt ab und damit die spezifische Wärme. Bereits kleine Energiezufuhren bewirken große Temperaturänderungen.

Spezifische Wärmen mißt man mit sogenannten Kalorimetern. Ein einfaches Beispiel zeigt Bild 11.3.

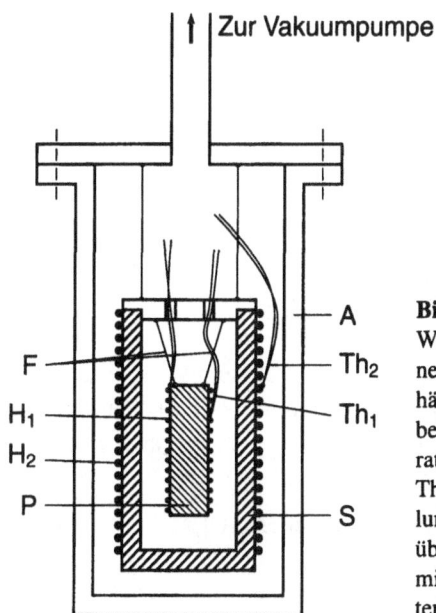

Bild 11.3: Kalorimeter zur Messung spezifischer Wärmen. Die Probe P ist thermisch isoliert in einem Vakuumgefäß A an Nylonfäden F aufgehängt. Über die Heizwicklung H$_1$ wird ihr eine bekannte Energiemenge zugeführt. Die Temperaturerhöhung der Probe mißt das elektrische Thermometer Th$_1$. Die Probe ist von einem Strahlungsschutzmantel S umgeben, der elektrisch über H$_2$ beheizt wird. Seine Temperatur wird mittels des Thermometers Th$_2$ etwa auf Probentemperatur eingestellt.

---

[4] Siehe z.B. Kittel, Ch.: Einführung in die Festkörperphysik, Kap. 6, 12. Auflage, R. Oldenbourg Verlag, München 1998.

11.2 Der Gleichverteilungssatz und das mehratomige Gas

Für das einatomige Gas hatten wir in Abschnitt 10.6 gefunden, daß die Energie pro Teilchen im Mittel

$$\bar{u} = \frac{3}{2} k_\mathrm{B} T \qquad (11.16)$$

ist. Dabei hatten wir angenommen, daß alle Energie in der ungeordneten Translationsbewegung des Teilchens steckt. Zur Beschreibung der Translation benötigen wir die kartesischen Koordinaten x_i und p_i mit $i = 1, 2, 3$. Die Translationsenergie ist vom Ort unabhängig und nur durch die drei Komponenten p_i des Impulses gegeben. Man trägt dem Rechnung, indem man sagt, daß drei Freiheitsgrade f der Bewegungsenergie existieren. Damit können wir (11.16) umschreiben:

$$\bar{u} = \frac{1}{2} \cdot f \cdot k_\mathrm{B} T \qquad (11.17)$$

bzw. pro Mol für die innere Energie

$$U = \frac{1}{2} \cdot f \cdot RT. \qquad (11.18)$$

Dieses Ergebnis läßt sich verallgemeinern (was wir hier aber nicht zeigen):

> *In einem harmonischen System besitzt im thermischen Gleichgewicht jeder Freiheitsgrad im Mittel dieselbe Energie von $RT/2$ pro Mol.*   **Gleichverteilungssatz**

Harmonisches System

Unter einem *harmonischen System* verstehen wir ein System von Teilchen, in deren mittlere Energie $\bar{u}$ die Koordinaten x_i und p_i nur quadratisch eingehen. Dies ist richtig für Translationsenergie (es ist $E_{\mathrm{kin}} = p^2/2m$), aber auch für Rotationsenergie und Schwingungsenergie.

Solange wir die Gasteilchen als Massenpunkte nähern, ist es klar, daß nur kinetische Energie existieren kann. Die Teilchen realer Gase haben eine endliche Ausdehnung. Die nächstbeste Näherung sind starre Kugeln[5]. Kugeln können im Prinzip um die drei kartesischen Achsen rotieren, was zusammen mit der Translation zu $f = 6$ führt. Nun zeigt aber Helium-Gas, was

---

[5] Dieses Modell wurde von *Boltzmann* benutzt in seinen grundlegenden Arbeiten zur Wärmebewegung.

dem Kugelmodell entsprechen würde, eine Molwärme von $C_V = (3/2)R$, also nur $f = 3$. Rotationsanregungen existieren nicht. Dies liegt wieder in der Quantenmechanik begründet, die für symmetrische Körper Rotationen um eine Figurenachse nicht erlaubt. Wir kommen in Physik IV darauf zurück.

Wir wollen noch kurz das zweiatomige Gas betrachten. Dies ist ein wichtiger Fall, denn viele elementare Gase (z.B. Wasserstoff, Stickstoff, Sauerstoff) kommen in der Natur (z.B. in der Luft) fast ausschließlich als diatomische Moleküle (H_2, N_2, O_2) vor. Es gibt in diesem Fall zunächst auch wieder drei Freiheitsgrade der Translation des Schwerpunkts. Weiter ist nun Rotation um die zwei Achsen senkrecht zur Verbindungsachse der Atome (die Figurenachse) möglich. Dies liefert zwei zusätzliche Freiheitsgrade der Rotationsenergie. Schließlich können noch Schwingungen der Atome gegeneinander entlang der Figurenachse existieren. Ein harmonischer Oszillator besitzt potentielle Energie (die vom Quadrat der Ortskoordinate abhängt) und kinetische Energie (quadratisch im Impuls). Der lineare Oszillator (der hier vorliegt) hat demnach 2 Freiheitsgrade der Schwingungsenergie. Somit finden wir:

$$\boxed{C_V = \frac{7}{2}R} \qquad \textbf{Molwärme des zweiatomigen Gases} \qquad (11.19)$$

Damit folgt für den Adiabatenkoeffizienten $\kappa = C_P/C_V = 9/7$.

Bemerkung:
Für das Wasserstoffmolekül H_2 ist bei $T \approx 50\,K$ die Molwärme nur $C_V = (3/2)R$. Es sind also nur die Freiheitsgrade der Translation angeregt. Kinetische Energie ist nicht quantisiert, wohl aber die Rotations- und Schwingungsenergie. Selbst für

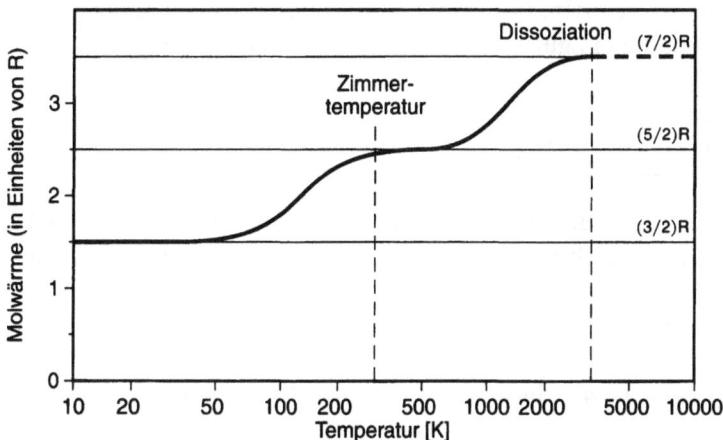

Bild 11.4: Temperaturverlauf der spezifischen Wärme pro Mol C_V von molekularem Wasserstoff (H_2). Oberhalb von ca. 3200 K dissoziiert das Molekül.

den niedrigsten Quantenzustand tritt der Fall ein, daß $E^1_{\text{rot}} \gg k_B T$. Dann ist der Boltzmannfaktor $\exp(-E^1_{\text{rot}}/k_B T) \approx 0$. Der Boltzmannfaktor gibt die Wahrscheinlichkeit an, ein Teilchen mit der Energie E^1_{rot} zu finden. Diese verschwindet, d.h. wir finden praktisch keine Teilchen mit Rotationsenergie. Dasselbe gilt für die Schwingungsenergien. Man sagt, diese Freiheitsgrade sind ausgefroren. Bei $T = 300\,\text{K}$ finden wir $C_V = (5/2)R$. Also ist jetzt die Rotation voll angeregt, nicht aber die Schwingungen, was bedeutet $E_{\text{rot}} < E_{\text{osc}}$. Erst bei sehr viel höherer Temperatur kommen alle Freiheitsgrade ins Spiel. Bild 11.4 zeigt den Temperaturverlauf von C_V für Wasserstoff. Wie man erkennt, verhält sich die Molwärme zwischen den Anregungsstufen temperaturunabhängig, wie man es von einem idealen Gas erwarten würde. Schließlich erklärt (11.17) auch die Regel von Dulong und Petit (11.15). Es handelt sich im Festkörper, wie diskutiert, um Schwingungsanregung. Die auf Gitterplätzen gebundenen Atome führen harmonische Schwingungen in die drei Raumrichtungen aus. Für jede Raumrichtung ist $f = 2$ (linearer harmonischer Oszillator), also ergibt sich $f = 6$ und somit $C_V = 3R$.

11.3 Wärmeausdehnung

Die Volumenzunahme bei Temperaturerhöhung für ein ideales Gas läßt sich aus seiner allgemeinen Zustandsgleichung bei konstantem Druck sofort ableiten:

$$\frac{\Delta V}{V} = \frac{\Delta T}{T} \tag{11.20}$$

Ebenso kann für ein *reales Gas* die Volumenänderung aus der *van-der-Waals-Gleichung*, die in Abschnitt 12.4 besprochen wird, erhalten werden. Für feste Körper ist eine allgemeine Zustandsgleichung nicht so ohne weiteres zu erstellen. Für nicht zu große Temperaturänderungen ist die Volumenänderung in guter Näherung proportional zur Temperaturänderung:

$$\boxed{\frac{\Delta V}{V} = \beta \cdot \Delta T} \tag{11.21}$$

Für einen isotropen Festkörper (z.B. einem kubischen Kristall) und für Flüssigkeiten ist der *Volumen-Ausdehnungskoeffizient* β gegeben durch:

$$\beta = 3\alpha, \tag{11.22}$$

wobei α der *lineare Ausdehnungskoeffizient* ist, der definiert wird durch:

$$\boxed{\frac{\Delta L}{L} = \alpha \cdot \Delta T,} \tag{11.23}$$

Tabelle 11.1: Lineare thermische Ausdehnungskoeffizienten verschiedener Festkörper und Flüssigkeiten im Bereich um 300 K.

Material	in 10^{-6} pro K	Material	in 10^{-6} pro K
Aluminium	14,00	Porzellan	6,30
Eisen	12,30	Quarzglas	0,36
Gold	14,30	Pyrex	3,10
Kupfer	15,60	Handelsglas	11,00
Natrium	71,00	Steinsalz	40,00
Platin	8,75	Plexiglas	75,00
Silber	18,80	Teflon	200,00
Silizium	3,60	Quecksilber	181,50
Tantal	6,50	Wasser	238,40
Uran	15,50	Alkohol	1050,00
Invar	1,5 bis 2,50	Benzol	1230,00

wenn L die Länge des Körpers ist. In Tabelle 11.1 sind einige typische Werte für α aufgeführt.

Bemerkung:
Die Erklärung der Temperaturausdehnung ist darin zu suchen, daß das Potential, das ein Atom im Gitter sieht, streng genommen kein rein harmonisches Potential der Form $V(x) = D \cdot x^2$ ist. Das reale Potential enthält noch Beiträge höherer Ordnung:

$$V(x) = D_1 x^2 - D_2 x^3 - \cdots \qquad (11.24)$$

Für ein solches anharmonisches Potential verschiebt sich die Nullage eines schwingenden Gitterbausteines mit zunehmender Schwingungsamplitude, d.h. mit Anregung höherenergetischer Schwingungszustände. Der kubische Term zum Bindungspotential in Molekülen wird in Physik IV noch genauer diskutiert.

Die Längen- bzw. Volumenänderung fester Körper ist zwar klein, aber doch deutlich merkbar. Sie spielt eine wichtige Rolle in der Technik. Wenn die Wärmeausdehnung beim Erstellen von Metallkonstruktionen nicht berücksichtigt wird (etwa im Hochbau), dann können sehr große Verspannungskräfte durch Temperaturschwankungen auftreten, die leicht zur Zerstörung der Bauteile führen. Bild 11.5 zeigt als Beispiel die Lagerung einer Brücke. Über die Rolle kann die Wärmeausdehnung aufgenommen werden.

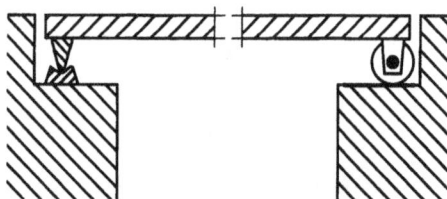

Bild 11.5: Lager einer Eisenbrücke (schematisch).

11.4 Wärmetransport

Es existieren drei Möglichkeiten, eine Wärmemenge Q zu transportieren. Dies geschieht einmal durch die *Wärmestrahlung*, die wir in Physik III besprechen. Dabei wird die Energie durch elektromagnetische Strahlung (Infrarot-Strahlung) übertragen, und die Übertragung kann daher auch durch das Vakuum erfolgen. In der Tat ist Wärmetransport durch Strahlung in Materie über größere Strecken im allgemeinen nur in hochverdünnten Medien (z.B. Gase) möglich. In dichteren Medien ist die Absorption zu hoch. Die Wärmestrahlung spielt wegen des T^4-Gesetzes von *Stefan* und *Boltzmann* vor allem bei höheren Temperaturen eine wichtige Rolle.

In Materie bieten sich zum Wärmetransport noch die *Konvektion* und die *Wärmeleitung* an. Bei der Konvektion ist der Wärmetransport mit Materietransport direkt verkoppelt, d.h. erwärmte Materie wird vom warmen zum kühlen Ort transportiert und umgekehrt. Dabei bildet sich im Idealfall ein stationäres Strömungsbild aus. Offenbar ist diese Art von Wärmetransport an strömende Medien, d.h. Gase oder Flüssigkeiten gebunden. Im Festkörper kann sie nicht auftreten. Konvektionsströmung hat ihre Ursache in dem durch die Temperaturdifferenz bedingten Unterschied in der Dichte der Materie.

Bemerkung:
Wärmetransport durch Konvektion spielt in unserer natürlichen Umwelt und in der Technik die beherrschende Rolle. In Bild 11.6 ist als Beispiel der Kühlraum eines Haushaltskühlschrankes gezeigt. Die Kühlleistung wird im Verdampfergefäß erzeugt (Einzelheiten hierzu finden sich in Abschnitt 14.3). Durch Wärmeleitung, die im folgenden besprochen wird, kühlt sich die im Kontakt mit dem Verdampfer stehende Luft ab. Dadurch erhöht sich ihre Dichte, die Luft sinkt zum Boden ab. Durch Kontakt mit den Lebensmittelbehältern erwärmt sich die Luft wieder, wobei *Konvektion* die Lebensmittel abgekühlt werden. Hier ist wieder Wärmeleitung im Spiel. Die Dichte der Luft wird dadurch geringer, und sie steigt auf. Solange das System nicht gestört wird – etwa durch Öffnen der Tür der Kühlkammer – bildet sich

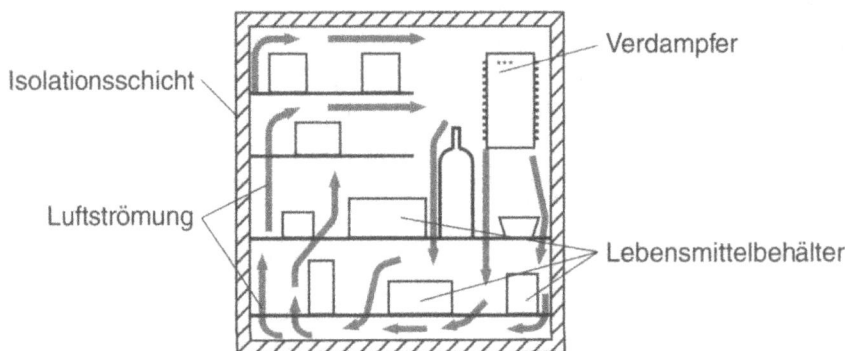

Bild 11.6: Konvektion im Innenraum eines Kühlschrankes.

das in Bild 11.6 angedeutete Strömungsbild aus. Die Isolationsschicht verhindert Wärmeleitung in den Außenraum. Sie besteht aus einem Material, das eine sehr schlechte Wärmeleitzahl (siehe weiter unten) besitzt. Es eignen sich hierzu sehr gut Schaumstoffe. Das besprochene Beispiel verwendet natürliche Konvektion. In der Technik wird, um einen besseren Kühleffekt zu erzeugen, Zwangskonvektion benutzt. Mit einer Pumpe oder einem Gebläse wird Strömung erzeugt. Ein Beispiel ist der Kühlkreislauf eines Automotors.

Von echter Wärmeleitung spricht man, wenn infolge eines Temperaturunterschiedes Wärmemenge durch Materie fließt, ohne daß damit ein Stofftransport verbunden ist. Wie schon erwähnt, läßt sich dieser Vorgang an einem Festkörper gut beobachten, da dort Konvektion ausgeschlossen ist. Sie findet aber ebenso in Flüssigkeiten und Gasen statt. Die Wärmestrahlung läßt sich vernachlässigen, wenn man bei genügend niedriger Temperatur arbeitet. Per definitionem ist ein Körper, in dem Wärmeleitung beobachtet wird, nicht im thermischen Gleichgewicht. Dieses Ungleichgewicht erhält man aufrecht, indem man dem Körper an einem Ort ständig Wärmeenergie zuführt (heizen) und an einem anderen Ort ständig Wärmeenergie abzieht (kühlen). Bild 11.7 zeigt die grundsätzliche Anordnung. Überläßt man den Körper sich selbst (abgeschlossenes System), so wird er mit einer gewissen Relaxationszeit in das thermische Gleichgewicht laufen (siehe Abschnitt 10.3). Dies geschieht dann durch Wärmeleitung.

Wärmeleitung

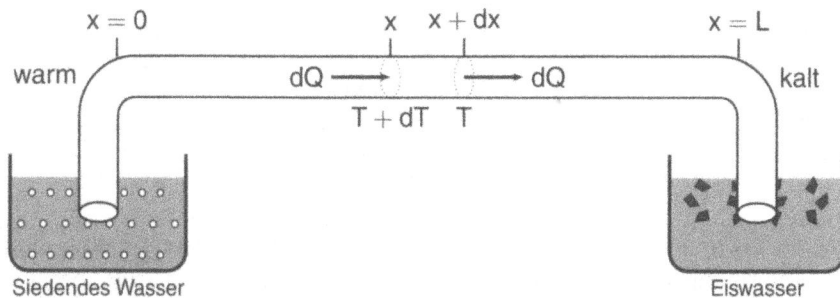

Bild 11.7: Zur Wärmeleitung eines Stabes.

Es seien zunächst die makroskopischen Verknüpfungsgleichungen der Wärmeleitung betrachtet, wobei der Einfachheit halber nur das eindimensionale Problem diskutiert wird. Ein sehr lang ausgedehnter Körper (z.B. Metallstab) mit der Querschnittsfläche A und Länge L werde an seinen Enden jeweils auf den Temperaturen T_1 und T_2 durch Kopplung an Wärmebäder festgehalten (siehe Bild 11.7). Der Stab selbst soll gegen die Umwelt thermisch isoliert sein (nicht gezeichnet). Dann beobachtet man nach genügend langer Zeit:

Stationäre Wärmeleitung → lineares Temperaturgefälle

1. Entlang des Körpers stellt sich eine lineare Temperaturverteilung ein:

$$T(x) = T_1 + (T_2 - T_1) \cdot x/L \qquad (11.25)$$

2. Über jeder Querschnittsfläche A ist die Temperatur konstant.

3. Durch den Stab (d.h. durch jede Querschnittsfläche A) fließt ein Wärmestrom dQ/dt vom wärmeren zum kälteren Ende, der proportional zur Temperaturdifferenz $T_2 - T_1$, zum Querschnitt A und umgekehrt proportional zur Länge L des Stabes ist. Also:

$$\boxed{\frac{dQ}{dt} = -\kappa \cdot A \cdot \frac{T_2 - T_1}{L}} \qquad (11.26)$$

Hierbei ist κ eine Materialkonstante, die als *Wärmeleitzahl* bezeichnet wird. Einige typische Werte sind in Tabelle 11.2 angegeben, und man erkennt, daß κ über viele Größenordnungen schwanken kann.

Tabelle 11.2: Wärmeleitzahlen κ einiger Materialien bei 300 K.

Substanz	κ [Wm^{-1}K^{-1}]	Substanz	κ [Wm^{-1}K^{-1}]
Aluminium	233,0	Wasser	$\approx$0,60
Eisen	70,0	Polystyrol	0,15
Kupfer	384,0	Asbest	0,70
Messing	110,0	Papier	$\approx$0,20
Platin	70,0	Kork	$\approx$0,05
Invar	12,0	Wolle	$\approx$0,04
Quarzglas	1,3	Holz	$\approx$0,18
Laborglas	$\approx$1,0	Luft	0,25

Metalle sind gute Wärmeleiter. Für kristalline Nichtmetalle liegt κ etwa eine Größenordnung tiefer, während nicht-kristalline Materialien (z.B. organische Stoffe oder Gläser) als Wärmeisolatoren dienen. Die Wärmeleitzahlen besitzen selbst eine Temperaturabhängigkeit. Bild 11.8 zeigt ein Beispiel. Die Ursachen hierfür werden in der Festkörperphysik diskutiert.

Wegen des linearen Temperaturverlaufes gilt:

$$\frac{dT}{dx} = \frac{T_2 - T_1}{L}$$

und statt (11.26) kann man auch schreiben:

$$\boxed{\frac{dQ}{dt} = -\kappa \cdot A \frac{dT}{dx}} \qquad (11.27)$$

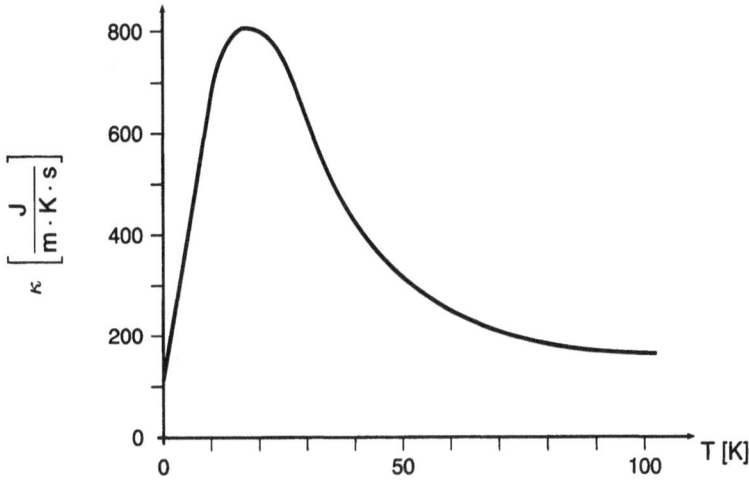

Bild 11.8: Abhängigkeit der Wärmeleitzahl κ von der Temperatur für reines Nickel.

Sinngemäß kann man die Größe

$$\frac{1}{A}\frac{dQ}{dt} = j_Q \tag{11.28}$$

als *Wärmestromdichte* bezeichnen und damit wird aus (11.27):

$$\boxed{j_Q = -\kappa\frac{dT}{dx}} \qquad \textbf{Wärmetransport} \tag{11.29}$$

Die Wärmeflußdichte durch ein Flächenelement ist dem Temperaturgradienten senkrecht zur Fläche proportional. Das Minuszeichen drückt aus, daß der Wärmestrom in Richtung fallender Temperatur fließt. Man kann (11.29) auf ein beliebiges (d.h. nicht mehr eindimensionales) Problem verallgemeinern durch:

$$\boxed{\vec{j}_Q = -\kappa\vec{\nabla}T} \tag{11.30}$$

Die lineare Temperaturabhängigkeit existiert nur im stationären Fall, d.h. wenn die Temperaturverteilung im Medium zeitlich konstant ist. So muß sich nach dem Eintauchen des Stabes von Bild 11.7 in das Wärme- und Kältebad zunächst das entsprechende Temperaturgefälle einstellen. Dieser Vorgang wird als das nicht-stationäre Problem der Wärmeleitung bezeichnet. In diesem Fall ist zwar (11.26) nicht mehr gültig, jedoch gilt die differentielle Form (11.27) zu jedem beliebigen Zeitpunkt. Zusätzlich muß immer gelten, daß der Nettowärmefluß in ein Volumenelement gleich sein muß der zeitlichen Änderung seiner inneren Energie. Zusammen mit (11.29) führt dies auf

Nicht-stationäres Problem → Wärmeleitungsgleichung

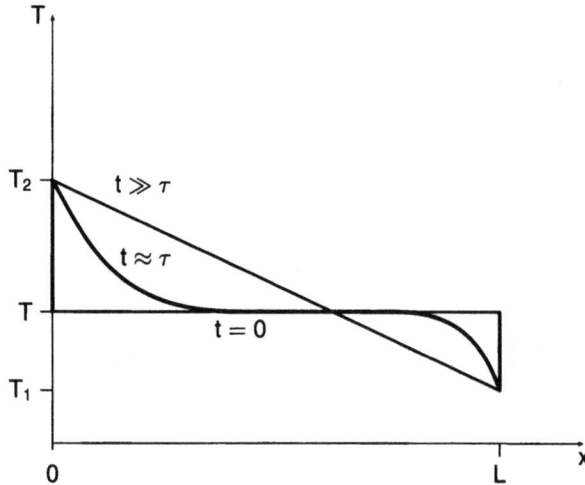

Bild 11.9: Zeitliche Änderung der Temperaturverteilung entlang eines Stabes der Länge L, wenn die ursprüngliche Temperatur des Stabes T betrug, und zur Zeit $t = 0$ die beiden Stabenden auf die Temperaturen T_1 bzw. T_2 gebracht werden. Für die Relaxationszeit τ gilt $\tau = L^2 \cdot \varrho \cdot c / \kappa$.

eine partielle Differentialgleichung, die sog. *Wärmeleitungsgleichung*:

$$\boxed{\frac{\partial T}{\partial t} = \frac{\kappa}{\varrho \cdot c} \frac{\partial^2 T}{\partial x^2}}$$

(11.31)

Damit kann man für feste Anfangs- und Randbedingungen die Temperatur T als Funktion von x und t angeben. Dieses ist in Bild 11.9 gezeigt. Erst für eine Zeit, die groß ist gegen die Relaxationszeit

$$\tau = L^2 \cdot \frac{\varrho \cdot c}{\kappa},$$

stellt sich der stationäre lineare Temperaturverlauf ein. Den Faktor $\kappa / (\varrho \cdot c)$ (κ = Wärmeleitzahl, ϱ = Dichte, c = spezifische Wärme) nennt man die *Temperaturleitfähigkeit*.

Mikroskopisches Bild der Wärmeleitung

Das mikroskopische Bild des Wärmeleitungsvorganges sei am Beispiel des idealen Gases erläutert. Die Wärmeleitung erfolgt allein durch den Transport von kinetischer Energie der Gasteilchen. Dies ist so zu verstehen, daß durch elastische Stöße der Teilchen untereinander die Wärmeenergie durch das Gasvolumen transportiert wird.

Zur Bestimmung des Wärmestromes $\mathrm{d}Q/\mathrm{d}t$ durch ein Gasvolumen kann man sich einen Gasraum der Länge Δx und der Querschnittsfläche A vorstellen, dessen Frontseiten auf der Temperatur $T + \Delta T$ bzw. T sind (ähnlich dem gezeigten Volumenelement des Stabes von Bild 11.7). Ein

Wärmeaustausch mit der Umwelt über die anderen Begrenzungsflächen sei nicht zugelassen. Die Wärmeenergie Q soll von x nach $x+\Delta x$ ausschließlich durch elastische Stöße der Gasteilchen übertragen werden. Das bedeutet, ein Teilchen darf nicht von x nach $x+\Delta x$ direkt gelangen, d.h. die mittlere freie Weglänge l soll klein gegen Δx sein. Durch die Fläche A am Ort x treten (dN_+) Teilchen in Richtung fallender Temperatur und ebensoviele Teilchen (dN_-) in entgegengesetzter Richtung. Es gilt aus geometrischen Gründen[6]:

$$dN_+ = dN_- = \frac{1}{6} n \cdot \overline{v} \cdot A \cdot dt \qquad (11.32)$$

Dabei ist n die Zahl der Teilchen pro Volumeneinheit, d.h. die Teilchendichte des Gases.

Diese Teilchen besitzen diejenige kinetische Energie, die ihnen bei ihrem letzten Stoß (d.h. im Abstand l) vor bzw. hinter der Ebene A mitgegeben wurde. Also:

$$\overline{E}_+ = \overline{E}(x - l) \quad \text{und} \quad \overline{E}_- = \overline{E}(x + l) \qquad (11.33)$$

Die Nettoenergie, die durch A transportiert wird, ist

$$dQ = dQ_+ - dQ_- = dN_+ \cdot \overline{E}_+ - dN_- \cdot \overline{E}_- ,$$

und somit wird der Wärmestrom durch A

$$\frac{dQ}{dt} = \frac{1}{6} n \cdot \overline{v} \cdot A \cdot \left(\overline{E}(x - l) - \overline{E}(x + l) \right) . \qquad (11.34)$$

Da l sehr klein gegenüber den makroskopischen Dimensionen ist, innerhalb derer sich T und damit $\overline{E}$ merklich ändern, kann man $\overline{E}_+$ und $\overline{E}_-$ aus (11.33) um x entwickeln und nach dem 1. Glied abbrechen. Damit wird aus (11.34), wenn man noch die Wärmestromdichte gemäß (11.28) benützt:

$$j_Q = \frac{1}{6} \cdot n \cdot \overline{v} \cdot \left[\left(\overline{E}(x) - l \cdot \frac{d\overline{E}}{dx} \right) - \left(\overline{E}(x) + l \cdot \frac{d\overline{E}}{dx} \right) \right]$$

$$= -\frac{1}{3} \cdot n \cdot \overline{v} \cdot l \cdot \frac{d\overline{E}}{dx} = -\frac{1}{3} \cdot n \cdot \overline{v} \cdot l \cdot \frac{d\overline{E}}{dT} \cdot \frac{dT}{dx} \qquad (11.35)$$

---

[6] Falls die mittlere freie Weglänge und die Teilchengeschwindigkeit unabhängig voneinander sind. Dies ist eine Näherung. Weiter ist vorausgesetzt, daß alle räumlichen Richtungen gleich wahrscheinlich sind.

Die mittlere Energie eines Atoms eines idealen Gases ist

$$\overline{u} = \frac{3}{2} k_B T,$$

also ist

$$\frac{\mathrm{d}\overline{u}}{\mathrm{d}T} = \frac{3}{2} k_B$$

In (11.35) eingesetzt ergibt dies

$$j_Q = -\frac{1}{2} \cdot n \cdot \overline{v} \cdot l \cdot k_B \cdot \frac{\mathrm{d}T}{\mathrm{d}x}. \tag{11.36}$$

Ein Vergleich mit (11.29) liefert

$$\boxed{\kappa = \frac{1}{2} \cdot n \cdot \overline{v} \cdot l \cdot k_B}. \qquad \textbf{Wärmeleitzahl eines} \atop \textbf{idealen Gases} \tag{11.37}$$

Definitionsgemäß ist die mittlere freie Weglänge l umgekehrt proportional zur Teilchendichte und damit reduziert sich (11.37) zu

$$\kappa = \text{const} \cdot \overline{v}. \tag{11.38}$$

Für ein ideales Gas hängt $\overline{v}$ nur von einer Zustandsvariablen, der Temperatur, ab. Damit folgt das wichtige Ergebnis:

In einem idealen Gas ist die Wärmeleitung unabhängig vom Druck.

Dies gilt offenbar aber nur so lange der Druck nicht so gering ist, daß l etwa gleich den Gefäßdimensionen L wird. Dann kann nämlich der Energietransport direkt durch die einzelnen Gasteilchen, die jetzt ungehindert von einer Wand des Gasbehälters zur anderen fliegen können, vorgenommen werden, und die Wärmeleitung wird von der Anzahl der Teilchen pro Volumen, also vom Druck, abhängen. Dieser kritische Druck wird ungefähr bei $P = 1$ mbar erreicht, wenn die Gefäßdimensionen im cm-Bereich liegen.

Bemerkung:
Man nutzt diesen Effekt in der Vakuumtechnik zum Bau sog. *Wärmeleitungsmanometer* aus, die im Bereich von 1 bis 10^{-3} mbar (d.h. ungefähr 1 Torr bis 1 mTorr) viel benutzt werden. In der Mitte eines Glasballons, der mit dem Vakuumsystem verbunden ist, ist eine Heizwicklung angebracht, durch die ein konstanter Strom geschickt wird. Ein an der Wicklung angebrachtes Thermoelement liefert eine der Temperatur proportionale Spannung, die mittels eines Meßinstruments angezeigt wird. Bei

hohem Gasdruck ist die Wärmeleitung durch das Gas zu den Gefäßwänden gut, und die Heizwicklung erwärmt sich kaum. Sinkt der Druck in den mbar-Bereich, so nimmt die Wärmeleitung ab, die Temperatur der Wicklung und damit die Thermospannung steigen. Das Meßinstrument kann direkt in Druck geeicht werden. Bei etwa 10^{-3} mbar wird die Wärmeleitung vernachlässigbar und das Instrument deshalb unempfindlich.

11.5 Diffusion

Schichtet man z.B. zwei Gassorten mit verschiedenen Molekulargewichten in einem Zylinder sorgfältig übereinander (z.B. He über O_2), so existiert zunächst eine scharf ausgeprägte Grenzfläche. Ist das schwere Gas unten eingebracht und bestehen keine Temperaturunterschiede, so kann Konvektionsströmung nicht auftreten. Trotzdem wird sich die Grenzfläche im Laufe der Zeit durch die thermische Molekularbewegung langsam verwischen. Die Gase beginnen ganz von selbst sich zu durchmischen. Nach sehr langer Zeit wird die Konzentration jedes Gases für sich über die ganze Zylinderhöhe durch die barometrische Höhenformel gegeben sein, womit das Mischsystem in den Gleichgewichtszustand eingelaufen ist. Einen derartigen Massentransport auf atomarer Ebene bezeichnet man als Diffusion. Quantitativ wird die Diffusion wieder durch eine Transportgleichung des Typs (11.29) beschrieben. Definiert man als Teilchenstromdichte die Zahl der durch eine Querschnittsfläche A pro Zeiteinheit hindurchdiffundierenden Teilchen, d.h.:

$$j_N = \frac{dN}{A \cdot dt},$$

so gilt:

$$\boxed{j_N = -D \cdot \frac{dn}{dx}} \qquad \textbf{Transportgleichung der Diffusion} \qquad (11.39)$$

Dabei ist dn/dx das *Konzentrationsgefälle*, wenn n die Zahl der Moleküle (der diffundierenden Sorte) pro Volumeneinheit ist. Der Proportionalitätsfaktor D ist die *Diffusionskonstante*, die schon bei der Behandlung der Brownschen Bewegung in Erscheinung trat. Sie ist eine Materialgröße, die sowohl vom diffundierenden Medium, wie auch von dem Medium, durch das die Diffusion erfolgt, abhängt. Das nicht-stationäre Verhalten bei Diffusionsvorgängen wird analog zu (11.31) durch die *Diffusionsgleichung* beschrieben:

Diffusions-konstante

$$\boxed{\frac{\partial n}{\partial t} = D \cdot \frac{\partial^2 n}{\partial x^2}} \qquad (11.40)$$

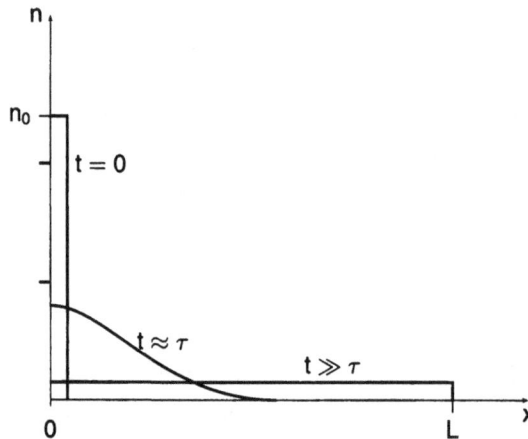

Bild 11.10: Zeitabhängigkeit des Konzentrationsgefälles bei eindimensionaler Diffusion. Zur Zeit $t = 0$ wurde die Fremdatomkonzentration n_0 am Ort $x = 0$ erzeugt. Danach wurde das System sich selbst überlassen. Die Relaxationszeit ist $\tau = L^2/D$. Es ist angenommen, daß die Teilchen keinen äußeren Kräften (z.B. Gravitation) unterliegen.

Den entsprechenden Konzentrationsverlauf als Funktion der Zeit zeigt Bild 11.10. Es unterscheidet sich von Bild 11.9 durch die Randbedingungen. Es ist hier angenommen, daß eine feste Zahl von Fremdatomen zur Zeit $t = 0$ eingebracht wurde, die sich dann über das gesamte Volumen durch Diffusion verteilen. Auch hierfür gilt wieder eine charakteristische Zeit $\tau = L^2/D$ (eindimensionaler Fall) für die Einstellung des stationären Zustandes (*Relaxationszeit*).

Bemerkung:

Diffusion in Festkörpern

Zunächst erwartet man, Diffusionsvorgänge nur in Gasen und Flüssigkeiten zu finden. Sie können jedoch bei höheren Temperaturen auch im Festkörper auftreten. In jedem realen Kristall gibt es leere Gitterstellen, die dann von den Fremdatomen eingenommen werden. Mit Hilfe dieser Fehlstellen ist eine dauernde Verschiebung der Atome auf verschiedene Gitterplätze möglich. Es kann aber auch Diffusion auf sog. Zwischengitterplätzen stattfinden, d.h. die Fremdatome diffundieren durch den leeren Raum, der zwischen den auf Gitterplätzen befindlichen Atomen aufgespannt wird. Wenn Atome auf solche Zwischengitterplätze gebracht werden, ist eine Verzerrung des Potentials der Atome auf den regelmäßigen Gitterplätzen die Folge. Es muß also Energie aufgebracht werden, ein Atom auf einen solchen Zwischengitterplatz zu bringen. Diffusion von Fremdatomen spielt in der Dotierung moderner Halbleiter-Schaltelemente eine große technische Rolle.

12 Ideale und reale Gase; Phasenumwandlung

12.1 Die Aggregatzustände am Beispiel des Wassers

Es ist möglich, alle Stoffe unter bestimmten Bedingungen z.B. bei entsprechender Wahl der Zustandsvariablen P, V, T in jeden der drei verschiedenen Aggregatzustände *gasförmig, flüssig* und *fest* zu bringen[1]. Der Übergang zwischen diesen drei Aggregatzuständen kann in beiden Richtungen erfolgen. In diesem Zusammenhang spricht man statt von Aggregatzuständen auch von *Phasen*. Es ist jedoch auch möglich, innerhalb eines Aggregatzustandes mehrere Phasen zu erhalten (z.B. eine ferromagnetische und paramagnetische Phase im festen Aggregatzustand). Den Übergang eines Materials zwischen zwei Phasen bezeichnet man als *Phasenumwandlung*. Hier sollen die Vorgänge bei den Aggregatzustandsänderungen besprochen werden. Dies geschieht am besten an einem konkreten Beispiel. Dafür sei Wasser gewählt.

Phasen

Einem Probevolumen wird ein konstanter Wärmestrom (dQ/dt = const) zugeführt. Die Änderung der Temperatur und des Volumens der Probe sind in den Bildern 12.1a und 12.1b aufgezeichnet. Es wird stets gegen den Atmosphärendruck gearbeitet, also P = const ≈ 1 bar. Ferner wird darauf geachtet, daß dQ/dt so klein ist, daß sich die Probe zu jedem Zeitpunkt im Gleichgewichtszustand befindet. Der Versuch soll bei einer Temperatur von $T = 250$ K beginnen. Es liegt dann festes Wasser, d.h. Eis, vor. In den Bildern 12.1a und 12.1b kann man deutlich sechs Bereiche unterscheiden:

1. Das Eis erwärmt sich und vergrößert dabei etwas sein Volumen. Die

---

[1] Oft definiert man noch einen 4. Aggregatzustand: das Plasma. Ein Plasma liegt vor, wenn die thermische Energie nicht nur groß gegen die atomaren Bindungsenergien (was zunächst zu einem atomaren Gas führt), sondern auch größer als die Ionisierungsenergie der Atome ist. Dann bildet sich ein elektrisch leitendes Gas aus freien Ionen und Elektronen. Thermische Energien müssen im eV-Bereich und darüber liegen. Der Plasmazustand spielt eine entscheidende Rolle im Kernfusionsreaktor (siehe Physik IV).

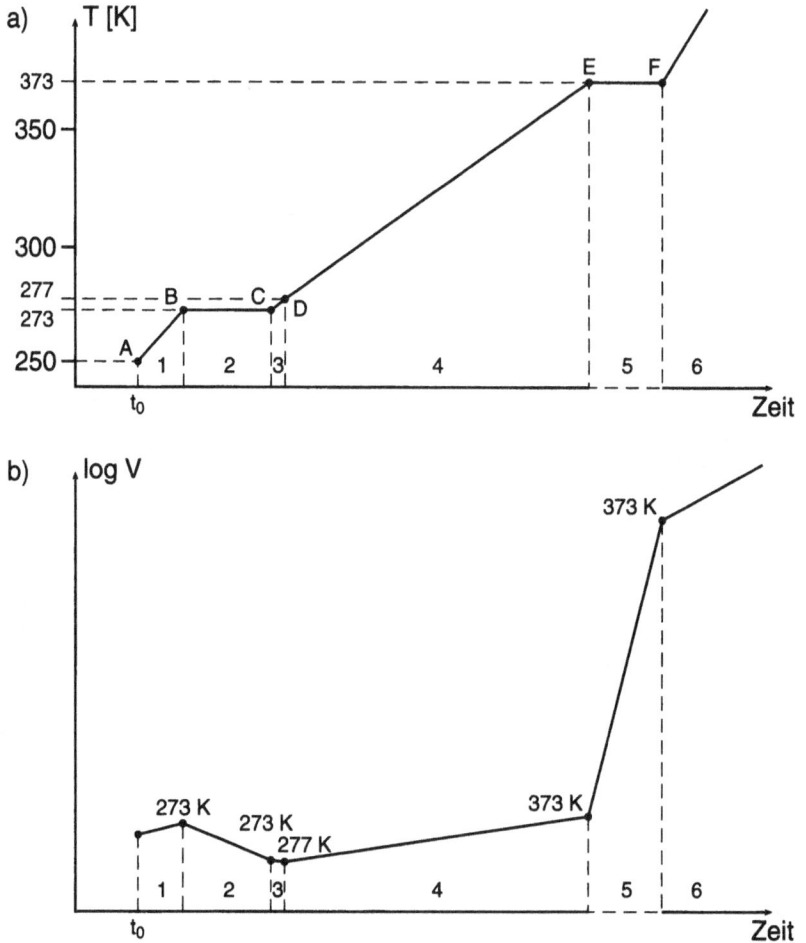

Bild 12.1: Die Änderung der Temperatur (a) und des Volumens (b) von Eis, Wasser und Wasserdampf bei Zuführung eines zeitlich konstanten Wärmestromes. Die Buchstaben in a) beziehen sich auf einen Vergleich mit Bild 12.7.

spezifische Wärme ist $c_p \approx c_V \approx 2300\,\mathrm{J}\cdot\mathrm{kg}^{-1}\cdot\mathrm{K}^{-1}$.

2. Wenn $273{,}15\,\mathrm{K}$ (d.h. $0\,^\circ\mathrm{C}$) erreicht sind, beginnt das Eis zu schmelzen. Offenbar erfolgt die Umwandlung fest/flüssig jedoch nicht plötzlich. Obwohl stets Wärmemenge zugeführt wird, bleibt die Temperatur konstant bei $0\,^\circ\mathrm{C}$. Während dieser Zeit existieren die feste und die flüssige Phase gleichzeitig. Erst nachdem das gesamte Eis geschmolzen ist, beginnt die Temperatur wieder zu steigen. Dem Eis muß zum Schmelzen Energie zugeführt werden, die man *Schmelzwärme* nennt. Sie beträgt etwa $335000\,\mathrm{J}\cdot\mathrm{kg}^{-1}$. Beim Schmelzen des Eises verringert sich das Volumen um $\Delta V/V = -0{,}09$. Dies ist ein ungewöhnliches Verhalten. Die meisten Materialien zeigen eine leichte Volumenzunahme beim Schmelzen.

3. Beim Erwärmen des flüssigen Wassers nimmt das Volumen zunächst weiter ab, bis bei ca. 277 K die größte Dichte erreicht ist. Diese *Anomalie des Wassers* ist entscheidend für viele Vorgänge in der Natur. Die spezifische Wärme wird nur wenig von diesen Vorgängen beeinflußt; in der Temperaturkurve ist daher der 277 K-Punkt nicht besonders ausgezeichnet.

4. Oberhalb 277 K erwärmt sich das Wasser unter Volumenausdehnung. Die spezifische Wärme ist weitgehend konstant und liegt bei $c_P \approx c_V \approx$ 4190 J $\cdot$ kg^{-1} $\cdot$ K^{-1}, die Temperatur steigt in etwa linear an.

5. Bei Erreichen von 373,15 K (100 °C) beginnt das Wasser zu sieden, die Umwandlung flüssig/gasförmig findet statt. Das Verhalten am Siedepunkt ist ganz ähnlich dem am Schmelzpunkt, die Temperatur bleibt konstant bis das gesamte Wasser in Dampf umgewandelt ist. Die Verdampfungswärme liegt bei 2 260 000 J $\cdot$ kg^{-1} (!). Der Übergang zum gasförmigen Aggregatzustand ist mit einer starken Volumenausdehnung verbunden, etwa $\Delta V/V \approx 1000$.

6. Nachdem das Wasser vollständig verdampft ist, erwärmt sich der Wasserdampf mit $c_P = 1925$ J $\cdot$ kg^{-1} $\cdot$ K^{-1} unter Volumenausdehnung. Bei höheren Temperaturen läßt sich sein Verhalten in guter Näherung durch die Zustandsgleichung der idealen Gase beschreiben.

Die beiden hier besprochenen Phasenumwandlungen erfolgen also nur unter Energiezufuhr. Diese Energien (die Schmelz- bzw. Verdampfungswärme) bezeichnet man als die *latenten Wärmen* der Phasenübergänge. Sie werden bei umgekehrtem Verlauf der Reaktion (Kondensieren eines Dampfes zur Flüssigkeit bzw. Einfrieren einer Flüssigkeit) wieder freigesetzt.

Bemerkung:
So ist z.B. der Kreisprozeß Wasser → Dampf → Wasser ein idealer Wärmespeicher.   *Wärmespeicher*
Bei nur kleiner Temperaturerhöhung (etwa von 372 K auf 374 K) können sehr große Wärmeenergien gespeichert werden, die sich durch leichtes Senken der Temperatur nach beliebiger Zeit wieder freisetzen lassen. Wärmespeicher unter Ausnutzung der latenten Wärme eines Phasenüberganges gewinnen große Bedeutung in der modernen Technik.

Da die Zuführung der latenten Wärme bei einem Phasenübergang zu keiner Temperaturerhöhung des Systems führt, muß sie die potentielle Energie des Ensembles erhöhen. Man versteht dies gut beim Übergang flüssig/gasförmig. Die Moleküle müssen soweit voneinander entfernt werden, daß sie sich praktisch wie freie Teilchen bewegen (Überwindung intermolekularer Bindungskräfte).

12.2 Phasenumwandlungen erster und zweiter Ordnung

Latente Wärme beim Phasenübergang 1. Ordnung

Bei den angeführten Phasenübergängen des Wassers (Schmelzen und Sieden) ändert sich das Volumen des Systems bei der Übergangstemperatur $T_{\ddot{U}}$ unstetig. Solche Phasenübergänge nennt man *Phasenübergänge 1. Ordnung*. Es gibt auch Phasenübergänge höherer Ordnung. Ein *Phasenübergang 2. Ordnung* zeichnet sich dadurch aus, daß sich nicht $V(T_{\ddot{U}})$ und $P(T_{\ddot{U}})$ unstetig verhalten, sondern daß die Ableitungen $\partial V/\partial T$ oder $\partial P/\partial T$ bei der Temperatur $T_{\ddot{U}}$ unstetig sind. Das heißt bei $T_{\ddot{U}}$ ändern sich plötzlich die Steigungen von $V(T)$ oder $P(T)$. Bei einem Phasenübergang 2. Ordnung tritt keine latente Wärme auf. Es können also die zwei Phasen nicht gleichzeitig bestehen.

Bemerkung:

λ-Punkt

Ein Beispiel ist der Übergang von flüssigem Helium zu seiner superfluiden Phase beim sog. λ-Punkt ($\approx 2,2\,\mathrm{K}$). Bild 12.2a zeigt den Verlauf des spezifischen Volumens von flüssigem Helium in diesem Temperaturbereich. Bild 12.2b zeigt den

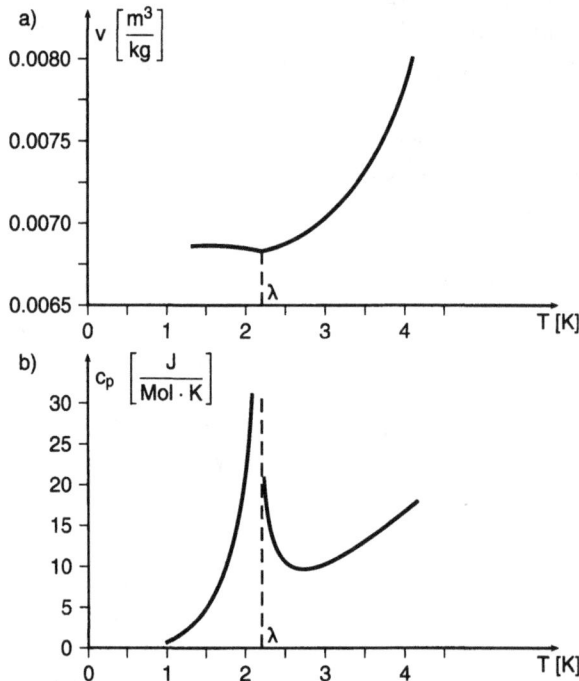

Bild 12.2: Abhängigkeit des spezifischen Volumens (a) und der spezifischen Wärme c_P (b) von flüssigem ^{4}He bei Temperaturen im Bereich des λ-Punktes ($\approx 2,2\,\mathrm{K}$) bei 1 atm Umgebungsdruck. Am λ-Punkt besitzt c_P theoretisch einen Pol. In experimentellen Messungen an realen Systemen wird ein endlicher Wert beobachtet, der jedoch stark von den Versuchsbedingungen abhängt.

Verlauf der spezifischen Wärme. Ihre Form hat zu der Namensgebung λ-Punkt geführt. Das superflüssige Verhalten ist ein typischer Quanteneffekt und soll hier nicht weiter behandelt werden. Er äußert sich z.B. in einer enormen Verkleinerung der inneren Reibung.

12.3 Zustandsfläche und Zustandsänderung des idealen Gases

Definitionsgemäß sind wir auf einen Aggregatzustand (gasförmig) beschränkt. Dann finden auch keine Phasenumwandlungen statt. Die allgemeine Zustandsgleichung des idealen Gases

$$P \cdot V_m = R \cdot T \tag{12.1}$$

kann als Fläche im Raum dargestellt werden, indem man die Zustandsvariablen P, V_m und T entlang den kartesischen Achsen aufträgt. Die so erhaltene Zustandsfläche zeigt Bild 12.3.

Grundsätzlich gilt:

Alle Gleichgewichtszustände eines Systems liegen auf der Zustandsfläche.

Üblicherweise führt man Zustandsänderungen so durch, daß eine der Zustandsvariable konstant bleibt. Dementsprechend unterscheidet man

1. *Isotherme* $(T = \text{const} = T_0)$

   Aus (12.1) folgt

$$\boxed{PV_m = \text{const} = RT_0}, \tag{12.2}$$

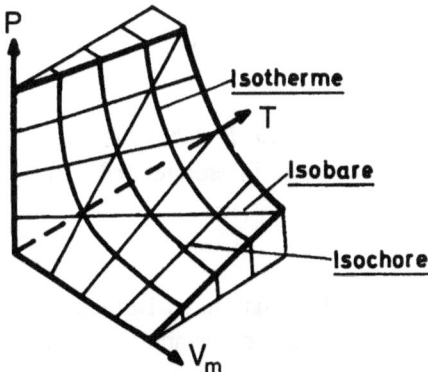

Bild 12.3: Zustandsfläche eines idealen Gases.

was im P-V-Diagramm eine Hyperbel ergibt. Isotherme Kompression läßt sich realisieren, indem man die Verdichtung des Gases nicht zu schnell vornimmt und den Zylinder in gutem Wärmekontakt mit einem großen thermischen Reservoir (z.B. Wasserbad) hält.

2. *Isobare* $(P = \text{const} = +P_0)$

Die Zustandsgleichung lautet

$$\boxed{V_m = \text{const} \cdot T = \frac{R}{P_0}T}.$$

(12.3)

Im V-T-Diagramm sind das Geraden.

3. *Isochore* $(V_m = \text{const} = V_0)$

Es folgt

$$\boxed{P = \text{const} \cdot T = \frac{R}{V_0}T},$$

(12.4)

was im P-T-Diagramm Geraden sind.

Adiabatische Zustandsänderung

Es gibt noch eine weitere wichtige Zustandsänderung, die *Adiabate*. Eine adiabatische Zustandsänderung ist dadurch gekennzeichnet, daß kein Wärmeaustausch mit der Umgebung stattfindet, also $dQ = 0$. Dies kann man z.B. realisieren, indem man ein Gas so rasch komprimiert, daß Wärmeaustausch mit der Umgebung nicht stattfindet. So kommt es zur Erhitzung der Luft in einem Kompressor, und erst die Erhitzung während der Kompression macht z.B. beim Dieselmotor bekanntlich eine Zündung möglich. Man kann auch langsamer komprimieren, wenn der Zylinder mit einer Schutzschicht thermisch isoliert ist.

Bei der adiabatischen Zustandsänderung wird die ganze von außen bei der Kompression geleistete Arbeit $(P\,dV_m)$ zur Erhitzung des Gases verwendet. Die Energieerhaltung verlangt:

$$P\,dV_m = -C_V\,dT$$

(12.5)

Eine Verkleinerung von V führt zu einer Erhöhung von T, daher das negative Vorzeichen. Die Gasgleichung $PV_m = RT$ lautet in differentieller Form:

$$P\,dV_m + V_m\,dP = R\,dT$$

(12.6)

Eliminiert man dT aus (12.5) und (12.6), so erhält man unter Berücksichtigung von $C_P = C_V + R$ die Gleichung für adiabatische Zustandsänderungen in differentieller Form:

$$\frac{\mathrm{d}P}{P} + \kappa\frac{\mathrm{d}V}{V} = 0 \qquad (12.7)$$

Dabei ist $\kappa = C_P/C_V$, der bereits eingeführte *Adiabatenkoeffizient*. Die Beziehung (12.7) ist auch für mehratomige ideale Gase gültig, nur ändert sich dann der Wert von κ. Sie ist sehr wichtig für die Schallausbreitung durch Gase. Integration der Differentialgleichung (12.7) liefert:

$$\boxed{PV^\kappa = \text{const}} \qquad \textbf{Adiabatengleichung} \qquad (12.8)$$

Wir erhalten also im P-V-Diagramm wiederum Hyperbeln, die aber steiler als die Isothermen verlaufen. Dies illustriert Bild 12.4.

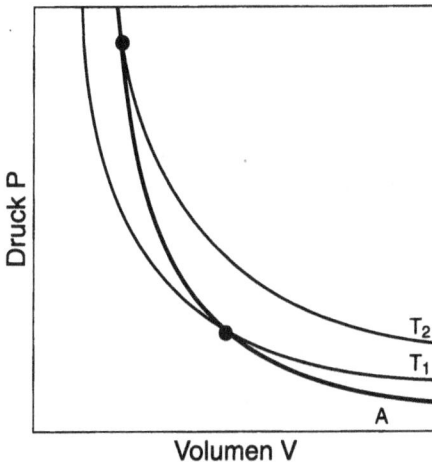

Bild 12.4: Adiabate (A) im Vergleich mit Isothermen (T_1, T_2) im P-V-Diagramm. Die Adiabate ist in der Lage, Isotherme zu verbinden.

Sind wir dagegen mehr an der Frage interessiert, welche Temperaturänderung das Gas bei der Kompression (oder Expansion) erfährt, so eliminieren wir aus (12.5) und (12.6) den Druck P. Dies ergibt folgende Beziehung zwischen Temperatur und Volumen für eine adiabatische Zustandsänderung:

$$\frac{\mathrm{d}T}{T} + (\kappa - 1)\frac{\mathrm{d}V}{V} = 0 \qquad (12.9)$$

Nach Integration:

$$\boxed{TV^{\kappa-1} = \text{const}} \qquad (12.10)$$

Die Temperatur erhöht sich, wenn der Kolben das Gas komprimiert. (Da die Kolbenwand sich auf die Atome zubewegt, gewinnen sie Energie bei der Reflexion am Kolben!) Umgekehrt kühlt sich das Gas ab bei der Expansion.

Bemerkung:

(12.9) erlaubt uns auch zu verstehen, warum die Erdatmosphäre mit zunehmender Höhe kälter wird: Bild 12.5 zeigt die Expansion bzw. Kompression einer bestimm-

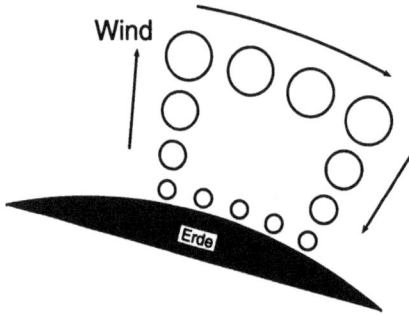

Bild 12.5: Zyklische Windbewegung in der Erdatmosphäre: beim Steigen vergrößert eine bestimmte Luftmenge ihr Volumen infolge der Druckabnahme (barometrische Höhenformel) und umgekehrt.

ten Luftmenge bei einer zyklischen Windbewegung. Beim Aufsteigen der Luft vergrößert sich ihr Volumen, und sie kühlt sich adiabatisch ab. Beim Absteigen wird die Luft wieder durch Kompression erwärmt. Wegen dieser vertikalen Luftbewegung sollte man eine Abkühlung mit wachsender Höhe von

$$\frac{\Delta T}{\Delta h} = \frac{10\,°\text{C}}{\text{km}}$$

erwarten. In Wirklichkeit ist der Wert kleiner ($\approx 7\,°\text{C/km}$). Siehe dazu auch die Diskussion anläßlich der barometrischen Höhenformel.

Zustandsänderungen, wie hier beschrieben, werden uns noch anläßlich der Diskussion der Wärmekraftmaschinen beschäftigen.

12.4 Die Zustandsgleichung realer Gase

Für reale Gase ist zu berücksichtigen, daß

Binnendruck

1. eine *schwache Wechselwirkung* zwischen den Gasteilchen besteht, und daß

Kovolumen

2. die Gasteilchen ein *Eigenvolumen* besitzen.

Die Wirkung von 1. kann durch ein Zusatzglied beim Druck (*Binnendruck*) berücksichtigt werden. Die Wirkung von 2. verlangt ein Zusatzglied beim Volumen, das als *Kovolumen* bezeichnet wird. Das führt zu der Zustandsgleichung realer Gase, der sog. *van-der-Waals-Gleichung*:

$$\left(P + \frac{a}{V_m^2}\right) \cdot (V_m - b) - R \cdot T = 0$$
van-der-Waals-Gleichung (12.11)

Die Konstanten a und b sind stoffspezifische Größen; Beispiele finden sich in Tabelle 12.1.

Tabelle 12.1: Konstanten der van-der-Waals-Gleichung für verschiedene Materialen

Substanz	a $m^6 \cdot bar \cdot mol^{-2}$	b $m^3 \cdot mol^{-1}$	Substanz	a $m^6 \cdot bar \cdot mol^{-2}$	b $m^3 \cdot mol^{-1}$
He	$3,46 \cdot 10^{-8}$	$2,37 \cdot 10^{-5}$	Kr	$2,43 \cdot 10^{-6}$	$3,94 \cdot 10^{-5}$
H_2	$2,56 \cdot 10^{-7}$	$2,70 \cdot 10^{-5}$	CH_4	$2,36 \cdot 10^{-6}$	$4,27 \cdot 10^{-5}$
O_2	$1,43 \cdot 10^{-6}$	$3,16 \cdot 10^{-5}$	CO_2	$3,67 \cdot 10^{-6}$	$4,25 \cdot 10^{-5}$
N_2	$1,41 \cdot 10^{-6}$	$3,85 \cdot 10^{-5}$	Cl_2	$6,81 \cdot 10^{-6}$	$5,60 \cdot 10^{-5}$

Für verschiedene Materialien sind die Konstanten a sehr unterschiedlich, weil die Wechselwirkungskräfte stark variieren. Dagegen unterscheiden sich die Konstanten b nur leicht, was bedeutet, daß die Atomvolumina nicht so sehr variieren (siehe auch Physik IV).

Zunächst seien die Isothermen der van-der-Waals-Gleichung näher betrachtet, deren Verlauf in Bild 12.6 qualitativ für verschiedene Temperaturen dargestellt sind. Die van-der-Waalsschen Isothermen gleichen etwas oberhalb einer bestimmten Temperatur T_K, die man *kritische Temperatur* nennt und die im folgenden noch diskutiert wird, weitgehend denjenigen eines idealen Gases.

kritische Temperatur

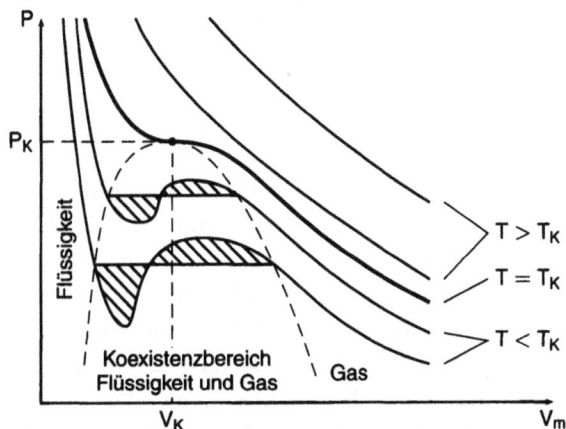

Bild 12.6: Isothermen eines realen Gases.

Unterhalb T_K findet man auf der rechten Seite des Diagramms immer noch das typische gasförmige Verhalten des Druckes bei Volumenänderung. Auf der linken Seite zeigt sich jedoch ein starker Druckanstieg bei nur kleiner Volumenänderung. Diese „Inkompressibilität" ist charakteristisch für Flüssigkeiten (und Festkörper). Die van-der-Waals-Gleichung ist in der Lage, den Phasenübergang flüssig/gasförmig, den reale Gase erleiden, zu beschreiben. Der Übergangsbereich selbst ist allerdings nicht richtig wiedergegeben, denn bei Kondensation müßte sich das Volumen bei konstantem Druck einfach stark verringern und nicht durch ein Maximum und Minimum laufen. Der Kurvenverlauf müßte eine waagrechte Gerade sein. Man erzeugt sich diese Gerade mit Hilfe der *Maxwellschen Konstruktion*. Die Gerade wird dabei so gelegt, daß die Flächen der Isothermen oberhalb und unterhalb der Geraden gleich groß sind (schraffierte Flächen in Bild 12.6). Mit dieser Konstruktion wird die Volumenänderung beim Übergang gasförmig/flüssig richtig beschrieben. Entlang der Maxwellschen Linie existieren Flüssigkeit und Gas gleichzeitig. Die flüssige Phase wird bei entsprechender Einstellung der Zustandsvariablen in den festen Zustand übergehen. Dies wird jedoch von der van-der-Waals-Gleichung nicht beschrieben.

Übergang gasförmig/flüssig → Maxwellsche Konstruktion

12.5 Der kritische Punkt, die Tripellinie und der Dampfdruck

Im Prinzip läßt sich für jedes Material eine Zustandsgleichung aufstellen. In der Praxis ist dies aber meist kompliziert, und man konstruiert besser aus experimentellen Daten die Zustandsfläche. In Bild 12.7 ist die Zustandsfläche von Wasser gezeigt als ein Beispiel für ein reales System. Man erkennt die drei Aggregatzustände und die in Abschnitt 12.1 diskutierten Zustandsänderungen bei $P = \text{const}$ (Linie A-G) und die Bereiche, wo zwei Aggregatzustände gleichzeitig existieren. Wir wollen als nächstes die Isothermen betrachten, die weitgehend denjenigen der van-der-Waals-Gleichung ähneln.

Oberhalb der kritischen Temperatur T_K kann man offenbar selbst bei noch so hohen Drucken den flüssigen oder gar den festen Zustand nicht mehr erreichen. Anhand der Zustandsfläche erkennt man weiterhin, daß nur bis zum *kritischen Punkt*, der durch die Zustandsgrößen P_K, T_K, V_K festgelegt ist (siehe Tabelle 12.2), der Koexistenzbereich flüssig-gasförmig existiert. Oberhalb T_K hat der Unterschied Gas zu Flüssigkeit seinen Sinn verloren. Das System kann als „dichtes Gas" oder „dünne Flüssigkeit" angesehen werden. Man gelangt durch Kompression z.B. von Punkt H zum Punkt I, ohne daß sich eine Flüssigkeitsoberfläche ausbildet, latente Wärme tritt nicht auf, ein Phasenübergang gleich welcher Ordnung findet nicht statt.

Keine Verflüssigung oberhalb T_K

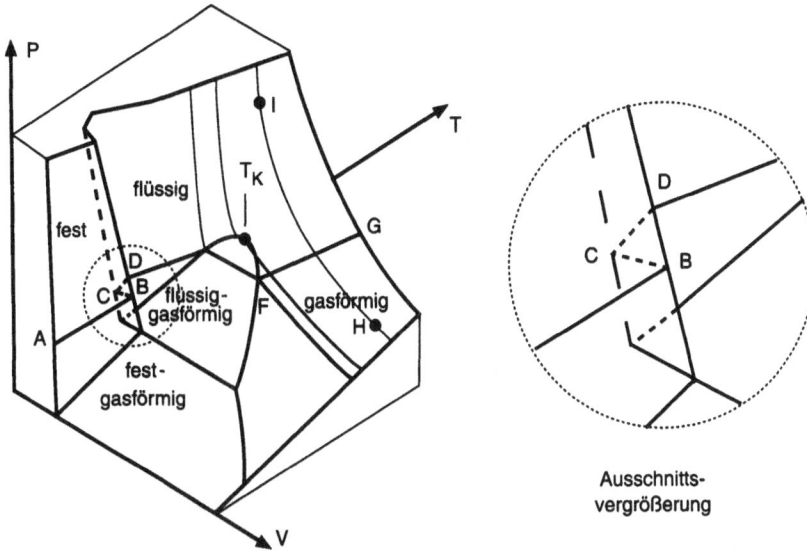

Bild 12.7: Die Zustandsfläche von Wasser. Vergleiche mit Bild 12.1.

Tabelle 12.2: Kritische Daten einiger Materialien. Statt dem kritischen Volumen ist die kritische Dichte aufgeführt.

Substanz	P_K [bar]	T_K [K]	ϱ_K [kg/m^3]
H_2	12,9	33,2	31
He	2,3	5,2	68
O_2	50,6	154,6	420
N_2	33,9	126,0	311
Ar	48,6	150,7	531
CO_2	73,7	304,1	465
Cl_2	77,1	417,0	567
CH_4	46,3	190,8	162
H_2O	221,0	647,3	317

Speziell für CO_2 liegt der kritische Punkt im experimentell leicht zugänglichen Bereich, und das kritische Verhalten läßt sich gut demonstrieren.

In der Zustandsfläche ist weiterhin die *Tripellinie* ausgezeichnet. Sie stellt die Grenzlinie zwischen den beiden Koexistenzgebieten Gas-Flüssigkeit und Gas-Festkörper dar. Entlang dieser Linie können also gleichzeitig alle drei Aggregatzustände zugleich existieren. Während beim kritischen Punkt alle drei Zustandsvariablen P_K, V_K, T_K festliegen, ist für die Tripellinie offenbar das Volumen noch frei wählbar, es liegen nur P_t und T_t fest. Projiziert man die Zustandsfläche auf die P-T-Ebene, dann erscheint die Tripellinie als Punkt. Dies ist in Bild 12.8 gezeigt. Man spricht deshalb auch vom *Tripelpunkt.* Er liegt für Wasser bei 273,16 K und bei 6,105 mbar (d.h. bei 0,01 °C und bei 4,58 Torr). Wir hatten schon erwähnt, daß dies der

Tripelpunkt

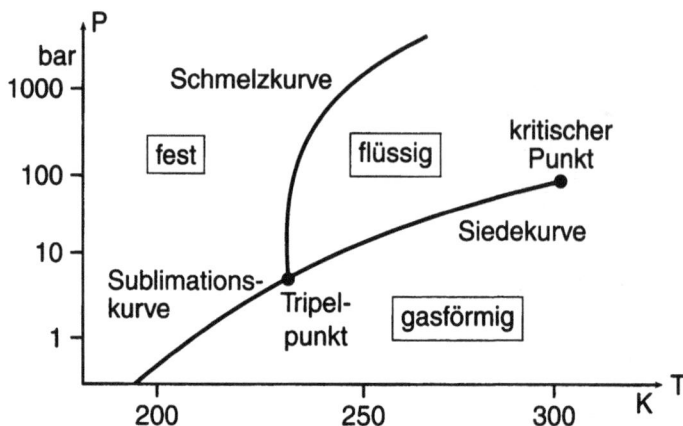

Bild 12.8: P-T-Diagramm von CO_2.

eigentliche Fixpunkt ist, um die Kelvin- an die Celsius-Skala anzuschließen. Er ist genauer reproduzierbar (da P_t festliegt) als der Schmelzpunkt.

Die *Schmelzkurve* trennt die feste von der flüssigen Phase, die *Sublimationskurve* die feste von der gasförmigen Phase und die *Siedekurve* die flüssige von der gasförmigen. Die Siedekurve endet am kritischen Punkt. Bei fester Temperatur wird von einer bestimmten Flüssigkeitsmenge so lange Substanz verdampfen, bis sich über der Flüssigkeitsoberfläche der Gleichgewichtsdruck, der durch die Siedelinie gegeben ist, eingestellt hat. Bei Zimmertemperatur (300 K) beträgt der Gleichgewichtsdampfdruck für H_2O ca. 35 mbar (26 Torr). Er steigt mit höherer Temperatur an und erreicht bei ca. 373 K (100 °C) den Atmosphärendruck (≈ 1 bar). Wenn der Druck nun konstant auf 1 bar gehalten wird, wie das in der Atmosphäre praktisch der Fall ist, dann kann offenbar die Flüssigkeit als Phase nicht mehr im Gleichgewicht existieren, und das ganze Volumen verdampft, wozu aber Energiezufuhr nötig ist.

Bemerkung:

Relative Luftfeuchtigkeit

Man spricht von mit Wasserdampf gesättigter Luft, wenn der *Partialdruck* (d.h. der Anteil am gesamten Atmosphärendruck) des Wasserdampfes den Gleichgewichtsdruck bei der betreffenden Lufttemperatur erreicht. Abweichungen vom Gleichgewichtsdruck gibt man als *relative Luftfeuchtigkeit* an. Übersteigt die relative Luftfeuchtigkeit 100 % (etwa durch rasche Abkühlung), so setzt *Kondensation* des Wasserdampfes zu kleinen Flüssigkeitströpfchen ein. Zunächst sind diese Tropfen sehr fein und es bildet sich ein Nebel. Dies ist etwa beim Ausströmen des Dampfes aus einem Kochtopf gut zu beobachten. Wird kalte Luft, die also einen geringen Wasserdampfdruck enthält, erwärmt, so sinkt ihre relative Luftfeuchtigkeit stark ab. Dies ist die Ursache für die „trockene Luft" in geheizten Räumen. Flüssigkeiten verdampfen in einer solchen Luftatmosphäre bei großer Oberfläche sehr rasch, wobei Kälte „erzeugt" wird (*Verdampfungskälte*). Diese Beispiele zeigen sehr deutlich, daß unter gegebenen Bedingungen in unserer Umwelt, der *Gleichgewichtszustand* oftmals nicht zu erreichen ist.

Die Abhängigkeit des *Dampfdruckes* P_D von der Temperatur T, der Verdampfungswärme Q_D und den spezifischen Volumina der Dampfphase v_D sowie der Flüssigkeit v_F wird durch die *Clausius-Clapeyron-Gleichung* beschrieben (ohne Ableitung):

$$\boxed{\frac{dP_D}{dT} = \frac{Q_D}{T} \cdot \frac{1}{v_D - v_F}} \qquad \textbf{Clausius-Clapeyron-Gleichung} \qquad (12.12)$$

Zur Integration von (12.12) machen wir folgende Annahmen:

1. $v_D \gg v_F$, so daß $v_D - v_F \approx v_D$. Dieses ist sicher eine gute Näherung, da $v_D / v_F \approx 10^3$ ist.

2. Für die Gasphase gelte das ideale Gasgesetz $P_D V_D = RT$.

3. Die Verdampfungswärme sei eine Konstante (und hänge nicht etwa von T ab).

Damit wird (auf das Mol bezogen):

$$\ln P_D = -\frac{Q_D}{R \cdot T} + \text{const} \qquad (12.13)$$

oder

$$\boxed{P_D(T) = P_0 \cdot \exp\left(-\frac{Q_D}{R \cdot T}\right)} \qquad \textbf{Dampfdruckgleichung} \quad (12.14)$$

Entscheidend ist der exponentielle Verlauf. Ein Beispiel zeigt Bild 12.9.

Entzieht man einem im Gleichgewicht stehenden System Flüssigkeit/Gas Moleküle aus der Gasphase (z.B. durch eine Pumpe), so wird dieses ständig versuchen, wieder in den Gleichgewichtszustand einzulaufen. Es verdampfen also ständig Moleküle und die Flüssigkeit wird sich abkühlen. Dies geschieht so lange, bis die Temperatur der Flüssigkeit so niedrig ist, daß ihr Dampfdruck bei dieser Temperatur gleich dem durch die Pumpe erzeugten Enddruck ist. Diese Temperaturerniedrigung kann sogar so weit gehen, daß man die Übergangstemperatur zur festen Phase erreicht. Der Vorgang läßt sich z.B. durch Abpumpen von flüssigem Stickstoff gut demonstrieren. In der Technik spielen derartige Verfahren für die Erzeugung tiefer Temperaturen eine bedeutende Rolle.

Erzeugung tiefer Temperaturen durch Abpumpen der Gasphase

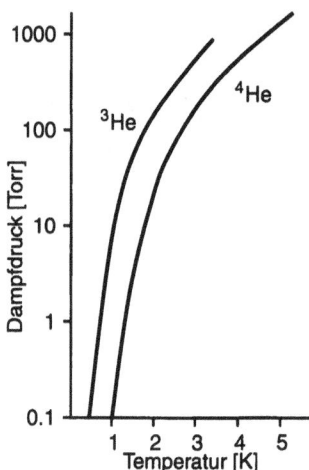

Bild 12.9: Temperaturverlauf des Dampfdrucks für die beiden Heliumisotope. Der Siedepunkt von ^{3}He ist niedriger. Man kann mit flüssigem ^{3}He tiefere Temperaturen erreichen.

Aus Bild 12.8 ist ersichtlich, daß auch im Gleichgewicht mit einem Festkörper ein Dampfdruck existiert, der allerdings gewöhnlich erheblich niedriger ist. Es gibt aber Festkörper, bei denen der Dampfdruck Werte von über 1 bar bei normalen Temperaturen erreicht, ohne daß der Phasenübergang zur Flüssigkeit stattgefunden hätte. Solche Materialien gehen also direkt vom festen in den gasförmigen Zustand über. Diesen Vorgang bezeichnet man *Sublimation* als *Sublimation*. Ein Beispiel ist CO_2, das bei einer Temperatur von 194 K (ca. $-79\,°C$) bei Atmosphärendruck sublimiert. Es wird in der Lebensmitteltechnik zu Kühlzwecken viel verwendet (*Trockeneis*). Die Existenz eines Sublimationsvorganges kann man auch direkt aus der Zustandsfläche, wie sie Bild 12.7 zeigt, erkennen. Unterhalb der Tripellinie laufen die Isothermen vom gasförmigen in den festen Bereich über das Phasenumwandlungsgebiet fest-gasförmig.

12.6 Gibbssche Phasenregel und Phasendiagramme

Es sei ein allgemeines System betrachtet, daß k verschiedene Bestandteile in p verschiedene Phasen enthält. Es wirft sich die Frage auf, wie viele Zustandsvariablen man in einem solchen Fall noch frei wählen kann. Die Zahl der frei wählbaren Variablen (etwa T, P oder V) sei mit f, die man die Anzahl der Freiheitsgrade (nicht verwechseln mit den Freiheitsgraden der inneren Energie) nennt, bezeichnet. Nach GIBBS gilt (ohne Ableitung) im Gleichgewichtszustand stets:

$$\boxed{f = k + 2 - p}$$ 　　**Gibbssche Phasenregel**　　　　　　(12.15)

Eine wesentliche Voraussetzung für die Gültigkeit der Gibbsschen Phasenregel ist die Annahme, daß die Anzahl der Teilchen aller Komponenten k in
einer Phase konstant bleibt.

Die Bedeutung der Phasenregel sei kurz an einigen Beispielen diskutiert:

1. *Einstoffsystem:* z.B. reines Wasser, $k = 1$. Dann ist $f = 3 - p$. Für den
   Gleichgewichtszustand aller drei Phasen (Eis, Wasser, Dampf) ist $f = 0$.
   Dieses Gemisch kann also nur an einem einzigen Punkt im Zustandsraum
   existieren. Dies ist der Tripelpunkt, bei dem alle Zustandsvariablen
   festliegen. Für das Gleichgewicht zwischen Wasser und Dampf ist $f =$
   $3 - 2 = 1$. Man kann also z.B. die Temperatur frei wählen. Dadurch
   ist aber dann der Druck gemäß der Gleichung von Clausius-Clapeyron
   festgelegt.

2. *Zweistoffsystem:* z.B. wässrige Lösung eines Salzes. Zunächst sei eine
   sehr verdünnte Lösung betrachtet, so daß die zweite Phase durch reinen
   Wasserdampf dargestellt wird. Hier ist zunächst $f = 2$. Beim Abkühlen
   tritt aber schließlich Eisbildung auf (reines, festes Wasser!), es existieren somit 3 Phasen und nur noch eine Variable ist frei. Als solche sei
   die Temperatur gewählt. Durch diese ist aber dann die Konzentration
   der Lösung eindeutig festgelegt, einen weiteren Freiheitsgrad besitzt
   man nicht. Beim weiteren Abkühlen scheidet sich immer mehr Eis aus,
   und die Lösungskonzentration steigt. Schließlich wird aber die Lösung
   gesättigt, und nun wird auch festes Salz ausgeschieden. Es existieren
   vier Phasen im Gleichgewicht, also ist $f = 0$, d.h. die Temperatur (und
   alle anderen Variablen) sind eindeutig festgelegt. Dies ist der *eutektische
   Punkt*. Nun sei derselbe Vorgang von der Seite der hohen Konzentra-

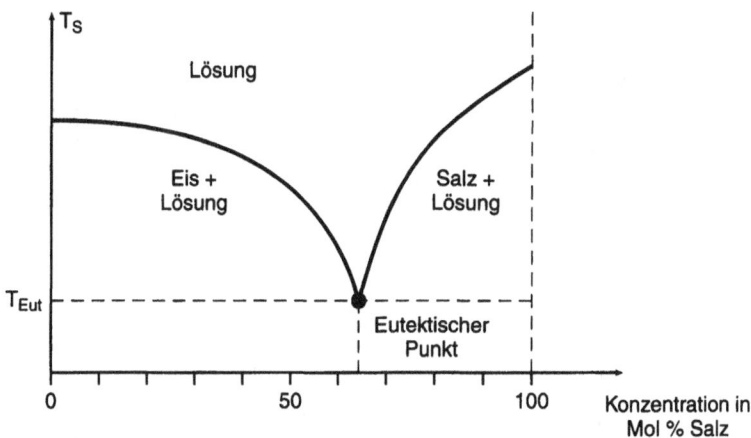

Bild 12.10: Abhängigkeit der Schmelztemperatur T_S von der Salzkonzentration (Schmelz-
punktkurve).

tion der Lösung betrachtet. Dort wird sich mit sinkender Temperatur zunächst festes Salz ausscheiden. Beim Abkühlen nimmt also die Konzentration der Lösung immer mehr ab. Erst wenn der eutektische Punkt erreicht wird, scheidet sich zusätzlich auch noch Eis ab. In Bild 12.10 ist die Gleichgewichtstemperatur für das System fest/flüssig als Funktion der Konzentration aufgetragen. Dieses Schmelzpunkt- oder *Phasendiagramm* stellt zugleich die Löslichkeitskurve dar. Man erkennt, daß die eutektische Konzentration den tiefstmöglichen Gefrierpunkt besitzt.

Bemerkung:
Phasendiagramme, wie sie Bild 12.10 für ein einfaches Beispiel zeigt, sind zur Behandlung von chemischen Reaktionsabläufen von großer Bedeutung. Eine zentrale Rolle spielen sie auch für die Herstellung von Legierungen, einem wichtigen technischen Problemkreis unserer Zeit. Als Beispiel zeigt Bild 12.11 das Phasendiagramm des Cu-Mg-Systems, einem vergleichsweise einfachen Zweistoffsystem. Gegenüber Bild 12.10 fällt auf, daß sich verschiedene feste Verbindungen aus der Schmelze bilden können, nämlich Mg_2Cu und $MgCu_2$. Es gibt also *Eutektika* zwischen Mg und Mg_2Cu (als ① bezeichnet) zwischen Mg_2Cu und $MgCu_2$ (als ② bezeichnet) und zwischen $MgCu_2$ und Cu (als ③ bezeichnet). Die Verbindung Mg_2Cu bildet sich nur bei der exakt richtigen Konzentration (66,6 atom% Mg). Dagegen kann sich $MgCu_2$ über einen gewissen Konzentrationsbereich um 33,3 atom% bilden (schraffierter Bereich ⑧). Diese Verbindung ist also nicht immer exakt stöchiometrisch. Schließlich existiert noch das mit Ⓐ bezeichnete Gebiet, das eine *feste* Lösung (Legierung im eigentlichen Sinn) zwischen Cu und Mg darstellt. Die Kristallstruktur ist dabei diejenige von reinem Cu, nämlich kubisch raumzentriert. Die Löslichkeit von Mg in Cu ist nur einige Prozent, bei höheren Konzentrationen entsteht ein Zweiphasensystem.

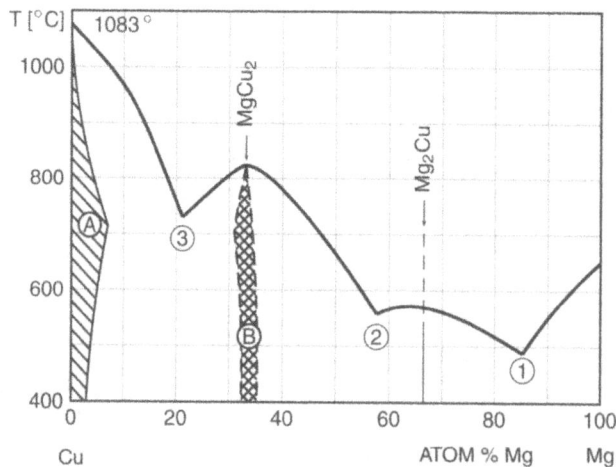

Bild 12.11: Phasendiagramm des Cu-Mg-Systems.

13 Wärme, Energie und Entropie – die Hauptsätze

13.1 Die Arbeit eines Gases

Ein Gas, das sein Volumen um dV bei konstantem Druck P ausdehnt, verrichtet gegen den Druck P die Arbeit

$$\boxed{\delta W = P \cdot dV}. \qquad \text{\textbf{äußere Arbeit}} \qquad\qquad (13.1)$$

Wir bezeichnen dies als äußere Arbeit.

Bemerkung:
Wir haben hier für eine infinitesimale Zustandsänderung dV die verrichtete Arbeit als δW bezeichnet. In den vorangegangenen Auflagen war dW benutzt worden. Mathematisch gesehen bedeutet dW das *totale Differential* von W. Dies läßt sich jedoch nicht exakt bilden, da, wie wir gleich zeigen werden, W vom eingeschlagenen Weg der Zustandsänderung abhängt. Diese Feinheit spielt zwar im Rahmen dieses Textes keine Rolle, wohl aber in den Theorievorlesungen zur Physik der Wärme. Um Verwirrungen zu vermeiden haben wir uns entschlossen (wie dies auch in einer Reihe von anderen Lehrbüchern gehandhabt wird) ein spezielles Symbol zu verwenden, um damit auf die besonderen Eigenschaften der Funktion W hinzuweisen.

Ganz allgemein kann sich der Druck bei Volumenausdehnung ändern. Wir erhalten dann für die verrichtete Arbeit bei Ausdehnung vom Anfangsvolumen V_i zum Endvolumen V_f:

$$W = \int_{V_i}^{V_f} P(V)\,dV \qquad\qquad (13.2)$$

Ebenso können wir das Volumen verringern. Dann muß Arbeit am Gas verrichtet werden. Dabei soll folgende Definition bezüglich der Vorzeichen gelten:

> *Die Arbeit, die das Gas verrichtet, ist positiv, also $+W$. Die Arbeit, die in das Gas hineingesteckt wird, ist negativ, also $-W$.*

Vorzeichen-konvention

Bemerkung:

Bei einem realen Gas bestehen Bindungskräfte zwischen den Teilchen. Wenn z.B. das Volumen vergrößert wird (bei konstanter Teilchenzahl), so vergrößert sich dabei der Abstand zwischen den Teilchen. Dazu muß Arbeit gegen die Bindungskräfte verrichtet werden. Unter Verwendung des in der van-der-Waals-Gleichung eingeführten Binnendrucks $P_i = a/V_m^2$ (siehe Abschnitt 12.4) läßt sich schreiben $\delta W = P_i dV$. Das kann man als innere Arbeit auffassen. Man betrachtet dies üblicherweise als einen Beitrag zur inneren Energie.

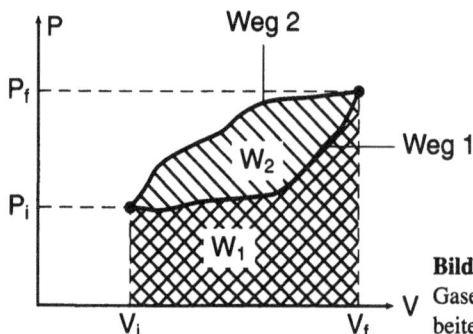

Bild 13.1: Zur Verrichtung der Arbeit eines Gases. W_1 und W_2 sind die verrichteten Arbeiten gemäß (13.2) für verschiedene Wege.

In (13.2) ist nichts darüber ausgesagt, wie man von V_i nach V_f gelangt. Bild 13.1 zeigt im P-V-Diagramm als Beispiel zwei verschiedene Arten der Expansion von V_i nach V_f, die als Weg 1 und 2 bezeichnet sind. Man erkennt sofort, daß die verrichtete Arbeit vom Weg abhängt und nicht allein durch die Zustandsgrößen des Anfangs- und Endzustandes bestimmt ist.

> *Die Arbeit ist keine Zustandsgröße.*

In einem beliebigen System werden eine Reihe von beliebigen Zustandsänderungen ausgehend vom Anfangszustand (mit den Zustandsgrößen P_i, V_i, U_i, etc.) durchgeführt. Bei diesen Zustandsänderungen wird Arbeit W und Wärmeenergie Q dem System zugeführt bzw. entzogen und damit der Endzustand (mit den Zustandsgrößen P_f, V_f, U_f, etc.) erreicht. Es sei nun der Weg der Zustandsänderungen gerade so gewählt, daß *alle Zustandsvariablen*

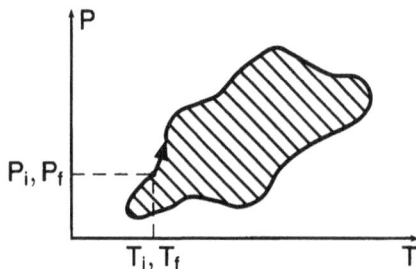

Bild 13.2: Darstellung eines Kreisprozesses im P-T-Diagramm. Die schraffierte Fläche entspricht der insgesamt verrichteten Arbeit W (siehe auch Bild 13.1).

des Anfangs- und des Endzustandes übereinstimmen. Ein Beispiel zeigt
Bild 13.2 in der *P-T*-Ebene. Man spricht dann von einem *Kreisprozeß*. Die   *Kreisprozeß*
vom Prozeßweg eingeschlossene Fläche entspricht der verrichteten Arbeit
bei Durchführung des Kreisprozesses, wie aus Bild 13.1 sofort ersichtlich
wird. Kreisprozesse werden im folgenden noch eine wichtige Rolle spielen.

13.2 Der erste Hauptsatz

Aus der Erkenntnis, daß die Zuführung einer Wärmemenge einen Ener-   *Energiesatz*
gieübertrag in das System bedeutet, folgt sofort, daß die Wärme am Energie-
erhaltungssatz teilnehmen muß. Die anderen Energieformen, die bei einem
thermodynamischen System ins Spiel kommen, sind die innere Energie U
und die äußere Arbeit, die entweder das System verrichtet ($+W$) oder die am
System verrichtet wird ($-W$). Jede infinitesimale Zustandsänderung muß
die Energieerhaltung erfüllen[1]:

$$\boxed{dU = \delta Q - \delta W}$$ **1. Hauptsatz der Thermodynamik**   (13.3)

Der 1. Hauptsatz ist einfach eine spezielle Formulierung des Energiesatzes angepaßt an thermodynamische Zustandsänderungen. Wie sogleich an
einigen Beispielen deutlich wird, folgt aus der eingeführten Vorzeichenkonvention für W aus dem 1. Hauptsatz für das Vorzeichen der Wärmemenge Q:

$Q > 0$:   Wärmeenergie wird dem System zugeführt (heizen)

$Q < 0$:   Wärmeenergie wird dem System entzogen (kühlen)

Es ist äußerst wichtig, bei der Anwendung des 1. Hauptsatzes auf die
Vorzeichen W und Q entsprechend der festgelegten Konvention zu achten[2].

Für einen adiabatischen Prozeß ist $\delta Q = 0$ und der 1. Hauptsatz sagt aus:

$$\delta W = -dU$$

Es wird Arbeit auf Kosten der inneren Energie verrichtet. Da für Gase $U = (1/2)f \cdot RT$ ist, bedeutet $-dU$ eine Temperaturerniedrigung des Mediums.

---

[1] Die Wärme Q ist ebenfalls keine Zustandsgröße, d.h. sie ist wegabhängig (siehe weiteren
Text), und ein exaktes Differential läßt sich nicht bilden. Daher benutzen wir für die
infinitesimale Wärmemenge δQ.

[2] Manche Lehrbücher benutzen die Konvention, daß alle zugeführten Größen positiv und
alle abgeführten Größen negativ gezählt werden. Dies liefert für W das umgekehrte Vorzeichen wie hier verwendet wird. Folglich lautet der 1. Hauptsatz dann $dU = \delta Q + \delta W$. Also
Vorsicht und sich nicht verwirren lassen!

In einem Kreisprozeß muß $U_f = U_i$ sein, also $dU = 0$. Dann folgt aus dem 1. Hauptsatz

$$Q = W$$

Die schraffierte Fläche in Bild 13.2 ist also gleich der insgesamt zugeführten Wärmemenge und der abgeführten Arbeit, falls der Kreisprozeß in Pfeilrichtung durchlaufen wird. Bei umgekehrter Laufrichtung wird W zugeführt und Q abgeführt. Man erkennt auch hier wieder, daß die Beträge von Q und W von der Art des gewählten Weges abhängen.

Die Wärmemenge Q ist also ebenfalls keine Zustandsgröße.

Mittels eines Kreisprozesses ist es also möglich, Wärmeenergie in Arbeit umzusetzen, ohne daß die innere Energie des Systems pauschal verändert wird. Sicherlich strebt man an, solche Kreisprozesse für Wärmekraftmaschinen zu nutzen. Über die Bedingungen, unter denen ein solcher Kreisprozeß verwirklicht werden kann, gibt erst der zweite Hauptsatz der Thermodynamik Auskunft.

Perpetuum mobile der 1. Art

Eine Wärmekraftmaschine, die die Arbeit W liefert, ohne daß ihr die entsprechende Wärme Q zugeführt wird, verstößt gegen den 1. Hauptsatz. Ein solches Phantasiegebilde bezeichnet man auch als „Perpetuum mobile der 1. Art".

13.3 Reversible und irreversible Prozesse

Die Erfahrung lehrt uns, daß thermodynamische Prozesse oft nur in einer Richtung von selber ablaufen. Ein deutliches Beispiel ist die Wärmeleitung, wie wir sie in Abschnitt 11.4 besprochen haben. Man wird *immer* beobachten, daß die Wärme vom heißen zum kalten Ende fließt. Der umgekehrte Vorgang, daß sich das kalte Ende weiter abkühlt und das warme Ende sich entsprechend erwärmt, kommt in der Natur nicht vor. Der erste Hauptsatz würde diesen Prozeß, so lange die Energiebilanz stimmt, durchaus erlauben. Er allein genügt also nicht, um thermodynamische Prozesse eindeutig zu definieren. Das beschriebene Verhalten ist ein irreversibler thermischer Vorgang. Das abgeschlossene System des Beispiels (siehe Bild 11.7) besteht aus den beiden Temperaturbädern (siedendes Wasser und Eiswasser) sowie dem verbindenden Metallstab. Dieses System ist anfänglich nicht im Gleichgewicht. Der Gleichgewichtszustand ist erreicht, wenn alle Teilkomponenten des Systems auf derselben Temperatur liegen. Dann ändern sich die Zustandsvariablen (hier ist die Temperatur die charakteristische Variable) zeitlich nicht mehr. Der irreversible Vorgang ist also das Einlaufen in den Gleichgewichtszustand (Relaxation). Das System wird freiwillig nicht in den Nichtgleichgewichts-Anfangszustand zurückkehren.

Die Frage ist, können wir eine (beliebige) Zustandsänderung reversibel durchführen. Die Antwort ist ja, wenn wir stets im Gleichgewichtszustand sind. Das ist aber gar nicht erfüllbar, denn im Gleichgewichtszustand sind die Zustandsgrößen ja stationär und jede Änderung entfernt uns momentan aus dem Gleichgewichtszustand, wie in Abschnitt 10.3 beschrieben. Die reversible Zustandsänderung läßt sich somit nur dadurch angenähert realisieren, indem wir die Zustandsvariablen lediglich in vielen infinitesimal kleinen Schritten durchführen. Wir sollten bei der Zustandsänderung die Zustandsfläche (siehe Abschnitt 12.3), die ja die Gesamtheit aller möglichen Gleichgewichtszustände eines Systems repräsentiert, nicht verlassen (alle Abweichungen müssen infinitesimal klein sein). In der Praxis bedeutet dies, daß wir die Zustandsänderung extrem langsam vornehmen müssen. Das Kriterium ist: die Zustandsänderung muß langsam gegenüber der Relaxationszeit durchgeführt werden.

Reversible Prozesse dürfen den Gleichgewichtszustand nur infinitesimal verlassen, sie müssen entlang der Zustandsfläche geführt werden.

Reversible Prozesse

Die reversible Zustandsänderung ist also ein idealisierter Vorgang; streng genommen kommt er nicht vor. Wir hatten schon darauf hingewiesen, daß in der Natur oft beträchtliche Abweichungen vom Gleichgewichtszustand auftreten.

13.4 Der zweite Hauptsatz und die Entropie

Wir benötigen offenbar irgendeine thermodynamische Größe, die uns erlaubt, das irreversible Verhalten quantitativ zu beschreiben. Diese Größe nennen wir die *Entropie S*, und die Konvention ist, daß die Entropie beim Einlaufen in den Gleichgewichtszustand *zunehmen* soll. Somit folgt für die Entropieänderung

$\Delta S > 0$ ist ein irreversibler Prozeß

$\Delta S = 0$ ist ein reversibler Prozeß

Was ist nun mit einer Entropieabnahme? Diese verbietet der 2. Hauptsatz:

Ein Prozeß mit abnehmender Entropie ($\Delta S < 0$) tritt in einem abgeschlossenen System nicht auf.

2. Hauptsatz als Entropiesatz

Die Größe der Entropiedifferenz ΔS ist ein Maß für den Grad der Irreversibilität. In unserem Beispiel der Wärmeleitung hätte die weitere Erwärmung des Warmen bei Abkühlung des kalten Bades offenbar eine Abnahme der Entropie bedeutet. Dieser Vorgang ist demnach verboten.

Irreversible Entspannung eines Gases

Wir bringen zur Verdeutlichung noch ein anderes oft zitiertes Beispiel eines irreversiblen Prozesses: die Entspannung eines Gases ins Vakuum.

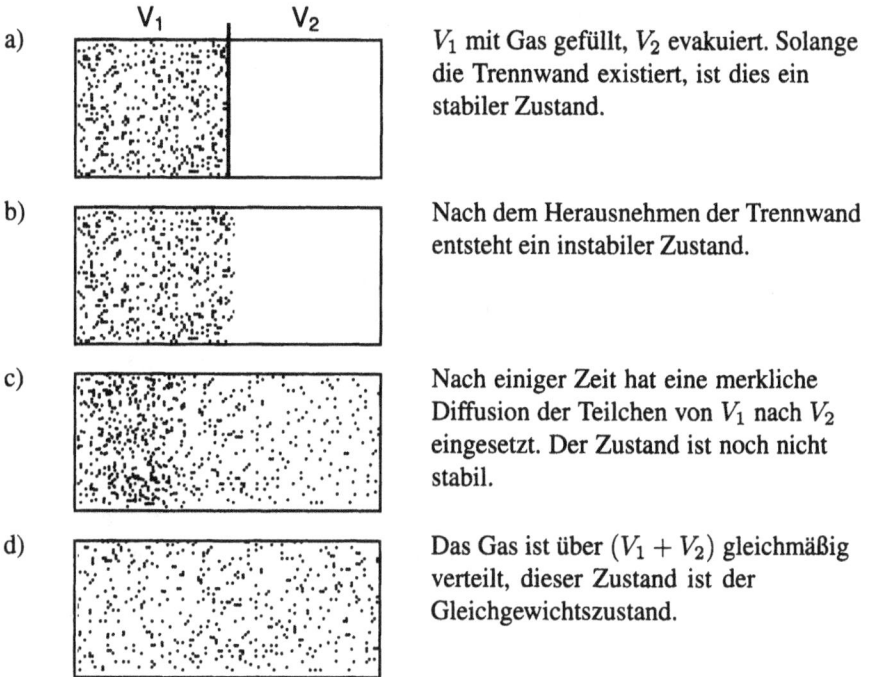

a) $V_1 \quad V_2$

V_1 mit Gas gefüllt, V_2 evakuiert. Solange die Trennwand existiert, ist dies ein stabiler Zustand.

b)

Nach dem Herausnehmen der Trennwand entsteht ein instabiler Zustand.

c)

Nach einiger Zeit hat eine merkliche Diffusion der Teilchen von V_1 nach V_2 eingesetzt. Der Zustand ist noch nicht stabil.

d)

Das Gas ist über $(V_1 + V_2)$ gleichmäßig verteilt, dieser Zustand ist der Gleichgewichtszustand.

Bild 13.3: Irreversible Entspannung eines Gases.

Den Vorgang verdeutlicht Bild 13.3a-d. In dem Augenblick, in dem die Trennwand zwischen V_1 und V_2 entfernt wird (was den Anfangszustand ja gar nicht beeinflußt), diffundiert das Gas aus dem Volumen V_1 in das Volumen V_2 und erreicht schließlich eine Gleichverteilung über beide Teilvolumina. Dieser Prozeß läuft nach Entfernen der Trennwand von selbst ab. Das System kann dabei völlig isoliert sein. Der in Bild 13.3b gezeigte Zustand hat eine kleine Entropie. Ohne die vorherige Existenz der Trennwand wird er nicht vorkommen. Die Entropie nimmt dann laufend zu und erreicht in Bild 13.3d (Gleichgewichtszustand) ihr Maximum. Niemand erwartet, daß das System von selbst in den Zustand des Bildes 13.3b zurückkehrt. Dieser Prozeß wäre mit einer Entropieverringerung verbunden und tritt daher nicht auf. Solange das System abgeschlossen ist, kann nur die Sequenz b–d, nicht aber d–b ablaufen. Der Vorgang ist *irreversibel*. Zum Zustand a kann man von d aus nur wieder gelangen, indem man das Gas mit einem Stem-

pel auf das Ausgangsvolumen V_1 komprimiert. Dabei muß aber die Arbeit
$$\int\limits_{V_1+V_2}^{V_1} P(V)\,\mathrm{d}V$$
verrichtet werden. Das System ist nicht mehr abgeschlossen, denn diese Arbeit müßte von einem anderen System aufgebracht werden, das an das ursprüngliche System angekoppelt wird. Betrachtet man diese zwei gekoppelten Systeme wieder als abgeschlossenes System, so wird der Kompressionsvorgang in System 1 nur dann ablaufen, wenn dabei das System 2 einen Entropiezuwachs erzielt, der größer ist als der Entropieverlust von System 1.

Das Gesamtsystem muß einen Entropiezuwachs verzeichnen.

In der Praxis ist es oft schwierig, die Kopplung zwischen verschiedenen Teilsystemen zu erkennen und so die Grenzen eines abgeschlossenen Systems zu finden.

Der zweite Hauptsatz läßt sich auch anders definieren. Gemäß unserem ersten Beispiel sagt er aus:

Es gibt in der Natur keinen Vorgang, bei dem Wärme von einem Stoff niederer Temperatur zu einem Stoff höherer Temperatur fließt und sonst keine weiteren Veränderungen auftreten.

2. Hauptsatz (Satz von Clausius)

Eine Wärmekraftmaschine ist eine Einrichtung, die Wärmeenergie in mechanische Energie umwandelt. Die einfachste Anordnung, die man sich denken kann, ist in Bild 13.4a gezeigt. Eine Entropieanalyse (die wir nicht vornehmen) zeigt, daß der Entropieinhalt des Wärmebades groß, die des mechanischen Systems klein ist. Der Lauf einer solchen Maschine würde summarisch eine Entropieerniedrigung bedeuten, somit ist der Prozeß verboten. Eine funktionierende Wärmekraftmaschine muß zwischen zwei Bädern mit unterschiedlicher Temperatur arbeiten (Bild 13.4b). Dem warmen wird Wärmemenge entzogen. Diese wird zum Teil in mechanische Arbeit umgewandelt, der Rest fließt in das kalte Bad. Der Nettoeffekt ist eine Absenkung von T_W und eine Anhebung von T_K, also eine Annäherung an den Gleichgewichtszustand $T_W = T_K$. Dieser Prozeß ist somit erlaubt. Wir können also ebenso sagen:

Es gibt keine Vorrichtung, die mechanische Arbeit erzeugt, indem sie nur einem Wärmebad die nötige Wärmeenergie entzieht.

2. Hauptsatz (nach Kelvin-Planck)

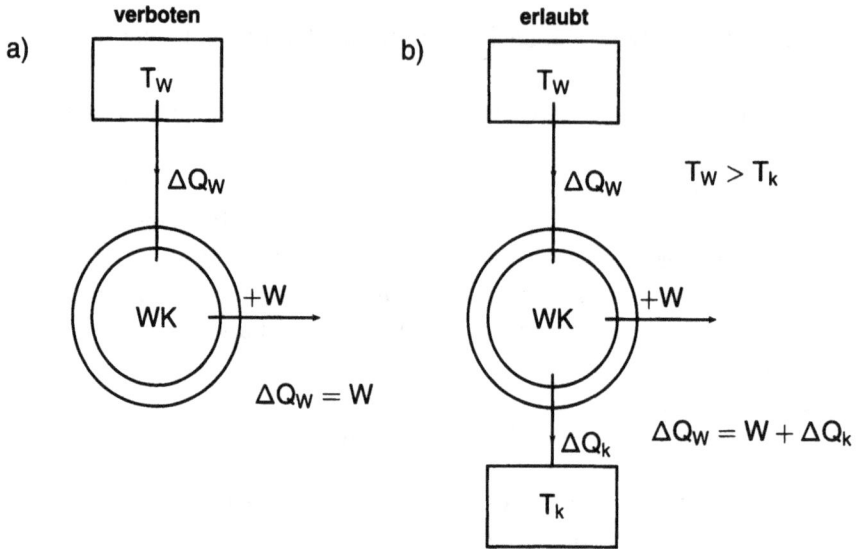

Bild 13.4: Schematische Darstellung von Wärmekraftmaschinen (WK).
a) Perpetuum mobile 2. Art. b) Realisierbare Anordnung (z.B. Carnot-Maschine).

Perpetuum mobile der 2. Art

Die verbotene Wärmekraftmaschine (Bild 13.4a) nennt man auch ein „Perpetuum mobile 2. Art". Man kann ebenso sagen:

Es gibt kein Perpetuum mobile 2. Art.

Bemerkung:
Zur Erläuterung des Perpetuum mobile 2. Art: Stellen Sie sich z.B. vor, ein Flugzeug würde mit einer Wärmekraftmaschine nach Bild 13.4a betrieben, die der umgebenden Luft die entsprechende Wärmemenge entzieht. Die Antriebsleistung wird (von der anfänglichen Beschleunigungsarbeit abgesehen, die aber beim Landen zurückfließen würde) benutzt, um die Luftreibung zu überwinden. Dies führt die gleiche Wärmemenge in die Atmosphäre zurück. Das Flugzeug könnte für immer fliegen, ist also ein „perpetuum mobile". Es verstößt aber nicht gegen den Energiesatz (1. Hauptsatz), sondern gegen den Entropiesatz (2. Hauptsatz).

Carnot-Prozeß

Die ideale Wärmekraftmaschine benutzt den Carnot-Prozeß, der reversibel geführt wird, und den wir in Abschnitt 13.6 diskutieren. Er wird uns auch erlauben, die Entropie in thermodynamischen Größen auszudrücken, was bisher noch aussteht. Wir suchen eine Größe, für die gelten muß

$$\oint_{\text{rev}} dS = 0, \tag{13.4}$$

wobei $\oint$ die Integration entlang des Weges eines reversibel ausgeführten Kreisprozesses bedeutet. Der Carnot-Prozeß zeigt, daß die Größe

$$\boxed{dS = \left(\frac{\delta Q}{T}\right)_{\text{rev}}} \tag{13.5}$$

diese Bedingung erfüllt. Wir können also aussagen, daß stets gelten muß

$$\boxed{\frac{\delta Q}{T} \geq 0,} \tag{13.6}$$

wobei sich das Größerzeichen auf irreversible, das Gleichheitszeichen auf reversible Prozesse bezieht. Man kann weiter zeigen, daß

$$\int_{i}^{f} dS = S_{\text{f}} - S_{\text{i}} \tag{13.7}$$

unabhängig vom Weg ist. Daraus entnehmen wir:

Die Entropie ist eine Zustandsgröße.

Sie ist für einen vorgegebenen Zustand eindeutig definiert.

Bemerkung:
Wie andere Zustandsgrößen (etwa die innere Energie $U = (3/2)fN \cdot k_{\text{B}} \cdot T$) läßt sich auch die Entropie S mikroskopisch definieren. Wir werden dies in Physik IV erläutern. Es zeigt sich, daß die Größe der Entropie ein Maß für die statistische Wahrscheinlichkeit ist, einen (durch die entsprechenden Randbedingungen definierten) Zustand zu finden. Dies macht verständlich, warum maximale Entropie angestrebt wird. Sie entspricht dem wahrscheinlichsten Zustand.
Da die Entropie insgesamt nur zunehmen kann, folgt:

Es gibt keinen Erhaltungssatz für die Entropie.

Bemerkung:
Unser Weltall ist das ultimativ abgeschlossene System. Seit Beginn (Urknall?) nimmt die Entropie zu, da das Weltall sich nicht im Gleichgewichtszustand befindet (z.B. ist die Temperatur nicht gleichmäßig und konstant). Schließlich sollte vom thermodynamischen Standpunkt aus das Weltall den *Entropietod* erleiden, denn wenn der Gleichgewichtszustand erreicht ist, findet keine Änderung mehr statt. Wir kommen darauf in Physik IV zurück. Im Gegensatz dazu muß die totale Energie des

Weltalls seit dem Anfang dieselbe sein. Alles was abläuft sind Energieumwandlungen. Die Wandlung in Wärmeenergie ist aber irreversibel. Also muß schließlich alle Energie als Wärmeenergie vorliegen. Man spricht daher auch vom *Wärmetod* des Weltalls.

13.5 Der dritte Hauptsatz

Reversible Zustandsänderung

Die gesamte Entropieänderung bei Überführung des Systems vom Zustand i zum Zustand f entlang eines *reversiblen* Weges ist gegeben durch:

$$\Delta S = S_f - S_i = \int_{S_i}^{S_f} dS = \int_{T_i}^{T_f} \frac{\delta Q}{T} \tag{13.8}$$

Im einzelnen ist damit gemeint:

1. Man muß einen reversiblen Prozeß finden, der die Zustände i und f verknüpft. Ein solcher Prozeß ist eine quasistatische Zustandsänderung entlang irgendeiner Kurve auf der Zustandsfläche, die die beiden Zustände verbindet.

2. Man teilt diese Kurve in infinitesimale Stücke ein und berechnet die Wärmeaufnahme δQ in jedem dieser Stücke. Ebenso ermittelt man die Momentantemperatur T für jedes Teilstück.

3. Man dividiert jedes δQ durch seine zugehörige Temperatur und addiert alle Quotienten auf.

Für eine adiabatische Zustandsänderung eines Gases gilt definitionsgemäß, daß auf allen Teilstücken des Prozesses $\delta Q = 0$ ist. Somit ist $S_f - S_i = 0$, und es folgt:

Reversibel adiabatisch = isentropisch

Bei reversiblen adiabatischen Prozessen bleibt die Entropie konstant.

Dies sind *isentropische Prozesse*. Da die Entropie eine Zustandsgröße ist, ihr Wert also von der Art des (reversiblen) Weges unabhängig ist, folgt aus (13.8) für die Entropie eines Systems bei der Temperatur T:

$$\boxed{S(T) = \int_0^T \frac{\delta Q}{T} + S(0),} \tag{13.9}$$

wobei $S(0)$ die Entropie des Systems am absoluten Nullpunkt ist. Für die

Entropie bei $T = 0$ gilt der von *Nernst* als Erfahrungstatsache formulierte *3. Hauptsatz der Wärmelehre*:

> *Die Entropie eines thermodynamischen Systems im Gleichgewichts-zustand strebt dem Grenzwert Null zu, wenn seine Temperatur gegen null geht.*

Also:

$$\boxed{S(T) \to 0 \quad \text{für} \quad T \to 0}$$

3. Hauptsatz der Thermodynamik (13.10)

Über die Statistik der Quantenteilchen kann der 3. Hauptsatz für Quantensysteme streng bewiesen werden.

Die Bedeutung des 3. Hauptsatzes liegt darin, daß er ermöglicht, *den Absolutwert der Entropie, also die Wahrscheinlichkeit des Zustandes eines thermodynamischen Systems, durch eine makroskopische Messung zu bestimmen.*

Entsprechend der Definition der spezifischen Wärmen und nach (13.8) gilt pro Mol:

$$S(T, P) = \int\limits_0^T \frac{C_P}{T} \, dT \tag{13.11}$$

Aus dieser Gleichung läßt sich die Entropie (pro Mol) für ein ideales Gas berechnen (in Physik IV wird diese Formel aus der Statistik abgeleitet):   *Ideales Gas*

$$S = R \cdot \ln V + C_V \ln T + \text{const} \tag{13.12}$$

Bemerkung:
Für inhomogene Substanzen ist noch die *Mischungsentropie* hinzuzufügen. Als   *Mischungsentropie*
Beispiel hierzu sei noch einmal Bild 13.3 betrachtet, wobei nun jedoch V_1 mit N_1 Teilchen der Art 1 und V_2 mit N_2 Teilchen der Art 2 gefüllt sei. Es gelte $T_1 = T_2 = T$. Nach Entfernen der Trennwand werden sich beide Gassorten durch Diffusion so lange mischen bis der Endzustand (Gleichgewichtszustand) erreicht ist, bei dem über das ganze Volumen $V = V_1 + V_2$ die Teilchen 1 und 2 gleichmäßig und statistisch verteilt sind. Für diese gilt im vorliegenden Fall[3]:

$$S_M = k_B \cdot \left[N_1 \cdot \ln \left(1 + \frac{V_2}{V_1} \right) + N_2 \cdot \ln \left(1 + \frac{V_1}{V_2} \right) \right] \tag{13.13}$$

---

[3] siehe Becker, R.: Theorie der Wärme, §10c, Springer-Verlag, Heidelberg 1955.

Es sei daran erinnert, daß die meisten Elemente aus einem *Isotopengemisch* bestehen und deshalb eine Mischungsentropie besitzen. Eine spontane Entmischung des Isotopengemisches findet nicht statt. Sie ist nur durch Verrichten von Arbeit zu erzielen.

13.6 Der Carnot-Prozeß

Gemäß dem zweiten Hauptsatz muß eine Wärmekraftmaschine stets zwischen einem warmen und einem kalten Bad arbeiten. Diese Umformung von Wärme in Arbeit erfolgt am besten über einen Kreisprozeß, denn dann kann die Maschine periodisch, d.h. kontinuierlich, laufen. Der fundamentale Kreisprozeß hierfür wurde von *Carnot* (1796 – 1832) definiert.

Beliebiges Gas! Als Arbeitsmedium dient ein beliebiges Gas. Die Maschine besteht aus einem Gasbehälter mit beweglichem Stempel. Durch Verschieben des Stempels wird das Gas abwechselnd komprimiert und expandiert. Weiter werden natürlich noch die beiden Wärmereservoirs mit den Temperaturen T_W und T_K benötigt. Der Kreisprozeß bestehe aus folgenden vier Schritten:

*Zustands-
änderungen des
Carnot-Prozesses*

1. *Isotherme Ausdehnung* vom Anfangszustand A mit (P_A, V_A, T_W) auf den Zustand B mit (P_B, V_B, T_W). Dabei ist der Gasbehälter in thermischem Kontakt mit dem oberen Wärmebad T_W.

2. *Adiabatische Ausdehnung* vom Zustand B mit (P_B, V_B, T_W) auf den Zustand C mit (P_C, V_C, T_K). Der Gasbehälter ist dabei thermisch isoliert $(\Delta Q = 0)$, das Gas kühlt sich bei der Expansion ab. Die Variablen P_C, V_C sind so gewählt, daß die Gastemperatur gerade T_K, die Temperatur des unteren Wärmebades, am Ende der Zustandsänderung erreicht.

3. *Isotherme Kompression* vom Zustand C mit (P_C, V_C, T_K) zum Zustand D mit (P_D, V_D, T_K). Dabei ist der Gasbehälter an das untere Wärmebad T_K thermisch angekoppelt.

4. *Adiabatische Kompression* vom Zustand D mit (P_D, V_D, T_K) zum Anfangszustand A mit (P_A, V_A, T_W). Bei der adiabatischen Kompression muß sich die Temperatur erhöhen. Die Zustandsänderung ist wieder so gewählt, daß am Ende gerade die Temperatur T_W des oberen Bades erreicht wird.

*Reversible Zu-
standsänderungen* In Bild 13.5 ist dieser Prozeß im P-V-Zustandsdiagramm für das Beispiel eines idealen Gases dargestellt. Alle vier Schritte sollen stets exakt auf den entsprechenden Zustandsflächen verlaufen, so daß die vier Zustandsänderungen reversibel sind. Da die Adiabaten stets steiler sind als die Isothermen, ist mit den erwähnten vier Schritten die Bildung eines Kreisprozesses möglich, auch wenn das Arbeitsmedium kein ideales Gas ist.

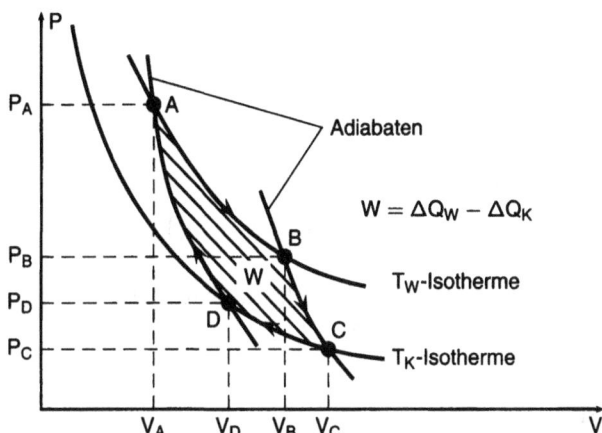

Bild 13.5: Der Kreisprozeß von Carnot im P-V-Diagramm am Beispiel eines idealen Gases.

Wir analysieren den Carnot-Prozeß am einfachsten für ein Mol eines idealen Gases.

Betrachtung für das ideale Gas

Schritt A→B (isotherme Expansion): Dabei wird aus T_W die Wärmemenge ΔQ_W aufgenommen, und die Arbeit ΔW_{AB} abgegeben. Da wir reversibel vorgehen, müssen wir die Änderung A→B in infinitesimalen Schritten vornehmen. Weil $T = T_W = $ const. ist, ist auch die innere Energie $U = $ const. Für jeden Schritt folgt aus dem ersten Hauptsatz

$$\delta Q_W = P \cdot dV = \delta W_{AB} \tag{13.14}$$

und eingesetzt nach der Gasgleichung

$$\delta Q_W = \frac{RT_W}{V} \, dV = \delta W_{AB} \, . \tag{13.15}$$

Über den gesamten Weg haben wir

$$\Delta W_{AB} = R \cdot T_W \int\limits_{V_A}^{V_B} \frac{dV}{V} = R \cdot T_W \ln \frac{V_B}{V_A} = \Delta Q_W \, . \tag{13.16}$$

Schritt B→C (adiabatische Expansion): Es wird wiederum Arbeit abgegeben (ΔW_{BC}). Sie stammt aus der inneren Energie, da definitionsgemäß hier $\Delta Q = 0$ ist. Der erste Hauptsatz fordert für einen infinitesimalen Schritt:

$$-dU = -C_V \, dT = P \, dV = \delta W_{BC} \tag{13.17}$$

und nach Integration

$$\Delta W_{BC} = -C_V \int_{T_W}^{T_K} dT$$

$$= -C_V (T_K - T_W) = C_V (T_W - T_K) \ . \qquad (13.18)$$

Schritt C→D (isotherme Kompression): Es wird ΔQ_K abgegeben und ΔW_{CD} aufgenommen. Analog zu A→B folgt:

$$-\Delta W_{CD} = R \cdot T_K \ln \frac{V_D}{V_C} = -\Delta Q_K \qquad (13.19)$$

Schritt D→A (adiabatische Kompression): Es wird Arbeit ΔW_{DA} aufgenommen und die innere Energie erhöht sich. Entsprechend B→C:

$$-\Delta W_{DA} = -C_V (T_W - T_K) \qquad (13.20)$$

Die Teilarbeiten auf den Adiabaten heben sich auf, und die gesamte Arbeit ist:

$$W = R \cdot T_W \ln \frac{V_B}{V_A} - R \cdot T_K \ln \frac{V_D}{V_C} = \Delta Q_W - \Delta Q_K, \qquad (13.21)$$

die der Nettowärmeaufnahme entsprechen muß.

Die Volumina V_B und V_C sowie V_D und V_A liegen auf Adiabaten. Daher:

$$T_W V_B^{\kappa-1} = T_K V_C^{\kappa-1}$$

und

$$T_W V_A^{\kappa-1} = T_K V_D^{\kappa-1},$$

woraus zu ersehen ist:

$$\frac{V_B}{V_A} = \frac{V_C}{V_D} \qquad (13.22)$$

In (13.21) eingesetzt:

$$W = R (T_W - T_K) \ln \frac{V_B}{V_A} \qquad (13.23)$$

Um diese Arbeit aufzubringen, haben wir ΔQ_W gemäß (13.16) dem oberen Bad entnommen.

Als Wirkungsgrad η einer Wärmekraftmaschine definieren wir sinnvoller-
weise das Verhältnis von verrichteter Arbeit zur aufgenommenen Wärmemenge:

$$\boxed{\eta_{WK} = \frac{W}{\Delta Q_W}} \qquad \text{Wirkungsgrad einer} \atop \text{Wärmekraftmaschine} \qquad (13.24)$$

Für ein „Perpetuum mobile 2. Art" wäre $\eta = 1$. Das darf nicht sein. Wir
finden stets $\eta < 1$ gemäß dem 2. Hauptsatz. Für die Carnot-Maschine ergibt
sich nach Einsetzen von (13.19) und (13.16):

$$\boxed{\eta_{WK}^C = \frac{T_W - T_K}{T_W} = 1 - \frac{T_K}{T_W}} \qquad \text{Carnotscher} \atop \text{Wirkungsgrad} \qquad (13.25)$$

Da $T_W > T_K$ sein muß (sonst wird keine Wärme aufgenommen), sieht man
sofort, daß $\eta_{WK}^C < 1$. Die Maschine arbeitet aber um so effektiver, je größer
die Temperaturdifferenz ist.

Der Carnot-Prozeß ist reversibel. Er kann also auch in umgekehrter Richtung, d.h. in der Sequenz C-D-A-B-C, durchlaufen werden. Dabei wird dann
dem unteren Wärmebad T_K die Wärmemenge ΔQ_K entzogen und in das
obere Bad die Wärmemenge ΔQ_W gebracht. Der Maschine muß dabei die
äußere Arbeit $(-W)$ zugeführt werden. (In einem abgeschlossenen System *Wärmepumpe*
läuft dieser Vorgang nicht spontan ab!). Eine solche Maschine bezeichnet
man als *Wärmepumpe* (WP) und ihr Wirkungsgrad ist sinngemäß definiert
durch:

$$\boxed{\eta_{WP}^C = \frac{\Delta Q_W}{-W} = \frac{1}{\eta_{WK}^C}} \qquad (13.26)$$

Es gibt keine Maschine, die entweder als Wärmekraftmaschine oder als
Wärmepumpe den Wirkungsgrad einer Carnot-Maschine übersteigt. Diese
Behauptung ist leicht zu beweisen, indem man sich ein abgeschlossenes
System vorstellt, in dem eine „Supercarnot"-Wärmekraftmaschine (deren
Wirkungsgrad $\eta_{WK}^{SC} > \eta_{WK}^C$ ist) eine Carnotsche Wärmepumpe mit $\eta_{WP}^C = 1/\eta_{WK}^C$ antreibt, wie dies Bild 13.6 zeigt. Da die Wärmekraftmaschine
hier effektiver arbeitet als die Wärmepumpe, wird von der Kraftmaschine
weniger Wärme ΔQ_W^{SC} dem oberen Bad T_W entzogen als von der Pumpe
gefördert wird (ΔQ_W^C). Dies führt dazu, daß sich in diesem abgeschlossenen
System T_W erhöhen und T_K erniedrigen würde, was dem zweiten Hauptsatz
widerspricht. Es gilt also das *Carnotsche Theorem*:

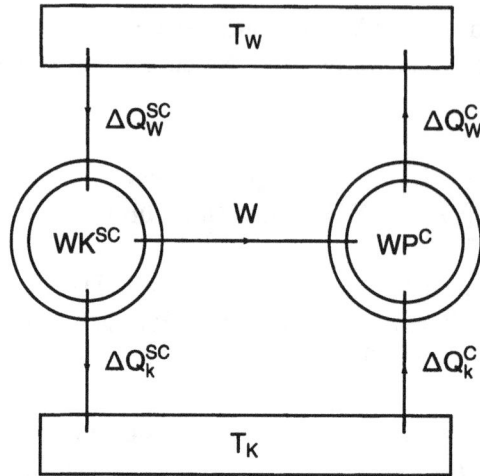

Bild 13.6: Abgeschlossenes System mit einer „Supercarnot"-Wärmekraftmaschine und einer Carnot-Wärmepumpe.

Der Carnotsche Kreisprozeß stellt die ideale Wärmekraftmaschine (Wärmepumpe) dar. Ihr Wirkungsgrad $\eta_{\text{WK}}^{\text{C}} = 1 - (T_{\text{K}}/T_{\text{W}})$ kann von keinem anderen Prozeß überboten werden und ist unabhängig von der verwendeten Gasart.

Dies bedeutet, daß das Ersetzen des idealen Gases durch ein anderes Medium keine Verbesserung bringt. Wir haben aber reversible Prozeßführung angenommen. Eine reale Maschine wird nicht voll reversibel arbeiten, und ihr Wirkungsgrad ist schlechter als η^{C}.

Schließlich ist noch zu zeigen, daß aus dem Carnot-Prozeß die bereits eingeführte thermodynamische Definition der Entropie $dS = (\delta Q/T)_{\text{rev}}$ folgt. Wegen der Reversibilität des Carnot-Prozesses gilt:

$$\oint_{\text{rev}} dS = 0 \tag{13.27}$$

Für den Carnot-Prozeß eingesetzt:

$$\oint dS = \Delta S_{\text{AB}} + \Delta S_{\text{BC}} + \Delta S_{\text{CD}} + \Delta S_{\text{DA}} \tag{13.28}$$

Die Schritte B→C und D→A sind reversible adiabatische Zustandsänderungen und somit isentrop ($\Delta S_{\text{BC}} = \Delta S_{\text{DA}} = 0$). Es bleiben die isothermen Schritte. Dafür gilt (weil $T = $ const):

$$\oint dS = \Delta S_{\text{AB}} + \Delta S_{\text{CD}} = \frac{\Delta Q_{\text{W}}}{T_{\text{W}}} - \frac{\Delta Q_{\text{K}}}{T_{\text{K}}} \tag{13.29}$$

Dabei ist die Vorzeichenkonvention für ΔQ zu beachten. Wir setzen in (13.24) $W = \Delta Q_W - \Delta Q_K$ ein, was ergibt:

$$\eta = \frac{\Delta Q_W - \Delta Q_K}{\Delta Q_W} = 1 - \frac{\Delta Q_K}{\Delta Q_W} = 1 - \frac{T_K}{T_W} \qquad (13.30)$$

Somit

$$\frac{\Delta Q_K}{\Delta Q_W} = \frac{T_K}{T_W} \qquad \text{oder} \qquad \frac{\Delta Q_W}{T_W} = \frac{\Delta Q_K}{T_K} \qquad (13.31)$$

und mit (13.29):

$$\oint dS = \frac{\Delta Q_W}{T_W} - \frac{\Delta Q_K}{T_K} = 0, \qquad (13.32)$$

wie gefordert.

Die Tatsache, daß wir den Carnot-Prozeß benutzt haben, ist ohne Bedeutung. Man kann jeden Kreisprozeß in eine Anzahl von Carnot-Prozessen zerlegen, wie dies Bild 13.7 zeigt.

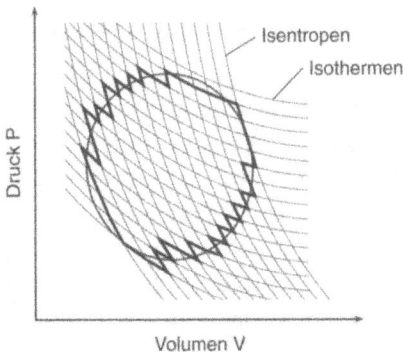

Bild 13.7: Zerlegung eines Kreisprozesses in eine Vielzahl von Carnot-Prozessen.

Weiterhin ist der Carnot-Prozeß ja nicht an ein bestimmtes Medium gebunden. Wichtig ist lediglich die reversible Führung, d.h. infinitesmale Schritte bei den Zustandsänderungen. Die Größe $dS = (\delta Q/T)_{\text{rev}}$ erfüllt also die Forderungen, die wir an die Entropiefunktion stellen.

Da S eine Zustandsgröße ist, d.h. für jeden Zustand eindeutig definiert ist, ist es illustrativ, den Carnot-Prozeß in einem T-S-Diagramm darzustellen (Bild 13.8).

Die Adiabaten sind isentrop, die Zustandsänderung ist eine Linie senkrecht zur S-Achse. Die Isothermen laufen definitionsgemäß senkrecht zur T-

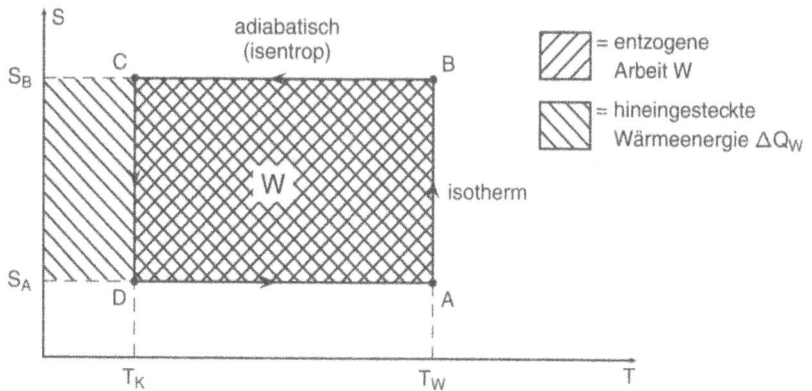

Bild 13.8: Der Carnot-Prozeß im T-S-Diagramm.

Achse. Der Carnot-Prozeß erscheint als Rechteck, dessen Fläche wieder die verrichtete Arbeit ist:

$$W = \oint T\mathrm{d}S = (T_\mathrm{W} - T_\mathrm{K})\,(S_\mathrm{B} - S_\mathrm{A}) \tag{13.33}$$

In Praxis ist die streng reversible Zustandsänderung, wie diskutiert, nicht realisierbar. Die Folge hier ist, daß $S_\mathrm{B} - S_\mathrm{A} \neq S_\mathrm{C} - S_\mathrm{A}$ ist und somit $\oint \mathrm{d}S \neq 0$. Der zweite Hauptsatz läßt nur $\oint \mathrm{d}S > 0$ zu, wenn das System abgeschlossen ist. In Bild 13.8 verlaufen dann die Zustandsänderungen als geneigte Linien (Parallelepiped statt Rechteck).

Der Carnot-Prozeß ist also das Maß aller Dinge für die in unserer technischen Welt so entscheidende Umsetzung von Wärmeenergie (die letztlich von der Sonne geliefert wird, außer bei Kern- oder Fusionsenergiegewinnung) in mechanische (oder elektrische) Arbeit. Dabei ist wichtig, sich klar zu machen, daß immer zwei Wärmebäder nötig sind (das kalte Bad ist in der Regel die Umgebung, also $T_\mathrm{K} \approx 300\,\mathrm{K}$), und daß es unumgänglich ist, daß Wärmemenge an das kalte Bad abgegeben wird. Ein Auto braucht einen Kühler, nicht weil der Motor technisch nicht ideal ist (ein solcher Anteil an Verlusten ist auch vorhanden, aber nicht dominant), sondern weil der 2. Hauptsatz erfüllt werden muß. In der Tat hat die Technik einen weiten Schritt von der Dampfmaschine zur Gasturbine getan und sich dem Carnot-Wirkungsgrad schon sehr genähert. Aber Brenntemperaturen höher als 1200 K sind kaum realisierbar, und mit Kühltemperaturen um 400 K ergibt dies immer noch einen idealen Wirkungsgrad von nur 60%. Ohne „Wärmeverschmutzung" geht es nicht. Die Entropie muß zunehmen.

14 Einige Anwendungen der Thermodynamik

14.1 Die thermodynamische Temperaturskala

Die über das Gasthermometer eingeführte absolute Temperaturskala ist an die Zustandsgleichung des idealen Gases (einer idealisierten Substanz) geknüpft. Eine von der Substanz unabhängige Temperaturskala, die *thermo-dynamische Temperaturskala*, läßt sich über den 2. Hauptsatz mit Hilfe des Carnotschen Kreisprozesses definieren.

Es war im letzten Kapitel gezeigt worden, daß der Wirkungsgrad η^C einer Carnot-Maschine allein eine Funktion der Temperaturen der beiden Reservoirs ist, zwischen denen die Maschine arbeitet. Von der Substanz, die dem Kreisprozeß unterworfen wird, ist er jedoch unabhängig:

$$\eta^C = 1 - \frac{T_K}{T_W} = 1 - \frac{|Q_K|}{|Q_W|} \tag{14.1}$$

Es ist also nur nötig, den Wirkungsgrad einer Carnot-Maschine (d.h. die Wärmemengen Q_W und Q_K) zu messen, um das Verhältnis der Temperaturen zweier Wärmebäder zu bestimmen[1]. Wenn z.B. $\eta = 0,9$ ist, so folgt, daß die thermodynamische Temperatur des kalten Bades 1/10 der Temperatur des warmen Bades ist. Zur Festlegung einer absoluten Skala benötigt man noch einen Fixpunkt. Dafür wird der *Tripelpunkt des Wassers* gewählt, dessen Temperatur auf 273,16 K ($= 0,01°$C) festgelegt wird. Dann ist:

$$\boxed{T = \frac{273,16}{1 - \eta^C} \text{ [K]},} \tag{14.2}$$

wenn η^C der Wirkungsgrad zwischen dem Temperaturbad T und einem Bad aus Wasser am Tripelpunkt ist. Diese Temperaturskala ist identisch mit

---

[1] Hier erhebt sich oft die Frage, ob zur Messung von η, d.h. von Q_W und Q_K, nicht wieder eine Temperaturmessung nötig ist. Eine allgemeine Ableitung, wie dies umgangen werden kann, findet sich in Becker, R.: Theorie der Wärme, §7, Springer-Verlag, Heidelberg 1955.

der Temperaturskala des Gasthermometers (absolute Temperaturskala), da sich (14.1) ohne zusätzliche Annahmen aus der Zustandsgleichung $PV_m = RT$ ableiten läßt, wenn der Carnotsche Kreisprozeß für ein ideales Gas durchgeführt wird.

14.2 Der Joule-Thomson-Effekt und die Enthalpie

Der *Joule-Thomson-Effekt* ist die Grundlage der Gasverflüssigung, die wir im nächsten Abschnitt besprechen. Er stellt die adiabatische ($\Delta Q = 0$) Entspannung eines Gases vom Anfangszustand P_i, V_i, T_i zum Endzustand P_f, V_f, T_f dar, wobei angenommen ist: $P_f < P_i$.

Gedrosselte Entspannung

Der Vorgang ist in Bild 14.1 dargestellt. Die poröse Scheidewand ist eingebaut, um zu erreichen, daß der Prozeß sehr langsam abläuft. Damit wird die Beschleunigungsarbeit an den Gasmolekülen vernachlässigbar klein. (Beim Durchgang von V_i auf V_f muß sich die Lage des Schwerpunktes des Gases verschieben! Geschieht dies mit endlicher, von Null verschiedener Geschwindigkeit, so ist Beschleunigungsarbeit nötig). Es sei zusätzlich vorausgesetzt, daß zwischen V_i und V_f keine Differenz potentieller Energie (z.B. Gravitationsenergie) bestehe. Durch die poröse Scheidewand wird weiterhin auch die Ausbildung von Turbulenzen verhindert, die zusätzliche Beschleunigungsarbeit bedeuten würden.

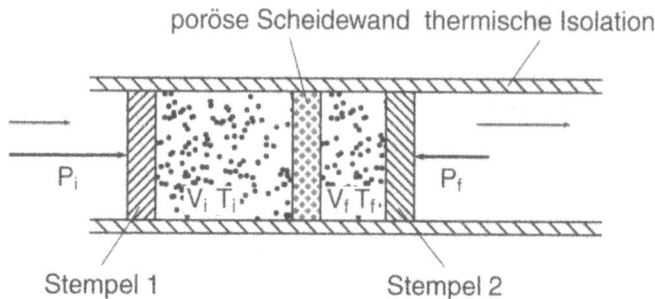

Bild 14.1: Der Joule-Thomson-Prozeß. Durch den Druckunterschied $P_i - P_f$ bewegen sich die Kolben wie es die dünnen Pfeile andeuten und schieben das Gas durch die poröse Scheidewand.

Für die Diskussion des Joule-Thomson-Effekts ist es nützlich, eine neue Zustandsfunktion zu definieren, die sich aus bekannten Zustandsvariablen zusammensetzt. Zunächst folgt für eine isobare Zustandsänderung ($P =$ const) aus dem 1. Hauptsatz:

$$\delta Q = dU + PdV = d(U + P \cdot V) \tag{14.3}$$

Der in der Klammer stehende Ausdruck kann als neue Zustandsvariable aufgefaßt werden. Sie wird als die *Enthalpie* J bezeichnet:

$$\boxed{J = U + P \cdot V} \qquad \textbf{Enthalpie} \qquad\qquad (14.4)$$

Bei einer isobaren Zustandsänderung muß nach (14.3) und (14.4) Wärme zugeführt werden, um die nötige Änderung der Enthalpie zu erzielen:

$$\boxed{\delta Q = \mathrm{d}J} \qquad \textbf{isobar} \qquad\qquad (14.5)$$

Führt man diesen Prozeß adiabatisch, also mit $\delta Q = 0$ durch, so folgt:

$$\boxed{\mathrm{d}J = 0} \qquad \textbf{(adiabatisch, isobar) = isenthalp} \qquad (14.6)$$

Prozesse, bei denen die Enthalpie konstant bleibt, werden als *isenthalpe Zustandsänderungen* bezeichnet.

Bemerkung:
Es ist in der Thermodynamik üblich, Zustandsgrößen (wie die Enthalpie) einzuführen, die sich aus Summen und Produkten der elementaren Zustandsvariablen zusammensetzen. Dies hat seinen Grund darin, daß in der Natur für den Ablauf vieler Prozesse derartige Kombinationen von Zustandsvariablen die beherrschenden Größen sind. So lassen sich z.B. mit Hilfe der Enthalpie gerade Prozesse, wie sie in Wärmekraftmaschinen auftreten, sehr gut beschreiben. Das Arbeitsmedium ist in der Regel ein reales Gas. Wir gehen darauf hier jedoch nicht weiter ein und verweisen auf ausführlichere Texte der Thermodynamik[2].

Bei der Joule-Thomson-Entspannung liefert der erste Hauptsatz

$$U_i - U_f = +W \,. \qquad\qquad (14.7)$$

Die Enthalpieänderung ist:

$$J_i - J_f = P_i V_i - P_f V_f + U_i - U_f = P_i V_i - P_f V_f + W \qquad (14.8)$$

Per definitionem ist:

$$-P_i V_i + P_f V_f = W, \qquad\qquad (14.9)$$

da P_i und P_f während des Prozesses konstant bleiben. Somit ergibt sich:

$$J_i - J_f = 0 \qquad\qquad (14.10)$$

---

[2] z.B. Kittel, Ch. und Krömer, H.: Physik der Wärme, R. Oldenbourg Verlag, München 2001.

Die gedrosselte Entspannung ist also eine *isenthalpe* Zustandsänderung. Es stellt sich die Frage, ob sich bei dem Joule-Thomson-Prozeß die Temperatur des Gases ändert. Nach (14.10) muß gelten (nur zwei der drei Zustandsvariablen P, V, T können unabhängig gewählt werden!):

$$J_i(T_i, P_i) = J_f(T_f, P_f) \tag{14.11}$$

Ideales Gas

Zunächst sei ein ideales Gas das Strömungsmedium; aus der allgemeinen Zustandsgleichung folgt:

$$J(T, P) = U + P \cdot V = U(T) + Nk_B T, \tag{14.12}$$

d.h. die Enthalpie ist eine Funktion von T allein, denn die Zahl N der Teilchen soll konstant sein. Dann reduziert sich (14.11) zu:

$$J_i(T_i) = J_f(T_f) \tag{14.13}$$

und somit

$$\boxed{T_i = T_f}$$ **Joule-Thomson-Entspannung eines idealen Gases** $\tag{14.14}$

Bei der gedrosselten Expansion eines idealen Gases bleibt dessen Temperatur unverändert. Der physikalische Grund für dieses Verhalten liegt darin, daß die innere Energie eines idealen Gases allein von der Temperatur, nicht aber vom Volumen oder vom Druck abhängt, wie dies in (14.12) zum Ausdruck kam. Für ein *reales* Gas trifft das nicht mehr zu, denn in der van-der-Waalsschen-Zustandsgleichung treten das *Kovolumen* und der *Binnendruck* als zusätzliche Glieder auf. Um das Verhalten des realen Gases zu studieren, bedient man sich der Isenthalpen im P-T-Diagramm, die sich analog

Reales Gas

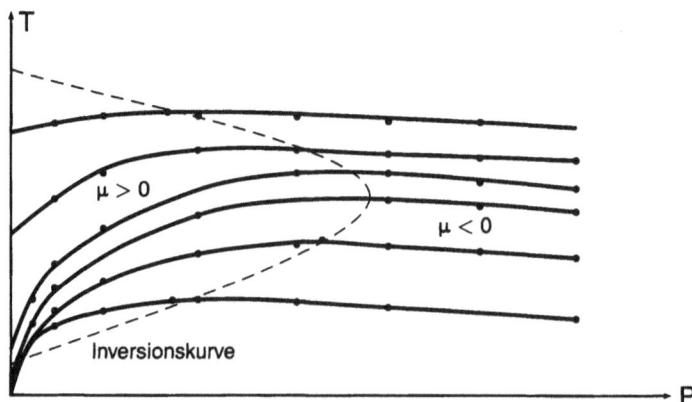

Bild 14.2: Kurven konstanter Enthalpie (Isenthalpen) in der P-T-Ebene für ein reales Gas. Die Inversionskurve ist gestrichelt eingezeichnet.

zu (14.12) aus der van-der-Waals-Gleichung ableiten lassen. Dies sei hier nicht durchgeführt, sondern nur das grundsätzliche Ergebnis in Bild 14.2 dargestellt.

Bei der gedrosselten Entspannung eines realen Gases bewegt man sich entlang der durch den Anfangspunkt P_i, T_i laufenden Isenthalpe von P_i nach P_f. Da die Isenthalpen nicht horizontal in der P-T-Ebene verlaufen (dies ist nur der Fall für ein ideales Gas), folgt sofort:

$$\boxed{T_i \neq T_f}$$ **Joule-Thomson-Entspannung** (14.15)
eines realen Gases

Das Vorzeichen der Temperaturänderung hängt vom Vorzeichen der Steigung μ der Isenthalpe ab:

$$\mu = \left(\frac{\partial T}{\partial P} \right)_{J=\text{const}}$$

Wie Bild 14.2 zeigt, wechselt das Vorzeichen von μ an einem bestimmten Punkt in der P-T-Ebene. Dieser wird als der *Inversionspunkt* bezeichnet. Die *Inversionskurve* verbindet die Inversionspunkte der Isenthalpen. Die Joule-Thomson-Entspannung führt *unterhalb* des Inversionspunktes, d.h. bei $\mu > 0$, zur *Abkühlung* und *oberhalb* des Inversionspunktes, d.h. bei $\mu < 0$, zu *Erwärmung* des Gases. Die Inversionstemperaturen liegen für die verschiedenen realen Gase in stark unterschiedlichen Bereichen (Tabelle 14.1).

Die Abhängigkeit der Enthalpie des realen Gases vom Druck ist aus dem Wechselspiel der beiden Korrekturglieder Kovolumen und Binnendruck erklärbar. Die Temperaturänderung bei der Joule-Thomson-Entspannung eines realen Gases kann experimentell leicht demonstriert werden. Dieses Verfahren wird in der Großtechnik mannigfaltig zur Kälteerzeugung verwendet (siehe nächsten Abschnitt). Der Koeffizient μ wird vielfach als *Joule-Thomson-Koeffizient* bezeichnet. Für die Entwicklung von Kältemaschinen ist offenbar die genaue Kenntnis des Verlaufes der Enthalpie mit Druck und Temperatur von großer Bedeutung.

Bemerkung:
Beim Joule-Thomson-Versuch wurde darauf geachtet, daß für die Entspannung möglichst keine Beschleunigungsarbeit verrichtet wird. Man kann aber in der *ungedrosselten Entspannung* auch die Beschleunigungsarbeit direkt zur Abkühlung benutzen. So kühlt sich Kohlensäuregas (CO_2), das aus einer Hochdruckflasche rasch ausströmt, so stark ab, daß der Tripelpunkt unterschritten wird und das Gas direkt in den festen Zustand übergeht. Wie schon ausgeführt sublimiert Kohlensäureschnee bei einer Temperatur von ca. 194 K ($-79°$C) bei Atmosphärendruck.

ungedrosselte Entspannung

14.3 Gasverflüssigung und Tieftemperaturtechnik

Wissenschaftliche Experimente oder auch technische Prozesse, die Temperaturen weit unterhalb der Umgebungstemperatur von ca. 300 K verlangen, werden im allgemeinen so durchgeführt, daß das zu untersuchende System in thermischen Kontakt mit einem flüssigen Gas mit niedrigem Siedepunkt gebracht wird. In Tabelle 14.1 sind die Siedepunkte bei Atmosphärendruck und die Verdampfungswärmen einiger tiefsiedender Gase aufgeführt.

Tabelle 14.1: Kryotechnische Daten wichtiger als Kühlmittel verwendeter Gase.

Kühl-flüssigkeit	Siedepunkt [a]	Dichte (flüssig)	Verdampfungs-wärme	Inversions-temperatur
	K	g/cm^3	J/g	K
He	4,215	0,125	23,43	40
H_2	20,27 [b]	0,070	451,98	202
N_2	77,3	0,810	199,62	621
O_2	90,2	1,144	211,76	764

[a] bei 1 atm Umgebungsdruck   [b] für ortho-para Gleichgewicht

Dem zu untersuchenden System wird über die Verdampfungswärme des flüssigen Gases Wärme entzogen, bis es die Siedetemperatur des Gases erreicht hat. Man ist daher bestrebt, flüssige Gase mit großer Verdampfungswärme auszuwählen. Man muß erreichen, daß einerseits der Wärmekontakt zwischen der Probe und dem Kältebad sehr gut ist, daß aber andererseits beide an die Umgebung so gering wie möglich angekoppelt sind.

Bemerkung:
Man benützt zu diesem Zweck wärmeisolierende Behälter für das Kühlmittel, die im einfachsten Fall wie eine Thermosflasche aufgebaut sind (siehe Bild 14.3a) und als *Dewar-Gefäße* bezeichnet werden. Die beliebtesten Kühlmittel sind flüssiger Stickstoff, flüssiger Wasserstoff und flüssiges Helium. Flüssiger Sauerstoff wird wegen Feuergefahr meist vermieden, ebenso besteht bei flüssigem Wasserstoff ein Explosionsrisiko. Mit flüssigem Helium können routinemäßig sehr tiefe Temperaturen erzielt werden, es wird in der modernen Physik auf breiter Basis angewendet. Aus Tabelle 14.1 ist jedoch zu ersehen, daß flüssiges Helium eine geringe Verdampfungswärme besitzt. Besonders sorgfältige Wärmeisolation ist daher erforderlich. Diese wird in der Regel mittels eines *Kryostaten* erzielt, wie ihn Bild 14.3b zeigt. Ein äußerer Kühlmantel, der mit flüssigem Stickstoff betrieben wird, schirmt das He-Bad und die Probe gegen die Umgebungstemperatur ab. Wärmeleitung wird durch die Verwendung von rostfreiem Stahl oder Glas als Baumaterial (evtl. auch Plastik) und durch luftleer gepumpte Räume stark reduziert. Ein guter Kryostat hat

a)

Glas

verspiegelte
Oberfläche

Metallschutz-
gehäuse
(zweiteilig)

flüssiger
Stickstoff

Vakuum

Dämpfungs-
material
(Schaumstoff)

b)

He- und N_2-
Einfüllstutzen

Isolierung
(Schaumstoff)

He- und N_2-
Auspuff

dünnes Rohr aus
rostfreiem Stahl

Wärmeschilde

Stromzufuhr für Magnetspule

Vakuum

Vakuum-Mantel

flüssiger Stickstoff

flüssiges Helium

Arbeitsraum
(häufig gefüllt mit Heliumgas)

supraleitende Magnetspule

Probe

Fenster
(z.B. Mylar oder Quarz)

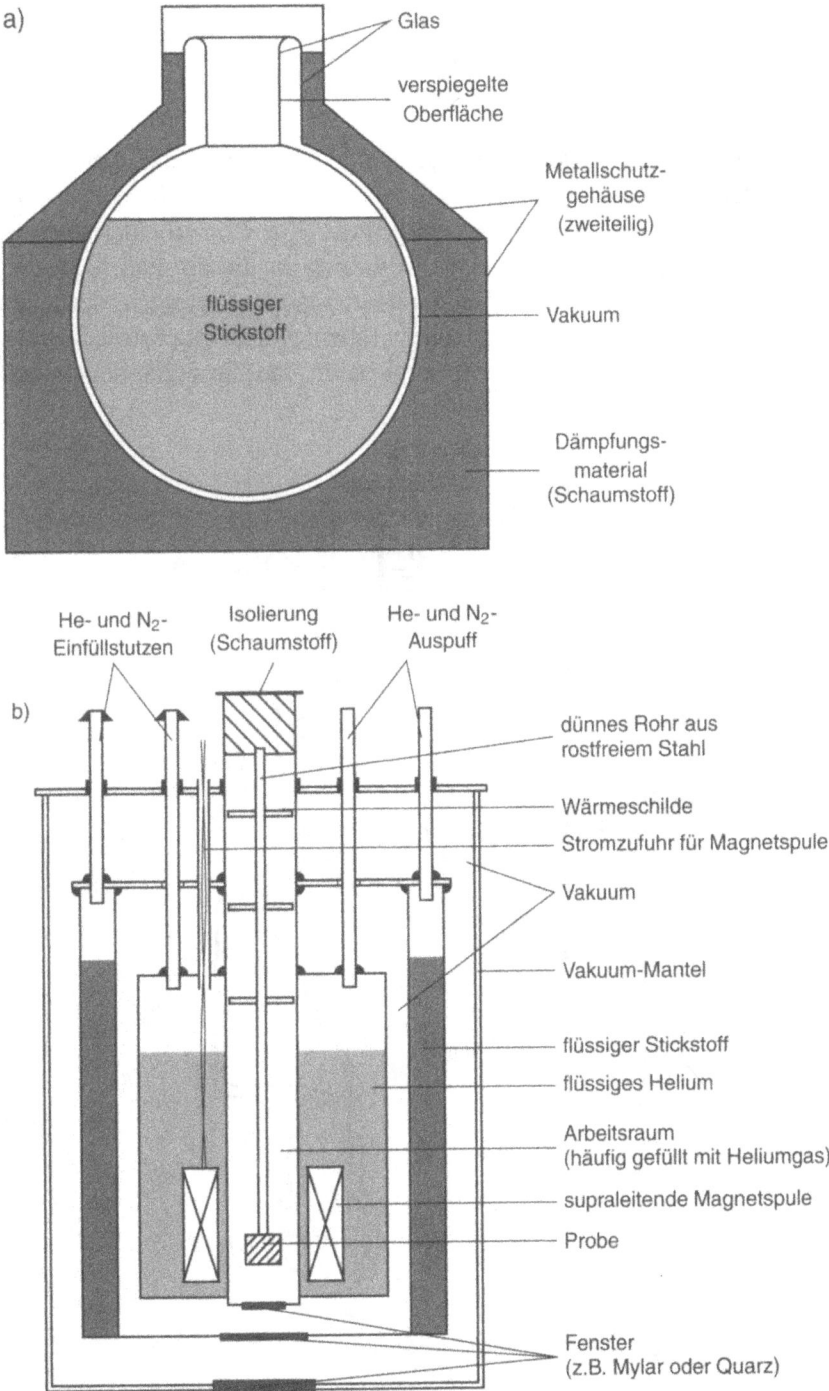

Bild 14.3: Kryogefäße.
a) Einfacher Glasdewar für flüssigen Stickstoff.
b) Heliumkryostat (rostfreier Stahl) mit supraleitender Spule. Über die Fenster können z.B. optische Experimente ausgeführt werden.

typischerweise einen Verbrauch von 30 bis 100 cm³ flüssigen Heliums pro Stunde. Heliumkryostaten spielen vor allem im Zusammenhang mit der Erzeugung hoher Magnetfelder durch supraleitende Spulen auch technisch eine wichtige Rolle.

Das Linde-Verfahren Die Verflüssigung von Luft, Stickstoff, Sauerstoff und Wasserstoff erfolgt großtechnisch nach dem Linde-Verfahren³. Hierbei wird der Joule-Thomson-Effekt ausgenützt. Das Prinzip einer solchen Anlage für flüssigen Stickstoff zeigt Bild 14.4. In diesem Fall kann die Entspannung anfänglich bereits bei Zimmertemperatur erfolgen, denn die Inversionstemperatur von N_2 liegt höher (Tabelle 14.1). Der entscheidende Trick ist der Wärmeaustauscher. Er sorgt dafür, daß die durch den Joule-

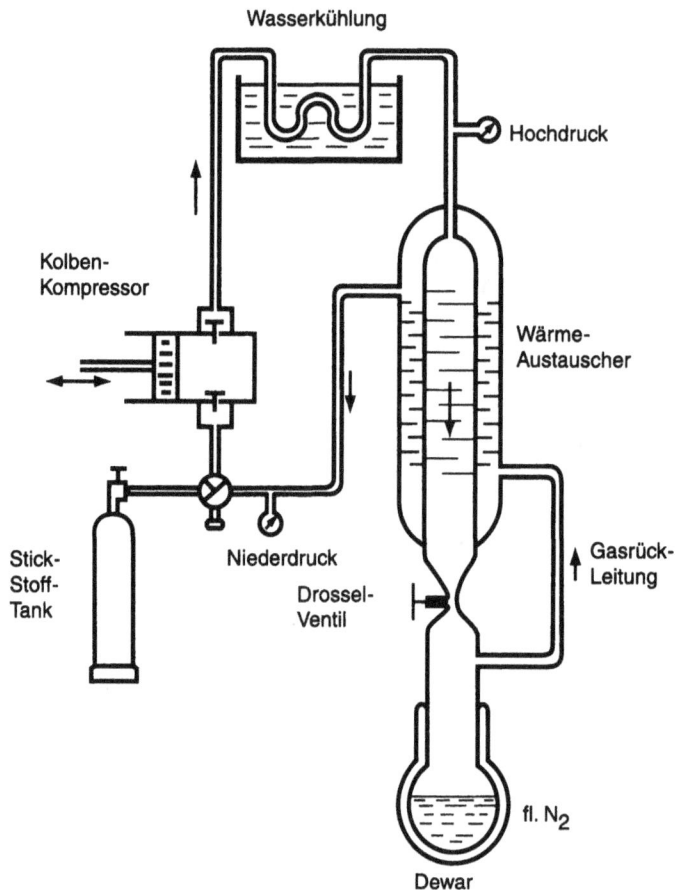

Bild 14.4: Prinzip eines Linde-Verflüssigers für Stickstoff.

---

³ In letzter Zeit wird bei kleinen Anlagen zur Luftverflüssigung auch vielfach der *Stirling-Kreisprozeß* angewendet. Der Stirling-Prozeß wird in Abschnitt 14.4 behandelt.

Thomson-Effekt erzeugte Kälteleistung dem vor der Entspannung stehenden Gas sofort wieder übertragen wird. Dadurch kühlt sich das Gas sukzessive ab, und die Verflüssigungstemperatur ($\approx 77\,\mathrm{K}$) braucht nicht in einem einzigen Entspannungsprozeß erreicht zu werden. Der Kompressor arbeitet stets bei Zimmertemperatur, und das nicht verflüssigte Gas bleibt im Kreislauf. Die Kompressionswärme (der Kompressor arbeitet nahezu adiabatisch) wird durch eine Wasserkühlung entfernt. Das durch Verflüssigung dem Kreislauf entzogene Gas wird aus dem Tank ersetzt. Bei der Konstruktion des *Gegenstrom-Wärmeaustauschers* kommt es auf die Ausbildung großer Oberflächen mit gutem Wärmekontakt zum Gas an. Es soll erreicht werden, daß die an

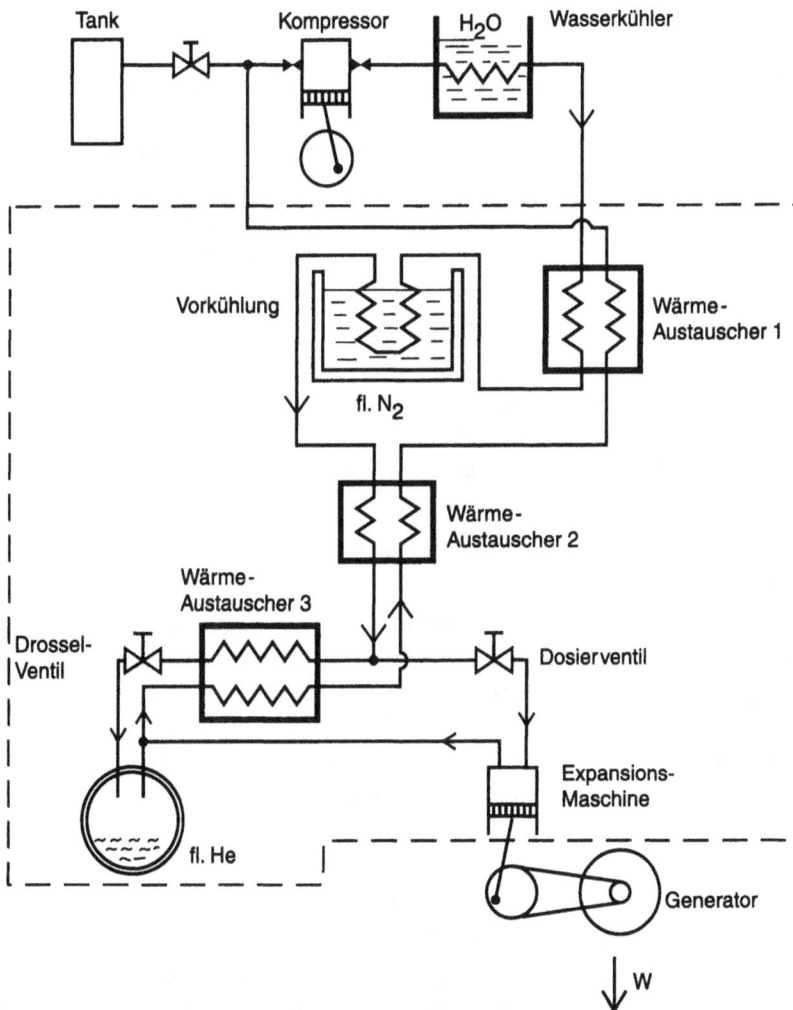

Bild 14.5: Prinzipieller Aufbau eines He-Verflüssigers mit Expansionsmaschine. Der innerhalb des gestrichelten Kastens liegende Teil ist in einem Vakuumtank untergebracht.

beiden Enden jeweils einströmenden und ausströmenden Gase ihre Temperatur einander angleichen. Dabei darf aber der Strömungswiderstand des Austauschers nicht zu groß werden, um starke Druckgefälle zu vermeiden.

Bei der Verflüssigung von Wasserstoff benutzt man eine Vorkühlung mit flüssigem Stickstoff, um die Inversionstemperatur zu unterschreiten.

Helium-Verflüssiger Das Prinzip zeigt Bild 14.5. Für die Helium-Verflüssigung reicht eine Stickstoff-Vorkühlung allein nicht aus, da der Inversionspunkt unterhalb von 78 K liegt. Man kühlt das komprimierte, vorgekühlte Gas weiter ab, indem man es Verdrängungsarbeit in einer (oft zweistufig ausgeführten) Expansionsmaschine verrichten läßt. Von der Expansionsmaschine wird z.B. ein belasteter elektrischer Generator angetrieben, wodurch dem Gas die Arbeit W entzogen wird. Die Expansionsmaschine arbeitet praktisch adiabatisch. Nach dem ersten Hauptsatz erniedrigt sich dabei die Temperatur des Arbeitsgases (d.h. des Heliums). Das aus der Expansionsmaschine ausgetretene kalte Gas tauscht seine Temperatur in einem Gegenströmer mit dem Helium des Hauptkreislaufes aus. Dadurch wird schließlich die Inversionstemperatur des Heliums, die bei den verwendeten Drucken bei ca. 30 K liegt, unterschritten und Verflüssigung erfolgt am Joule-Thomson-Ventil. Ein Dosierventil sorgt dafür, daß stets nur ein kleiner Bruchteil des Gases durch den Joule-Thomson-Kreislauf fließt.

Bemerkung:
Die technische Schwierigkeit besteht in der Konstruktion der Expansionsmaschine, die bei sehr tiefen Temperaturen arbeitet, wo übliche Schmiermittel nicht zur Verfügung stehen und viele Materalien eine große Sprödigkeit aufweisen. Heutzutage werden vielfach auch Turbinen eingesetzt.

Tiefere Temperaturen als 4,2 K kann man zunächst durch Verringerung des Dampfdrucks von flüssigem Helium erzielen. Man schließt an den He-Stutzen in Bild 14.3b eine Vakuumpumpe an. Damit ist es möglich, zunächst den λ-Punkt zu unterschreiten. Die Endtemperatur liegt typischerweise um 1,5 K, da dann der Dampfdruck sehr klein geworden ist. Der nächste Schritt ist das Isotop ^{3}He (stabil) zu benutzen, das heutzutage in Reaktoren anfällt und daher, wenn auch teuer, so doch erschwinglich ist. Natürlich ist ein geschlossenes System unbedingt erforderlich (d.h. das verdampfende ^{3}He wird wieder eingefangen. Dies ist auch für normales ^{4}He eine empfehlenswerte Praxis, aber nicht ganz so kritisch). Der Siedepunkt liegt bei 3,2 K (siehe Bild 12.9), man kann also ^{3}He durch Kontakt mit abgepumpten ^{4}He verflüssigen. Dampfdruckerniedrigung führt zu Temperaturen um 0,35 K. Temperaturen bis in den Bereich um 0,01 K erzielt man mit einem sogenannten ^{3}He/^{4}He-Entmischungskryostaten (engl. dilution refrigerator). In den Bereich von mK gelangt man mit adiabatischer Entmagnetisierung (siehe Physik IV) von paramagnetischen Salzen. Der Vorstoß in den μK- bis nK-Bereich ist möglich, wenn beim Entmagnetisierungsprozeß kernmagnetische Momente benutzt werden. Wir verweisen auf die Spezialliteratur.

Refrigeratoren In großtechnischen Kühlanlagen ist meist die Forderung, daß Systemen mit großer Masse Wärmeenergie entzogen werden muß. In diesem Fall ist es vorteilhaft, das verdampfende Gas gleich wieder dem Verflüssiger in einem geschlossenem Kreislauf zuzuführen (*Refrigeratoren*).

Ein Spezialfall solcher Geräte sind Kühlmaschinen zur Lebensmittellage-rung (Haushaltskühlschrank, Verkaufstruhen, etc.). Dort wird das Sieden einer Flüssigkeit unter vermindertem Druck ausgenutzt. Das Prinzip einer solchen Maschine zeigt Bild 14.6. Das Arbeitsgas ist z.B. Ammoniak (NH_3). Der verminderte Druck, unter dem die Flüssigkeit siedet, wird durch die An-saugleistung eines Kompressors aufrecht erhalten. Der angesaugte Dampf wird komprimiert und erwärmt sich dabei. Die Kompressionswärme wird durch einen Luftkühler an die Umgebung abgegeben. Dabei kondensiert das unter hohem Druck stehende Gas in das Vorratsgefäß. Von dort fließt es in den Verdampfer, wo der Druck niedrig ist. Die Druckdifferenz wird durch das Drosselventil aufrecht erhalten, das also ganz entscheidend ist, auch wenn es hier nicht als Joule-Thomson-Expansionsventil wirkt. Je nach Typ des Arbeitsgases können Temperaturen zwischen 270 K und 230 K erzeugt werden.

Kühlschrank

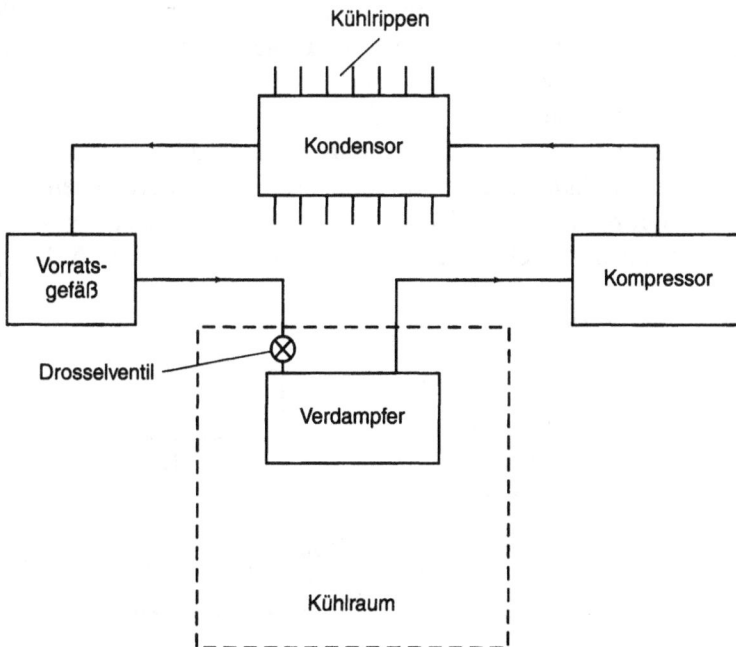

Bild 14.6: Prinzipielle Arbeitsweise eines Haushaltskühlschrankes (Verdampferprinzip).

14.4 Wärmekraftmaschinen – Stirling-Prozeß

Obwohl der Carnot-Prozeß den idealen Wirkungsgrad hat, ist er praktisch
kaum zu realisieren. Das liegt zunächst daran, daß eine reversible Prozeßführung nicht möglich ist, denn sie wäre ja beliebig langsam. In praktischen
Wärmekraftmaschinen geht Entropie verloren, und ihr Wirkungsgrad sinkt
deutlich unter den der Carnot-Maschine, der, wie diskutiert, bei der Gastur-
bine ($T_W \approx 1200\,\mathrm{K}$, $T_K \approx 300\,\mathrm{K}$) bei $\approx 60\%$ liegen würde. Einige Beispiele
sind in Tabelle 14.2 aufgelistet. Abgesehen vom Entropieverlust ist aber auch

Tabelle 14.2: Ungefähre Wirkungsgrade von praktischen Wärmekraftmaschinen.

Einfache Dampfmaschine	10%
Heißdampfmaschine	15%
Verbrennungsmotor (Vergaser)	25% [a]
Dieselmotor (bei optimaler Drehzahl)	35% [a]
Dampfturbine, Gasturbine	40%
Kombinierte Gas-Dampfturbine	45%

[a] Dies gilt im gleichmäßigen Betrieb bei optimalen Betriebsbedingungen. Im Kraftfahrzeug
ist unter praktischen Betriebsbedingungen, bezogen auf die am Radumfang gelieferte Arbeit,
der thermische Wirkungsgrad im Mittel nur etwa 10%.

technisch der von *Carnot* definierte Kreisprozeß nicht zu verwirklichen. Es
ist nicht möglich die dauernd nötige An- und Abkopplung der Wärmebäder
sowie die Notwendigkeit der thermischen Isolierung, um die adiabatischen
Zustandsänderungen auf die isothermen folgen zu lassen, zu realisieren.
In der Praxis durchführen läßt sich der Kreisprozeß von *Stirling*, bei dem
die beiden Schritte der adiabatischen Entspannung und Kompression durch
isochore Zustandsänderungen ersetzt sind. Das Bild 14.7a zeigt den Stirling-
schen Kreisprozeß in der P-V-Ebene. Die Einführung isochorer Wege hat
den offensichtlichen Nachteil, daß auf ihnen die Wärmemenge ΔQ_{IS} aufge-

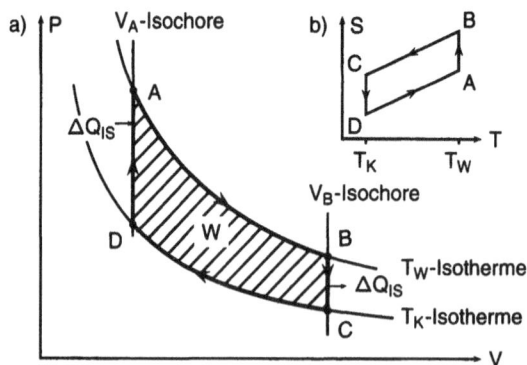

Bild 14.7: Kreisprozeß nach Stirling: a) im P-V-Diagramm, b) im T-S-Diagramm.

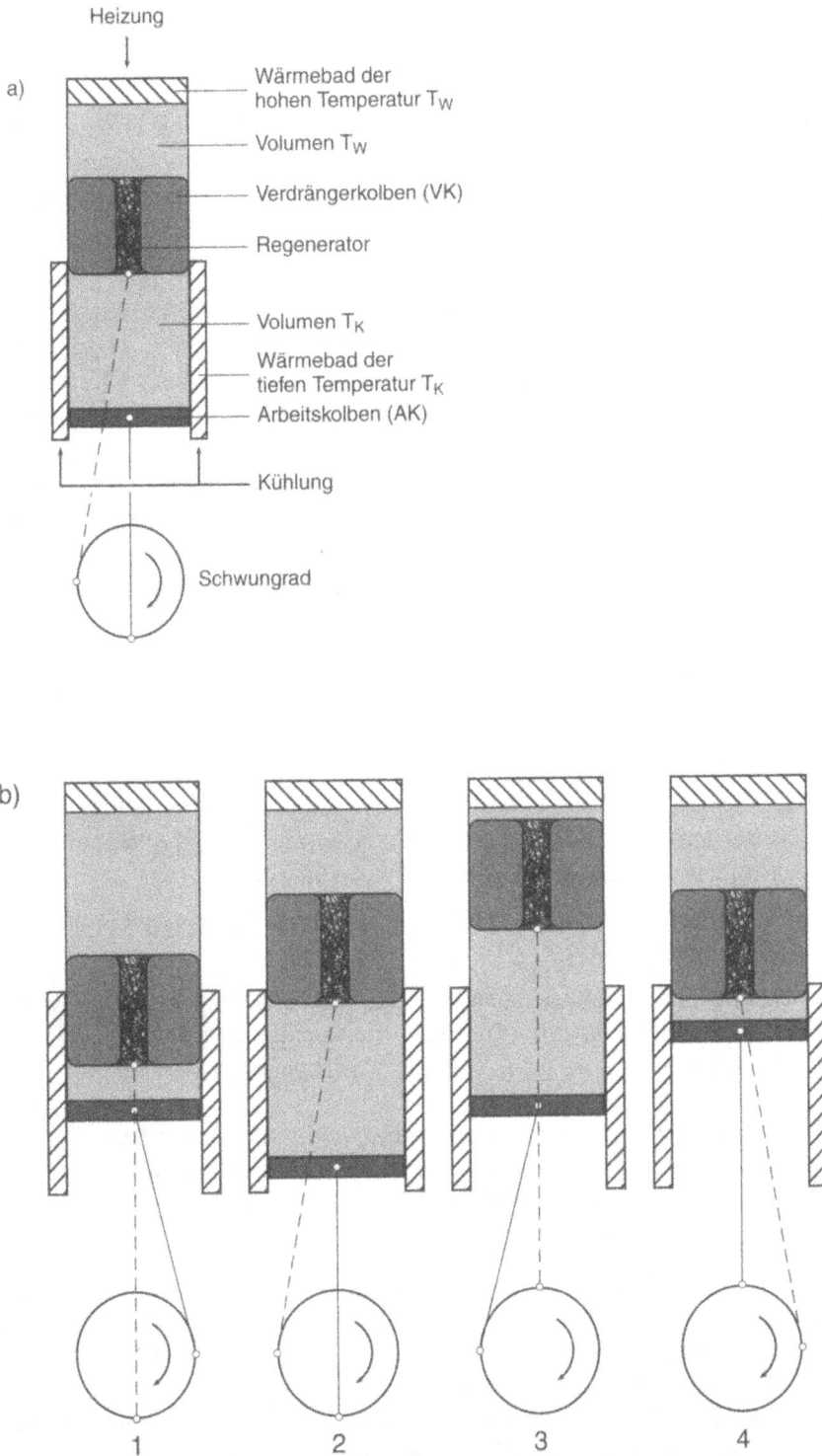

Bild 14.8: Aufbau (a) und Prinzip der Arbeitsweise (b) eines Einzylinder-Stirling-Motors. Die um 90° versetzte Pleuelstange zum Verdrängerkolben ist gestrichelt gezeichnet

nommen bzw. abgegeben werden muß, um die Gastemperatur von T_W nach T_K bzw. umgekehrt zu bringen. Dies verringert den Wirkungsgrad gegenüber einer Carnot-Maschine. Man kann jedoch diese Verluste klein halten, indem man die Wärmemenge ΔQ_{IS} bei dem Schritt B→C (Bild 14.7) in einen Wärmespeicher (*Regenerator*) gibt und ΔQ_{IS} dann bei dem Schritt D→A daraus wieder zurückholt. Als Regenerator kann z.B. Kupferwolle dienen. Die Darstellung des Stirling-Prozesses im T-S-Diagramm (Bild 14.7b) zeigt deutlich die Verschlechterung gegenüber dem Carnot-Prozeß (Bild 13.8).

Arbeitsweise des Stirling-Motors

Das Prinzip der Arbeitsweise eines *Einzylinder-Stirling-Motors* zeigt Bild 14.8. Die Maschine hat zwei Kolben, den Arbeitskolben AK und den Verdrängerkolben VK. In der Mitte des Verdrängerkolbens VK befindet sich Kupferwolle als Wärmespeicher S. Die beiden Kolben werden um 90° phasenverschoben von Exzentern an einem gemeinsamen Schwungrad gesteuert. Das Arbeitsvolumen ist in einen warmen (T_W) und einen kalten (T_K) Bereich geteilt. Die beiden Temperaturen T_W und T_K werden durch eine Heizung und einen Kühler konstant gehalten. Das Arbeitsmedium ist ein Gas mit möglichst idealen Eigenschaften (z.B. Luft). Die vier Takte des Stirling-Motors sind:

1. Das Gas ist im warmen Volumen. Es dehnt sich bei T_W isotherm aus und schiebt dabei durch die Schlitze in Kolben V den Kolben A zurück (Weg A→B).

2. Der Kolben V schiebt sich in das warme Volumen und verdrängt das Gas in das kalte Volumen. Der Speicher S nimmt dabei die Wärmemenge ΔQ_{IS} auf. Das Gas kühlt sich auf T_K ab (Weg B→C).

3. Der Kolben A komprimiert im kalten Volumen das Gas isotherm bei der Temperatur T_K (Weg C→D).

4. Der Kolben V schiebt dann das Gas in das warme Volumen zurück. Beim Durchströmen des Speichers S erwärmt sich das Gas wieder auf T_W (Weg D→A), da ΔQ_{IS} von S wieder abgegeben wird.

Die Stirling-Maschine läßt sich auch umsteuern und arbeitet dann als Wärmepumpe, indem sie Wärme von T_K nach T_W schafft. Sie wird dabei z.B. von einem Elektromotor angetrieben.

Bemerkung:
Bei einer praktischen Ausführung des Stirling-Motors stört vor allem das komplizierte mechanische System mit den zwei Kolben. Dies läßt sich allerdings bei Mehrzylindermaschinen umgehen. Zur technischen Reife sind sie bisher hauptsächlich

Wärmepumpe

nur als Wärmepumpen entwickelt worden. Eine häufige Anwendung ist die Luftverflüssigung in kleinerem Maßstab. In diesem Fall wird T_W konstant gehalten (Umgebungstemperatur), und T_K sinkt ab bis unter den Siedepunkt von N_2. Die andere, noch in vieler Hinsicht in Entwicklung stehende Anwendung, ist die Wärmepumpe zur Gebäudeheizung mit Elektrizität. Bei der Erzeugung von Wärme aus elektrischer Energie ist eine Widerstandsheizung der einfachste Weg. Der Wirkungsgrad ist dabei etwa 1. Man kann sich jedoch leicht überlegen, daß es wesentlich effektiver ist, die elektrische Energie dazu zu benutzen, eine Wärmepumpe zu betreiben. Unter der Annahme, die beiden Wärmebäder hätten eine Temperatur von 10°C bzw. 40°C, würde der Wirkungsgrad der Wärmepumpe $\eta_{WP} = T_W/(T_W - T_K) \approx 10$ betragen. Man erhält also rund die 10fache Wärmemenge der Energie, die allein in der elektrischen Arbeit steckt (und die wiederum aus einer Wärmekraftmaschine stammt). Die Energiedifferenz liefert das kalte Wärmebad. Leider sind Wärmepumpen in der Anschaffung sehr teuer und daher noch nicht weit verbreitet. Der Wirkungsgrad praktischer Wärmepumpen mit Hilfe des Stirling-Prozesses liegt bei etwa 3 bis 4.

Die Stirling-Maschine soll uns hier nur als ein Beispiel einer tatsächlichen realisierbaren Wärmekraftmaschine gelten. Die technisch bedeutenden sind die Verbrennungmotoren (Otto, Diesel) sowie die Turbinen (Dampf, Gas). Die Diskussion der jeweiligen Kreisprozesse übersteigt den Rahmen dieses Textes[4].

Literaturhinweise zu den Kapiteln 10 – 14

Becker, R.: Theorie der Wärme, Springer Verlag, Heidelberg (1964)

Bergmann-Schaefer: Lehrbuch der Experimentalphysik, Bd. 1, Walter de Gruyter, Berlin (1990)

Berkeley Physics Course, Vol. 5, McGraw-Hill, New York (1967)

Fastowski, W.G., u.a.: Kryotechnik, Akademie, Berlin (1970)

Feynman, R.P.: Vorlesungen über Physik, Bd. I, Oldenbourg Verlag, München (2004)

Hahne, E.: Technische Thermodynamik, Oldenbourg Verlag, München (2004)

Kittel, Ch. und Krömer, H.: Physik der Wärme, Oldenbourg Verlag, München (2001)

Kittel, Ch.: Einführung in die Festkörperphysik, Oldenbourg Verlag, München (2002)

Lounasmaa, O.V.: Experimental Principles and Methods below 1 K, Academic Press, New York (1974)

Pobell, F.: Matter and Methods at Low Temperatures, Springer Verlag, Heidelberg (1992)

Reif, F.: Physikalische Statistik und Physik der Wärme, Walter de Gruyter, Berlin (1987)

---

[4] Mehr Einzelheiten finden sich z.B. in Bergmann-Schäfer, 10. Aufl., Bd. 1, Abschn. 115.

Ratschläge fürs Studium

Es dürfte jedem von uns klar sein, daß man Physik nicht einfach dadurch lernen kann, daß man Vorlesungen besucht oder Formeln aus Lehrbüchern auswendig lernt. Wie aber lernt man am besten Physik, bzw. wie nutzt man die dazu gebotenen Ausbildungsmöglichkeiten optimal aus?

Eine erfolgreiche Lernsituation ist offensichtlich die Naturforschung selbst, und wir können uns fragen, inwieweit diese Situation auf unser Studium übertragbar ist. Wir wollen das forschende Lernen durch drei Schritte charakterisieren: Der Ausgangspunkt des Naturwissenschaftlers ist meist eine neue Naturbeobachtung, die er noch nicht versteht und die dadurch sein Interesse weckt. Das eigene Interesse an einem bestimmten Problem ist also der erste Schritt des Lernens. Nun sucht er in den bisherigen Forschungsergebnissen nach Erklärungsmöglichkeiten und entwickelt hieraus gegebenenfalls neue theoretische Vorstellungen zur Beschreibung des Beobachteten. Um diese neue Theorie zu stützen, sucht er nach anderen Beobachtungen und plant neue Experimente. Schritt 2 ist also durch neue theoretische und experimentelle Aktivitäten gekennzeichnet. Im letzten Schritt 3 entscheidet schließlich das Experiment über die Annahme oder Ablehnung des Lösungsvorschlags.

Dieses Modell des forschenden Lernens ist jedoch nicht die einzige Möglichkeit, nach der ein Naturwissenschaftler lernt. Er macht ja nicht nur eigene Experimente, sondern er informiert sich auch über Ergebnisse anderer Forschergruppen, wie sie in der Vielzahl wissenschaftlicher Zeitschriften und Konferenzen dokumentiert sind. In diesen Fällen ist die Lernsituation ähnlich der, die wir von Vorlesungen und Lehrbüchern her kennen, d.h. physikalische Probleme werden aufgezeigt und gleich darauf deren Lösung beschrieben. Ein Naturwissenschaftler wird diese Lösungsvorschläge jedoch nicht einfach akzeptieren, sondern sie kritisch mit seinen eigenen theoretischen Vorstellungen vergleichen. In diesem Fall scheint er also deshalb besonders effektiv zu lernen, da sein Lernverhalten von seinem eigenen wissenschaftlichen Bemühen geprägt ist, das nach dem Modell des forschenden Lernens abläuft.

Wie können uns nun diese Gedanken konkret bei unserem Studium helfen? Einen ersten Einblick in ein Fachgebiet erhalten wir in der Vorlesung. In der lebendigen sprachlichen Beschreibung und in der anschaulichen Vorführung von Experimenten hat der Dozent im allgemeinen wesentlich bessere Hilfsmittel, unser Interesse zu wecken, als ein Lehrbuch. Allerdings ist bei einem raschen Vortragstempo des Dozenten vor allem bei schwierigen Zusammenhängen die Gefahr sehr groß, etwas falsch oder gar nicht zu verstehen. Wir sehen daher die Funktion der Vorlesung im wesentlichen darin, das Interesse zu wecken, den Überblick zu verschaffen und bestimmte Tatsachen besonders gut zu vermitteln. Um den kohärenten Lehrstoff als Ganzes zu begreifen – insbesondere auch die in der Vorlesung nicht ganz verstandenen Teile – dazu verwenden wir besser Lehrbücher.

Auch unter den Lehrbüchern gibt es naturgemäß Unterschiede: Abhängig von dem behandelten Gegenstand ist oft ein Lehrbuch klarer als andere. Daher findet sich am Ende von Kapitel 2 eine Übersicht über die meisten deutschsprachigen Lehrbücher, wie sie in den Lehrbuchsammlungen der meisten Universitäten leicht zugänglich sind. Es lohnt sich sehr, die Darstellungen eines schwierigen Gegenstandes in verschiedenen Lehrbüchern zu vergleichen. Bei Schwierigkeiten empfehlen wir auch sehr, in der Pause oder nach der Vorlesung den Dozenten selbst zu fragen.

Aber auch, wenn wir glauben, einen komplizierten Sachverhalt verstanden zu haben, können wir oft in der Praxis noch nicht damit umgehen. Daher ist es zum vollen Verständnis sehr hilfreich und meist notwendig, in den Übungsstunden parallel zur Vorlesung einige Standardaufgaben zu lösen und uns selbst dabei durch Musterlösungen zu kontrollieren.

Wesentlich interessanter wird das Studium allerdings durch folgendes: Wir suchen uns aus einem Sachgebiet einige Probleme aus, die uns besonders interessieren. In der Mechanik z.B. Fragen des Raumfluges oder der Astronomie, und versuchen, diese zu klären. Wir geben uns aber nicht mit einem Ergebnis zufrieden, sondern fragen weiter, suchen nach anderen Lösungswegen, nach den weiteren Implikationen des Ergebnisses, ändern die Voraussetzungen, nehmen neue Parameter hinzu, machen weitergehende Abschätzungen usw. Allerdings dürfen die gewählten Probleme nicht zu schwierig sein, damit wir nicht entmutigt sind. Denn wir müssen zu Ergebnissen kommen, wenn das Ganze einen Sinn haben soll.

Zuletzt noch ein besonders wichtiger Punkt: Wir sollten unbedingt den Kontakt zu den anderen Kommilitonen suchen und die Probleme aber auch Einfälle, die wir haben, mit ihnen diskutieren. Diskussionen mit unseren Kommilitonen helfen uns, frühzeitig unsere Gedanken zu artikulieren, sie festigen richtige Denkweisen, zeigen mögliche Denkfehler auf, bringen uns neue Gesichtspunkte und erlauben eine gute Kontrolle des eigenen Standpunktes. Ein solches gemeinsames Lernen und Diskutieren führt darüber hinaus zu neuen persönlichen Kontakten und Freundschaften. Umgekehrt wirken die Gespräche über Physik zurück auf unser eigenes Verhalten in der Vorlesung und beim Studium von Büchern: Wir werden selbstständiger und kritischer, dann macht Physik erst richtig Spaß.

Sachverzeichnis

Die Nobelpreise in Physik seit 1973 (siehe auch www.nobelprizes.com)

1973	Esaki, L.	Entdeckung des Tunnelns in Halbleitern
	Giaever, I.	Entdeckung des Tunnelns in Supraleitern
	Josephson, B. D.	Josephson-Effekt zwischen Supraleitern
1974	Hewisch, A.	Entdeckung der Pulsare
	Ryle, M.	Pionier der Radio-Astronomie
1975	Bohr, A. N.	Kollektive- und Einteilchen-Anregung in Kernen
	Mottelson, B. R.	s. o.
	Rainwater, L. J.	s. o.
1976	Richter, B.	Entdeckung des Psi-Teilchens
	Ting, S. C. C.	s. o.
1977	Anderson, P. W.	Elektronische Struktur ungeordneter Systeme
	Mott, N. F.	s. o.
	Van Vleck, J. H.	Elektronische Struktur magnetischer Systeme
1978	Kapitsa, P. L.	Tieftemperatur-Physik und Gasverflüssigung
	Penzias, A. A.	Mikrowellen-Hintergrund-Strahlung
	Wilson, R. W.	s. o.
1979	Glashow, S. L.	Theorie der Elementarteilchen
	Salam, A.	s. o.
	Weinberg, S.	s. o.
1980	Cronin, J. W.	Asymmetrie der K-Mesonen
	Fitch, V. L.	s. o.
1981	Bloembergen, N.	Laserspektroskopie und nichtlineare Optik
	Schawlow, A. L.	Laserspektroskopie
	Siegbahn. K. M. B.	Elektronenspektroskopie (ESCA)
1982	Wilson, K. G.	Theorie kritischer Phänomene beim Phasenübergang
1983	Chandrasekhar, S.	Struktur der weißen Zwerge
	Fowler, W. A.	Synthese schwerer Elemente in Supernovae
1984	Rubbia, C.	Beobachtung der W(-), W(+) und Z-Teilchen
	Van der Meer, S.	s. o.
1985	Von Klitzing, K.	Entdeckung des Quanten-Hall-Effekts
1986	Binnig, G.	Rastertunnelmikroskop
	Rohrer, H.	s. o.
	Ruska, E.	Elektronenmikroskop
1987	Bednorz, J. G.	Hochtemperatur-Supraleitung
	Müller, K. A.	s. o.
1988	Lederman, L. M.	Neutrinos
	Schwartz	s. o.
	Steinberger, J.	s. o.
1989	Dehmelt, H. G.	Teilchen-Fallen zur Präzisionsuntersuchung
	Paul, W.	s. o.
	Ramsey, N. F.	Atomstrahlen und Atom-Uhr-Zeitstandard
1990	Friedman, J. I.	Substruktur von Proton und Neutron
	Kendall, H. W.	s. o.
	Taylor, R. E.	s. o.

1991	de Gennes, P. G.	Flüssigkristalle und Polymerlösungen
1992	Charpak, G.	Detektoren für Elementarteilchen
1993	Hulse, J	Entdeckung eines binären Pulsars
	Taylor, R.	s. o.
1994	Brockhouse, B. N.	Elastische und inelastische Neutronenstreuung
	Shull, C. G.	s. o.
1995	Reines, F.	Nachweis von Neutrinos
	Perl, M. L.	Tau-Lepton
1996	Lee, D. M.	Entdeckung der Superfluididät von ^{3}Helium
	Osheroff, D. D.	s. o.
	Richardson, R. C.	s. o.
1997	Chu, S.	Kühlen und Einfangen von Atomen mit Laserlicht
	Cohen-Tannoudji, C.	s. o.
	Phillips , W. D.	s. o.
1998	Laughlin, R.B.	Entdeckung einer neuen Form von Quantenflüssigkeit
	Störmer, H.L.	mit gebrochenen Ladungen
	Tsui, D.C.	s.o.
1999	't Hooft, G.	Aufklärung der Quantenstruktur der elektroschwachen
	Veltman, M.J.G.	Wechselwirkung in der Physik
2000	Alferov, Z.I.	Entwicklung von Halbleiterheterostrukturen für Hochgeschwindigkeits- und Optoelektronik
	Krömer, H.	s.o.
	Kilby, J.S.	Entwicklung des integrierten Schaltkreises
2001	Cornell, E.A.	Erzeugung der Bose-Einstein-Kondensation in verdünnten Gasen aus Alkaliatomen sowie für frühe grundsätzliche Studien über die Eigenschaften der Kondensate
	Ketterle, W.	s.o.
	Wiemann, C.E.	s.o.
2002	Davis, R.	Astrophysik, insbesondere für den Nachweis kosmischer Neutrinos und die Entdeckung kosmischer Röntgenquellen
	Koshiba, M.	s.o.
	Giacconi, R.	s.o.
2003	Abrikosov, A.A.	Theorie über Supraleiter und Supraflüssigkeiten, Pionierbeiträge zur Theorie der Supraleitung und der Superfluidität
	Ginzburg, V.L.	
	Leggett, A.J.	
2004	Gross, D.J.	Entdeckung asymptotischer Freiheit in der Theorie der starken Wechselwirkung
	Politzer, H.D.	s.o.
	Wilczek, F.	s.o.

SI-Basiseinheiten[1]

Basisgröße	Name	Zeichen
Länge	Meter	m
Masse	Kilogramm	kg
Zeit	Sekunde	s
elektrische Stromstärke	Ampere	A
thermodynamische Temperatur	Kelvin	K
Lichtstärke	Candela	cd
Stoffmenge	Mol	mol

Vorsätze zur Bezeichnung von Zehnerpotenzen

Zehnerpotenz	Vorsatz	Vorsatzzeichen	Zehnerpotenz	Vorsatz	Vorsatzzeichen
10^{18}	Exa	E	10^{-1}	Dezi	d
10^{15}	Peta	P	10^{-2}	Zenti	c
10^{12}	Tera	T	10^{-3}	Milli	m
10^{9}	Giga	G	10^{-6}	Mikro	μ
10^{6}	Mega	M	10^{-9}	Nano	n
10^{3}	Kilo	k	10^{-12}	Piko	p
10^{2}	Hekto	h	10^{-15}	Femto	f
10^{1}	Deka	da	10^{-18}	Atto	a

---

[1] Das Internationale Einheitensystem wurde 1960 von der Generalkonferenz für Maß und Gewicht (CGPM) geschaffen und wird heute auf der ganzen Welt verwendet. Die Abkürzung *SI* ist abgeleitet aus der französischen Benennung *Le Système International d'Unités*. Eine nützliche ausführliche Beschreibung aller Einheiten und ihrer Schreibweise kann von der Homepage der Physikalisch-Technischen Bundesanstalt (www.ptb.de) herunter geladen werden.

Abgeleitete Einheiten (gesetzliche Einheiten in Fettdruck)

1. Länge

Ångström	1 Å	$= 0,1$ nm
Astronomische Einheit	1 AE	$= 1,4960 \cdot 10^{11}$ m
Fermi	1 fm	$= 10^{-15}$ m
Inch, foot	1 inch	$= 1/36$ yard $= 1/12$ ft $= 25,4$ mm
Lichtjahr	1 Lj	$= 9,46 \cdot 10^{15}$ m
Parsekunde	1 pc	$= 30,857 \cdot 10^{15}$ m
Hektar, Ar	1 ha	$= 100$ a $= 10^4$ m^2
Barn	1 b	$= 10^{-28}$ m^2
Liter	1 l	$= 10^{-3}$ m^3

2. Masse

Atomare Masseneinheit	1 u	$= 1,6605 \cdot 10^{-27}$ kg
Tonne	1 t	$= 10^3$ kg
Pound, Ounce	1 lb	$= 16$ oz $= 0,4536$ kg

3. Zeit

Tag, Stunde, Minute	1 d	$= 24$ h $= 1440$ min $= 86\,400$ s
Jahr (tropisches)	1 a	$= 365,24$ d $= 3,156 \cdot 10^7$ s
Hertz	1 Hz	$= 1\ \mathrm{s}^{-1}$

4. Temperatur

Grad Celsius	$t\ (^\circ\mathrm{C})$	$= T(\mathrm{K}) - 273,15$ K
Grad Fahrenheit	$t\ (^\circ\mathrm{F})$	$= (9/5)\ t\ (^\circ\mathrm{C}) + 32$

5. Winkel

Radiant	1 rad	$= 1$ m/m
Grad	1°	$= \pi/180$ rad $= 1,745 \cdot 10^{-2}$ rad
Minute, Sekunden	$1'$	$= 60'' = 2,91 \cdot 10^{-4}$ rad
Steradiant (Raumwinkel)	1 sr	$= 1$ m^2/m^2

6. Kraft/Druck

Newton	1 N	$= 1$ kg $\cdot$ m/s^2
Dyn	1 dyn	$= 10^{-5}$ N
Kilopond	1 kp	$= 9,8067$ N
Pascal	1 Pa	$= 1\ \mathrm{N/m}^2 = 1\mathrm{kg} \cdot \mathrm{m}^{-1} \cdot \mathrm{s}^{-2}$
Bar	1 bar	$= 10^5$ Pa
Atmosphäre (phys.)	1 atm	$= 101\,325$ Pa
Atmosphäre (techn.)	1 at	$= 98\,066$ Pa
mmHg, Torr	1 mmHg	$= 1$ Torr $= 133,322$ Pa
Poise (Viskosität)	1 P	$= 0,1$ Pa $\cdot$ s

7. Energie, Leistung, Wärmemenge

Joule	1 J	$= 1$ N $\cdot$ m $= 1$ m$^2 \cdot$ kg/s^2
Kalorie	1 cal	$= 4,187$ J
Erg	1 erg	$= 10^{-7}$ J
Elektronenvolt	1 eV	$= 1,6022 \cdot 10^{-19}$ J
	$(E = kT)$	$\hat{=}\ 11\,604$ K
	$(E = h\nu)$	$\hat{=}\ 2,4180 \cdot 10^{14}$ Hz
Watt	1 W	$= 1$ J/s $= 1$ kg $\cdot$ m^2/s^3
Pferdestärke	1 PS	$= 735,5$ W

Fundamentale physikalische Konstanten

Lichtgeschwindigkeit	c	$= 2{,}9979 \cdot 10^8 \, \mathrm{m \cdot s^{-1}}$
Magnetische Feldkonstante	μ_0	$= 4\pi \cdot 10^{-7} \, \mathrm{N/A^2} = 1{,}2566 \cdot 10^{-6} \, \mathrm{H/m}$
Elektrische Feldkonstante	ε_0	$= 1/\mu_0 c^2 = 8{,}8542 \cdot 10^{-12} \, \mathrm{F \cdot m^{-1}}$
	$1/4\pi\varepsilon_0$	$= c^2 \cdot 10^{-7} \, \mathrm{N/A^2} = 8{,}9876 \cdot 10^9 \, \mathrm{N \cdot m^2/C^2}$
Gravitationskonstante	γ	$= 6{,}6742 \cdot 10^{-11} \, \mathrm{N \cdot m^2/kg^2}$
Plancksche Konstante	h	$= 6{,}6261 \cdot 10^{-34} \, \mathrm{J \cdot s}$
	$\hbar$	$= h/2\pi = 1{,}0546 \cdot 10^{-34} \, \mathrm{J \cdot s}$
Elementarladung	e	$= 1{,}6022 \cdot 10^{-19} \, \mathrm{C}$
Ruhemasse des Elektrons	m_e	$= 9{,}1094 \cdot 10^{-31} \, \mathrm{kg}$
	$m_\mathrm{e} c^2$	$= 0{,}51100 \, \mathrm{MeV}$
Ruhemasse des Protons	m_p	$= 1{,}6726 \cdot 10^{-27} \, \mathrm{kg}$
	$m_\mathrm{p} c^2$	$= 938{,}27 \, \mathrm{MeV}$
Bohrsches Magneton	μ_B	$= e \cdot \hbar/2m_\mathrm{e} = 9{,}2740 \cdot 10^{-24} \, \mathrm{J/T}$
Kern-Magneton	μ_N	$= e \cdot \hbar/2m_\mathrm{p} = 5{,}0508 \cdot 10^{-27} \, \mathrm{J/T}$
Bohrscher Radius	a_0	$= (1/4\pi\varepsilon_0) \cdot \hbar^2/m_\mathrm{e} e^2 = 5{,}2918 \cdot 10^{-11} \, \mathrm{m}$
Magnetisches Moment des Elektrons	μ_e	$= 9{,}2848 \cdot 10^{-24} \, \mathrm{J/T}$
Klassischer Elektronenradius	r_0	$= (1/4\pi\varepsilon_0) \cdot e^2/m_\mathrm{e} c^2 = 2{,}8179 \cdot 10^{-15} \, \mathrm{m}$
Magnetisches Moment des Protons	μ_p	$= 1{,}4106 \cdot 10^{-26} \, \mathrm{J/T}$
Ruhemasse des Neutrons	m_n	$= 1{,}6749 \cdot 10^{-27} \, \mathrm{kg}$
	$m_\mathrm{n} c^2$	$= 939{,}57 \, \mathrm{MeV}$
Avogadro-Konstante	N_A	$= 6{,}02214 \cdot 10^{23} \, \mathrm{mol^{-1}}$
Atomare Masseneinheit	m_u	$= 1u = 1{,}6605 \cdot 10^{-27} \, \mathrm{kg}$
	$m_\mathrm{u} c^2$	$= 931{,}49 \, \mathrm{MeV}$
Faraday-Konstante	F	$= N_\mathrm{A} \cdot e = 96485 \, \mathrm{C \cdot mol^{-1}}$
Gaskonstante	R	$= 8{,}3145 \, \mathrm{J \cdot mol^{-1} \cdot K^{-1}}$
Boltzmann-Konstante	k	$= R/N_\mathrm{A} = 1{,}3807 \cdot 10^{-23} \, \mathrm{J/K}$
Molares Volumen	V_m	$= RT/p = 22{,}414 \cdot 10^{-3} \, \mathrm{m^3 \cdot mol^{-1}}$
(ideales Gas, $T = 273{,}15$ K, $p = 101325$ Pa)		
Schwerebeschleunigung bei 50° geographischer Breite	g	$= 9{,}81 \, \mathrm{m/s^2}$
Feinstrukturkonstante	α	$= 7{,}29735308 \cdot 10^{-3}$
	α^{-1}	$= 137{,}0360$
Massenverhältnis Proton zu Elektron	$m_\mathrm{p}/m_\mathrm{e}$	$= 1836{,}1527$
Spezifische Ladung des Elektrons	e/m_e	$= 1{,}75881962 \cdot 10^{11} \, \mathrm{C \cdot kg^{-1}}$
Rydberg-Konstante	R_∞	$= 1{,}0973731534 \cdot 10^7 \, \mathrm{m^{-1}}$
Comptonwellenlänge des Elektrons	λ_c	$= 2{,}42631508 \cdot 10^{-12} \, \mathrm{m}$
Wiensche Verschiebungskonstante	A	$= 2{,}898 \cdot 10^{-3} \, \mathrm{m \cdot K}$

(entnommen: E.R. Cohen und B.N. Tylor, Rev. Mod. Phys. **59**, 1121 (1987))